国家“十二五”规划重点图书
中国地质调查局
青藏高原1：25万区域地质调查成果系列

中华人民共和国
区域地质调查报告

比例尺 1：250 000

于田县幅

(J44C004003)

项目名称： 新疆 1：25 万于田县幅(J44C004003)和伯力克幅(I44C001003)区域地质调查
项目编号： 19991300009061
项目负责： 韩芳林　郝俊武
技术负责： 韩芳林　崔建堂　计文化
报告编写： 韩芳林　崔建堂　王炬川　边小卫
计文化　孟　勇　霍向光　郝俊武
编写单位： 陕西省地质调查院
单位负责： 宋小文(院长)
张拴厚(总工程师)
实施单位： 西安地质矿产研究所

中国地质大学出版社
ZHONGGUO DIZHI DAXUE CHUBANSHE

内 容 提 要

新疆1∶25万于田县幅(J44C004003)区域地质调查，系国土资源部国土发(1999)509号文(任务书编号：0100161075)下达陕西省地质调查院的国土资源大调查项目。

震旦纪—寒武纪其曼于特蛇绿构造混杂岩带的发现，明晰了西昆仑造山带的结构、蛇绿岩的E-MORB特点、之北塔里木板块和之南西昆仑山地区体前震旦纪基底的相似性、阿拉叫依岩群和库拉甫河岩群的沉积-火山建造，反映该蛇绿岩代表了塔里木板块南缘一个陆缘小洋盆。

从苏巴什蛇绿岩带中解体出来的柳什塔格玄武岩具洋岛性质，时代与其曼于特蛇绿岩相同，说明存在一个始于震旦纪的原特提斯(秦-祁-昆)大洋。奥陶纪洋壳总体向北俯冲，其曼于特小洋盆闭合，西昆仑山地体碰合于塔里木板块，产生了向北变新、变酸性的早古生代花岗岩带和碰撞期后晚泥盆世奇自拉夫组磨拉石建造。

继承于原特提斯的晚古生代古特提斯洋继续向北俯冲，在早古生代其曼于特缝合位置再次发生伸展，形成弧后裂谷盆地，堆积了含铜、多金属矿的阿羌火山岩。

中新生代测区成为阿尔金构造带的组成部分，在发生显著隆升因压扭走滑产生山前拉分盆地，发生火山喷发。

图书在版编目(CIP)数据

中华人民共和国区域地质调查报告. 于田县幅(J44C004003)　比例尺1∶250 000/韩芳林，崔建堂，王炬川等著. —武汉：中国地质大学出版社，2013.8

ISBN 978-7-5625-2823-4

Ⅰ.①中…
Ⅱ.①韩…②崔…③王…
Ⅲ.①区域地质-地质调查-调查报告-中国②区域地质-地质调查-调查报告-新疆
Ⅳ.①P562

中国版本图书馆CIP数据核字(2012)第051084号

中华人民共和国区域地质调查报告
于田县幅(J44C004003)　比例尺1∶250 000

韩芳林　崔建堂　王炬川　等著

责任编辑：胡珞兰　刘桂涛　　　责任校对：戴莹

出版发行：中国地质大学出版社(武汉市洪山区鲁磨路388号)　　邮政编码：430074
电　　话：(027)67883511　　传　　真：67883580　　E-mail：cbb@cug.edu.cn
经　　销：全国新华书店　　http://www.cugp.cug.edu.cn

开本：880毫米×1 230毫米　1/16　　字数：540千字　印张：16.625　图版：5　附件：1
版次：2013年8月第1版　　印次：2013年8月第1次印刷
印刷：武汉中远印务有限公司　　印数：1—1 500册

ISBN 978-7-5625-2823-4　　定价：480.00元

前　言

青藏高原包括西藏自治区、青海省及新疆维吾尔自治区南部、甘肃省南部、四川省西部和云南省西北部，面积达 260 万 km^2，是我国藏民族聚居地区，平均海拔 4 500m 以上，被誉为地球第三极。青藏高原是全球最年轻、最高的高原，记录着地球演化最新历史，是研究岩石圈形成演化过程和动力学的理想区域，是“打开地球动力学大门的金钥匙”。

青藏高原蕴藏着丰富的矿产资源，是我国重要的资源后备基地。青藏高原是地球表面的一道天然屏障，影响着中国乃至全球的气候变化。青藏高原也是我国主要大江大河和一些重要国际河流的发源地，孕育着中华民族的繁生和发展。开展青藏高原地质调查与研究，对于推动地球科学研究、保障我国资源战略储备、促进边疆经济发展、维护民族团结、巩固国防建设具有非常重要的现实意义和深远的历史意义。

1999 年国家启动了“新一轮国土资源大调查”专项，按照温家宝总理“新一轮国土资源大调查要围绕填补和更新一批基础地质图件”的指示精神。中国地质调查局组织开展了青藏高原空白区 1∶25 万区域地质调查攻坚战，历时 6 年多，投入 3 亿多，调集 25 个来自全国省(自治区)地质调查院、研究所、大专院校等单位组成的精干区域地质调查队伍，每年近千名地质工作者，奋战在世界屋脊，徒步遍及雪域高原，完成了全部空白区 158 万 km^2 共 112 个图幅的区域地质调查工作，实现了我国陆域中比例尺区域地质调查的全面覆盖，在中国地质工作历史上树立了新的丰碑。

新疆 1∶25 万于田县幅(J44C004003)区域地质调查项目，由陕西省地质调查院承担，工作区位于新疆西昆仑山区。在该区进行 1∶25 万区域地质调查的目标任务是：通过填图提高昆仑山及其山前地区调查研究程度，进行地层学、生物组合和生物古地理、沉积学、构造运动和构造变形、岩浆活动等不同学科的调查研究，确定本区的构造发展历史，特别是前寒武纪和古生代时期的构造格局和演化过程，青藏高原北侧地壳隆升的过程，包括不同时期、不同阶段隆升的幅度和速度，并进一步阐明各种地质作用对有关矿产资源的形成和分布、环境和气候的变化以及地质灾害发生等所起的控制作用。

于田县幅(J44C004003)地质调查工作时间为 2000—2002 年，累计完成地质填图面积为 15 000km^2，实测剖面 97.64km，地质路线 3 090km，采集各类样品 1 808 件，全面完成了设计工作量。主要成果有：①首次在图区靠近山前的位置发现了震旦纪—寒武纪其曼于特蛇绿岩带，其曼于特蛇绿岩带的特征、构造位置、时代等向西与新藏公路所见的库地蛇绿岩相当，可以对比连接，时代为早古生代。②首次在图区山前一带发现了晚古生代裂谷型普鲁-阿羌火山岩带，它的发现说明前人在测区以西发现有晚古生代“优地槽”向东延至测区(进一步到东昆仑山)。放射虫化石说明火山岩时代为早、中二叠世，而滑塌灰岩块体的时代为石炭纪。③建立了测区地层系统，详细划分了岩浆岩带，建立了图区构造格架。④深入研究了地质构造演化及大陆动力学过程，提出了全新的昆仑造山带演化模式，即源于巨型地幔柱的“多机制、多阶段、多岛洋”的观点。⑤对青藏高原隆升进行了较系统深入的研究。⑥对本区的矿产及其他国土资源和生态环境进行了调研，尤其是阐明了本区特有矿产——和田玉物质组成和形成条件，并预测了远景。

陕西省地质调查院 1999 年底接受任务后立即组建队伍，收集各种资料，编写了初步设计方案，据此，2000 年 4 月到 10 月进行了踏勘并基本完成了于田县幅填图和剖面测制，2000 年 11 月在成都通过了设计评审，获良好(89.81 分)级。2001 年 4—9 月基本完成了两个图幅的填图及剖面测制，中国地质调查局西北项目管理办公室组织专家进行野外检查，该项目实际资料被评为优秀(92.24 分)级。2002 年 4—5 月进行了野外检查及补充工作，全面完成了设计工作量，2002 年 6 月通过了野外资料验收，本图幅实际资料获优秀（于田县幅93分）级。2003年4月15—19日，中国地质调查局组织专家在四川都江堰对项目进行了最终成果验收，评审认为本项目出色完成了区调任务，成果十分显著，报告章节齐全，内容丰富，图文并茂，论证有据，经评审委员会认真评议，于田县幅成果报告被评为优秀（94分）级。

参加报告编写的主要人员有韩芳林、崔建堂、王炬川、边小卫、计文化、孟勇、霍向光、郝俊武等，由韩芳林编纂定稿。先后参加野外工作的还有罗乾周、李海平、尹宗义、陈高潮、张俊良、李博秦、刘曦鹏、蔺新望、孔文年、张清盛、王洁明、阎振兴、谭苏敏、姚社、陈学、李治、李金杰、耿建宏、汪贵全等。在整个项目实施和报告编写过程中，得益于许多单位和领导的大力协助、支持，尤其要感谢的是中国地质调查局、西安地质矿产研究所、成都地质研究所、新疆地质矿产局、乌鲁木齐工作总站、新疆维吾尔自治区第一区调大队、湖北省地质调查院、山西省地质调查院。工作始终得到了肖序常、张国伟、张良臣、李荣社、翟刚毅、王克卓、赵书铭、潘桂棠、张栓厚等多方指导和帮助，地质图和报告插图计算机清绘由刘春华、许革新等同志完成，在此表示诚挚的谢意。

为了充分发挥青藏高原1∶25万区域地质调查成果的作用，全面向社会提供使用，中国地质调查局组织开展了青藏高原1∶25万地质图的公开出版工作，由中国地质调查局成都地调中心与项目完成单位共同组织实施。出版编辑工作得到了国家测绘局孔金辉、翟义青及陈克强、王保良等一批专家的指导和帮助，在此表示诚挚的谢意。

鉴于本次区调成果出版工作时间紧、参加单位较多、项目组织协调任务重以及工作经验和水平所限，成果出版中可能存在不足与疏漏之处，敬请读者批评指正。

“青藏高原1∶25万区调成果总结”项目组

2010年9月

目 录

第一章 绪 论

于田县幅(J44C004003)是新疆1∶25万于田县幅(J44C004003)和伯力克幅(I44C001003)区域地质调查联测项目图幅之一。

中国地质调查局《关于发送2000年度第一批国土资源大调查地质调查项目任务书的通知》[中地调函(2000)27号]指出,根据国土资源部国土发(1999)509号文下达的《2000年国土资源大调查计划》,下达如下该区域地质调查项目任务书(编号:0100161075)。

项目编号:19991300009061

项目名称:新疆1∶25万于田县幅(J44C004003)和伯力克幅(I44C001003)区域地质调查

工作性质:基础地质调查

工作年限:1999年12月—2002年12月

承担单位:陕西省地质调查院

填图面积:24 984km²

经费概算:总经费概算为572万元

中国地质调查局《关于发送1999年度第二批国土资源大调查地质调查项目任务书的函》[中国地调函(1999)50号]和《地质调查项目任务书》(任务书编号:0199161058)上该项目项目编号为:J6.1.11。

第一节 目的任务

该区域地质调查项目任务书(编号:0100161075)指出项目的目的任务:按照《1∶25万区域地质调查技术要求(暂行)》及其他有关规定、指南,参照造山带填图的新方法,应用遥感等新技术手段,以区域构造调查与研究为先导,合理划分测区的构造单元、不同的构造-地层单位,采用不同的填图方法进行全面的区域地质调查。最终通过对沉积建造、变质变形、岩浆作用的综合分析,反演区域地质演化史,建立构造模式。

本着图幅带专题的原则,选择区内重大地质问题进行专题研究。

成果要求:最终成果除提交印刷地质图件及报告、说明书及专题报告外,还应提交以ARC/INFO图层格式的数据光盘及图幅与图层描述数据、报告文字数据各一套。

同时要求:2002年7月提交野外验收成果,2002年12月提交最终验收成果。

该地质调查项目任务书(编号:0199161058)指出:在该区进行1∶25万区域地质调查的目标任务是通过填图提高昆仑山及其山前地区调查研究程度,进行地层学、生物组合和生物古地理、沉积学、构造运动和构造变形、岩浆活动等不同学科的调查研究,确定本区的构造发展历史,特别是前寒武纪和古生代时期的构造格局和演化过程,青藏高原北侧地壳隆升的过程,包括不同时期、不同阶段隆升的幅度和速度,并进一步阐明各种地质作用对有关矿产资源的形成和分布、环境和气候的变化以及地质灾害发生等所起的控制作用。

最终成果除提交印刷调查报告和地质图件及说明书外，还应提交以 ARC/INFO 图层格式的数据光盘及图幅与图层描述数据、报告文字数据各一套。

第二节 自然地理、经济及交通

1∶25 万于田县幅隶属新疆维吾尔自治区和田地区，主要属于田县和策勒县，东部小面积民丰县，地理坐标：东经 81°00′—82°30′，北纬 36°00′—37°00′。可分截然不同的两个地理单元，北部为塔里木盆地区，南为昆仑山北坡高山区，自然条件均极险恶。图幅中、北部属塔里木盆地南缘，为向北倾斜的冲、洪积平原，海拔一般在 1 300～2 200m。南部昆仑山区山体极为险峻，海拔为2 200～6 691m，相对高差普遍大于 3 000m。

图区为塔里木内流区，河流均南出昆仑，水源主要为冰雪融水。西昆仑山在测区一带的东段分解成南北两道山脊，于田县幅南部为其北脊，称柳什塔格山，发源于柳什塔格山北坡的诸多河流水量均较小，多数刚出山口即渗没于山前冲洪积层中，唯克里雅河穿越柳什塔格山脉直至南脊（主脊），为区内最大河流，长年流水。

于田一带年平均气温 10.1℃，最高气温 41.2℃（7 月份），最低气温－21.6℃（1 月份），年降水量 30～50mm，最小值 5.6mm，年均沙尘暴日 73 天，年均浮尘日 209 天，多集中在 3—7 月。

昆仑山区夏、秋季凝结降水较多，7—8 月冰雪融水常成灾害。年平均气温 0～4℃，年降雨量 50～75mm，秋季一般缺氧达 30%～50%。

区内人烟稀少，分布极为不均，主要分布于沙漠绿洲区，居民 98%以上为维吾尔族。昆仑山区为无人区。

区内植被除绿洲外，以高山垫状矮半灌木、草本植被为主，且分布于山前、于田一带，粮食作物有小麦、玉米、高粱，经济作物有棉花、葡萄、哈密瓜、梨、杏等。

图区交通不便，仅有西宁—喀什公路（319 国道）从工作区北部边缘东西贯通，从主干公路向南到昆仑山脚普鲁、阿羌有两条简易路可通行汽车，时速 10～12km。昆仑山区交通、运输全靠人力和畜力，昆仑山浅山一带，人、毛驴在 4—5 月和 9—10 月沿较大的水系可以部分通行，从普鲁向南沿库拉甫河是一条新疆通往西藏的捷径，可行毛驴。解放初曾沿此道开凿公路未果，其余绝大部分地区人迹未至，详见交通位置图 1－1。

第三节 前人研究程度

测区地质调查起步不晚，清朝末期已有外国科考探险家进入。主要地质工作是解放以后，特别是 20 世纪 80 年代以后，前人工作概况见表 1－1。

解放前有少数中、外地质学家 Hedin S、Henning A、Norin R、刘慎谔、Belyaevsry H A 等在调查区相邻地区进行过路线地质调查，获得了一些零散的地质资料。

解放后至 20 世纪 70 年代新疆地质矿产局在调查区作了矿产普查和地质简测。

1958—1960 年，中国科学院组织进行过综合科学考察。

1964 年，新疆区测大队编绘了《和田幅 1∶100 万地质图及说明书》，首次对包括测区北部的昆仑山北坡和塔里木盆地南缘进行了较全面的总结，划分出了前寒武纪地台结晶基底，古生代不同时期的沉积盖层，在昆仑山北麓划分出了中—新生代陆相沉积。但涉及本区的实际资料极少。

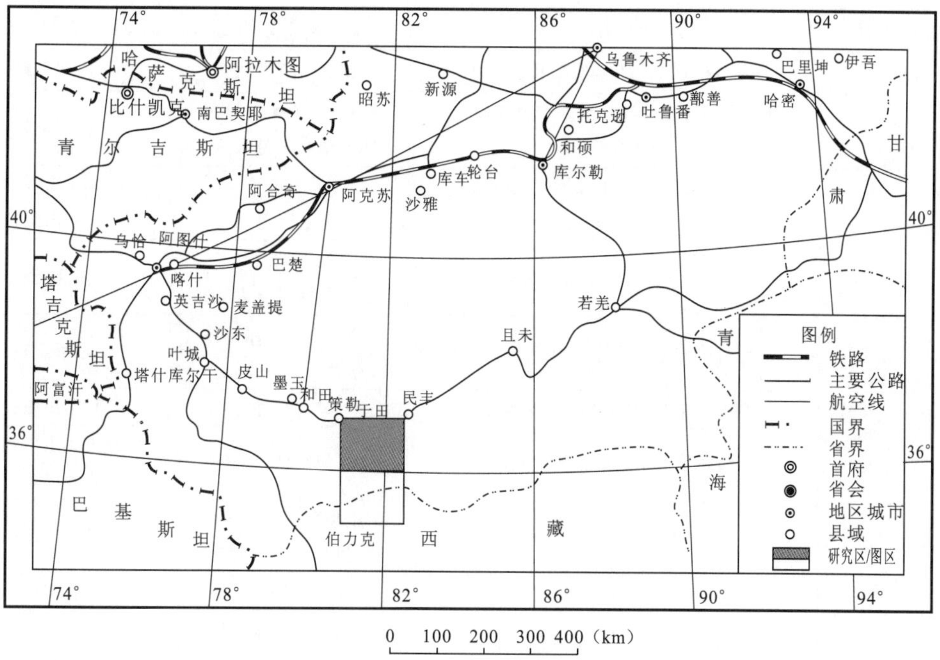

图 1－1　交通位置图

1972 年，新疆地质矿产局区域地质测量大队完成了《于田县以南昆仑山地质矿产调查报告》（1∶100 万），工作范围包括伯力克幅大部，东经 81°00′—82°00′，北纬 34°40′—36°00′。报告系统总结了该区的地层、火山岩、构造和矿产，除第四纪火山岩外地层划分简单，对第四纪火山岩共划分了 8 个喷发中心，认为均沿断裂带分布，火山岩覆盖于新近系及第四系之上，出露于现代河床两侧的高阶地，火山机构类型为中心式，成分为基性和中—酸性。区域构造属于克里雅“弧形”构造，弧顶处应力集中，裂隙发育，动力变质显著，影响地壳深度大，火山群集，岩浆岩分布广，矿化线索较多。

20 世纪 80 年代以来，昆仑山区地质调查和科学研究比较活跃，主要有如下一些：

1980—1983 年，中国地质科学院地质研究所姜春发等与青海、新疆区域地质调查大队联合对昆仑山进行野外地质调查，有许多重大进展。1992 年出版了《昆仑开合构造》科研专著，首次对昆仑山地质进行了系统深入的研究，对以后的各种工作均有重要影响。

1981 年，新疆地质局、新疆石油管理局总结了昆仑山—阿尔金山一带地层，认为本区自中元古代—中生代以来地层都有不同程度出露，海陆变迁频繁，奥陶纪以后生物发育，侏罗纪为重要的成煤期，白垩纪为潟湖膏泥沉积，新生代受喜马拉雅运动影响，昆仑山隆起，在山区形成一些大小不同、互不相连的断陷盆地，沉积了第三系（古近系、新近系）和第四系，同时在河流两岸、冰川脚下、湖泊等地理景观区也有各种类型沉积。虽然总结涉及本区实际资料不多，但对研究本区带地层、构造具有较强的概括性和对比性。

1984—1985 年，新疆第一区域地质调查大队完成了该区新疆部分 1∶100 万和田市幅区域调查填图。在前人工作的基础上，通过路线调查和实测剖面，重新建立了地层系统和构造骨架。

1986 年，西藏自治区地质矿产局区域地质调查大队完成了该区西藏部分 1∶100 万日土幅区域调查。涉及本区的地质路线近 10 条，实测地质剖面 6 条（其中 4 条为 1971 年新疆区域调查大队测制），路线地质剖面 1 条，剖面控制地层主要为石炭系、二叠系、震旦系及寒武系。地层划分为传统的年代地层方法，地层时代的依据不足，顶底不全。

表 1-1　测区及相邻地区地质调查历史简表

类别	调查时间(年)	成果名称	作者姓名或单位	出版单位及时间
区调	1964	和田幅 1∶100 万地质图及说明书	新疆区测大队	内部资料,1964
矿产	1972	于田县以南昆仑山地质矿产调查报告(1∶100 万)	新疆地质矿产局区域地质测量大队	内部资料,1972
专著	1973—1992	青藏高原北部新生代板内火山岩	邓万明	地质出版社,1998
专著	1980—1983	昆仑开合构造	姜春发等	地质出版社,1992
区调	1986	1∶100 万日土幅区调报告	西藏自治区地质矿产局区域地质调查大队	内部资料,1986
综合	1986—1988	青藏高原喀喇昆仑山-昆仑山地区综合科学考察	中国科学院青藏高原综合科学考察队	内部资料,1988
专著	1987—1989	喀喇昆仑山-昆仑山地区古生物	文世宜等	科学出版社,1998
专著	1987—1989	中国新疆古生代地壳演化及成矿	何国琦等	新疆人民出版社、香港文化教育出版社,1994
专著	1986 年前	新疆古生界(上、下册)	新疆地质矿产研究所、新疆第一区调大队	新疆人民出版社,1990
专著	1990—1993	塔里木板块周缘的沉积-构造演化	刘训等	新疆科技卫生出版社,1997
专著	1985 年前	中国西部第四纪冰川与环境	中国第四纪冰川与环境研究中心等	地质出版社,1991
编图	1987	1∶150 万青藏高原及邻区地质图	成都地质矿产研究所	地质出版社,1987
修编	1989	和田地区 1∶50 万地质图、矿产图及说明书(新疆地区)	新疆第十地质大队	内部资料,1989
专著	1991—1993	西昆仑造山带与盆地	丁道桂等	地质出版社,1996
总结	1993	新疆维吾尔自治区区域地质志	新疆地质矿产局	地质出版社,1993
专著	1978 年前	新疆昆仑山和阿尔金山前寒武系及叠层石	缪长泉	新疆科技卫生出版社,1993
专著	1992—1994	中国主要成矿区带矿产资源远景评价	陈毓川	地质出版社,1999
专著	1993	塔里木盆地及其周缘地区上第三系一第四系地层及晚新生代构造期次划分	滕志宏等	内部刊物,1994
专著		中国区域地质概论	程裕淇	地质出版社,1994
专著	1994—1996	新疆开合构造与成矿	陈哲夫等	新疆科技卫生出版社,1997
矿产	1995	西昆仑块状硫化物矿床成矿条件和成矿预测	贾群子等	地质出版社,1999
总结	1995	1∶250 万中国西部火山岩地质图及说明书	叶茂泉	西安地图出版社,1996
专著	1999	阿尔金断裂系	崔军文等	地质出版社,1999
总结		新疆构造体系与重要矿产和地震分布规律的研究(1∶100 万)	张通乐等	内部资料,1980
		1∶100 万和田地区初步解译修编地质图	新疆第十地质队	内部资料,1980
		1∶150 万西昆仑山-喀喇昆仑山及帕米尔东缘地质图	尹集祥	内部资料,1992
		新疆地质图及说明书(1∶200 万)	陈哲夫	内部资料,1992

1986—1988 年,中国科学院青藏高原综合科学考察队深入图区,对地质、地理等进行了全面考察研究,1992 年出版了《青藏高原喀喇昆仑山-昆仑山地区科学考察》丛书共 4 套。该项研究耗资巨大,成果丰富,具有多学科、系统、深入等优势,是目前该地区研究的权威之作。有一条考察路线南北贯通全区,为我们提供了地质、地理和古生物等方面非常宝贵的实际资料和研究思路。但样品

产地不明，调查对象位置的描述与实际吻合程度较差，经纬度有时相差数十千米。

1989年，新疆地质局第十地质调查大队在1964年喀什地质大队编图的基础上，结合新的成果资料，重新编制了《和田地区1∶50万地质图、矿产图及说明书》，对测区（新疆区域）的岩石、地层、构造、侵入岩和矿产进行了系统的总结。以后的各项工作都程度不同地采用了此项成果。

1987—1991年，中国科学院潘裕生、法国Tapponnier P等在图区以西狮泉河—叶城、喀什—红其拉甫进行了路线考察，其成果认识对测区有一定的指导意义。

1990—1993年，刘训等在塔里木盆地进行了地质调查及剖面测制，1997年出版了《塔里木板块周缘的沉积-构造演化》专著。

1991—1993年，丁道桂等也在图区以西进行了剖面调查，1996年出版了《西昆仑造山带与盆地》专著，对西昆仑造山带的认识水平有明显提高。

1993年，腾志宏等在塔里木盆地进行了地质调查，著有《塔里木盆地及其周缘地区上第三系—第四系地层及晚新生代构造期次划分》（内部刊物）。

1994—1996年，陈哲夫等系统总结了新疆的地史演化与成矿，1997年出版了《新疆开合构造与成矿》专著。

1995年，由地质矿产部西安地质矿产研究所和新疆地勘局第二区调队联合承担了地质矿产部定向科研项目“西昆仑块状硫化物型铜（多金属）矿床成矿条件及成矿预测研究”，1999年贾群子等出版了《西昆仑块状硫化物矿床成矿条件和成矿预测》专著，对成矿地质背景、海相火山岩岩石系列、岩石组合及成矿环境、块状硫化物矿床地质特征和类型、区域成矿条件和成矿规律、成矿带划分及和成矿远景区等进行了较系统的论述。

由于自然条件所限，测区所在的西昆仑山及藏北高原面积性工作只完成了1∶100万区域地质调查，完整的区域地球化学勘查与本项目工作同时进行。前人对西昆仑造山带在基础地质和矿产地质方面的工作程度在全国为最低，不过以科研院所为主开展的科学考察取得了可喜的成绩，对西昆仑造山带的认识水平有了提高，这些认识对在测区进行1∶25万区调有指导意义。但实际资料依据不足，而这些有限的资料多集中于交通条件较好的新藏公路一线，虽然有些地段如库地一带的研究较为深入，但由于西昆仑造山带地质构造甚为复杂，这些资料不可能窥一斑而见全豹。从实际资料的角度上讲，除局部第四系外，本项目的工作基本上是从零开始。

第四节　工作完成情况

陕西省地质调查院决定“于田县和伯力克两幅1∶25万区调”项目由区域地质调查所具体实施，1999年底接受任务后立即组建队伍，收集各种资料，编写了初步设计方案。据此，2000年4—10月进行了踏勘并基本完成了于田县幅填图和剖面测制，2000年11月在成都通过了设计评审，获良好（89.81分）级，根据专家组提出的意见，对项目总体设计进行了修改。2001年4—9月基本完成了两个图幅的填图及剖面测制，中国地质调查局西北项目管理办公室组织专家进行野外检查，该项目实际资料被评为优秀（92.24分）级。2002年4—5月进行了野外检查及补充工作，全面完成了设计工作量，2002年6月通过了野外资料验收，两幅图实际资料均获优秀（于田县幅93分，伯力克幅90.24分）级。在西宁和昆明举行的两次接图和成果汇报会上，该项目资料和成果均获得了很高的评价。全项目和于田县幅完成的实物工作量见表1-2。

参加该项目工作的全体人员见表1-3。

于田县幅（J44C004003）区域地质调查报告编写人员及分工为：

第一章　绪言	韩芳林
第二章　地层	
第一节、第二节、第三节	崔建堂
第四节、第五节、第六节、第七节、第八节	边小卫
第三章　岩浆岩	
第一节、第二节	王炬川
第三节　蛇绿岩	韩芳林
第四章　变质岩	崔建堂
第五章　构造	郝俊武
第六章　地质构造演化	韩芳林
第七章　矿产及其他国有资源概况	孟　勇
第八章　结论	韩芳林

全书由韩芳林总纂。

表 1-2　实物工作量完成表

名称		单位	全项目完成工作量			于田县幅完成工作量
			设计工作量	完成工作量	完成比例(%)	
填图面积		km^2	24 984	30 000	120.1	15 000
遥感解译面积		km^2	2 000	1 500	75	700
填图路线		km	4 100	4 120	100.5	2 160
踏勘路线		km	150	163	108.7	93
实测剖面	1∶2 000	km	20	10.50	53	2.5
	1∶5 000	km	100	99.64	99.64	60.64
	1∶10 000	km	40	60.50	150	34.5
1∶50 000 解剖区		km^2	150	300	200	150
地质点数		个	2 500	2 258	90	1 100
标本、薄片		件	1 700	1 600	94.1	900
定量光谱		件	720	756	105	400
岩石化学		件	200	210	105	110
人工重砂		件	40	33	82.5	25
稀土分析		件	180	229	127.2	140
同位素年龄		条	48	54	112.5	34
大化石		处	150	165	110	48
微古样		处	80	62	77.5	36
化学分析样		件	100	78	78	74
微金分析样		件	50	38	76	35
粒度分析		件	30	27	90	10

表 1-3 参加项目工作的主要人员名单

姓名	姓别	出生年	技术职称	文化程度	职务	工作时间(年份)	完成的工作
韩芳林	男	1960	教授级高工	博士	项目负责、技术负责	1999—2002	全面负责
崔建堂	男	1960	高级工程师	硕士	副技术负责	1999—2002	质量、变质岩
计文化	男	1968	工程师	博士	副技术负责	1999—2001	构造
郝俊武	男	1955	工程师	中专	副项目负责	1999—2001	后勤、行政、构造
李海平	男	1952	教授级高工	大学	副技术负责	1999—2000	质量
边小卫	男	1969	工程师	大学	大组长	1999—2002	地层、沉积岩
王炬川	男	1965	工程师	大学	大组长	1999—2002	岩浆岩
孟 勇	男	1955	高级工程师	中专	大组长	1999—2002	矿产
尹宗义	男	1960	高级工程师	大学	小组长	2001	地层
罗乾周	男	1963	高级工程师	大学	小组长	1999—2001	矿产
陈高潮	男	1965	工程师	大学	小组长	2000—2001	地层
张俊良	男	1966	工程师	大学	小组长	2000—2001	遥感
李博秦	男	1966	工程师	硕士	小组长	2000—2001	矿产
霍向光	男	1956	工程师	中专	小组长	2000—2002	地层、遥感
蔺新望	男	1968	工程师	大学	技术员	2000—2001	地层、岩石
孔文年	男	1965	工程师	大学	技术员	2000—2001	地层、岩石
王洁明	男	1965	工程师	中专	技术员	2000—2001	地层
张清盛	男	1966	工程师	中专	技术员	2001	遥感
刘曦鹏	男	1964	高级工程师	大学	技术员	2000—2001	岩石
阎振兴	男	1955	工程师	中专	技术员	2000—2001	岩石
谭苏敏	男	1964	高级工	高中	工人	2000—2001	驾驶员
姚 社	男	1965	中级工	高中	工人	2000—2001	驾驶员
陈 学	男	1957	中级工	高中	工人	2000—2001	驾驶员
李 治	男	1968	中级工	高中	工人	2000—2001	炊事员
李金杰	男	1952	政工师	高中	干部	2000	炊事员
耿建宏	男	1960	中级工	高中	工人	2001	炊事员
汪贵全	男	1960	医师	大学	干部	2001	医生

第二章　地　层

第一节　地层分区及岩石地层划分

调查区位于塔里木板块南缘，西昆仑造山带、东昆仑造山带与阿尔金构造带的结合部位。地层发育比较齐全，从下元古界到第四系均有不同程度的出露，地层类型有中深变质变形的构造-岩石地层，浅变质和未变质的岩石地层，也有大量未固结的地层。形成环境有深海及浅海相，也有大量陆相地层。成因上有变质地层、沉积地层，也有大量火山地层，于田县幅地层以古生界和第四系为主。

依据地层划分与构造区划的一致性和中国地质调查局在"云南会议"西北项目片确定的地层区划，测区隶属华南地层大区，可分塔里木（Ⅰ）和昆仑（Ⅱ）两个地层区，昆仑地层区以其曼于特和苏巴什两个蛇绿混杂岩带为界分为3个地层分区。塔里木地层区以南、其曼于特缝合带以北为昆北地层分区（$Ⅱ_1$）；其曼于特缝合带以南、苏巴什缝合带以北为昆南地层分区（$Ⅱ_2$）；以苏巴什缝合带以南为羌塘地层分区（$Ⅱ_4$）；苏巴什蛇绿混杂岩带宽达数十千米，除蛇绿岩外，还有三大套沉积地层，与两侧地层分区完全不同，也将其划分为一个地层分区（$Ⅱ_3$）。其曼于特蛇绿混杂岩带出露很窄，且以蛇绿岩及相关沉积岩为主，在地层区划中以断层对待，未单独划出。在地层分区中依主体地层的发育时代、地层特征进一步划分地层小区，包括伯力克幅，调查区地层区划见图2-1，各地层分区地层总体特征列于表2-1。

依据全国地层多重划分对比研究，《新疆维吾尔自治区岩石地层》(1998)成果以及中国科学院、中国地质科学院近年来在该地区的最新研究成果，结合区域资料对比，对测区地层进行了划分和厘定，并建立了新的（构造）岩石地层单位（表2-2）。

于田县幅出露的地层为塔里木地层区的塔南地层分区和昆仑地层区的昆北地层分区、昆南地层分区及苏巴什地层分区的北部柳什塔格地层小区，再依勒克地层小区的少部分。以下对所出露的地层按时代进行描述。

第二节　下元古界

下元古界是本图区的深变质结晶基底，但出露面积较小，分布在昆北地层分区和苏巴什地层分区，其中昆北地层分区为米兰岩群（Pt_1M），苏巴什地层分区为双雁山片岩（Pt_1s）。

一、米兰岩群（Pt_1 M）

米兰岩群是本次区调从前人划分的长城系中解体出来的一套中深变质片麻岩系，经区域对比研究，暂厘定为米兰岩群。

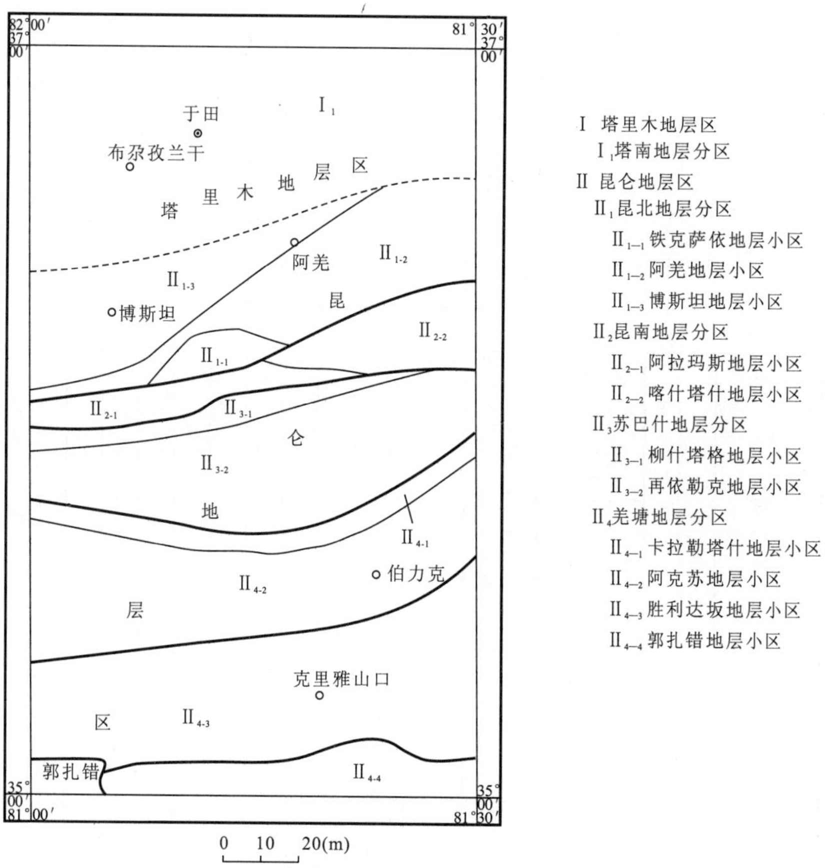

图 2－1　地层分区略图

表 2－1　各地层区特征简表

区	分区	小区	地层特征			
塔里木	塔南		区内为第四系松散沉积，邻区和钻探资料反映古元古代为结晶基底，中、新元古代变质很浅，震旦纪以后为稳定沉积，且较连续			
昆仑山-喀喇昆仑山	昆北	铁克萨依	以发育震旦纪—寒武纪变质碎屑岩地层为特征	被动边缘	大量发育元古宙基底，下元古界与塔里木地层区相似，中元古代变质较深	与塔里木地层区的区别是震旦纪以后基本一直为剧烈的活动性沉积、变质、火山岩建造
		阿羌	大量发育以基性火山岩为主的晚古生界，以剥离断层与前震旦纪基底接触	裂谷盆地		
		博斯坦	昆仑山前一带巨厚的更新统冲、洪积及火山岩	拉分盆地		
	昆南	阿拉玛斯	以出露下古生界为特点	活动边缘	以产和田玉的中深变质的蓟县系为基底	
		喀什塔什	大量发育含中酸性火山岩的晚古生界，以断层与基底地层接触	裂陷盆地		
	苏巴什	柳什塔格	震旦纪玄武岩	洋岛	震旦纪—古生代洋盆，含大量小型陆块	
		再依勒克	上古生界以碳酸盐岩为主，二叠纪复理石	弧前盆地		
	羌塘	卡拉勒塔什	安山岩、玄武岩	火山弧	具甜水海地块型基底，下元古界为深变质，中上元古界为浅变质。古生界为连续的稳定台地沉积	
		阿克苏	二叠纪基性和中酸性火山岩、火山碎屑及陆源碎屑复理石	活动边缘		
		胜利达坂	三叠纪复理石	残留盆地		
		郭扎错	古生界和三叠系为连续的台地相，侏罗系和白垩系以活动性前陆源碎屑为主的沉积	台地		

表 2-2　地层区划及岩石地层系统

时代	博斯坦地层小区	阿羌地层小区	铁克萨依地层小区	阿拉玛斯地层小区	喀什塔什地层小区	苏巴什地层分区	卡拉勒塔什地层小区	阿克苏地层小区	胜利达坂地层小区	郭扎错地层小区	构造阶段	构造演化
Qh	新疆群（戈壁群）	冲积、洪积、风积、湖积、坡积、残积、人工堆积等		崇测冰碛层				阿什库勒火山岩（南）			板内构造演化	青藏高原隆升 / 青藏高原隆升
Qp^3	新疆群（戈壁群）	冲积、洪积、风积、湖积、坡积、残积、人工堆积等		里田冰碛层				阿什库勒（南）阿他木帕下火山岩			板内构造演化	青藏高原隆升 / 青藏高原隆升
Qp^2	乌苏群	冲积、洪积、风积、湖积、坡积、残积、人工堆积等		布拉克巴什冰碛层				阿什库勒（中）火山岩			板内构造演化	青藏高原隆升 / 青藏高原隆升
Qp^2	乌苏群	冲积、洪积、风积、湖积、坡积、残积、人工堆积等		玉龙喀什冰碛层				阿什库勒（中）火山岩			板内构造演化	青藏高原隆升 / 青藏高原隆升
Qp^1	康苏拉克组 / 西域组	冲积、洪积、风积、湖积、坡积、残积、人工堆积等						阿什库勒（北）火山岩，普鲁火山岩			板内构造演化	青藏高原隆升 / 青藏高原隆升
N	阿图什组							喷呐湖组			板内构造演化	青藏高原隆升 / 青藏高原隆升
E	阿尔塔什组										板内构造演化	青藏高原隆升 / 昆仑山隆起
K_2										铁隆滩群 灰岩组	板内构造演化	青藏高原隆升 / 昆仑山隆起
K_1	克孜勒苏群									铁隆滩群 砂岩组	板内构造演化	青藏高原隆升 / 昆仑山隆起
J	叶尔羌群											
T						阿他木帕下组			巴颜喀拉山岩群	邦达错组	板块构造演化阶段	特提斯洋演化 / 磨拉石
P_3		苏克塔埡克组			托库孜达坂岩组						板块构造演化阶段	古特提斯洋演化
P_{1-2}		阿羌火山岩			托库孜达坂岩组	再依勒克组、卡拉孔木组、硫磺达坂砂岩	卡拉勒塔什岩群	黄羊岭岩群		空喀山口组	板块构造演化阶段	古特提斯洋演化
C_2		皮什盖萨依组			托库孜达坂岩组	龙门沟组				月牙湖组	板块构造演化阶段	古特提斯洋演化
C_1		皮什盖萨依组			托库孜达坂岩组	塔斯坎萨依组				月牙湖组	板块构造演化阶段	古特提斯洋演化
D_3		奇自拉夫组									板块构造演化阶段	磨拉石
O				库拉甫河岩群							板块构造演化阶段	原特提斯洋演化
∈			阿拉叫依岩群	库拉甫河岩群							板块构造演化阶段	原特提斯洋演化
Z			阿拉叫依岩群			柳什塔格玄武岩					板块构造演化阶段	原特提斯洋演化
Qn	丝路岩组											过渡性基底
Jx	流水岩组			阿拉玛斯岩群								过渡性基底
Ch	卡羌岩组						浅粒岩组					过渡性基底
Pt_1	米兰岩组					双雁山片岩						结晶基底
地层分区	昆北地层分区			昆南地层分区		苏巴什地层分区	羌塘地层分区					
地层区	昆仑山-喀喇昆仑山地层区											

米兰岩群由米兰群演化而来，系指一套高角闪岩相-麻粒岩相的变质岩系，与下古生界阿尔金群为断层接触，在英格布拉克一带见青白口系索尔库里群乱石山组角度不整合超覆其上。其岩石组合主要为二长变粒岩、片麻岩、斜长角闪岩、紫苏辉石麻粒岩、角闪紫苏麻粒岩、二辉麻粒岩、条带状混合岩、条纹状浅粒岩等。时代归属新太古代。

本图区新厘定的米兰岩群分布于普鲁以南的其曼于特蛇绿混杂岩带北侧和吐木亚一带。前者呈东宽西窄的楔形状岩片夹持于其曼于特蛇绿混杂岩带与长城系卡羌岩组之间，两侧接触关系均为脆韧性剪切断裂。后者呈变质核杂岩出露，与北侧上覆长城系卡羌岩组呈脆韧性断裂接触，而南侧与二叠纪阿羌火山岩呈脆-脆韧性断层接触。图区出露总面积约 128km^2。

（一）地层特征

米兰岩群主要为一套片麻岩夹变粒岩，岩石组合复杂，变质变形强烈（图版Ⅲ-6），形成一系列的紧闭同斜小褶皱（图版Ⅲ-4），局部可见“σ”形旋转碎斑，且片理褶皱发育。该岩群构造置换强烈，糜棱岩带、韧性剪切带发育，构成层状无序的构造岩石地层单位。依据变质岩组合及原岩建造特征，将米兰岩群可进一步划分为两个组级构造-岩石地层单位。

下岩组（Pt_1M_1）主要岩性为灰—灰绿色角闪斜长片麻岩，灰—灰绿色石榴角闪二长变粒岩。

上岩组（Pt_1M_2）主要岩性为深灰—灰绿色角闪斜长变粒岩，灰色石榴角闪斜长片麻岩夹灰绿色条带状透辉斜长角闪岩等。

两个岩组之间为深变质的中、基性侵入岩体（片麻岩套，详见第三章），后经同期变质、变形改造，呈片麻理“整合”接触关系。

于田县普鲁以南铁克萨依代牙米兰岩群实测地质剖面（图 2-2）介绍如下：

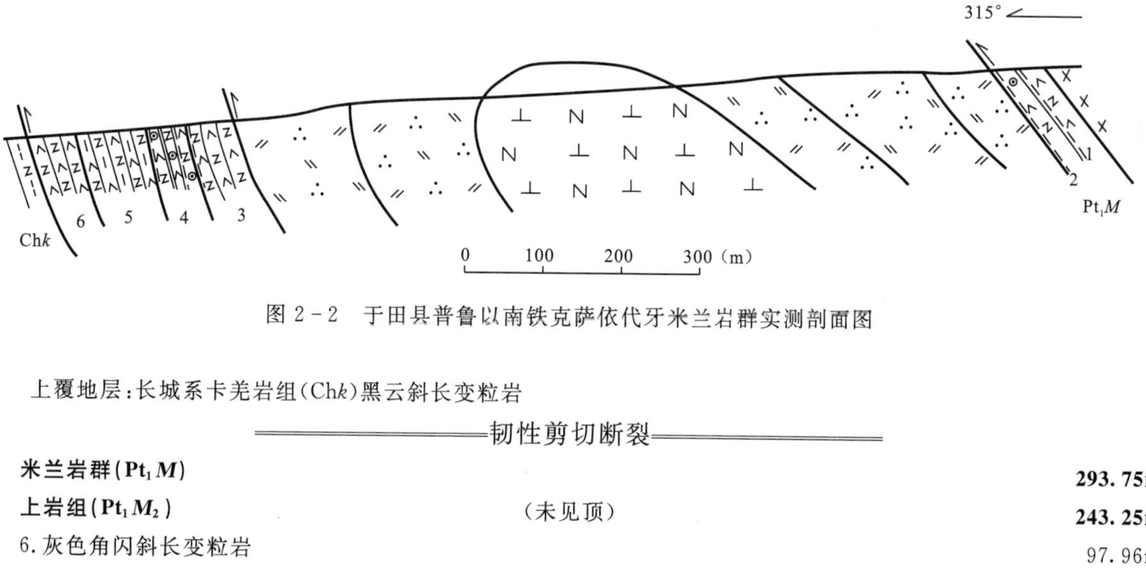

图 2-2　于田县普鲁以南铁克萨依代牙米兰岩群实测剖面图

上覆地层：长城系卡羌岩组（Ch*k*）黑云斜长变粒岩

═══════韧性剪切断裂═══════

米兰岩群（Pt_1M） **293.75m**

上岩组（Pt_1M_2）　（未见顶）　**243.25m**

6. 灰色角闪斜长变粒岩　97.96m

5. 灰绿色条带状透辉斜长角闪岩　98.27m

4. 灰色石榴角闪斜长片麻岩　37.21m

3. 灰—灰绿色角闪斜长变粒岩　9.81m

——————————片麻岩套——————————

下岩组（Pt_1M_1） **50.50m**

2. 灰—灰绿色角闪斜长片麻岩　28.86m

1. 灰—灰绿色石榴角闪二长变粒岩　21.64m

═══════韧性断裂═══════

其曼于特蛇绿岩

剖面未见顶、底，叠置厚度为293.75m。米兰岩群岩石组合主要为一套灰绿色黑云角闪片麻岩、石榴角闪二长变粒岩、角闪斜长变粒岩夹透辉斜长角闪岩。该剖面岩石变质、变形强烈，内部脆、韧性断层发育，均呈构造岩片状叠置关系。

在东部吐木亚一带出露的米兰岩群其岩石组合基本相同，不同之处：①吐木亚一带的米兰岩群中晚期发育有辉长岩脉，后被构造改造置换，多呈构造小透镜体状产出，规模一般长约20～40cm，宽约10～20cm，最大可达数米。②吐木亚一带米兰岩群混合岩化程度较强（图版Ⅴ-2、图版Ⅴ-3）。

（二）岩石化学及地球化学特征

1. 岩石化学特征

米兰岩群的岩石化学成分列于表2-3中，可见其变化较大，总体表现为SiO_2、Al_2O_3、Na_2O含量较高，而MgO、CaO、K_2O含量较低的特点。

其中米兰岩群上岩组的岩石化学成分变化较大，部分岩石化学成分表现为SiO_2较低，而MgO、FeO、K_2O较高的特点，与下岩组岩石化学成分相比差异较大。由此表明，米兰岩群上岩组原岩成分比较复杂，可能为一套变质碎屑岩夹基性火山沉积岩，而下岩组原岩可能为一套变质碎屑岩。根据岩石化学特征，利用[(al+fm)-(c+alk)]-Si图解和$Log(Na_2O/K_2O)-Log(SiO_2/Al_2O_3)$图解恢复原岩（详见第四章），其米兰岩群原岩均投影到成熟度较低的杂砂岩、岩屑砂岩类。综合分析，米兰岩群原岩为一套变质碎屑岩夹基性火山沉积岩建造。与Bhatia(1985)的不同构造环境中杂砂岩平均化学成分比较，主体为活动陆缘构造环境，但也具有大陆岛弧构造环境的性质，反映米兰岩群构造环境比较复杂。

表2-3　米兰岩群岩石化学成分含量表　　（%）

	序号	岩石名称	SiO_2	TiO_2	Al_2O_3	Fe_2O_3	FeO	MnO	MgO	CaO	K_2O	Na_2O	P_2O_5	LOI	Σ
上岩组	1	石榴角闪斜长片麻岩	74.50	0.31	11.63	1.70	3.24	0.13	1.22	2.40	0.25	3.35	0.044	0.38	99.15
	2	黑云斜长片麻岩	66.21	0.75	14.61	0.79	3.68	0.07	4.03	1.25	4.08	3.08	0.13	0.80	99.48
下岩组	3	角闪斜长片麻岩	72.57	0.53	12.84	1.27	2.24	0.05	2.26	1.75	1.78	3.00	0.12	1.08	99.49
	4	石榴角闪二长变粒岩	74.67	0.32	11.49	2.63	1.46	0.08	0.22	3.20	0.90	3.50	0.07	0.30	99.84
	5	黑云斜长变粒岩	73.17	0.29	13.69	1.38	2.43	0.03	1.71	2.18	2.10	2.53	0.16	0.49	100.16

2. 微量元素特征

米兰岩群微量元素特征列于表2-4中。上岩组活泼微量元素Sr、Rb、Ba、Th含量变化较大，而不活泼元素Y、Sc、Cr、Co、Ni含量变化较小。下岩组微量元素除Nb、Hf、Y等元素含量变化较小外，其余元素含量变化均较大，米兰岩群变质基性碎屑岩平均值与地壳克拉克值（维氏，1962）相比较，微量元素Rb、Sc含量显示强富集，Th、Hf、Cr元素显示富集，而其余元素均显示不同程度的亏损。由此可见，米兰岩群变质碎屑岩的物源比较复杂。米兰岩群变质基性火山岩与世界基性玄武岩平均值比较，其元素Sc含量显示强富集，Th、Zr元素显示富集，而不活泼过渡性元素（基性元素）Cr、Co、Ni、V均显示不同程度的亏损，说明米兰岩群变质基性火山岩偏酸性。由于米兰岩群变质

表 2-4 米兰岩群微量元素特征表

序号	样品号	岩石名称	Sr	Rb	Ba	Th	Ta	Nb	Zr	Ti	Hf	Y	Sc
1	D854/1g	黑云角闪斜长变粒岩	693.6	258.10	1 567	91.51	3.16	16.62	61.73	0.32	0.99	23.85	6.12
2	D854/3g	角闪斜长变粒岩	112.1	11.77	93.95	3.77	0.41	26.54	100.00	—	0.95	50.86	24.16
3	D854/4g	石榴角闪斜长片麻岩	90.3	11.34	128.80	1.65	0.16	9.08	45.06	—	0.32	24.67	21.41
4	D338/2g	黑云斜长片麻岩	267.0	72.51	675.90	29.35	3.69	28.76	91.18	0.75	4.04	23.28	19.86
5	D584/5g	透辉斜长角闪岩	123.8	21.68	62.33	4.25	0.39	42.72	119.10	—	0.81	108.80	33.57
6	D853/1g	角闪斜长片麻岩	97.9	8.76	75.17	3.06	0.15	13.82	86.71	—	1.18	25.67	46.62
7	D853/2g	石榴角闪二长变粒岩	176.9	562.10	99.78	12.29	2.61	12.94	52.90	—	2.89	27.15	24.63
8	D853/3g	石榴角闪二长变粒岩	717.6	214.60	2 348	79.55	2.26	14.35	63.19	—	0.70	20.83	4.99
9	D340/3g	角闪斜长片麻岩	129.2	224.20	288.50	19.11	3.38	20.88	85.75	0.53	3.72	12.86	14.31
10	D2006/1g	石榴角闪二长变粒岩	161.9	20.69	72.39	13.07	2.93	11.67	24.15	0.32	3.34	19.06	22.52
变质碎屑岩平均值			271.8	153.80	594.40	28.15	2.05	17.13	67.85	0.48	2.02	25.36	20.51
地壳克拉克值(维氏,1962)			340.0	150.00	650.00	13.00	2.50	20.00	170.00	0.45	1.00	29.00	10.00
世界基性玄武岩平均值			440.0	4.50	300.00	3.00	0.48	20.00	100.00	0.90	1.00	20.00	2.40

序号	样品号	岩石名称	Cr	Co	Ni	V	Ga	U	Au	Ag	Cu	Pb	Zn
1	D854/1g	黑云角闪斜长变粒岩	32.53	6.31	11.17	35.03	11.11	2.64	5.22	19.0	10.05	28.31	54.69
2	D854/3g	角闪斜长变粒岩	25.84	19.41	11.51	66.94	20.21	2.74	0.68	39.0	27.10	19.76	96.09
3	D854/4g	石榴角闪斜长片麻岩	26.56	4.99	4.19	28.88	5.89	0.56	0.28	10.0	16.29	15.73	69.15
4	D338/2g	黑云斜长片麻岩	30.59	17.40	20.10	57.52	23.17	1.99	1.17	44.1	64.69	27.88	267.40
5	D584/5g	透辉斜长角闪岩	26.83	22.26	17.49	179.40	31.49	1.77	0.69	64.0	30.73	25.36	126.8
6	D853/1g	角闪斜长片麻岩	343.20	19.88	65.46	131.50	6.18	0.43	0.28	12.0	11.62	21.06	82.66
7	D853/2g	石榴角闪二长变粒岩	37.90	7.16	8.05	37.58	8.06	1.22	44.45	14.0	11.15	19.79	68.85
8	D853/3g	石榴角闪二长变粒岩	38.51	6.49	11.68	35.52	8.43	5.81	3.98	14.0	8.47	30.85	53.22
9	D340/3g	角闪斜长片麻岩	87.17	15.83	35.37	90.48	15.97	2.55	1.69	30.6	60.99	23.69	170.70
10	D2006/1g	石榴角闪二长变粒岩	264.80	11.22	139.70	130.00	9.13	0.89	0.83	14.4	13.55	18.38	132.90
变质碎屑岩平均值			98.58	12.02	34.14	61.77	12.02	2.09	6.51	21.9	24.88	22.83	110.63
地壳克拉克值(维氏,1962)			83.00	18.00	58.00	90.00	19.00	2.50	4.00	80.0	63.00	12.00	94.00
世界基性玄武岩平均值			200.00	45.00	160.00	200.00	18.00	0.50	—	—	—	—	—

注:由北京大学地质系实验室测试,方法为多接收器 ICP-MS;表中 Au、Ag 元素含量单位为$\times10^{-9}$,Ti 元素含量单位为$\times10^{-2}$,其他元素含量单位为$\times10^{-6}$

碎屑岩微量元素平均值 Sr/Ba 比值较小(<1),说明其原岩为古老的变质碎屑岩。与不同构造环境杂砂岩微量元素特征(Bhatia,1985)相比较,显示比较复杂,介于活动陆缘与大陆岛弧构造环境。

3. 成矿元素特征

米兰岩群中 Au、Ag、Cu、Pb、Zn 五种主要成矿元素含量如表 2-4 所示。由表可见,Au 含量变化较大,其中最高值可达 44.45×10^{-9},高于地壳克拉克值 10 倍,且该样品采自断裂带中,显示一定的富集,其余含量与地壳克拉克值相比较,多数均显示亏损,个别显示稍富集;Ag 含量与地壳克拉克值相比,均显示亏损,其中最高含量值仅有 44.1×10^{-9};Cu 含量与地壳克拉克值相比,绝大多数显示亏损,仅有少数样品接近;Pb 含量变化较少,且均显示不同程度的富集;Zn 含量变化较大,最高值可达 267.4×10^{-6},多数显示稍富集或接近,少数显示亏损。

4. 稀土元素特征

米兰岩群稀土元素特征列于表 2-5 中。可见其总量变化较大,$\sum$REE=(62.54~614.03)$\times10^{-6}$,轻、重稀土元素比值变化也较大,LREE/HREE=1.78~24.17,稀土元素分布曲线特征显示比较复杂。δEu=0.48~1.12,多数 Eu 显示亏损,少数 Eu 稍显示富集,而稀土元素 δCe=0.73~0.88,Ce 均显示亏损。多数$(La/Yb)_N$=0.70~71.13,说明多数稀土元素显示轻稀土富集,且部分显示强富集,少数显示重稀土稍富集,且 Gd 元素显示亏损。$(La/Sm)_N$=1.72~4.97,$(Gd/Yb)_N$=0.30~10.54,说明大部分轻稀土分馏程度较高,而少部分重稀土分馏程度也较高。稀土元素配分曲线模式(图 2-3)比较复杂,多数具有左高右低的特点。说明米兰岩群原岩的物源比较复杂。

表 2-5 米兰岩群稀土元素特征表

序号	样品号	岩石名称	稀土元素含量($\times10^{-6}$)										
			La	Ce	Pr	Nd	Sm	Eu	Gd	Tb	Dy	Ho	Er
1	D8554/4xt	石榴角闪斜长片麻岩	7.65	16.22	2.06	10.31	2.78	0.98	3.15	0.59	4.88	1.36	4.19
2	D338/2xt	黑云斜长片麻岩	60.31	97.74	11.40	47.37	8.98	2.55	8.74	1.13	6.27	1.34	3.58
3	D2006/1xt	石榴角闪二长变粒岩	19.93	37.15	4.44	22.42	5.30	1.24	6.42	1.09	7.90	1.86	5.59
4	D340/3xt	角闪斜长片麻岩	51.88	84.05	9.42	38.30	6.52	1.22	4.05	0.72	3.60	0.69	1.80
5	D2203/1xt	黑云斜长变粒岩	96.98	195.10	209.40	70.27	15.75	2.16	13.93	1.57	5.65	0.69	1.53

序号	样品号	岩石名称	稀土元素含量($\times10^{-6}$)						特征参数值					
			Tm	Yb	Lu	$\sum$REE	$\sum$Ce	$\sum$Yb	LREE/HREE	δEu	δCe	$(La/Yb)_N$	$(La/Sm)_N$	$(Gd/Yb)_N$
1	D8554/4xt	石榴角闪斜长片麻岩	0.87	6.46	1.04	62.54	40.00	22.54	1.78	1.12	0.84	0.70	1.72	0.30
2	D338/2xt	黑云斜长片麻岩	0.62	3.33	0.59	253.95	228.38	25.60	8.92	0.96	0.73	10.75	4.20	1.61
3	D2006/1xt	石榴角闪二长变粒岩	1.05	6.20	1.19	121.78	90.48	31.30	2.89	0.72	0.80	1.91	2.35	0.64
4	D340/3xt	角闪斜长片麻岩	0.28	1.54	0.27	204.34	191.39	12.95	14.78	0.73	0.74	19.99	4.97	1.61
5	D2203/1xt	黑云斜长变粒岩	0.11	0.81	0.08	614.03	589.63	24.40	24.17	0.48	0.88	71.13	3.85	10.54

注:由北京大学地质系实验室测试,方法为 ICP-MS

（三）副矿物特征

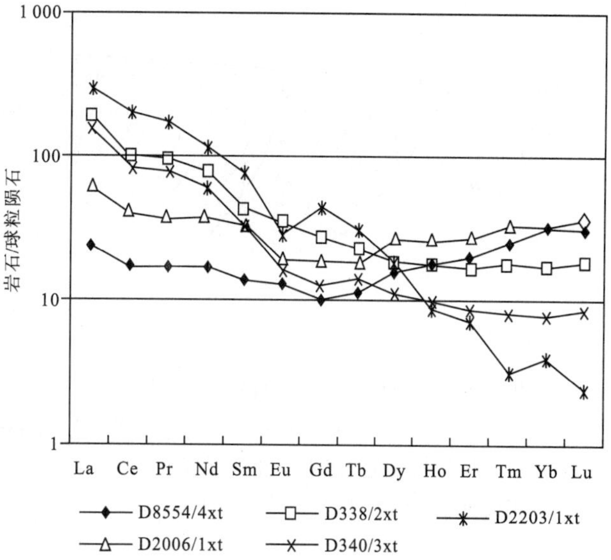

图 2-3　米兰岩群稀土元素配分曲线模式图

米兰岩群副矿物类型较多，主要有磁铁矿、钛铁矿、赤铁矿、褐铁矿、黄铁矿、锆石、榍石、石榴子石、绿帘石、绿泥石等，少量磷灰石、独居石、黄铜矿等副矿物。其中锆石呈无色—淡粉色，少量烟灰色，金刚光泽，部分弱金刚光泽，透明度为无色和部分淡粉色，粒度长为0.05～0.4mm，宽为0.03～0.15mm。少数晶体含个别粒状、条状黑色矿物包体，粒状和柱状的锆石、磷灰石包体。锆石形态绝大部分呈柱状碎块，完整晶形较少，部分呈次浑圆状、浑圆状，表面多粗糙、模糊，个别显蚀象，少量锆石晶形呈棱角—次棱角状，且表面光滑。由上可见，锆石晶形可分 3 种类型：①浑圆状—次浑圆状，表面多粗糙、模糊，为成岩期锆石，受多期次构造改造，熔蚀而面貌全非；②碎块状，半自形，个别有熔蚀，为早期（早期糜棱岩带）构造变动的产物；③棱角—次棱角状自形晶，为主期变质作用所形成的产物。

（四）区域对比及地层时代

区域上阿尔金山一带出露的米兰岩群与该岩群（含其中的变质岩体）建造特征与变质程度相似，具可比性。米兰岩群有晚太古代年龄依据，普遍将其时代划归晚太古代—古元古代。在西昆仑山地区目前所获得的最老年龄数据为古元古代（个人报道），为慎重起见，将本区出露的这套最深变质岩系与米兰岩群进行对比，但将其时代暂归古元古代。

二、双雁山片岩（Pt_1s）

双雁山片岩是本次区调新建立的组级非正式构造-岩石地层单位。宽大的苏巴什蛇绿混杂岩带残留了大量规模不等的陆壳碎块，这些块体由深变质基底和晚古生代沉积盖层两部分组成，基底部分基本相同，主要为副变质的片岩、片麻岩，夹大理岩、白云石大理岩，命名为双雁山片岩。局部有正变质的花岗岩（详见第三章）。

双雁山片岩主体分布在南侧的伯力克幅，本图区出露较少，主要分布在吕什塔格以南，马山一带。地层走向呈北东东向延伸，与上覆盖层石炭系呈断层接触关系。图区出露面积为 230km²。

（一）地层特征

双雁山片岩在图区构造变形强烈，呈构造岩片状展布，内部断层发育，呈构造岩片状展布。岩石组合主要为灰—灰黄色石榴二云石英片岩、黑云石英片岩、黑云斜长变粒岩、条带状斜长角闪岩夹大理岩及变质长石石英砂岩等。

以于田县吕什塔格南马山双雁山片岩路线剖面（图 2-4）为例，由北向南列述如下。

北侧：冰雪覆盖

双雁山片岩（Pt_1s）　**1 842.76m**

8. 灰色黑云斜长变粒岩　450.25m

═══════════断　层═══════════

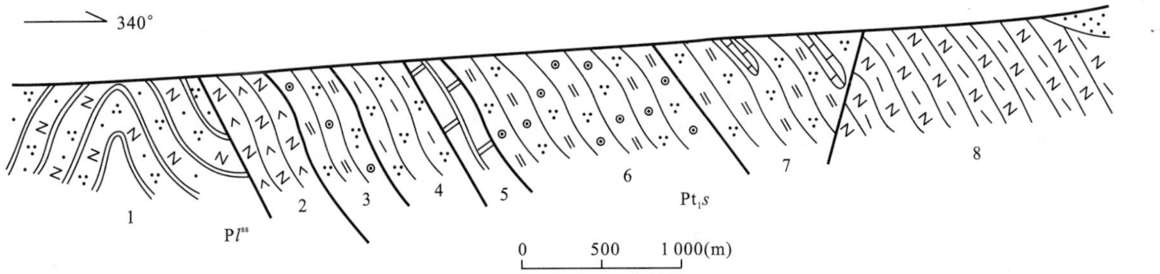

图 2-4　于田县吕什塔格南马山双雁山片岩路线剖面图

7. 灰黄色二云石英片岩夹结晶灰岩透镜体　433.56m

——————————苏巴什蛇绿混杂岩带——————————

6. 灰—灰黄色石榴二云石英片岩　316.78m

5. 灰白色厚层状大理岩　50.16m

══════════断　层══════════

4. 灰色黑云石英片岩　133.34m

3. 灰黄色石榴二云石英片岩　168.67m

══════════断　层══════════

苏巴什蛇绿混杂岩带

2. 灰绿色条带状斜长角闪岩(变质断层辉绿岩)　106.67m

══════════脆韧性断层══════════

硫磺达坂砂岩(Pl^{ss})

1. 灰色厚层状变质长石石英砂岩　183.33m

══════════断　层══════════

剖面未见顶、底,其内部断层、韧性剪切带发育,呈构造岩片状叠置,剖面叠置厚度为 1 842.76m。剖面由北往南依据岩石组合可划分为两部分,即下部主要为一套灰色黑云斜长变粒岩,灰黄色二云石英片岩夹结晶灰岩透镜体;上部主要为一套灰—灰黄色石榴二云石英片岩、黑云石英片岩夹大理岩。

双雁山片岩在横向上岩性变化较小,在南部邻幅苏巴什一带岩石组合为一套浅灰—灰色二云石英片岩、石英岩、石榴子石浅粒岩夹大理岩,局部地段夹黑云斜长片麻岩、斜长角闪岩,大理岩中夹沉积变质的层状赤铁矿层(详见第四章)。

(二)岩石化学及地球化学特征

1. 岩石化学特征

双雁山片岩原岩具有两种岩石类型,既有沉积细碎屑岩,又有变质基性火山岩,主体为一套副变质的细碎屑岩夹碳酸盐岩沉积。其中变质基性火山岩岩石化学成分列于表 2-6 中。

表 2-6　双雁山片岩岩石化学成分含量表　(%)

样品号	岩石名称	SiO_2	TiO_2	Al_2O_3	Fe_2O_3	FeO	MnO	MgO	CaO	K_2O	Na_2O	P_2O_5	LOI	Σ
D892/1GS	斜长角闪岩	51.45	0.78	16.30	1.17	5.14	0.15	8.98	10.95	1.25	2.35	0.05	0.97	99.54
D1135/1GS*	斜长角闪岩	49.36	1.60	15.79	4.60	7.28	0.18	5.83	10.09	1.55	2.93	0.29	0.76	100.26
世界基性岩(维氏,1962)		50.00	1.29	16.08	4.22	6.80	0.36	6.30	9.75	1.24	2.78	0.36		

* 样品采集于南邻伯力克幅

由表可见，与世界基性岩值(维氏，1962)相比较，岩石化学成分基本接近。岩石以富含 MgO、CaO，且 Fe_2O_3<FeO，MgO<CaO，K_2O<Na_2O 为特征。根据岩石化学计算，利用[(al+fm)-(c+alk)]-Si 图解恢复原岩，均投影到火山岩区，进一步利用(Al+Fe+Ti)-(Ca+Mg)图解恢复原岩，均投影到玄武岩区(详见第四章变质岩)，利用 A－F－M 三角图解判别，变质基性火山岩显示为拉斑玄武岩系列。依据常量元素 FeO^*/MgO－TiO_2图解和 FeO^*－MgO－Al_2O_3图解判别构造环境，其变质基性火山岩构造环境主体为洋脊拉斑玄武岩。

双雁山片岩中变质细碎屑岩夹碳酸盐岩的沉积，根据岩石组合及野外产出特征分析，其原岩主要为成熟度较低的杂砂岩、岩屑粉砂岩、硅泥质岩及灰岩等。

2. 微量元素特征

双雁山片岩的微量元素含量列于表 2－7，由表可见，变质碎屑岩的微量元素含量变化较小，其平均值与地壳克拉克平均值(维氏，1962)相比较，其中过渡性不活泼元素 Sc、Cr、Co、Ni、V 和 Ga 元素等显示不同程度的富集，而其余元素均显示不同程度的亏损，其中大离子活泼元素 Sr、Rb、Ba、Ta、Nb、Zr 等含量显示强亏损。变质基性火山岩的微量元素含量平均值与世界基性玄武岩平均值相比较，显示比较复杂。其中 Rb、Ta、Hf、Sc、Co、V、Ga、U 等元素含量显示不同程度的富集，而 Sr、Ba、Ti、Cr、Ni 等元素含量显示不同程度的亏损，其余组分则显示较接近。变质碎屑岩微量元素平均值与 Bhatia(1985)的不同构造环境杂砂岩微量元素特征值相比较，则显示比较复杂，主体属于活动陆缘型(详见第四章变质岩)。而变质基性火山岩的微量元素特征值图解，则显示主体为洋脊拉斑玄武岩，兼具岛弧玄武岩的特性(详见第四章变质岩)。

3. 成矿元素特征

双雁山片岩 Au、Ag、Cu、Pb、Zn 五种主要成矿元素含量列于表 2－7 中，由表可见，Au、Ag 含量变化较小且含量较低，Au 最高值仅有 2.9×10^{-9}，与地壳克拉克值相比较，均显示不同程度的亏损；Cu、Pb 含量变化较大，最高值 Cu 为 74.3×10^{-6}，Pb 为 67.9×10^{-6}，地壳克拉克值相比较，大多数 Cu 含量显示稍富集或接近，少数显示亏损；而 Pb 含量绝大多数显示不同程度的富集，仅有个别显示亏损；Zn 含量变化较大，最高值可达 106.4×10^{-6}，与地壳克拉克值相比较，显示稍富集，其余元素含量均显示不同程度的亏损。

(三)区域地层对比

双雁山片岩的石炭系、二叠系上覆盖层地层与甜水海微陆块上的同层位相似，而甜水海微陆块在乔尔天山一带出露的古元古代深变质基底与双雁山片岩相似，所以，暂将其时代划归古元古代。

第三节　中元古界—上元古界

图区中、上元古界分布在昆北地层分区和昆南地层分区，昆北地层分区出露长城系卡羌岩组(Ch*k*)、蓟县系流水岩组(Jx*l*)、青白口系丝路岩组(Qn*s*)。昆南地层分区出露蓟县系阿拉玛斯岩群(Jx*A*)。各构造-岩石地层单位分述如下。

一、卡羌岩组(Chk)

卡羌岩组是本次区调新建立的非正式群级构造-岩石地层单位，是前人在图区所划长城系的主

表 2－7　双雁山片岩微量元素特征表

序号	样品号	岩石名称	Sr	Rb	Ba	Th	Ta	Nb	Zr	Ti	Hf	Y	Sc
1	D1433/9g	石英岩	28.44	45.50	195.4	8.92	0.04	6.03	21.24	—	0.43	20.25	12.48
2	D1433/8g	石榴子石浅粒岩	162.90	67.42	411.5	19.37	0.16	9.73	33.40	—	1.02	25.35	20.28
3	D1433/10g	石榴二云石英片岩	122.10	119.80	720.3	11.72	0.93	17.01	26.28	—	0.67	28.95	29.64
4	D1431/8g	绢云石英粒岩	78.80	60.91	237.3	10.24	0.16	7.50	42.00	—	1.32	18.54	14.82
5	D1431/9g	绢云石英粒岩	75.25	75.13	295.8	10.40	0.05	5.49	56.80	—	1.70	27.85	21.84
6	D1431/10g	绢云石英片岩	101.30	117.90	522.9	11.15	0.35	11.86	66.51	—	2.14	28.63	29.64
7	D892/1g	斜长角闪岩	115.20	28.15	116.5	40.35	5.25	41.25	150.36	0.47	5.85	20.36	38.36
8	D1135/1g	斜长角闪岩	208.00	30.47	41.1	0.80	0.15	2.17	47.89	0.96	1.65	21.35	49.14
变质碎屑岩平均值			94.80	81.11	397.2	11.97	0.28	9.60	41.04	—	1.21	24.94	16.95
变质基性火山岩平均值			161.10	29.31	78.8	20.58	2.70	21.71	99.13	0.72	3.75	20.86	43.75
地壳克拉克值(维氏,1962)			340.00	150.00	650.0	13.00	2.50	20.00	170.00	0.45	1.00	29.00	10.00
世界基性玄武岩平均值			440.00	4.50	300.0	3.00	0.48	20.00	100.00	0.90	1.00	20.00	2.40
序号	样品号	岩石名称	Cr	Co	Ni	V	Ga	U	Au	Ag	Cu	Pb	Zn
1	D1433/9g	石英岩	75.19	30.81	28.06	65.09	42.24	0.56	0	15	45.10	33.40	25.30
2	D1433/8g	石榴子石浅粒岩	113.10	37.99	42.59	125.40	65.66	2.61	0.10	22	52.20	47.70	40.10
3	D1433/10g	石榴二云石英片岩	159.20	54.62	81.81	228.30	70.26	1.64	0.10	21	64.60	67.90	62.00
4	D1431/8g	绢云石英粒岩	254.60	35.72	117.60	100.20	34.12	1.59	0.10	28	45.00	36.00	36.10
5	D1431/9g	绢云石英粒岩	305.60	38.37	132.50	132.40	37.93	1.58	0	20	57.50	40.00	47.40
6	D1431/10g	绢云石英片岩	284.90	48.57	176.50	182.00	50.79	2.06	0.10	23	74.30	62.90	67.50
7	D892/1g	斜长角闪岩	216.50	33.56	98.65	256.40	22.35	2.56	2.90	18	8.76	24.51	34.92
8	D1135/1g	斜长角闪岩	114.30	62.83	71.40	341.40	30.78	0.43	0.50	19	73.20	9.80	106.40
变质碎屑岩平均值			198.80	41.01	96.51	138.90	50.17	1.67	0.10	22	56.62	47.98	46.40
变质基性火山岩平均值			165.40	48.20	85.03	298.90	26.57	1.50	1.90	19	40.98	46.27	54.56
地壳克拉克值(维氏,1962)			83.00	18.00	58.00	90.00	19.00	2.50	4.00	80.0	63.00	12.00	94.00
世界基性玄武岩平均值			200.00	45.00	160.00	200.00	18.00	0.50	—	—	—	—	—

注:表中 Au、Ag 元素含量单位为$\times10^{-9}$,Ti 元素含量单位为$\times10^{-2}$,其他元素含量单位为$\times10^{-6}$

体，为一套中级副变质的片岩、片麻岩、石英岩夹大理岩建造，具孔兹岩系特点。与塔里木板块上的长城系塞拉加兹塔格岩群岩石组合差异明显。

卡羌岩组在图区呈构造岩片状夹持于昆北地块之中，主要分布在于田县阿羌—塔木其以南，吐木亚、流水等地。地层走向为东西—北东东向延伸，该地层内部变质变形较强，韧性剪切带发育，与下伏地层米兰岩群呈脆韧性断层接触。该岩群多被晚期侵入岩体破坏，出露不完整。其出露面积约 295km^2。

（一）地层特征

依据岩石组合特征，卡羌岩组可进一步划分为两个岩组，Ⅰ岩组岩石组合主要为一套烟灰色、灰白色石英岩夹大理岩、浅粒岩，少量混合岩。Ⅱ岩组岩石组合主要为灰色长石黑云母片岩、黑云母变粒岩、黑云角闪斜长片麻岩、黑云二长片麻岩夹斜长角闪岩、大理岩及眼球状混合岩。二者呈构造面理接触。

现将于田县流水卡羌岩组实测剖面列述如下(图 2-5)。

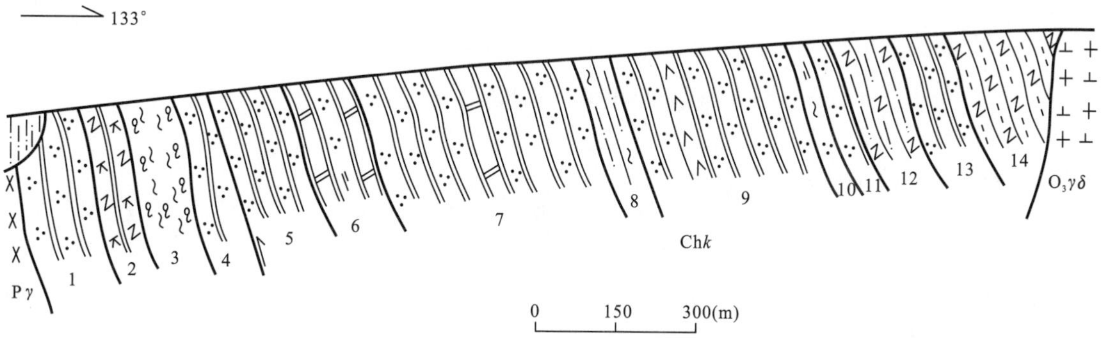

图 2-5　于田县流水卡羌岩组实测剖面图

南侧：中细粒花岗闪长岩

——————侵入接触——————

卡羌岩组(Ch*k*)	**1 646.12m**
Ⅱ岩组 (Ch$k_{Ⅱ}$)	**199.02m**
14. 灰色长石黑云母片岩，偶夹斜长角闪岩透镜体	199.02m
－－－－－－构造面理－－－－－－	
Ⅰ岩组 (Ch$k_{Ⅰ}$)	**1 447.1m**
13. 烟灰色、灰白色石英岩	134.98m
12. 灰白色片理化斜长浅粒岩	109.19m
11. 灰白色石英岩	20.08m
10. 灰色绿泥白云石英片岩	17.40m
9. 灰白色、烟灰色石英岩	349.37m
8. 灰绿色含硬绿泥石浅粒岩	70.46m
7. 灰白色石英岩	229.67m
6. 灰白色厚层状大理岩夹绢云石英片岩	73.32m
5. 灰白色、烟灰色石英岩	202.22m
══════断　层══════	
4. 灰白色片理化石英岩	41.12m
3. 灰色条带状混合岩	86.40m
2. 浅灰色二云二长片麻岩	68.12m

1. 浅灰色片理化长石石英岩　　44.77m

═══════════断　层═══════════

北侧：二叠纪辉长岩(Pγ)

剖面未见顶、底，主要涉及卡羌岩组Ⅰ岩组，而Ⅱ岩组出露较少。该岩群剖面叠置厚度为1 646.12m。卡羌岩组Ⅱ岩性段在阿羌代牙一带出露较佳，现以于田县阿羌代牙卡羌岩组路线剖面列述如下(图2-6)。

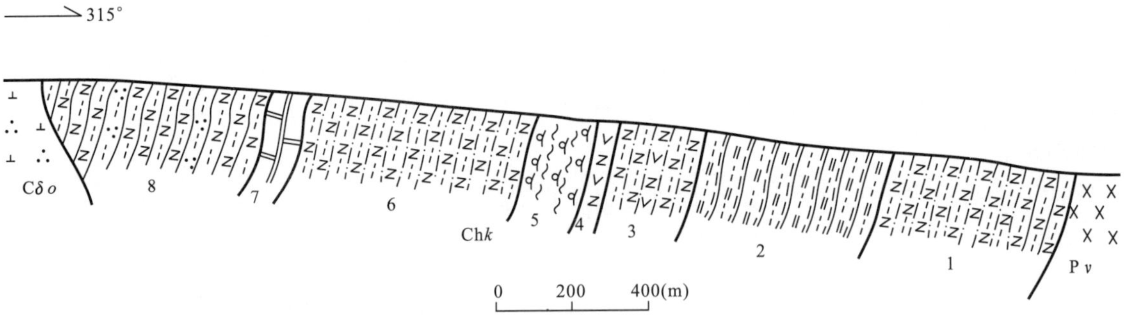

图2-6　于田县阿羌代牙卡羌岩组路线剖面图

南侧：二叠纪石英闪长岩(Cδo)

————————侵入接触————————

卡羌岩组(Chk)　　**1 268.81m**

Ⅱ岩组($Chk_{Ⅱ}$)　　**1 268.81m**

8. 灰色黑云斜长变粒岩夹黑云石英片岩　　256.65m
7. 灰白色白云质大理岩　　50.20m
6. 浅灰—灰色黑云斜长变粒岩　　260.68m
5. 浅灰色眼球状混合岩　　85.38m
4. 灰黑色斜长角闪岩　　26.68m
3. 灰色黑云斜长变粒岩夹斜长角闪岩　　130.30m
2. 灰色黑云二长片麻岩　　210.67m
1. 灰色黑云斜长变粒岩夹斜长角闪岩　　248.25m

═══════════脆韧性断层═══════════

北侧：二叠纪辉长岩(Pγ)

剖面未见顶、底，主要涉及卡羌岩组Ⅱ岩组，岩石组合主要为一套浅灰—灰色黑云斜长变粒岩，黑云二长片麻岩夹斜长角闪岩、大理岩、黑云石英片岩及眼球状混合岩，厚度为1 268.81m。

卡羌岩组Ⅰ、Ⅱ岩组岩石组合差异明显，Ⅰ岩组原岩建造主要为一套副变质细碎屑岩夹碳酸盐岩，而Ⅱ岩组原岩建造主要为一套变质碎屑岩夹碳酸盐岩及变质基性火山岩。二者局部均发生了混合岩化，形成了条带状或眼球状混合岩。

卡羌岩组横向上岩性变化较大，在西部吐木亚一带岩石组合主要为一套灰色含石榴子石二云石英片岩，岩石混合岩化较为明显(图版Ⅲ-3)。而在东部普鲁南铁克萨依一带岩石组合主要为灰—灰绿色角闪黑云母片岩、钙质黑云角闪片岩、黑云斜长变粒岩夹透辉斜长角闪岩。其原岩建造主要为一套副变质细碎屑岩，剖面厚度为282m。

（二）岩石化学及地球化学特征

1. 岩石化学特征

卡羌岩组岩石化学成分列于表 2-8 中，由表可见，岩石化学成分变化较大。SiO_2 含量为 49.65%～66.57%，TiO_2 含量为 0.70%～2.04%，Al_2O_3 含量为 12.54%～16.03%，Fe_2O_3 含量为 0.96%～6.89%，FeO 含量为 3.23%～6.84%，且一般具有 $Fe_2O_3<FeO$，$CaO<MgO$，$K_2O<Na_2O$ 的特点。从岩石化学成分分析，其卡羌岩组原岩建造比较复杂，既有正变质的火山岩，又有副变质的沉积岩。

表 2-8 卡羌岩组岩石化学成分含量表 （%）

序号	样品号	岩石名称	SiO_2	TiO_2	Al_2O_3	Fe_2O_3	FeO	MnO	MgO	CaO	K_2O	Na_2O	P_2O_5	LOI	Σ
1	D855/1GS	黑云斜长片麻岩	66.57	0.70	16.03	0.96	3.23	0.06	2.55	2.55	2.00	4.60	0.110	0.67	100.03
2	D1402/1GS	黑云角闪斜长片麻岩	49.65	2.04	15.46	4.07	6.84	0.19	6.15	7.35	2.73	3.00	0.34	1.16	99.98
3	D1402/3GS	黑云花岗质混合岩	62.97	1.41	14.36	1.90	4.39	0.09	2.41	3.45	4.00	2.96	0.44	0.70	99.08
4	D2201/6GS	黑云斜长变粒岩	62.70	0.81	15.23	0.97	6.84	0.11	3.64	2.80	3.91	2.18	0.21	0.43	99.83
5	D1439/5GS	斜长角闪岩	52.27	1.90	12.54	6.89	5.53	0.21	5.83	9.33	2.79	1.52	0.25	1.24	100.30

根据岩石化学计算，利用[(al+fm)-(c+alk)]-Si 图解和(Al+Fe+Ti)-(Ca+Mg)图解恢复原岩，卡羌岩组大部分均投影到沉积岩区，部分投影到火山岩和玄武岩区。结合野外产出特征，卡羌岩组原岩主体为一套副变质细碎屑岩夹碳酸盐岩，局部夹有变质基性火山岩。后期局部发生混合岩化，形成不同类型的混合岩。

2. 微量元素特征

卡羌岩组微量元素含量列于表 2-9 中，由表可见，变质碎屑岩微量元素含量变化较小。但 Sr、Rb、Ba、Cr、Ni 等元素含量变化较大。与地壳克拉克值比较，变质碎屑岩微量元素中不活泼元素 Y、Sc、Cr、Co、Ni 元素含量均显示富集，其中 Y、Sc、Cr 元素含量显示强富集，而大离子活泼元素 Sr、Rb、Ba、Zr 等元素含量显示强亏损，其余元素基本接近。说明岩石经过后期构造变形变质改造，其活泼元素改造、迁移而显示亏损；相反，不活泼的稳定元素则显示富集。

变质基性火山岩的微量元素与变质碎屑岩相比，偏基性元素 Cr、Co、V、Sc 等元素含量明显偏高，说明岩石偏基性。与世界基性玄武岩平均值(维氏，1962)相比较，除 Co、Ti、Ni、V 元素含量显示亏损，Zr、Ga 元素接近外，其余元素均显示富集，其中 Rb、Th、Ta、Sc 等元素显示强富集。变质碎屑岩微量元素含量与 Bhatia(1985)不同构造环境杂砂岩微量元素特征相比较(详见第四章变质岩)，则显示比较复杂，总体上介于大陆岛弧与活动陆缘型杂砂岩之间，反映其物源区比较复杂。

3. 成矿元素特征

卡羌岩组 Au、Ag、Cu、Pb、Zn 五种主要成矿元素含量列于表 2-9 中。由表可见，Au 含量最高值仅有 3.68×10^{-9}，Ag 含量最高值为 87×10^{-9}，与地壳克拉克值相比较，其 Ag 最高值显示稍富集外，其余含量均显示不同程度的亏损；Cu 含量变化较大，除最高值 105.6×10^{-6} 与地壳克拉克值相比显示富集外，其余含量均显示不同程度的亏损；Pb 含量变化较小，与地壳克拉克值相比，均显示

表 2-9　卡羌岩组微量元素特征表

序号	样品号	岩石名称	Sr	Rb	Ba	Th	Ta	Nb	Zr	Ti	Hf	Y	Sc
1	D855/1g	黑云斜长片麻岩	242.40	39.99	428.70	21.69	3.15	19.48	81.56	0.42	3.38	15.43	14.72
2	D855/2g	角闪黑云母片岩	175.30	94.56	200.80	24.12	3.12	22.18	77.89	—	3.38	37.73	16.13
3	D855/4g	钙质黑云角闪片岩	154.90	17.83	587.30	21.26	3.19	23.48	76.42	—	3.51	37.63	15.69
4	D855/5g	角闪黑云片岩	108.20	28.56	425.70	18.32	2.77	25.21	54.39	—	2.94	28.27	10.87
5	D1402/1g	黑云角闪斜长片麻岩	264.30	14.68	403.90	18.56	3.04	20.95	83.42	1.22	3.29	11.26	13.34
6	D1402/5g	透辉角闪斜长变粒岩	296.50	60.67	408.40	23.71	3.38	18.60	105.60	—	3.71	15.07	19.61
7	D2261/6g	黑云斜长变粒岩	238.10	277.60	148.50	14.83	0.31	23.97	36.19	0.49	0.78	12.56	17.68
8	D1402/6g	透辉角闪斜长变粒岩	402.60	18.63	278.10	39.60	3.45	59.33	157.20	—	3.78	54.66	18.46
9	D1402/3g	黑云花岗质混合岩	249.30	33.34	577.50	21.06	2.44	18.11	126.40	0.84	2.67	11.75	13.85
10	D1439/5g	斜长角闪岩	133.90	140.30	62.11	3.38	0.95	7.50	28.87	1.14	1.27	25.65	35.63
11	D855/3g	透辉斜长角闪岩	464.40	11.42	312.90	24.24	3.56	31.53	101.40	—	3.83	43.69	23.84
12	D019/1g	斜长角闪岩	629.40	21.08	645.90	13.88	3.38	24.50	82.75	—	3.64	22.96	14.19
变质碎屑岩平均值			231.60	72.13	358.20	20.54	2.82	27.41	85.02	0.45	3.12	26.74	16.10
变质基性火山岩平均值			373.00	46.87	356.20	15.01	2.74	21.12	74.00	1.18	3.01	25.89	28.93
地壳克拉克值(维氏,1962)			340.00	150.00	650.00	13.00	2.50	20.00	170.00	0.45	1.00	29.00	10.00
世界基性玄武岩平均值			440.00	4.50	300.00	3.00	0.48	20.00	100.00	0.90	1.00	20.00	2.40

序号	样品号	岩石名称	Cr	Co	Ni	V	Ga	U	Au	Ag	Cu	Pb	Zn
1	D855/1g	黑云斜长片麻岩	123.30	11.48	65.33	72.28	11.37	3.08	2.42	37	19.69	17.67	63.15
2	D855/2g	角闪黑云母片岩	157.00	18.85	100.70	106.80	12.84	5.41	3.09	29	41.93	22.46	69.96
3	D855/4g	钙质黑云角闪片岩	186.40	16.04	93.32	94.73	14.07	4.19	2.09	26	29.77	16.64	84.24
4	D855/5g	角闪黑云片岩	42.04	16.66	62.20	116.50	17.15	1.90	2.45	23	15.08	16.73	69.03
5	D1402/1g	黑云角闪斜长片麻岩	248.10	12.79	13.75	80.51	12.36	2.47	1.81	25	8.84	16.76	70.32
6	D1402/5g	透辉角闪斜长变粒岩	35.77	17.79	18.66	130.40	15.54	0.85	2.38	32	17.85	26.75	73.07
7	D2261/6g	黑云斜长变粒岩	128.40	23.50	66.31	155.50	12.18	2.39	3.68	87	30.27	27.04	39.93
8	D1402/6g	透辉角闪斜长变粒岩	43.98	22.63	14.56	118.00	39.51	5.64	1.67	25	45.77	22.02	52.14
9	D1402/3g	黑云花岗质混合岩	24.78	12.20	14.96	96.25	12.20	6.97	0.10	13	22.40	22.50	156.80
10	D1439/5g	斜长角闪岩	161.20	57.70	81.41	417.50	33.29	10.93	1.10	27	105.60	17.80	115.00
11	D855/3g	透辉斜长角闪岩	249.60	20.73	92.84	122.80	17.98	3.99	1.80	38	41.63	20.07	79.57
12	D019/1g	斜长角闪岩	30.58	16.36	15.95	176.70	15.31	2.21	0.78	32	23.47	23.33	58.59
变质碎屑岩平均值			92.71	18.43	54.63	111.30	17.53	3.35	2.23	34	27.85	21.48	76.04
变质基性火山岩平均值			172.40	27.14	67.68	199.40	19.74	4.50	1.37	31	44.89	19.49	80.87
地壳克拉克值(维氏,1962)			83.00	18.00	58.00	90.00	19.00	2.50	4.00	80	63.00	12.00	94.00
世界基性玄武岩平均值			200.00	45.00	160.00	200.00	18.00	0.50	—	—	—	—	—

注:表中 Au、Ag 元素含量单位为 $\times 10^{-9}$,Ti 元素含量单位为 $\times 10^{-2}$,其他元素含量单位为 $\times 10^{-6}$

不同程度的富集；Zn 含量变化较大，最高值可达 156.8×10^{-6}，与地壳克拉克值相比，除个别显示富集外，其余均显示不同程度的亏损。

4. 稀土元素特征

卡羌岩组稀土元素特征列于表 2－10 中，由表可见，稀土元素总量变化较大，$\sum REE=(130.45\sim743.99)\times10^{-6}$，其中变质碎屑岩稀土元素总量较低，$\sum REE=(130.45\sim234.29)\times10^{-6}$。$\delta Eu=0.68\sim1.88$，显示 Eu 有明显的亏损和弱的富集，而 $\delta Ce=0.77\sim0.84$，显示 Ce 亏损。LREE/HREE＝4.68～13.38，说明轻、重稀土元素比值变化较大，$(La/Yb)_N=3.55\sim31.52$，表明轻稀土富集，$(La/Sm)_N=3.07\sim3.71$，$(Gd/Yb)_N=0.62\sim5.13$，说明轻稀土分馏程度较明显，曲线形态向右陡倾，重稀土分馏程度较差，曲线形态较平直。由上可见，变质碎屑岩稀土元素特征具有相似性(图 2－7)，Ce、Gd 元素显示亏损，而 Eu 显示弱亏损及弱富集，与典型 PAAS 型（后太古代沉积岩）稀土元素特征相似。变质基性火山岩稀土元素总量变化也较大，$\sum REE=(97.71\sim270.24)\times10^{-6}$，$\delta Eu=0.93\sim1.00$，显示 Eu 无明显亏损，而 $\delta Ce=0.56\sim0.82$，均显示 Ce 亏损。LREE/HREE＝3.67～5.85，$(La/Yb)_N=2.49\sim4.71$，表明轻稀土富集，$(La/Sm)_N=1.59\sim3.31$，$(Gd/Yb)_N=0.51\sim1.09$，说明轻、重稀土分馏程度均较差，且曲线形态较平直(图 2－7)。花岗质混合岩稀土元素总量较高，$\sum REE=743.99\times10^{-6}$，$\delta Eu=0.49$，显示 Eu 明显亏损，LREE/HREE＝14.64，$(La/Yb)_N=11.02$，表明轻稀土元素强富集，$(La/Sm)_N=6.28$，$(Gd/Yb)_N=0.67$，表明轻稀土元素分馏程度非常明显，曲线形态向右陡倾，而重稀土元素分馏程度较差，曲线形态较平直。混合岩稀土元素特征与花岗岩类相似，具有花岗岩类稀土元素的特征。稀土元素配分曲线形态(图 2－7)总体具有左高右低的特点。

表 2－10 卡羌岩组稀土元素特征表

序号	样品号	岩石名称	稀土元素含量($\times10^{-6}$)													
			La	Ce	Pr	Nd	Sm	Eu	Gd	Tb	Dy	Ho	Er	Tm	Yb	Lu
1	D1402/1xt	黑云角闪斜长片麻岩	65.36	80.36	12.35	58.36	12.35	2.85	6.89	1.87	10.35	2.56	6.38	1.06	8.25	1.25
2	D1402/3xt	黑云花岗质混合岩	176.3	354.1	35.96	110.4	17.54	2.11	9.49	2.05	12.94	3.06	7.83	1.30	9.50	1.41
3	D855/1xt	黑云斜长片麻岩	24.54	45.94	6.11	24.46	5.00	1.42	4.90	0.77	6.15	1.60	3.94	0.72	4.11	0.79
4	D2201/6xt	黑云斜长变粒岩	50.07	101.9	12.21	43.72	8.41	1.69	7.86	0.95	4.26	0.57	1.45	0.15	0.94	0.11
5	D1439/5xt	斜长角闪岩	13.25	31.63	4.95	20.12	5.22	1.6	5.61	0.96	5.96	1.15	3.19	0.47	3.15	0.45

序号	样品号	岩石名称	稀土元素含量($\times10^{-6}$)			特征参数值					
			ΣREE	ΣCe	ΣYb	LREE/HREE	δEu	δCe	$(La/Yb)_N$	$(La/Sm)_N$	$(Gd/Yb)_N$
1	D1402/1xt	黑云角闪斜长片麻岩	270.24	231.63	39.58	5.85	0.93	0.56	4.71	3.31	0.51
2	D1402/3xt	黑云花岗质混合岩	743.99	696.43	47.58	14.64	0.49	0.89	11.02	6.28	0.67
3	D855/1xt	黑云斜长片麻岩	130.45	107.47	22.98	4.68	1.88	0.77	3.55	3.07	0.62
4	D2201/6xt	黑云斜长变粒岩	234.29	218.00	16.29	13.38	0.68	0.84	31.52	3.71	5.13
5	D1439/5xt	斜长角闪岩	97.71	76.77	20.94	3.67	1.00	0.82	2.49	1.59	1.09

（三）副矿物特征

卡羌岩组副矿物主要有石榴子石、磁铁矿、锡铁矿、榍石、独居石、磷灰石、锆石，少量黄铁矿、白乌矿等。锆石呈浅玫瑰色，金刚光泽，多数半透明，少数透明，颗粒以残缺柱状及碎块状为主，完整晶形较少，粒径一般为(0.34mm×0.08mm)～(0.04mm× 0.02mm)之间，长宽比多为(2∶1)～(4∶1)，颗粒细小者表面较光滑，反之表面较粗糙，且透明度差，有少部分锆石内部含细小锆石包体。锆石晶形可划分两种类型：①浑圆—次浑圆状，表面较粗糙且有小包体，为成岩期锆石，受多期构造改造，熔蚀明显，表面粗糙；②次棱角—棱角状自形晶，表面光滑，为主变质期作用所形成的产物。由于锆石大部分晶形较破碎，说明其后期构造运动改造强烈，致使锆石晶形大部分保存不完整。

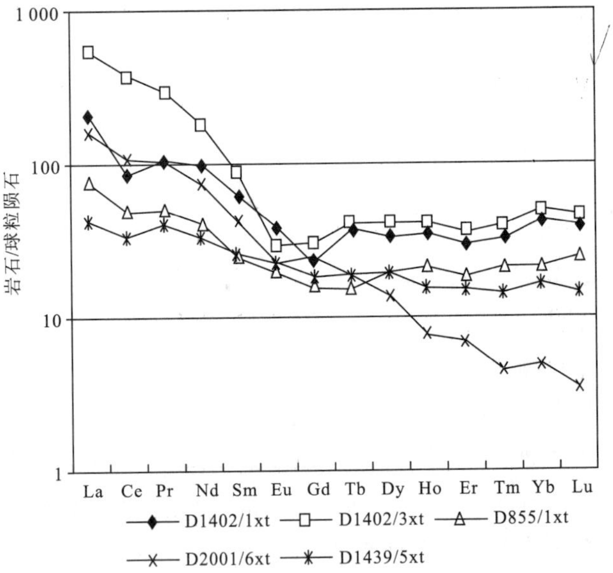

图 2-7　卡羌岩组稀土元素配分曲线模式图

(四)关于形成时代

卡羌岩组是测区内前人所划长城系的主体，原岩特征与区域上长城系塞拉加兹塔格岩群相似，但变质程度较高，达高绿片岩相-低角闪岩相。卡羌岩组与米兰岩群在变质岩石组合、原岩特征和变质程度上显著不同，故将其时代仍置于长城纪。

二、流水岩组(Jxl)

流水岩组是本次区调新建立的非正式构造-岩石地层单位，其含义是在昆北地层分区前人划分的长城系中解体出来的一套绿片岩相副变质的石英岩、大理岩夹石英片岩建造。

流水岩组在图区呈岩块混杂于于田县普鲁-阿羌石炭纪—二叠纪裂谷火山岩建造之中。一般规模较小，最大的一块位于于田县流水村北，出露面积约 17km^2。该岩组内部变质变形较强烈(图版Ⅲ-5)，糜棱岩带发育，呈构造透镜体展布。

(一)地层特征

依据岩石组合，流水岩组可进一步划分为 3 个岩段：下部为大理岩；中部为二云石英片岩、黑云斜长变粒岩夹大理岩；上部为石英岩、绢云母片岩夹互大理岩。各岩性段之间均为断层或构造面理接触。

现以于田县宋古鲁流水岩组实测剖面(图 2-8)为例，由南向北介绍如下。

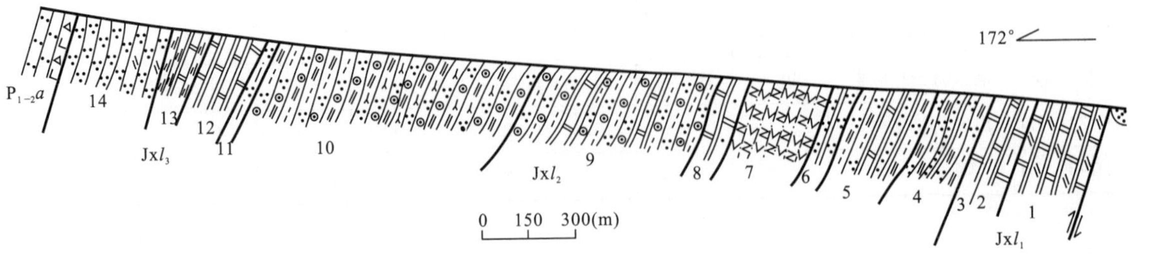

图 2-8　于田县宋古鲁流水岩组剖面图

南侧:阿羌火山岩 $P_{1-2}a$ 玄武质火山角砾岩

═══════════脆韧性断层═══════════

流水岩组(Jx*l*) **2 228.3m**

上岩段 (Jxl_3) **533.37m**

14. 浅灰色块状、条带状石英岩 275.16m
13. 灰色绢云母片岩夹石英大理岩 113.46m
12. 灰白色条带状、块状大理岩 125.41m
11. 浅灰色糜棱岩化石英岩 19.34m

——————————构造面理——————————

中岩段 (Jxl_2) **1 594.72m**

10. 灰色石榴二云石英片岩夹蓝晶石榴黑云石英片岩 541.27m
9. 灰色石榴黑云石英片岩夹少量砂质大理岩 346.76m

═══════════断 层═══════════

8. 灰色砂质大理岩 85.82m
7. 灰色角闪斜长变粒岩 241.94m
6. 灰色片理化石英岩与灰色大理岩互层 43.68m
5. 灰色二云石英片岩夹砂质大理岩 170.17m
4. 灰色二云石英片岩 165.08m

═══════════断 层═══════════

下岩段(Jxl_1) **100.21m**

3. 灰色块状大理岩 7.56m
2. 白色大理岩与灰色大理岩互层 85.09m
1. 灰白色白云石化大理岩 7.56m

═══════════断 层═══════════

北侧:第四系冲、洪积,灰色砂砾层

剖面未见顶、底,叠置厚度为 2 228.3m。由上可见,流水岩组 3 个岩段代表了 3 个不同的沉积类型,即上部为一套硅、泥质沉积岩夹少量碳酸盐岩建造;中部为一套泥质细碎屑岩夹碳酸盐岩建造;下部为一套碳酸盐岩建造。剖面由上往下,细碎屑岩含量明显由多变少,而碳酸盐岩含量明显由少变多。该岩组在图区分布局限,横向变化特点不明显。

(二)岩石地球化学特征

1. 岩石化学特征

流水岩组中大理岩的岩石化学成分列于表 2-11 中。

由表 2-11 可见,岩石具有 SiO_2、MgO 含量较低,而 CaO 含量较高的特点。与世界碳酸盐岩(涂和费,1961)化学成分平均值比较,SiO_2、TiO_2、MgO 含量明显亏损,而 CaO 含量明显富集。由此可见,原岩为一套较纯灰岩。流水岩组中变质细碎屑岩,依据岩石组合及野外产出特征综合分析,其原岩为一套富铝质的沉积砂岩类和石英粉砂岩类。

表 2-11 流水岩组岩石化学成分含量表 (%)

样品号	岩石名称	SiO_2	TiO_2	Al_2O_3	Fe_2O_3	FeO	MnO	MgO	CaO	K_2O	Na_2O	P_2O_5	CO_2	Σ
D1406/1GS	白云石化大理岩	1.27	0.01	0.13	0.01	0.06	0.01	4.39	50.30	0.02	0.01	0.02	43.72	99.95
世界碳酸盐岩(涂和费,1961)		5.19	0.06	0.81	0.15	0.16	0.12	7.90	42.61	0.03	0.04	0.03	42.25	99.34

2. 微量元素特征

流水岩组微量元素特征列于表 2-12 中，由表可见，流水岩组中的变质细碎屑岩微量元素含量变化较大，其平均值与地壳克拉克值相比较，除 Ba、Sc、Hf 元素含量显示强富集外，其余元素含量均显示亏损，其中 Rb、Zr、Y、Cr、Co、Ni、V 等元素均显示强亏损。说明其物源主要为长英质岩石。碳酸盐岩微量元素除 Sr、Rb、Ba 元素外，其余元素含量变化较小，其平均值与涂和费(1961)碳酸盐岩平均值相比较，显示比较复杂。除 Ba、Nb 等元素显示富集外，其余元素均显示亏损。说明该区地质构造环境比较复杂。而石英岩的微量元素含量普遍较低。

变质细碎屑岩微量元素平均值与 Bhatia(1985)不同构造环境杂砂岩微量元素特征相比较，则显示比较复杂，总体上与被动陆缘型杂砂岩相似。依据岩石组合特征综合分析，其构造环境应为被动陆缘类型。

3. 成矿元素特征

流水岩组 Au、Ag、Cu、Pb、Zn 五种主要成矿元素含量列于表 2-12 中，由表可见，Au、Ag 含量变化较小，且含量较低。其中 Au 含量最高值仅有 0.4×10^{-9}，Ag 最高值仅有 12×10^{-9}，均小于地壳克拉克值 10 倍，其余均显示不同程度的强亏损；Cu、Pb、Zn 含量均较低，与地壳克拉克值相比较，除个别 Pb 含量显示稍富集外，其余不同程度的明显亏损。

(三)关于形成时代

流水岩组变质程度达高绿片岩相，前人一直划归长城系，但其变形变质程序明显低于卡羌岩组，同时，前人在该组结晶灰岩中曾采获叠层石 *Jacutophyton* sp. 等化石，故将其时代置于蓟县纪。

三、丝路岩组(Qns)

丝路岩组由丝路群演化而来，丝路群系新疆地矿局第一区调大队缪长泉(1987)在坎迪尔力克至塔期同河一带的西昆仑北坡山前地带创名，其包括原博查特塔格组、苏玛兰组、苏库罗克组，其岩石组合下部为钙质碳酸盐岩、碳酸盐岩夹碎屑岩及局部为中基性火山岩，中部以碳酸盐岩为主夹碎屑岩，上部以碎屑岩为主夹碳酸盐岩，富含叠层石。根据其所含古生物群特征，确认时代为青白口纪。

本次区调从前人划分的长城系中厘定划分出一套低绿片岩相变质的细晶灰岩、白云岩、结晶灰岩、大理岩夹石英片岩的构造岩石地层，与区域上丝路群岩石组合特征相似。由于测区构造活动强烈，地层出露不全，多呈构造透镜体展布，故称为非正式构造-岩石地层单位——丝路岩组。

(一)地层特征

丝路岩组在图区呈岩块状混杂于于田县普鲁-阿羌石炭纪—二叠纪火山岩裂谷建造之中，一般规模较小，最大的位于普鲁一带，出露面积约 5.5km²。在于田县普鲁一带出露的丝路岩组其岩石组合为一套紫红色藻纹、藻席细晶灰岩同，白云岩，结晶灰岩，大理岩夹石英片岩，局部夹绿泥石英片岩等。由于该岩组所处地形切割较深，且出露不连续，野外无法实施剖面，仅综述其貌。与区域上丝路群可以对比。

(二)岩石地球化学特征

1. 岩石化学特征

丝路岩组岩石化学成分列于表 2-13 中。由表可见，岩石具有 SiO_2、MgO 含量明显偏低，CaO

表 2-12　流水岩组微量元素特征表

序号	样品号	岩石名称	Sr	Rb	Ba	Th	Ta	Nb	Zr	Ti	Hf	Y	Sc
1	D1408/3g	石英岩	29.13	23.02	29.93	3.09	0.10	2.99	3.70	—	0.15	6.63	0.84
2	D1408/2g	绢云石英片岩	150.60	37.87	825.20	8.72	2.15	8.78	40.15	—	3.25	20.15	16.58
3	D1407/2g	石榴二云石英片岩	135.10	27.14	639.00	6.97	2.06	8.23	39.81	—	2.26	11.10	15.03
4	D1407/1g	石榴黑云石英片岩	160.10	46.73	95.91	9.68	2.98	8.87	57.25	—	3.32	28.02	20.21
5	D1406/5g	二云石英片岩	229.40	10.55	2 039	4.98	1.19	7.93	22.36	—	1.30	10.65	9.95
6	D1406/3g	大理岩	194.80	4.72	55.22	0.20	0.18	25.70	21.69	—	0.27	5.43	0.37
7	D1406/2g	大理岩	331.40	1.86	35.33	0.86	0.26	28.71	21.69	—	0.36	5.69	0.45
8	D1406/1g	白云石化大理岩	81.56	4.76	12.66	1.35	0.23	12.97	16.33	—	0.32	2.44	0.37
变质碎屑岩平均值			168.80	30.57	1 116	7.59	2.10	8.45	39.89	—	2.53	17.48	15.44
碳酸盐岩平均值			202.59	3.78	34.40	0.80	0.22	22.46	19.90	—	0.32	4.52	0.40
地壳克拉克值(维氏,1962)			340.00	150.00	650.00	13.00	2.50	20.00	170.00	0.45	1.00	29.00	10.00
世界碳酸盐岩平均值(涂和费,1961)			610.00	3.00	10.00	1.70	0.01	0.30	19.00	—	0.30	30.00	1.00
序号	样品号	岩石名称	Cr	Co	Ni	V	Ga	U	Au	Ag	Cu	Pb	Zn
1	D1408/3g	石英岩	25.95	8.09	1.71	3.12	1.00	0.42	0.40	2	2.83	0.77	30.60
2	D1408/2g	绢云石英片岩	80.25	12.67	35.48	70.52	6.28	1.23	0.08	2	8.23	4.39	21.91
3	D1407/2g	石榴二云石英片岩	96.88	14.23	36.83	64.09	5.97	0.66	0.39	12	17.12	15.58	52.96
4	D1407/1g	石榴黑云石英片岩	89.87	11.66	33.29	83.23	6.16	1.30	0.25	12	38.02	20.59	66.52
5	D1406/5g	二云石英片岩	82.51	6.56	17.15	62.02	4.79	1.50	0.38	10	20.92	10.27	41.73
6	D1406/3g	大理岩	8.15	0.73	2.78	6.25	2.36	0.50	0.01	4	3.94	4.23	12.28
7	D1406/2g	大理岩	8.08	0.47	2.96	5.67	2.21	0.35	0.04	3	6.64	4.78	30.00
8	D1406/1g	白云石化大理岩	5.08	0.24	2.63	5.90	1.41	0.20	0.07	2	4.13	2.13	10.56
变质碎屑岩平均值			87.34	11.28	30.69	69.97	5.80	1.17	0.30	8	17.42	10.37	42.74
碳酸盐岩平均值			7.10	0.48	2.79	5.94	1.99	0.35	0.04	3	4.90	3.71	17.61
地壳克拉克值(维氏,1962)			83.00	18.00	58.00	90.00	19.00	2.50	4.00	80	63.00	12.00	94.00
世界碳酸盐岩平均值(涂和费,1961)			11.00	0.10	20.00	20.00	4.00	2.20	—	—	—	—	—

注:表中 Au、Ag 元素含量单位为 $\times 10^{-9}$,Ti 元素含量单位为 $\times 10^{-2}$,其他元素含量单位为 $\times 10^{-6}$

含量明显偏高的特点。与世界碳酸盐岩岩石化学平均值(涂和费,1961)相比较,SiO_2、MgO 含量明显偏低,TiO_2、Ai_2O_3、MnO 含量显示偏低,而 CaO 含量显著富集,其余组分基本接近。同时可见,大理岩的岩石化学成分与细晶灰岩基本相同,说明大理岩原岩为结晶灰岩。而丝路岩组中白云岩可能是成岩期白云岩化作用形成的。

表 2-13　丝路岩组岩石化学成分含量表　(%)

序号	样品号	岩石名称	SiO_2	TiO_2	Al_2O_3	Fe_2O_3	FeO	MnO	MgO	CaO	K_2O	Na_2O	P_2O_5	CO_2	Σ
1	D1001/1GS	大理岩	1.73	0.01	0.35	0.13	0.15	0.01	0.47	54.30	0.075	0.032	0.003	42.71	99.97
2	D1002/1GS	结晶大理岩	2.78	0.05	1.17	0.24	0.16	0.02	0.36	52.70	0.17	0.086	0.015	41.75	99.50
3	D864/1GS	细晶灰岩	0.58	0.02	0.18	0.08	0.04	0.01	0.18	55.25	0.03	0.025	0.005	43.36	99.75
平均值			1.67	0.03	0.57	0.12	0.12	0.02	0.34	54.08	0.09	0.048	0.044	42.58	99.70
世界碳酸盐岩平均值(涂和费,1961)			5.19	0.06	0.81	0.15	0.16	0.12	7.90	42.01	0.03	0.036	0.030	42.25	98.74

2. 微量元素特征

丝路岩组微量元素特征列于表 2-14 中,由表可见,除 Sr 元素含量变化较大外,其余元素含量变化均较小。与世界碳酸盐岩平均含量(涂和费,1961)相比较,Ba、Nb、Zr、Cr、Co 元素含量显示富集,而 Sr、Th、Y、Ni、V、U 等元素含量显示亏损,其余元素基本接近。与涂和费(1961)深海碳酸盐岩相比较,部分元素含量相近,说明其丝路岩组形成的构造环境可能为深水环境。

表 2-14　丝路岩组微量元素特征表

序号	样品号	岩石名称	Sr	Rb	Ba	Th	Ta	Nb	Zr	Ti	Hf	Y	Sc
1	D1001/1g	细晶大理岩	130.70	7.76	28.93	0.702	0.311	23.41	19.83	0.012	0.403	5.13	0.780
2	D1002/1g	细晶大理岩	186.90	6.87	49.83	0.194	0.269	37.81	26.25	0.050	0.313	9.17	0.867
3	D1002/3g	粉晶灰岩	533.50	9.46	53.35	1.059	0.381	35.62	32.85	0.015	0.495	9.27	0.709
4	D1002/4g	粉晶灰岩	429.40	7.67	36.99	0.461	0.490	30.99	30.99	—	0.583	6.77	0.552
5	D1002/5g	粉晶灰岩	358.60	7.78	70.86	0.523	0.529	42.17	35.94	—	0.629	11.70	3.230
6	D864/1g	细晶灰岩	161.60	8.90	25.25	1.280	0.180	27.56	23.51	—	0.252	5.68	0.525
碳酸盐岩平均值			300.12	8.10	44.20	0.703	0.360	32.93	28.30	0.026	0.450	7.95	1.090
世界碳酸盐岩平均值(涂和费,1961)			610.00	3.00	10.00	1.700	0.010	0.30	19.00	0.040	0.300	30.00	1.00

序号	样品号	岩石名称	Cr	Co	Ni	V	Ga	U	Au	Ag	Cu	Pb	Zn
1	D1001/1g	细晶大理岩	22.74	1.89	6.295	11.13	3.15	0.17	0.24	5	5.58	2.97	14.27
2	D1002/1g	细晶大理岩	18.20	1.16	2.475	7.86	3.22	0.62	0.18	5	3.14	3.87	14.43
3	D1002/3g	粉晶灰岩	32.03	1.65	5.720	9.31	3.35	0.41	0.18	6	3.35	4.43	18.95
4	D1002/4g	粉晶灰岩	33.81	2.12	10.430	12.27	3.40	0.41	0.14	6	21.91	4.54	31.90
5	D1002/5g	粉晶灰岩	21.05	2.62	6.720	20.34	3.89	0.42	0.16	7	5.90	6.05	19.92
6	D864/1g	细晶灰岩	6.80	0.98	2.510	6.18	2.88	1.32	0.09	5	5.12	2.71	14.13
碳酸盐岩平均值			22.44	1.74	5.690	11.18	3.32	0.56	0.17	6	7.50	4.10	18.93
世界碳酸盐岩平均值(涂和费,1961)			11.00	0.10	20.000	20.00	4.00	2.20	4.00	80	63.00	12.00	94.00

注:表中 Au、Ag 元素含量单位为$\times10^{-9}$,Ti 元素含量单位为$\times10^{-2}$,其他元素含量单位为$\times10^{-6}$

3. 成矿元素特征

丝路岩组 Au、Ag、Cu、Pb、Zn 五种主要成矿元素含量列于表 2-14。由表可见，成矿元素含量变化较大，与地壳克拉克值相比较，五种成矿元素均显示不同程度的亏损。由此可见，该岩组主要成矿元素背景值普遍较低，不利于成矿作用的形成。

（三）关于形成时代

丝路岩组变形变质较弱，变质达低绿片岩相，与区域上的丝路群岩石组合相似，可以对比。故暂将其时代置于青白口纪。

四、阿拉玛斯岩群(JxA)

阿拉玛斯岩群系新疆地矿局第一区调大队一、二分队(1986)在阿拉玛斯玉石矿一带发现 *Jacutophyton* sp. 等叠层石，《新疆维吾尔自治区区域地质志》(1993)将该地层统一命名为阿拉玛斯岩群，时代为蓟县纪。

由于其曼于特蛇绿混杂岩带的发现，本区工作程度的深入，也由于该地层对“和田玉”成矿的专属关系，本书重新使用阿拉玛斯岩群，系指昆南地块上一套灰白色白云质大理岩、石英岩、混合岩，局部夹深灰—灰绿色斜长角闪岩、角闪斜长片麻岩等建造，为目前昆南地块上发现的最老地层。与上覆地层寒武系—奥陶系库拉甫河组呈断层接触关系。

阿拉玛斯岩群呈东西—北东东向条带状展布，后期多被奥陶纪石英闪长岩和花岗岩体侵入破坏，地层一般出露不完整。该岩群为一套高绿片岩相-低角闪岩相变质地层，不均匀混合岩化，叠加了强烈的加里东期剪切变形，糜棱岩带及韧性剪切带发育(图版Ⅳ-1 至图版Ⅳ-3)，多呈构造岩片状产出。图区地层出露面积为 395km²。

（一）地层特征

依据岩石组合及原岩建造，阿拉玛斯岩群可进一步划分为 4 个岩组，Ⅰ岩组主要为灰白色白云质大理岩夹灰色石榴黑云二长片麻岩，大理岩为和田玉的母岩；Ⅱ岩组主要为灰—烟灰色石英岩，碎裂岩化石英岩；Ⅲ岩组主要为灰—浅灰色条带状、网脉状、眼球状混合岩；Ⅳ岩组主要为深灰—灰绿色斜长角闪岩、角闪斜长片岩。Ⅰ、Ⅱ、Ⅲ三个岩组作为一个整体，紧邻其曼于特蛇绿混杂岩带南侧分布，Ⅳ岩组仅在库拉甫河一带出露，与其他 3 个岩组之间被早古生代库拉甫河岩群分隔，岩性差异也很大，但因其出露范围太小，故统归于阿拉玛斯岩群。

现以于田县库拉甫河阿拉玛斯岩群实测剖面(图 2-9)为例，由南向北列述如下。

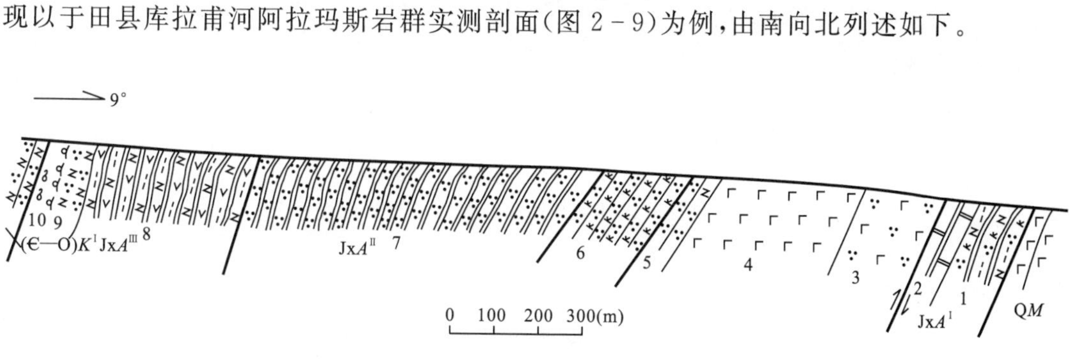

图 2-9 于田县库拉甫河阿拉玛斯岩群剖面图

南侧地层：寒武系—奥陶系库拉甫河组细碎屑岩

═══════════韧性断层═══════════

阿拉玛斯岩群(JxA)	**218.05m**
Ⅲ岩组(JxA^Ⅲ)	**35.57m**
10. 浅灰色眼球状混合岩	10.67m
9. 灰色条带状混合岩	10.67m
8. 浅灰色混合岩化黑云斜长片麻岩	14.23m
Ⅱ岩组(JxA^Ⅱ)	**35.14m**
7. 烟灰色石英岩,碎裂岩化含电气石石英岩	21.49m
6. 灰色石英钾长质糜棱岩	13.65m

══════════韧性断层══════════

其曼于特蛇绿岩	
5. 灰绿色阳起绿帘千糜岩	310.39m
4. 灰绿色块状玄武岩	485.24m
3. 灰绿色蚀变杏仁状玄武岩	132.12m

══════════断　层══════════

Ⅰ岩组(JxA^Ⅰ)	**147.34m**
2. 白色白云质大理岩	43.08m

══════════断　层══════════

1. 灰色石榴黑云二长片麻岩	104.26m

══════════韧性剪切带══════════

北侧:其曼于特蛇绿岩

剖面未见顶、底,主要涉及阿拉玛斯岩群Ⅰ—Ⅲ岩组,Ⅰ岩组主要为白云质大理岩(图版Ⅰ-6),石榴黑云二长片麻岩,呈岩块夹于其曼于特蛇绿混杂岩之中;Ⅱ岩组主要为石英岩;Ⅲ岩组主要为片麻岩和混合岩。各岩组之间均为断层及韧性剪切带接触。该岩石变形非常强烈,断层、韧性剪切带发育,多呈构造岩片状产出。其剖面叠置厚度为218.05m。

该岩群Ⅰ—Ⅲ岩组岩性组合变化不大,只是由于后期构造变形强烈,各地出露宽度不同,如流水南阿拉玛斯一带Ⅰ岩组白云石大理岩大量分布,这一带后期花岗岩也较发育,与花岗岩接触带交代变质,成为优质和田玉的主要产地(详见第七章矿产及其他国有资源概况)。

位于于田县苏巴什北侧的阿拉玛斯岩群Ⅳ岩组主要为一套深灰—灰绿色斜长角闪岩、角闪斜长片麻岩,现以于田县苏巴什北侧阿拉玛斯岩群Ⅳ岩组路线剖面(图2-10)为例,列述如下。

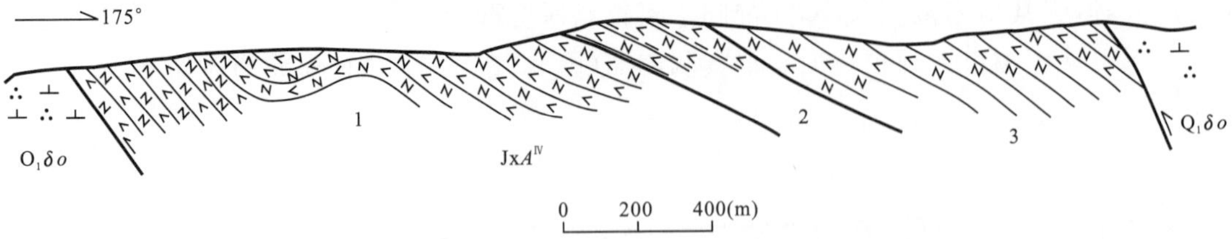

图2-10 于田县苏巴什北侧阿拉玛斯岩群Ⅳ岩组路线剖面图

北侧:中细粒石英闪长岩($O_1\delta o$)

══════════断层接触══════════

阿拉玛斯岩群Ⅳ岩组(JxA^Ⅳ)	**568m**
3. 深灰绿色细粒斜长角闪岩	215m
2. 灰黑色角闪斜长片麻岩	65m
1. 灰绿色中细粒斜长角闪岩	288m

══════断层接触══════

南侧：中细粒石英闪长岩（$O_1\delta o$）

剖面未见顶、底，剖面厚度为568m。其岩石组合主要为一套灰绿—深灰绿色斜长角闪岩夹角闪斜长片麻岩，该岩石变质、变形较强烈。

（二）岩石化学及地球化学特征

1. 岩石化学特征

阿拉玛斯岩群Ⅰ—Ⅲ岩组为一套副变质岩石，而Ⅳ岩组为变质基性火山岩类，其岩石化学成分列于表2-15中。由表可见，其变质片麻岩的岩石化学成分变化较大，SiO_2含量为66.44%～70.66%，Al_2O_3含量为13.05%～18.92%，TiO_2含量为0.48%～1.06%，Fe_2O_3含量为1.14%～3.58%，FeO含量为3.08%～8.87%，MgO含量为1.21%～4.13%，CaO含量为1.42%～4.70%等。并一般具有Fe_2O_3<FeO，MgO<CaO的特点。根据岩石化学计算，其原岩为一套成熟度较低的杂砂岩、亚杂砂岩类。与Bhatia（1985）不同构造环境杂砂岩比较，介于大陆岛弧与大洋岛弧之间，主体属于大陆岛弧构造环境（详见第四章变质岩）。

表2-15　阿拉玛斯岩群岩石化学成分含量表　（%）

序号	样品号	岩石名称	SiO_2	TiO_2	Al_2O_3	Fe_2O_3	FeO	MnO	MgO	CaO	K_2O	Na_2O	P_2O_5	LOI	Σ
1	D1019/3GS	黑云角闪斜长片麻岩	66.44	0.50	14.25	1.14	3.38	0.05	3.74	4.70	1.79	2.68	0.06	0.73	99.46
2	D1413/12GS	黑云斜长片麻岩	57.88	1.06	18.92	1.35	5.82	0.14	4.13	2.00	2.98	2.00	0.10	2.67	99.05
3	D3046/4GS	二云斜长片麻岩	67.30	0.80	16.08	3.58	3.08	0.08	1.64	1.42	2.85	1.28	0.06	1.67	99.84
4	D2004/4GS	黑云斜长片麻岩	70.66	0.48	13.05	2.04	4.57	0.05	1.21	3.00	1.08	1.88	0.08	1.06	99.16
5	D1415/2GS	黑云钾长片麻岩	69.61	0.61	13.91	0.70	4.20	0.08	1.23	2.68	4.39	2.32	0.27	0.16	100.16
6	D1026/1GS	斜长角闪岩	50.47	1.09	13.21	3.14	8.87	0.21	8.30	10.40	0.50	2.68	0.10	0.57	99.54
7	D1413/10GS	斜长角闪岩	50.95	0.85	13.29	3.51	6.11	0.21	9.66	10.00	2.00	1.30	0.15	1.59	99.62
8	D850/4GS	碎裂岩化斜长角闪岩	48.11	1.37	16.15	3.60	4.77	0.15	8.75	10.50	2.00	1.75	0.31	1.88	99.34
9	D679/3GS	斜长角闪岩	49.42	0.45	16.36	1.98	5.28	0.12	8.12	10.30	1.70	2.50	0.07	2.97	99.27
10	D1018/5GS	细晶大理岩	0.32	0.01	0.05	0.05	0.06	0.006	0.32	55.55	0.01	0.02	0.01	43.57	99.97
11	D1017/1GS	细晶大理岩	0.32	0.01	0.08	0.03	0.05	0.004	0.48	55.38	0.01	0.01	0.00	43.59	99.96

变质基性火山岩岩石化学成分变化也较大，与世界基性玄武岩化学成分平均值相比较，Al_2O_3、Fe_2O_3含量明显偏低，而MgO、CaO、FeO含量明显偏高，说明岩石偏基性。且一般具有Fe_2O_3<FeO，MgO<CaO的特点。根据岩石化学计算，利用A-F-M三角图解判别，变质基性火山岩显示为拉斑玄武岩系列。进一步利用常量元素$FeO^*/MgO-TiO_2$图解和$FeO^*-MgO-Al_2O_3$图解判别构造环境，其变质基性火山岩原岩为一套拉斑玄武岩，大地构造环境为洋脊（MORB）拉斑玄武岩（详见第四章变质岩）。

大理岩岩石化学成分基本相同，与世界碳酸盐岩化学成分平均值（涂和费，1961）相比较，其中CaO含量明显偏高，而MgO、SiO_2含量明显偏低，说明其原岩为一套纯灰岩，形成于较深水的构造环境。

2. 微量元素特征

阿拉玛斯岩群微量元素特征列于表 2-16 中，由表可见，微量元素含量变化较大，其中变质碎屑岩活泼的亲石元素 Ba、Th、Ta 含量高，分别为(497.9～1 694.10)$\times10^{-6}$、(19.12～31.57)$\times10^{-6}$和(2.10～4.26)$\times10^{-6}$，Zr 元素含量较低为(41.88～85.75)$\times10^{-6}$，而 Sr 含量变化较大，为(198.10～719.8)$\times10^{-6}$，显示了以近源为主且物源比较复杂的特点。与地壳克拉克值相比较，除 Rb、Zr 元素显示亏损外，其余活泼元素均显示不同程度富集。而不活泼元素 Sc、Cr、Co、Ni、V 含量相对变化较小，Sc 含量为(11.48～21.27)$\times10^{-6}$，Cr 含量(25.06～101.4)$\times10^{-6}$，Co 含量为(9.50～23.96)$\times10^{-6}$，Ni 含量为(10.07～75.15)$\times10^{-6}$，V 含量为(69.73～110.5)$\times10^{-6}$，个别为(124.9～142.5)$\times10^{-6}$。不活泼微量元素平均值与地壳克拉克值相比较，Sc、Cr、V 元素含量显示明显富集，而 Co、Ni 元素则显示明显亏损。与 Bhatia(1985)不同构造环境杂砂岩微量元素特征相比较，则显示比较复杂，总体上与大陆岛弧型杂砂岩相似，有些微量元素特征则显示与大洋岛弧型杂砂岩类似，也反映了本区变质沉积岩的微量元素含量变化较大，而这种变化受控于物源区的岩石性质和沉积盆地的构造环境。

表 2-16　阿拉玛斯岩群微量元素特征表　　($\times10^{-6}$)

样品号	岩石名称	Sr	Ba	Th	Ta	Nb	Zr	Hf	Y	Sc
D1017/1g	细晶大理岩	225.9	43.9	27.60	3.16	17.54	61.97	3.52	14.84	17.73
D1415/2g	细晶人理岩	108.4	27.8	2.27	0.17	25.77	12.96	0.28	5.93	1.07
D1415/1g	细晶大理岩	133.4	11.7	3.58	0.27	29.96	19.75	0.42	6.72	0.92
D1019/3g	黑云角闪斜长片麻岩	249.1	497.9	31.12	3.48	25.44	81.19	3.83	26.03	21.27
D1413/16g	石英片岩	54.2	255.2	3.91	0.25	4.61	12.35	0.29	1.96	2.14
D1413/15g	石英片岩	311.2	581.5	4.74	0.3	3.90	0.62	0.33	4.04	2.45
D1413/14g	石英片岩	48.3	145.9	5.24	0.35	5.55	19.75	0.43	4.04	2.45
D1413/9g	黑云斜长片麻岩	719.8	1 694	31.13	2.99	32.82	65.43	3.26	42.94	13.38
D1413/8g	石英岩	30.9	201.4	2.5	0.25	1.65	4.32	0.31	2.62	1.53
D1413/7g	二云石英片岩	357.6	793.7	27.85	2.90	28.18	57.41	3.18	45.59	14.76
D1413/4g	变粉砂岩	97.0	257.3	28.85	2.91	24.96	59.88	3.14	54.71	21.41
D1413/2g	变粉砂岩	185.8	412.1	26.13	2.74	22.07	48.77	2.96	50.92	17.89
D1413/1g	变粉砂岩	168.3	810.9	18.5	1.79	14.56	40.12	1.96	31.90	13.76
D850/4g	斜长角闪岩	512.9	740.8	55.24	5.25	52.29	194.70	5.82	44.78	38.91
D1026/1g	斜长角闪岩	105.2	106.5	35.96	5.18	33.19	144.50	5.73	26.15	38.52
地壳克拉克值(维氏,1962)		340.0	650.0	13.00	2.50	20	170.00	1.00	29.00	10.00

D1017/1g	细晶大理岩	Cr	Co	Ni	V	Ga	Ag	Cu	Pb	Zn
D1415/2g	细晶大理岩	218.8	19.37	72.88	158.20	7.90	14.8	129.1	17.69	37.63
D1415/1g	细晶大理岩	9.53	0.75	1.97	7.40	2.17	2.5	5.55	2.39	36.59
D1019/3g	黑云角闪斜长片麻岩	8.48	1.39	2.05	13.71	3.48	5.1	6.78	2.47	47.31
D1413/16g	石英片岩	382.10	20.27	75.15	142.50	14.74	31	19.54	17.81	52.20
D1413/15g	石英片岩	34.51	0.55	1.81	7.76	3.64	6.9	4.86	4.12	28.26
D1413/14g	石英片岩	15.39	1.54	0.59	7.22	2.74	3.4	3.81	15.64	23.01
D1413/9g	黑云斜长片麻岩	58.13	1.15	3.74	12.85	4.27	8.3	3.59	3.02	16.23
D1413/8g	石英岩	25.06	14.68	10.07	110.50	22.50	43.6	21.88	24.46	81.83
D1413/7g	二云石英片岩	37.49	0.23	1.26	5.07	0.96	1.4	3.23	2.31	37.90
D1413/4g	变粉砂岩	14.30	10.37	12.31	89.49	19.24	36.8	8.89	22.99	58.55
D1413/2g	变粉砂岩	119.40	14.2	47.90	111.9	17.35	34.3	26.01	22.86	112.10
D1413/1g	变粉砂岩	114.10	12.24	37.57	93.06	15.13	30.1	29.6	19.99	98.92
D850/4g	斜长角闪岩	39.49	7.11	8.50	65.70	9.24	17.6	10.34	18.63	74.89
D1026/1g	斜长角闪岩	123.30	28.72	38.16	204.70	33.89	71.1	19.49	33.45	271.10
地壳克拉克值(维氏,1962)		172.40	27.14	67.68	199.40	19.74	30.5	44.89	19.49	80.87

变质基性火山岩的微量元素平均值与世界基性玄武岩相比较，活泼的亲石元素除 Sr 元素含量显示亏损外，其余元素均显示富集；不活泼的过渡性元素 Sc、Cr、V、Ti 明显富集，而 Co、Ni 元素明显亏损。说明岩石在多期构造变形改造的过程中活泼的亲石元素不稳定而易于亏损。进一步利用微量元素判别构造环境，其变质基性火山岩构造环境主体为洋脊玄武岩。石英岩、大理岩的微量元素含量平均值与地壳克拉克值及涂和费(1961)碳酸盐岩平均值相比较，显示比较复杂，说明阿拉玛斯岩群的物源供给及构造环境均较复杂。

3. 成矿元素特征

阿拉玛斯岩群 Au、Ag、Cu、Pb、Zn 五种主要成矿元素含量列于表 2-16 所示。由表可见，变质碎屑岩中 Au、Ag 含量变化较小，与地壳克拉克值相比较，除 Ag 最高值(80×10^{-9})与其相同外，其余 Au、Ag 含量均不同程度地显示亏损；Cu、Pb、Zn 含量变化较大，与地壳克拉克值相比较，除 Zn 最高值(115.8×10^{-6})显示稍富集外，其余 Cu、Zn 元素含量显示不同程度的亏损；而 Pb 含量均显示不同程度的富集。变质基性火山岩中 Au、Ag、Cu 含量变化较大，与地壳克拉克值相比较，均显示不同程度的富集；Zn 除最高值为 271.1×10^{-6} 显示富集外，其余均显示轻微亏损；石英岩及大理岩中的五种成矿元素与地壳克拉克值相比较，均显示不同程度的强亏损。说明该岩石成矿元素背景值较低，不利于成矿作用的形成。

4. 稀土元素特征

阿拉玛斯岩群稀土元素特征列于表 2-17 中。由表可见，变质碎屑岩稀土元素总量较高，$\sum REE=(266.57\sim262.85)\times10^{-6}$，$\delta Eu=0.9\sim1.1$，显示 Eu 有弱的富集，$\delta Ce=0.71\sim0.77$，表明 Ce 明显亏损。LREE/HREE=8.04～13.76，$(La/Yb)_N=8.56\sim18.19$，表明轻稀土强富集；$(La/Sm)_N=4.58\sim5.05$，$(Gd/Yb)_N=1.08\sim1.73$，说明轻稀土分馏程度明显，而重稀土分馏程度较差。稀土元素配分曲线具有向右倾的特点(图 2-11)。与典型的 PAAS 型(后太古代沉积岩)稀土元素曲线形态相似。

表 2-17 阿拉玛斯岩群稀土元素特征表

序号	样品号	岩石名称	稀土元素含量($\times10^{-6}$)													
			La	Ce	Pr	Nd	Sm	Eu	Gd	Tb	Dy	Ho	Er	Tm	Yb	Lu
1	D1413/12xt	黑云斜长片麻岩	67.11	112.5	11.96	46.14	8.31	2.02	6.17	0.98	4.84	0.98	2.58	0.42	2.19	0.37
2	D1019/3xt	黑云角闪斜长片麻岩	64.58	101.04	12.08	44.76	8.82	2.78	7.98	1.26	7.48	1.65	4.32	0.78	4.48	0.84
3	D1026/1xt	斜长角闪岩	14.55	32.82	3.77	16.62	4.17	1.15	4.63	0.79	6.85	1.87	4.70	0.89	6.87	1.02
4	D1413/10xt	斜长角闪岩	19.07	34.92	4.47	20.31	4.30	1.09	4.69	0.64	3.87	0.84	2.28	0.41	2.38	0.45
5	D850/4xt	碎裂岩化斜长角闪岩	25.58	58.79	7.55	32.64	6.55	1.82	5.99	0.82	6.24	1.57	3.98	0.71	4.97	0.70
6	D1018/5xt	细晶大理岩	1.68	8.51	0.98	4.87	1.77	0.60	1.99	0.43	2.93	0.71	1.98	0.37	2.11	0.38
7	D1413/13xt	条带状混合岩	17.49	19.09	2.98	13.65	3.12	0.50	3.75	0.68	4.63	1.06	2.96	0.54	2.92	0.50

序号	样品号	岩石名称	稀土元素含量($\times10^{-6}$)			特征参数值					
			ΣREE	ΣCe	ΣYb	LREE/HREE	δEu	δCe	$(La/Yb)_N$	$(La/Sm)_N$	$(Gd/Yb)_N$
1	D1413/12xt	黑云斜长片麻岩	266.57	254.21	18.48	13.76	0.90	0.77	18.19	5.05	1.73
2	D1019/3xt	黑云角闪斜长片麻岩	262.85	231.28	28.78	8.04	1.10	0.71	8.56	4.58	1.08
3	D1026/1xt	斜长角闪岩	100.70	73.08	27.62	2.65	0.88	0.45	1.26	2.18	0.41
4	D1413/10xt	斜长角闪岩	99.72	84.16	15.24	5.52	0.82	0.77	4.76	2.77	1.21
5	D850/4xt	碎裂岩化斜长角闪岩	157.91	132.93	24.98	5.32	0.96	0.88	3.06	2.44	0.86
6	D1018/5xt	细晶大理岩	29.31	18.41	10.90	1.69	1.08	1.35	0.47	0.59	0.58
7	D1413/13xt	条带状混合岩	73.87	56.83	17.04	3.34	0.50	0.51	3.56	3.50	0.79

变质基性火山岩稀土元素总量较低，$\sum REE=(99.72\sim157.91)\times10^{-6}$，$\delta Eu=0.82\sim0.96$，显示 Eu 有弱的亏损，$\delta Ce=0.45\sim0.88$，显示 Ce 明显亏损。LREE/HREE＝2.65～5.52，$(La/Yb)_N=1.26\sim4.76$，表明轻稀土稍富集；$(La/Sm)_N=2.18\sim2.77$，$(Gd/Yb)_N=0.41\sim0.86$，说明轻稀土分馏程度较低，而重稀土分馏程度较高。稀土元素配分曲线具有较平直的特点(图 2－11)。与洋脊玄武岩(MORB)稀土元素曲线形态相似。

混合岩稀土元素总量较低，$\sum REE=73.87\times10^{-6}$，$\delta Eu=0.5$，$\delta Ce=0.51$，显示 Eu、Ce 明显亏损。$(La/Yb)_N=3.56$，说明轻稀土元素弱富集；$(La/Sm)_N=3.50$，$(Gd/Yb)_N=0.79$，表明轻稀土分馏程度不明显，而重稀土元素分馏程度较明显。稀土元素配分曲线具有左高右低的特点(图 2－11)。与花岗岩类稀土元素配分曲线形态相似。

大理岩稀土元素总量很低，$\sum REE=29.31\times10^{-6}$，$\delta Eu=1.08$，$\delta Ce=1.35$，显示 Eu、Ce 有很弱的亏损，$(La/Yb)_N=0.47$，表明重稀土元素富集。其稀土元素配分曲线具有稍左低右高近于平直的特点(图 2－12)。与深海碳酸盐岩稀土元素配分曲线形态相似。

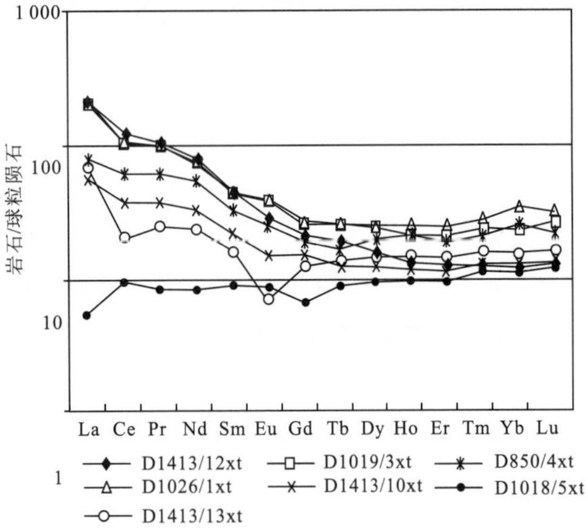

图 2－11　阿拉玛斯岩群稀土元素配分模式图

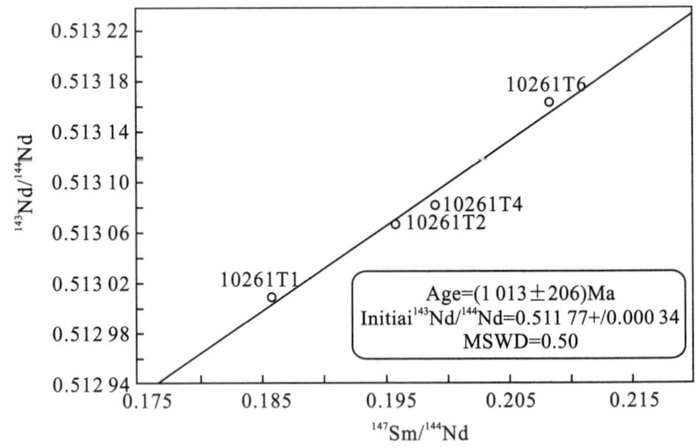

图 2－12　阿拉玛斯岩群变质基性 Sm－Nd 同位素等时线图

(三)关于形成时代

阿拉玛斯岩群为一套高绿片岩相变质地层，前人一直将其划归蓟县系。本次区调，在该岩群四岩段变质基性火山岩中采集了 Sm－Nd 同位素等时线样品，经中国科学院地质与地球物理研究所分析结果(表 2－18，图 2－12)，年龄值 $t=(1\ 013\pm206)$Ma，其时代应置于蓟县纪。

表 2－18　阿拉玛斯岩群斜长角闪岩 Sm－Nd 同位素分析结果表

样品号	Sm	Nd	$^{147}Sm/^{144}Nd$	$^{143}Nd/^{144}Nd$	2sigma	Tchur	T_{DM}	EpsilonO
10261T1	1.946	6.333	0.185 8	0.513 009	11.000 000	—	779	7.24
10261T2	1.973	6.095	0.195 8	0.513 006	9.000 000	—	728	7.35
10261T3	1.983	5.847	0.205 1	0.513 222	10.000 000	10 243	—	11.40
10261T4	2.367	7.191	0.199 1	0.513 081	12.000 000	25 793	736	8.64
10261T5	2.022	5.859	0.208 7	0.513 228	12.000 000	7 314	—	11.50
10261T6	2.067	5.994	0.208 5	0.513 161	12.000 000	6 606	—	10.20

第四节　震旦系—下古生界

图区内震旦系—下古生界主要出露于南部昆仑山区，均为（高）绿片岩相变质，强变形，呈断块（片）状产出。在昆北地层分区为阿拉叫依岩群，昆南地层分区为库拉甫河岩群，苏巴什地层分区为柳什塔格玄武岩。

一、阿拉叫依岩群[(Z—∈)A]

新疆地矿局第十地质队编绘的《1∶50 万（和田）地区地质图》上已将这一套地层划出，时代划归震旦纪—寒武纪。本次区调根据其地层特征和变质、变形特点建群级构造-岩石地层单位，命名为阿拉叫依岩群。定义为“出露于其曼于特蛇绿岩带北侧，昆北地块上的一套中浅变质陆源碎屑复理石沉积地层，与两侧地层均为断层接触，可划分为上、下两个岩组，时代为震旦纪—寒武纪”，图区内该岩群主要分布于普鲁乡南一带，面积约 95km^2，出露厚度大于 4 110.51m。

（一）剖面描述

以于田县普鲁铁克萨依代牙阿拉叫依岩群剖面为例，剖面上阿拉叫依岩群内脆韧性断层发育，地层总体为南倾倒转的单斜排列（图 2－13）。阿拉叫依岩群总体为一套中浅变质的陆源碎屑复理石建造（图版Ⅲ－1），粒度细小，原岩碎屑成分以石英为主，长石较少，泥质含量较高。据原岩的沉积建造、岩石组合特征将该岩群分为上、下两个岩组，现分述如下。

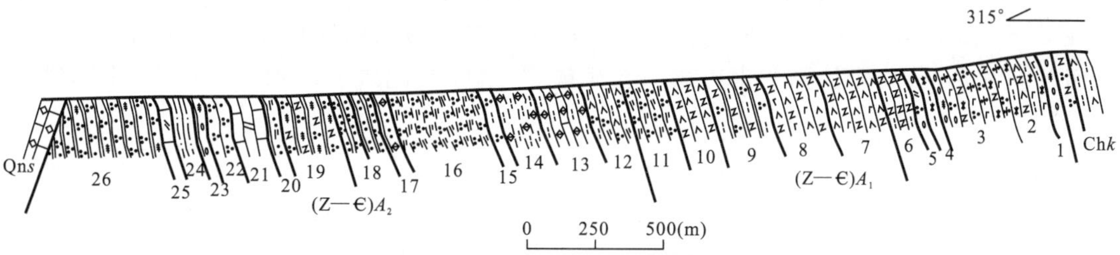

图 2－13　于田县普鲁铁克萨依代牙阿拉叫依岩群剖面图

上覆地层：丝路岩组（Qns）白云质结晶灰岩夹大理岩

══════════脆性剪切带══════════

上岩组（Z—∈）A_2　**2 162.79m**

26. 灰—灰绿色细粒变石英杂砂岩夹变粉砂岩　446.22m
25. 浅灰白色粉晶含白云质灰岩　22.83m
24. 灰色浅粒岩夹粉晶白云质灰岩，有辉绿岩脉侵入　54.61m
23. 紫灰色片理化复成分砾岩　13.75m
22. 深灰—紫灰色片理化细粒硅质石英砂岩　74.66m
21. 灰色薄层状微晶灰岩夹细晶白云岩　127.58m
20. 灰绿色含粉砂质绢云母板岩夹变粉砂岩　40.30m
19. 浅灰—灰绿色片理化变质长石石英杂砂岩　95.05m

══════════脆性断层══════════

18. 深灰色变石英粉砂岩夹粉砂质板岩　148.36m
17. 灰绿色粉砂质白云石板岩夹薄层状变细粒白云质长石石英砂岩　45.40m
16. 深灰色绢云石英千枚岩　410.78m

15. 深灰色石英黑云母片岩	56.72m
14. 灰色黑云白云石变粒岩	190.49m
13. 灰色黑云白云石片岩夹结晶灰岩	231.93m
12. 灰—灰绿色角闪二云石英片岩	204.11m

══════════脆韧性剪切带══════════

下岩组(Z—∈)A_1	**1 947.72m**
11. 深灰色绢云石英千枚岩夹绢云石英片岩	204.11m
10. 灰—灰绿色片理化角闪斜长变粒岩	174.02m
9. 紫灰色黑云长石石英岩	266.26m
8. 灰绿色钙质角闪斜长变粒岩	266.36m
7. 灰绿色含钙质角闪斜长变粒岩,岩层内发育透闪石化石英脉	280.86m
6. 灰色黑云石英片岩夹斜长变粒岩	98.24m
5. 灰—灰绿色含砾白云质石英片岩	53.41m
4. 灰色黑云阳起石片岩	47.92m
3. 灰—灰绿色含砾石英透闪钙质片岩夹斜长阳起石片岩,灰绿色复成分砾岩	325.33m
2. 灰色含钙阳起石黑云母片岩夹斜长角闪岩及绢云石英片岩	212.93m
1. 灰绿色复成分砾岩	18.28m

══════════脆性剪切带══════════

下伏地层:卡羌岩组(Ch*k*)角闪黑云片岩夹斜长变粒岩

下岩组(Z—∈)A_1:剖面上未见底,与南侧长城系卡羌岩组为脆性断层接触,叠置厚度1 947.72m,岩性主要为灰绿色角闪斜长变粒岩、黑云石英片岩、黑云长石石英片岩、含砾白云质石英片岩(图版Ⅲ-2)、复成分砾岩夹绢云石英片岩、斜长角闪岩等。该岩组中由原岩长英质砂级、粉砂级和泥质组成的沉积韵律较清楚,为向上变细的正粒序。据沉积物特征,在该岩组中可划分出3个高一级的沉积旋回,每个旋回均由砾岩—含砾砂岩—砂岩、泥质岩沉积,为自下而上由粗变细的递进旋回。

上岩组(Z—∈)A_2:剖面上未见顶,与北侧的丝路岩组和下伏下岩组均为断层接触,叠置厚度2 162.79m。该岩组岩性主要有灰—灰绿色变石英杂砂岩、深灰色绢云石英千枚岩、灰色黑云白云石变粒岩、含粉砂质绢云母板岩、白云质灰岩、微晶灰岩、结晶灰岩等,为碎屑岩夹薄层碳酸盐岩建造。由砂岩—粉砂岩、粉砂岩—泥质岩或泥质岩—灰岩组成的沉积韵律较为清楚,该岩组中可识别出4个高一级的沉积旋回,单个旋回下部均为碎屑岩,上部为灰岩,反映了沉积物由陆源碎屑岩向碳酸盐岩过渡的沉积演化过程。

在库拉甫河踏勘剖面上,阿拉叫依岩群和其曼于特构造带岩石为断层接触,下岩组以含砾变细砂岩为主,上岩组中未见碳酸盐岩,以变细砂岩、粉砂岩、泥质岩为主,沉积韵律清楚。

(二)岩石化学及地球化学特征

阿拉叫依岩群岩石化学分析结果见表2-19,由表中可以看出,阿拉叫依岩群碎屑岩岩石化学成分除CaO(2.55%~14.50%)外,其余均变化不大,SiO_2含量为53.61%~66.57%,TiO_2含量为0.64%~0.79%,一般FeO>Fe_2O_3。

阿拉叫依岩群稀土元素分析结果见表2-20,配分模式图见图2-14。从稀土配分模式图中可以看出,阿拉叫依岩群稀土元素配分曲线向右倾斜,较为平坦,轻稀土元素明显富集[LREE=(191.63~233.09)$\times10^{-6}$],重稀土元素则亏损[HREE=(25.06~28.22)$\times10^{-6}$],Eu负异常不甚明显,δEu=0.64~0.79,δCe=0.99~1.03,$(La/Yb)_N$=5.09~9.74,$(La/Sm)_N$=3.08~3.79,$(Gd/Yb)_N$=0.96~1.86。

表 2-19　阿拉叫依岩群碎屑岩岩石化学分析结果表　　　　　　　　　　　　　　　　（%）

序号	样品号	SiO_2	TiO_2	Al_2O_3	Fe_2O_3	FeO_2	MnO	MgO	CaO	Na_2O	K_2O	P_2O_5	Σ
1	D855/1	66.57	0.70	16.03	0.96	2.23	0.06	2.55	2.55	4.60	2.00	0.10	98.35
2	D857/3	53.61	0.64	8.26	0.95	3.69	0.12	6.25	14.50	1.90	2.25	0.17	92.34
3	D858/1	66.20	0.79	13.26	0.99	4.40	0.69	3.59	3.80	1.90	2.30	0.09	98.01

表 2-20　阿拉叫依岩群稀土元素分析结果及参数表

样品号	岩石名称	稀土元素含量（$\times10^{-6}$）										
		La	Ce	Pr	Nd	Sm	Eu	Gd	Tb	Dy	Ho	Er
D857/3XT	砂岩	43.29	91.37	9.91	38.39	7.18	1.49	6.8	0.94	6.99	1.76	4.32
D858/1XT	砂岩	48.8	105.92	13.17	52.88	9.97	2.35	7.81	1.09	6.98	1.48	3.31

样品号	岩石名称	稀土元素含量（$\times10^{-6}$）						特征参数值				
		Tm	Yb	Lu	HREE	LREE	ΣREE	δEu	δCe	$(La/Yb)_N$	$(La/Sm)_N$	$(Gd/Yb)_N$
D857/3XT	砂岩	0.79	5.74	0.88	28.22	191.63	219.85	0.64	1.03	5.09	3.79	0.96
D858/1XT	砂岩	0.53	3.38	0.47	25.06	233.09	258.14	0.79	0.99	9.74	3.08	1.86

微量元素分析结果见表 2-21，由表中可以看出，大离子亲石元素平均值除 Th、Nb 较克拉克值略高外，其余则普遍较低，显示明显亏损，不活泼元素 Cr 和 Ni 则表现为明显的富集，其余不活泼元素则与地壳平均值较为接近，但 Cr、Ni、V 等元素含量变化较大，其中 Cr 为（17.23～716.1）$\times10^{-6}$，Ni 为（3.543～219.8）$\times10^{-6}$，V 为（5.316～149.6）$\times10^{-6}$。主要成矿元素中 Au 含量变化较大，最高 42.21$\times10^{-9}$，最低仅 0.4$\times10^{-9}$，平均值略低于克拉克值。Ag、Cu、Zn 平均值明显低于克拉克值，Pb 均值略高于克拉克值。主要成矿元素均未见明显的富集或亏损。

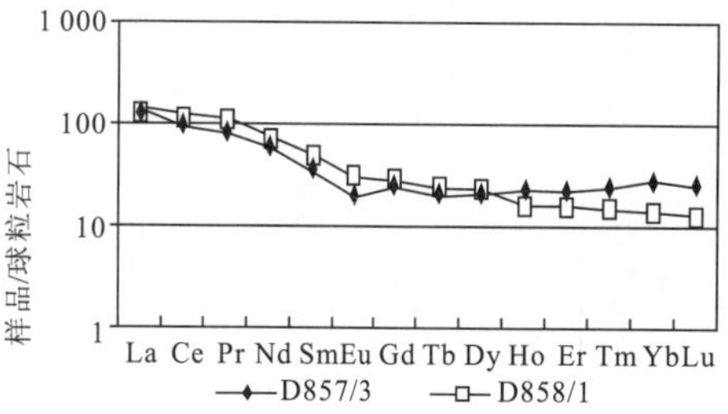

图 2-14　阿拉叫依岩群稀土配分模式图

（三）沉积环境

Bhatia(1985)研究认为，碎屑岩中 La、Ce、Th、Nd、Zr、Y、Sc 和 Co 等不活泼元素在研究物源区类型和判别构造环境上作用很大，根据澳大利亚东部古生代砂岩的微量元素特征，提出了判别构造环境的最佳微量元素标志（表 2-22），将阿拉叫依岩群碎屑岩微量元素及其比值参数与之对比发现，除 Co 外，其他数值均与被动大陆边缘较为接近，据此判断阿拉叫依岩群应为被动大陆边缘沉积建造。

（四）时代讨论及横向对比

阿拉叫依岩群在图区内和长城系卡羌岩组（Ch*k*）、青白口系丝路岩组（Qn*s*）、阿羌火山岩（$P_{1-2}a$）均为断层接触，其内部亦有多个断层，总体呈断块（片）状。它比有化石依据的阿羌火山岩变形强、变质程度高，可达高绿片岩相，虽与丝路岩组变质程度相近，但丝路岩组变形样式更复杂，有明显的多期叠加褶皱。在普鲁东奎代买处，阿拉叫依岩群被奥陶纪花岗岩（锆石 U-Pb 年龄值为 437.4Ma）侵入。该岩群中复成分砾岩具冰碛砾石特征，可与塔里木板块周缘普遍发育的震旦纪冰碛砾岩对比。综上所述，将该岩群时代归于晚震旦世—寒武纪。

表 2－21　阿拉叫依岩群微量元素分析结果表

样品号	岩石名称	Sr	Rb	Ba	Th	Ta	Nb	Zr	Hf	Y	Sc	Cr	Co	Ni	V	Ga	U	Au	Ag	Cu	Pb	Zn
D856/1G	糜棱岩	111.80	11.47	138.20	1.58	0.294	13.81	35.27	0.216	12.76	8.33	215.50	11.65	94.70	66.45	6.35	1.200	0.40	0.014	19.53	7.90	35.62
D856/4G	变质辉绿岩	113.70	64.09	303.90	10.19	1.245	22.31	73.48	0.467	26.99	15.78	180.90	18.73	137.00	98.98	12.76	1.704	2.19	0.026	28.63	18.43	90.41
D856/5G	斜长角闪岩	71.28	1.24	47.82	2.02	0.129	17.49	70.54	0.651	16.48	23.84	78.25	17.52	38.10	136.30	11.64	0.624	0.33	0.023	14.06	16.68	72.01
D856/6G	透闪片岩	177.30	8.19	26.12	2.92	0.126	13.51	39.68	0.078	2.55	4.56	518.10	10.27	111.80	63.02	3.87	0.851	0.28	0.010	22.85	5.21	54.33
D856/7G	斜长阳起片岩	177.30	50.58	214.80	21.02	0.623	20.75	54.37	0.470	41.95	16.83	383.10	16.12	202.40	78.16	8.36	2.196	1.03	0.018	19.61	19.53	58.43
D856/8G	黑云阳起片岩	59.38	40.27	287.80	12.69	0.377	10.02	38.94	0.303	11.54	3.94	716.10	15.19	219.80	26.29	5.12	1.239	0.64	0.013	9.49	9.59	54.73
D856/9G	白云石英片岩	184.40	75.88	453.30	14.33	0.987	22.82	80.83	0.441	23.56	22.61	275.40	16.25	178.90	109.70	11.50	2.233	1.56	0.024	30.88	21.56	72.66
D856/10G	黑云阳起片岩	93.49	49.63	1 880	7.88	1.287	28.44	90.38	0.223	9.66	25.59	155.70	20.08	80.94	140.00	20.72	1.195	2.14	0.043	30.29	23.55	96.14
D857/1G	角闪斜长变粒岩	92.31	15.34	174.20	15.01	0.838	23.70	54.37	0.282	28.24	15.42	183.40	15.35	59.09	118.70	12.37	1.240	1.69	0.026	11.34	14.97	55.10
D857/3G	角闪斜长变粒岩	197.60	9.85	154.20	11.87	0.727	28.42	74.95	0.266	28.93	14.46	163.40	15.02	48.54	115.90	14.17	0.924	1.38	0.029	11.42	14.93	50.48
D857/4G	二长变粒岩	194.80	15.15	180.00	6.17	1.100	26.30	66.13	0.359	22.87	13.41	147.20	12.79	43.52	108.10	14.46	2.557	1.74	0.030	14.22	14.60	48.70
D858/1G	黑云长石石英岩	363.90	63.84	454.60	11.60	0.966	25.86	80.09	0.371	18.36	23.66	131.60	18.35	56.03	149.60	17.60	1.537	1.82	0.036	30.40	27.14	80.61
D858/2G	黑云斜长变粒岩	348.80	91.00	987.80	11.90	1.100	24.83	64.66	0.247	26.76	15.51	130.90	13.65	38.49	117.70	15.24	2.341	1.97	0.032	18.16	20.26	65.12
D862/1G	复成分砾岩	103.90	177.50	250.40	17.06	1.805	14.27	172.70	1.351	31.04	9.03	24.15	6.23	12.38	27.82	7.78	2.252	3.29	0.017	20.44	15.58	49.32
D862/2G	碎裂岩化浅粒岩	53.85	132.70	200.30	66.60	19.840	21.54	194.70	5.365	130.40	2.80	22.40	2.03	3.54	5.32	3.08	16.770	42.21	0.005	8.63	17.60	10.06
D862/3G	粉晶灰岩	63.12	35.87	46.76	0.52	0.332	20.03	37.47	0.091	5.35	0.79	17.23	3.00	9.19	22.25	4.99	1.633	0.62	0.010	8.86	4.75	16.33
D862/4G	粉晶灰岩	102.20	38.65	255.60	3.00	0.403	26.90	33.80	0.315	10.42	1.40	18.98	2.60	7.22	20.15	5.67	1.466	0.60	0.011	6.14	5.71	22.63
平均值		161.00	58.77	403.70	14.42	1.893	24.07	84.16	0.766	29.86	14.86	224.20	14.37	89.44	93.63	11.71	2.795	3.76	0.020	17.94	15.18	54.86
地壳克拉克值(维氏,1962)		340.00	150.00	650.00	13.00	2.500	20.00	170.00	1.000	29.00	10.00	83.00	18.00	58.00	90.00	19.00	2.500	4.00	0.080	63.00	12.00	94.00

注:表中 Au 元素含量单位为$\times10^{-9}$,其他元素含量单位为$\times10^{-6}$

表 2-22 阿拉叫依岩群碎屑岩微量元素与不同构造环境砂岩的微量元素特征对比表

特征值	大洋岛弧	大陆岛弧	活动大陆边缘	被动大陆边缘	阿拉叫依岩群
Pb($\times10^{-6}$)	6.9±1.4	15.1±1.1	15.1±1.1	16.0±3.4	18.4±1.0
Rb/Sr	0.05±0.05	0.65±0.33	0.65±0.33	1.19±0.40	9.13±0.30
Th($\times10^{-6}$)	2.27±0.7	11.1±1.1	11.1±1.1	16.7±3.5	15.6±3.7
Zr($\times10^{-6}$)	96±20	229±27	229±27	29.8±8.0	73±21
Hf($\times10^{-6}$)	2.1±0.6	6.3±2.0	6.3±2.0	10.1	9.70±1.0
Nb($\times10^{-6}$)	2.0±0.4	8.5±0.8	8.5±0.8	7.9±1.9	7.3±1.7
K($\times10^{-6}$)	465±1 526	1 296±250	1 296±250	681±194	673±134
Th/D	2.1±0.78	4.6±0.45	4.6±0.45	5.6±0.7	5.0±0.6
Zr/Th	48.0±13.4	21.5±2.4	21.5±2.4	19.0±5.8	7.2±6.0
Ti(%)	0.48±0.12	0.39±0.06	0.39±0.06	0.22±0.06	0.17±0.03
Ti/Zr	56.8±21.4	17.9±4.3	19.7±4.3	6.74±0.9	3.45±0.9
Sc($\times10^{-6}$)	19.5±5.2	14.8±1.7	14.8±1.7	6.0±1.4	7.6±1.2
V($\times10^{-6}$)	131±40	89±13.7	89±13.7	31±9.9	27±7.3
Co($\times10^{-6}$)	18±6.3	12±2.7	12±2.7	5±2.4	17.7±1.0
Zn($\times10^{-6}$)	89±18.6	74±9.8	74±9.8	26±2.4	23±2.1
Sc/Cr	0.57±0.16	0.32±0.06	0.32±0.66	0.16±0.02	0.20±0.03

阿拉叫依岩群在区域上可与彭昌文、高家振(1984)在塔里木南缘铁克里克分区所划的震旦系对比,出露于坎迪尔力克至塔斯洪河一带。下部恰克马克力克组厚1 930m,岩性主要为泥岩、粉砂岩、石英砂岩、含砾砂岩、杂砾岩、硅质岩等,具落石构造,其间可识别出两次冰期及一次间冰期。上部库尔卡克组和克孜苏胡木组厚度大于780m,岩性主要为灰色泥岩、石英砂岩、砾岩、白云岩等。从沉积建造上来看,阿拉叫依岩群上岩组和恰克马克力克组相一致,而上岩组与库尔卡克组和克孜苏胡木组相似。我国的震旦系—寒武系界限附近以白云岩为主,故认为阿拉叫依岩群时代可延至寒武纪。

二、库拉甫河岩群[(∈—O)K]

库拉甫河岩群为本次区调工作新发现命名的构造-岩石地层单位,定义为“出露于其曼于特蛇绿岩带南侧,昆南地块上的一套低绿片岩相浅变质的陆源碎屑岩、碳酸盐岩及火山岩,呈构造岩片状以断裂与蓟县系阿拉玛斯岩群及石炭系托库孜达坂岩组接触,时代为寒武纪—奥陶纪”。该岩群主要出露于喀什塔什山一带,呈狭窄的带状夹于阿拉玛斯岩群之中,东侧被托库孜达坂岩组截切,西侧被花岗岩侵吞,面积约105km²。库拉甫河岩群岩石组合差异较大,根据岩石组合及主要岩石特征,自上而下可进一步划分为分别以石英岩、变砂岩、玄武岩和大理岩为主的Ⅰ、Ⅱ、Ⅲ、Ⅳ四个岩组。

(一)地质特征

以于田县库拉甫河剖面为例(图2-15)。

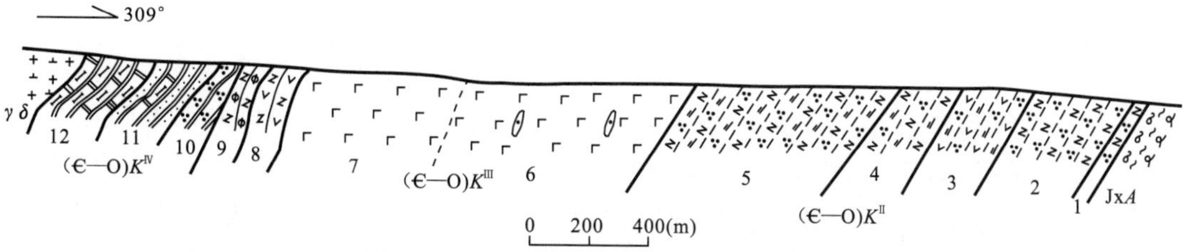

图2-15 于田县库拉甫河岩群剖面图

剖面上库拉甫河岩群未见顶、底，其上被奥陶纪花岗闪长岩侵入，下部与蓟县系为断层接触。依据岩石组合及变质程度可划分为3个岩组，自上而下分别为大理岩组、火山岩组、砂岩组。

花岗闪长岩($\gamma\delta$)

——————侵入接触——————

大理岩组(∈—O)K^{IV}	**73.76m**
12. 灰白色片理化透辉大理岩	39.19m
11. 灰白色变细砂岩夹透辉大理岩	33.81m
10. 灰色糜棱岩化细粒石英岩	0.76m

══════韧性断层══════

玄武岩组(∈—O)K^{III}	**862.83m**
9. 灰绿色块状钠长绿帘石岩	44.82m
8. 片理化细粒斜长角闪岩	70.97m
7. 灰绿色块状蚀变玄武岩	291.35m
6. 灰绿色块状蚀变玄武岩，含透镜状磁铁矿	455.69m

══════韧性断层══════

砂岩组(∈—O)K^{II}	**789.88m**
5. 灰色绢云长英质糜棱岩	426.85m
4. 浅灰色黑云绢云长英质糜棱岩，石英绢云千糜岩	134.73m
3. 糜棱岩化粉砂岩	10.32m
2. 浅灰色黑云绢云长英质糜棱岩	208.32m
1. 灰色含长奂质黑云绢云千枚岩夹浅灰色糜棱岩化硅质岩	9.66m

══════韧性断层══════

阿拉玛斯岩群(Jx*A*)混合岩

砂岩组主要为长英质糜棱岩夹少量绢云母千枚岩、糜棱岩化硅质岩等，原岩为泥质长石石英砂岩夹硅质岩。该岩组与下伏阿拉玛斯岩群及上覆火山岩组均为断层接触，厚度789.88m；火山岩组以灰绿色块状蚀变玄武岩为主，下部火山岩中含透镜状磁铁矿，上部为斜长角闪岩、钠长绿帘石岩等，上下均为断层，厚度862.83m；大理岩组岩性主要为透辉大理岩、细砂岩等，下部为断层，上部被岩体侵入，厚度73.76m。

以上3个岩组变形较强，但变质作用较弱，为低绿片岩相，铁镁质岩石中出现绿泥石、绿帘石、阳起石和钠长石等变质矿物组合。主期变形与变质矿物相对应，表现为中层次强烈的剪切应变，形成规模巨大的糜棱岩带，构造带产状、性质与阿拉玛斯岩群中退变质产生的糜棱岩带配套一致。

石英岩组仅见于策勒县大龙沟一带，出露宽度大于500m，岩性主要为灰色细粒微晶石英岩夹绿片岩，底部为强片理化底砾岩，与阿拉玛斯岩群可能为角度不整合接触。该砾岩中砾石含量约35%，成分以变粒岩、混合岩为主，这种砾石较小，砾径一般小于2～5m，磨圆较好，次为花岗岩砾石，较大，最大可达30cm。磨圆好—次圆状。砾石均有不同程度压扁拉长，胶结物主要为长英质，已糜棱岩化。该砾岩具底砾岩性质，其下为角度不整合面。

(二)岩石化学及地球化学特征

大理岩及碎屑岩岩石化学分析结果见表2-23，由表中可见大理岩中TiO_2明显偏低，仅为0.08%，而SiO_2偏高，为10.62%，FeO>Fe_2O_3。砂岩SiO_2偏低，为59.36%，而Al_2O_3、TiO_2、K_2O则相对偏高。说明碳酸盐岩中含有较多的陆源碎屑，砂岩成熟度较低。火山岩化学特征表现在SiO_2、K_2O明显偏高，而FeO、CaO、MgO则明显偏低，显示了硅铝质壳源物质的加入(详见三章)。稀土总量112.6×10^{-6}，轻、重稀土分馏明显，轻稀土富集，重稀土分异不明显。微量元素特征反映出亲大陆性质，火山岩总体表现为大陆岛弧性质，故库拉甫河岩群形成于被动陆缘环境。

表 2-23 库拉甫河岩群岩石化学特征表

(%)

样品号	岩石名称	SiO_2	Al_2O_3	Fe_2O_3	FeO	CaO	MgO	MnO	TiO_2	P_2O_5	Na_2O	K_2O	CO_2/LOI	Σ
D1411/2TS	大理岩	10.62	1.49	0.41	1.30	47.95	1.87	0.14	0.08	0.05	0.12	0.25	35.30	99.58
D1412/10GS	长英质糜棱岩	59.36	16.51	2.72	3.54	3.60	3.59	0.10	1.83	0.09	1.44	3.44	3.08	99.30
碳酸盐岩平均值（涂和费，1961）		5.19	0.81	0.15	0.16	42.01	7.9	0.12	0.06	0.03	0.036	0.025	42.25	

砂岩组和大理岩组微量元素含量列于表 2-24 中，由表中可见，岩石的 Sr、Zr、Ni、Co 含量平均值明显低于克拉克值，而 U 则明显高于克拉克值，其余元素则相差不大。主要成矿元素中 Au、Ag、Cu 均值明显低于克拉克值，Pb、Zn 平均值与克拉克值相差不大。

表 2-24 库拉甫河岩群微量元素特征表

样品号	岩石名称	Sr	Rb	Ba	Th	Ta	Nb	Zr	Hf	Y	Sc	Cr	Co	Ni	V	Ga	U	Au	Ag	Cu	Pb	Zn
D1411/2	大理岩	191.0	170.6	72.3	4.31	2.094	20.04	23.46	0.415	4.23	2.91	12.9	1.97	3.05	8.9	4.15	3.93	3.64	0.006	10.99	9.19	22.46
D1411/3	变粒岩	210.3	99.8	559.2	18.97	2.331	30.31	100.00	2.208	46	15.14	120.8	14.55	34.03	97.5	18.29	6.49	3.76	0.036	22.53	14.94	171.60
D1411/4	细晶石英岩	135.8	212.4	2 307	27.80	1.731	18.99	45.68	0.506	39.34	15.68	77.9	9.69	57.52	190.5	12.23	2.99	2.88	0.026	17.63	18.10	95.50
D1413/1	长英质糜棱岩	168.3	177.0	810.9	35.32	1.505	14.56	40.12	0.706	31.90	13.76	39.5	7.11	8.50	65.7	9.24	2.32	2.41	0.018	10.34	18.63	74.89
D1413/2	绢云母千枚岩	185.8	187.7	412.1	19.49	1.504	22.07	48.77	0.348	50.92	17.89	114.1	12.21	37.57	93.1	15.13	17.27	2.53	0.030	29.60	19.99	98.92
D1413/4	千枚岩	97.0	234.3	257.3	22.21	1.555	24.96	59.88	0.319	54.71	21.41	119.4	14.20	47.90	111.9	17.35	3.64	2.47	0.034	26.01	22.86	112.10
D1413/7	云母千枚岩	357.6	281.3	793.7	20.29	2.189	28.18	57.41	0.405	45.59	14.76	14.3	10.37	12.31	89.5	19.24	6.54	3.57	0.037	8.89	22.99	58.55
D1413/8	硅质岩	30.9	27.0	201.4	4.83	0.172	1.65	4.32	0.071	2.62	1.53	37.5	0.23	1.26	5.1	0.96	0.68	0.32	0.001	3.23	2.31	37.90
平均值		172.1	173.8	676.2	19.15	1.628	20.10	47.46	0.622	34.41	12.88	67.1	8.80	25.27	82.8	12.20	5.48	2.70	0.020	16.15	16.13	83.99
地壳克拉克值（维氏，1962）		340.0	150.0	650.0	13.00	2.500	20.00	170.00	1.00	29.00	10.00	83.0	18.00	58.00	90.0	19.00	2.50	4.00	0.080	63.00	12.00	94.00

注：表中 Au 元素含量单位为 $\times10^{-9}$，其他元素含量单位为 $\times10^{-6}$

（三）时代讨论

除被晚奥陶世花岗岩侵入外，库拉甫河岩群尚无直接时代依据，但变质程度和变形样式与其曼于特蛇绿混杂岩相同，明显强于东侧有化石依据的石炭系托库孜达坂组。其紧邻其曼于特蛇绿混杂岩带分布，与同期俯冲-碰撞型花岗岩共生，应为其曼于特洋壳向南俯冲过程的活动边缘建造，为岛弧-弧间盆地环境，时代应为寒武纪—奥陶纪。

（四）含矿性

库拉甫河岩群的火山岩组中普遍见含铜磁铁矿透镜体，含铜磁铁矿呈深灰—灰黑色，风化面呈褐色，有铜兰，矿物结晶粒度细粉末易吸附于小刀（磁性）。库拉甫河叉沟附近有前人采的矿石，约千余吨，推测该矿点具有相当规模。

三、柳什塔格玄武岩(Zl)

柳什塔格玄武岩为本次地质调查工作新命名的组级非正式岩石地层单位，定义为“苏巴什蛇绿混杂岩带中的一个特殊独立块体，岩石组合以玄武岩为主，上部为少量的硅质岩、凝灰岩、灰岩等，时代为震旦纪—寒武纪”。该地层单元主要分布于柳什塔格和喀什塔什南一带，面积约197.05km^2，出露宽度一般10km，最宽可达40km。变质、变形较微弱，岩性单调，可分性差。测区内该火山岩和其下的阿拉玛斯岩群及其上的库拉甫河岩群均为断层接触。

(一)地层描述

剖面上该套岩石内部面理构造较发育，向北中等角度倾斜，根据其中的熔岩、火山角砾岩韵律及岩枕构造判别为倒转层序。可分为上、下两个岩性段，顶、底均被岩体侵入，出露不全(图2-16)。

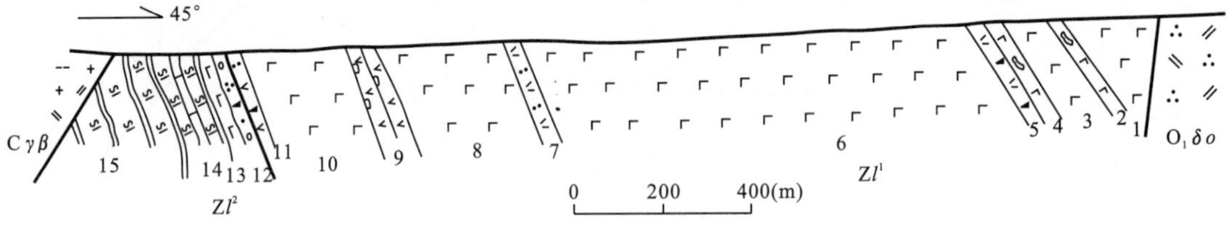

图2-16　于田县苏巴什柳什塔格玄武岩实测剖面图

中细粒黑云母花岗岩(Cγβ)

——————侵　入——————

上段	**188.71m**
15. 深灰色硅质板岩	37.78m
14. 深灰色硅质板岩夹灰岩	118.43m
13. 灰色钙质板岩夹灰岩	18.90m
12. 杂色砾岩、砂砾岩、岩屑石英砂岩、含粉砂绢云板岩	13.60m
══════整　合══════	
下段	**1 654.1m**
11. 灰绿色安山质岩屑晶屑凝灰岩	39.7m
10. 灰绿色蚀变块状玄武岩	211.0m
9. 浅黄绿色黄铁矿化蚀变安山岩	57.0m
8. 灰绿色蚀变块状玄武岩	270.0m
7. 灰绿色凝灰质熔岩	16.7m
6. 灰绿色蚀变块状玄武岩	807.0m
5. 灰绿色蚀变火山角砾岩	5.2m
4. 灰绿色蚀变枕状玄武岩	7.3m
3. 灰绿色蚀变块状玄武岩	60.3m
2. 灰绿色蚀变枕状玄武岩	6.9m
1. 灰绿色蚀变块状玄武岩	173.0m

══════现为断层接触(保留侵入关系)══════

$O_1\delta o$ 角闪黑云石英闪长岩

剖面上柳什塔格玄武岩可分为上、下两个岩性段，下段岩性以基性火山熔岩为主夹少量安山岩、火山角砾岩及凝灰岩等，叠置厚度1 654.1m。剖面底部显示枕状熔岩-块状玄武岩清晰的火山喷发韵律，往上为块状玄武岩—凝灰质岩石的韵律。岩枕大小 30～40cm，多为一边平、一边凸的椭球状（图 2－17），中间矿物结晶较粗，而边部较细，且沿突起边有气孔-杏仁构造，为火山水下喷发活动的标志。

上段岩性主要为一套碎屑岩，有硅质板岩、钙质板岩、灰岩、石英砂岩及含粉砂绿泥板岩、砾岩等。叠置厚度 188.71m，自下而上由砾岩、砂岩—钙质板岩—硅质板岩，显示粒度变细、沉积水体变深的趋势。

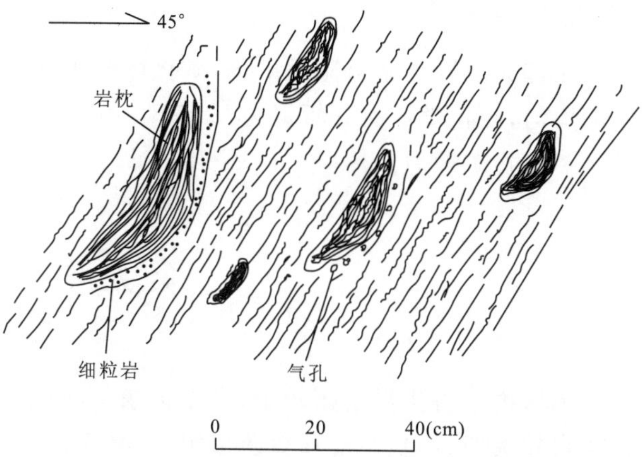

图 2－17　苏巴什柳什塔格玄武岩中的枕状构造素描图

（二）岩石化学、地球化学特征

柳什塔格玄武岩主体为一套钙碱性系列基性火山岩，稀土总量总体较高，轻稀土显著富集，Eu 具较弱的正异常，其特征近似于大洋拉斑玄武岩。火山岩微量元素特征反映出亲大陆的性质。没有与火山岩相配套的其他铁镁质、超铁镁质岩石，说明它不具洋中脊蛇绿岩性质。火山岩地球化学特征（详见第三章）表明主要来源于地幔玄武岩浆，形成于拉张环境下的不成熟洋壳及其洋岛环境。结合（前人）库地蛇绿岩（其曼于特蛇绿岩）具有弧后盆地性质的地球化学特征，我们认为苏巴什蛇绿混杂带在早古生代可能是原特提斯洋中的洋岛。

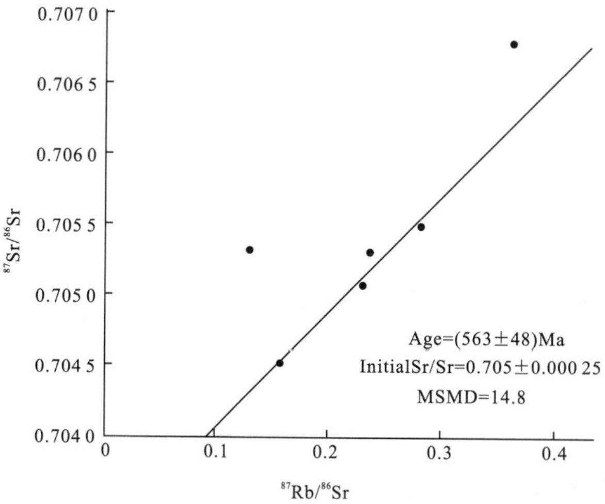

图 2－18　柳什塔格玄武岩全岩 Rb－Sr 等时线图

（三）时代讨论

该火山岩中我们采集 Rb－Sr 等时线年龄样，经中国科学院地质与地球物理研究所实验室分析结果为（563±48）Ma，分析数据见表 2－25，等时线见图 2－18。6 个样品中 D1028/3－1 的 $^{87}Sr/^{86}Sr$ 等于 0.706 804，或大于 0.705 5，可能为地壳成分混染，其余 5 个样品中 4 个样品进行线性回归，可以得到一条“近似等时线”，对应的年龄值为（563±48）Ma，初始锶比值为 0.705。考虑侵入其中的花岗岩年龄为（460.8±5.2）Ma（许荣华等，2000），我们认为该年龄值是可信的。因此将该火山岩时代定为震旦纪，为对应于其曼于特带代表的大洋裂解早期的残留。

表 2－25　柳什塔格玄武岩全岩 Rb－Sr 测定结果

样品号	Rb（$\times10^{-6}$）	Sr（$\times10^{-6}$）	$^{87}Rb/^{86}Sr$	$^{87}Sr/^{86}Sr$
1028/3－1	15.36	123.0	0.360 6	0.706 804
1028/3－2	18.56	190.4	0.281 5	0.705 506
1028/3－3	8.01	146.0	0.158 3	0.704 519
1028/3－4	13.24	167.0	0.228 9	0.705 098
1028/3－5	15.48	188.4	0.237 2	0.705 322
1028/3－6	5.75	129.3	0.128 4	0.705 320

(四)含矿性

该套火山岩中见明显铜矿化,矿化体产于玄武岩中,矿石矿物为黄铜矿,偶见孔雀石,黄铁矿含量不均匀,经化学样品分析铜为0.05%~0.01%(新疆区测队,1972),品位虽较低,但矿化规模大,尚具一定找矿潜力。

第五节　上古生界

图区内上古生界出露较全,完整记录了测区古特提斯地质演化历程。在昆北地层分区有泥盆系奇自拉夫组、石炭系皮什盖萨依组、二叠系阿羌火山岩、二叠系苏克塔亚克组;昆南地层分区有石炭系托库孜达坂组;苏巴什分区为石炭系塔斯坎萨依组、龙门沟组,二叠系再依勒克组、卡拉孔木组,硫磺达坂砂岩等。

一、奇自拉夫组(D_3q)

别良耶夫及《1956年中国区域地层表(草案)》均将奇自拉夫群划归下石炭统,1957年地质部第十三大队在卡兰—乌依村附近及克那塔克南坡的该群中采得 *Leptophloem rhombicum*,并发现该套地层与上覆下石炭统为整合接触,在下石炭统中发现珊瑚化石,将奇自拉夫群时代划归晚泥盆世—早石炭世。1960年新疆地质局和新疆石油管理局喀什幅1∶100万区调工作将该群时代缩小到晚泥盆世。本次区调工作沿用其名,并因其出露范围太小,内部可分性也差,故降群为组,时代归入晚泥盆世。

奇自拉夫组仅在图幅东边山节以南有很少的出露,面积仅4km²,夹于断层之中,变形较强,主要为一套紫红色碎屑岩,岩性有砂岩、粉砂岩、粉砂质板岩等,向东在东邻图幅本组分布较广,并含大量紫红色砾岩。

(一)剖面描述

以民丰县山节奇自拉夫组路线地质剖面为例,剖面地层总体南倾倒转(图2-19)。

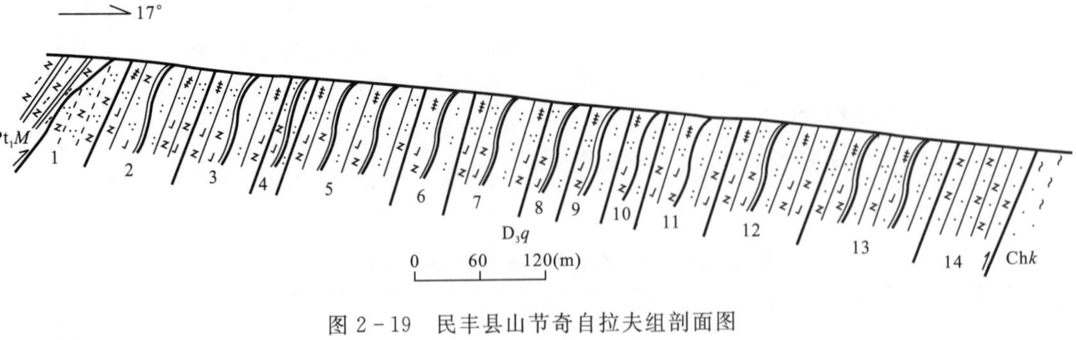

图2-19　民丰县山节奇自拉夫组剖面图

长城系卡羌岩组(Chk):混合岩

＝＝＝＝＝＝断　层＝＝＝＝＝＝

奇自拉夫组(D_3q)　　**833.45m**

14. 不等粒长石砂岩,细砾长石砂岩　　62.11m

13. 中细粒长石石英砂岩夹粉砂质板岩、粉砂岩　　112.36m

12. 紫红色含钙长石石英粉砂岩夹不等粒钙质长石石英杂砂岩、粉砂质板岩夹灰绿色薄层粉砂质板岩　80.53m
11. 紫红色含钙长石石英粉砂岩、粉砂质板岩夹少量不等粒钙质长石石英杂砂岩　69.48m
10. 紫红色不等粒钙质长石石英杂砂岩、含钙长石石英粉砂岩、粉砂质板岩　28.17m
9. 紫红色含钙长石石英粉砂岩夹不等粒钙质长石石英杂砂岩、粉砂质板岩　37.56 m
8. 紫红色含钙长石石英粉砂岩夹不等粒钙质长石石英杂砂岩、粉砂质板岩夹薄层灰绿色含钙质粉砂质板岩　37.56m
7. 紫红色含钙长石石英粉砂岩夹不等粒钙质长石石英杂砂岩、粉砂质板岩、粉砂岩　65.72m
6. 紫红色含钙长石石英粉砂岩夹不等粒钙质长石石英杂砂岩、粉砂质板岩　49.70m
5. 紫红色含钙长石石英粉砂岩夹粉砂质板岩、不等粒钙质长石石英杂砂岩　100.4 m
4. 紫红色含钙长石石英粉砂岩夹不等粒钙质长石石英杂砂岩、粉砂质板岩　22.41m
3. 紫红色含钙长石石英粉砂岩夹粉砂质板岩和少量薄层不等粒钙质长石石英杂砂岩　64.54m
2. 淡绿灰色含钙长石石英粉砂岩夹不等粒钙质长石石英杂砂岩、粉砂质板岩　83.85m
1. 长英质千糜岩　19.06m

══════════韧性剪切带══════════

米兰岩群(Pt_1M)：黑云斜长片麻岩

剖面上该组上、下均为断层，未见顶、底，总体为一套陆相碎屑岩，剖面可见厚度833.45m，以紫红色为其外观特征。

奇自拉夫组韵律性极明显(图版Ⅰ-3)，基本层序由紫红色砂岩、粉砂岩和粉砂质板岩组成，一般厚度1.5～2m，底部砂岩厚度一般小于50cm，为长石石英砂岩，砂岩中可见大型板状斜层理及明显冲刷现象(图2-20)。砂岩之上为紫红色粉砂岩，一般为含钙长石石英粉砂岩，呈薄层状。基本层序顶部为粉砂质板岩，基本层序由下而上显示由粗到细的正粒序。

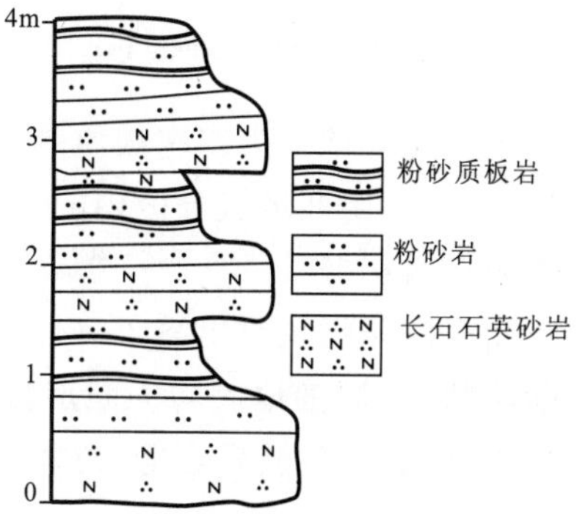

图2-20　奇自拉夫组中基本层序模式图

(二)地球化学特征

微量元素分析结果见表2-26。

表2-26　奇自拉夫组碎屑岩的微量元素分析结果表

样品号	岩石名称	Sr	Rb	Ba	Th	Ta	Nb	Zr	Hf	Y	Sc	Cr	Co	Ni	V	Ga	U	Au	Ag	Cu	Pb	Zn
D022/1G	长英质千枚岩	147.2	220.9	651.9	28.36	2.47	15.19	214.90	4.547	30.72	9.19	44.00	7.94	19.19	43.45	9.24	4.23	4.43	0.019	12.07	27.53	53.72
D022/2G	长石石英杂砂岩	122.2	26.06	80.93	2.12	0.86	13.77	29.07	0.542	8.33	2.23	27.53	4.45	12.53	31.73	6.51	2.04	1.41	0.012	5.73	7.21	30.14
D022/3G	长石石英粉砂岩	190.0	34.19	79.68	6.07	1.05	15.69	86.10	1.668	7.95	4.86	31.39	4.65	11.23	31.33	7.66	1.99	1.83	0.015	10.74	13.82	37.28
D022/4G	长石石英粉砂岩	214.3	63.42	660.7	12.93	1.17	18.11	168.60	2.714	26.50	9.78	57.58	7.66	23.87	61.59	10.56	3.30	2.44	0.021	33.54	20.57	63.01
D022/6G	长石石英粉砂岩	414.6	13.12	105.0	5.85	0.46	12.75	43.83	0.488	9.04	3.59	31.03	2.70	6.06	17.72	4.39	0.86	0.74	0.009	12.68	10.31	18.86
D022/7G	长石砂岩	119.1	76.24	576.1	6.40	0.49	7.52	42.49	0.582	11.55	2.66	31.50	3.45	7.75	20.46	4.32	1.27	0.87	0.008	6.60	13.86	17.37
平均值		201.2	72.32	359.1	10.29	1.08	13.84	97.50	1.757	15.68	5.38	37.17	5.14	13.48	34.38	7.11	2.28	1.89	0.010	13.56	15.55	36.37
地壳克拉克值(维氏,1962)		340.0	150.0	650.0	13.00	2.50	20.00	170.0	1.000	29.00	10.00	83.00	18.00	58.00	90.00	19.00	2.50	4.00	0.080	63.00	12.00	94.00

注：表中Au元素含量单位为$\times10^{-9}$，其他元素含量单位为$\times10^{-6}$

从表 2－26 中可以看出，奇自拉夫组碎屑岩的微量元素均值除 Hf 外几乎全部低于地壳克拉克值，表现为微量元素的普遍亏损。岩石的 Ba、Zr 含量较低，分别为 359.1×10^{-6} 和 97.5×10^{-6}，而 Sr 含量变化小，为 $(119.1\sim414.6)\times10^{-6}$，显示了以近源为主且物源较单一的特点。不活泼元素 Sc、Cr、Co、Ni、V 含量变化均不大，Sc 为 $(2.23\sim9.78)\times10^{-6}$、Cr 为 $(27.53\sim57.58)\times10^{-6}$、Co 为 $(2.70\sim7.94)\times10^{-6}$、Ni 为 $(6.06\sim23.87)\times10^{-6}$、V 为 $(17.72\sim61.59)\times10^{-6}$。主要成矿元素 Au、Ag、Cu、Zn 平均值明显低于克拉克值，Pb 均值与克拉克值相差不大。

（三）地层时代及沉积相

测区内奇自拉夫组出露很少，未采获化石，但其岩性及岩性组合特征与区域上奇自拉夫组相同，完全可以对比，故将其时代置于晚泥盆世。

奇自拉夫组岩相较为稳定，测区内该组主要为紫红色长石石英砂岩、粉砂岩、粉砂质板岩组合，砂岩中发育大型板状斜层理，有明显的冲刷现象，砂岩普遍含钙，且结构、成分成熟度较低，反映了近源快速堆积的特点。综上所述，该组应为气候炎热、氧化作用强烈的湖相沉积。该组未见明显矿化及与之有关的矿化现象。

二、皮什盖萨依组（Cp）

皮什盖萨依组为本次地质调查工作新发现、建立的岩石地层单位，定义为“出露于其曼于特蛇绿岩带北侧，昆北地层分区内的一套以碳酸盐岩为主，夹少量碳质板岩地层，位于阿羌火山岩之下，时代为石炭纪”。

测区内该组主要出露于皮什盖—吐木亚南侧一带，另在吾胡来约勒及雨盖牙克南有零星出露，呈断块状，与周围地层均为断层接触，面积约 192km²。该组岩性主要有结晶灰岩、大理岩、白云质大理岩、含碳粉砂质板岩等，总体以碳酸盐岩为主，为较稳定台地相沉积。

（一）剖面描述

以于田县皮什盖代牙皮什盖萨依组路线地质剖面为例（图 2－21），剖面上褶皱、断裂发育，该组顶、底未见。

图 2－21　于田县皮什盖代牙皮什盖萨依组路线地质剖面图

阿羌火山岩：绿泥钠长片岩（$P_{1-2}a$）

══════════韧性断层══════════

皮什盖萨依组（Cp）

3. 深灰色结晶灰岩

2. 深灰色结晶灰岩夹大理岩

══════════断　层══════════

1. 灰色结晶灰岩夹少量大理岩

——————————侵入关系——————————

片理化石英闪长岩（Pδo）

剖面上该组下部为结晶灰岩夹大理岩，在西边的保土尕提南该组下部则全为大理岩，东边马勒工萨依南则为薄层大理岩、白云岩、碳质板岩等，该组与阿羌火山岩为断层接触(图 2－22)。上部以结晶灰岩为主，区域上变化不大。皮什盖萨依组总体以较为稳定的碳酸盐岩为主而有别于活动性的托库孜达坂岩组。

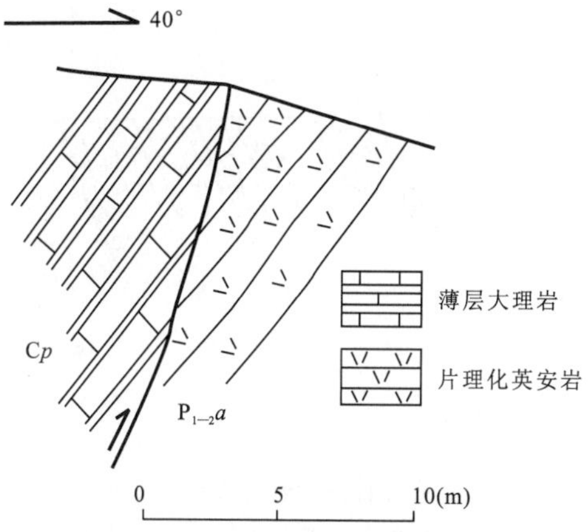

图 2－22 于田县吐木亚中皮什盖萨依组与阿羌火山岩断层关系素描图

(二)时代讨论

昆北地层分区的石炭系，无论是横向还是纵向上变化均较大，总的趋势是：由下往上，活动性增强；自西往东，活动性减弱，且时限上明显滞后。测区内皮什盖萨依组尚无可靠化石依据，但其特殊的岩石组合(结晶灰岩、大理岩)可与两侧上石炭统库尔良群中亚群下部对比，中亚群产上石炭统珊瑚化石(*Syringopora* sp.，*Empodesma* sp.，*Koninckophyllum* sp.，*Corwenia* sp.，*Bothrophyllum* sp.。另外，测区内该组和阿羌火山岩(化石时代为早、中二叠世)空间上有着紧密的联系，尽管二者的接触部位均为断层，但从地层产状、变形变质特征及展布状况分析，皮什盖萨依组应位于阿羌火山岩之下，在阿羌火山岩灰岩滑块中采到大量的晚石炭世腕足化石，该灰岩滑块岩性与皮什盖萨依组相似。综上所述，本书将皮什盖萨依组时代定为石炭纪。

(三)沉积环境及沉积相

皮什盖萨依组碳酸盐岩中发育古溶洞，局部为白云质大理岩、白云岩等，原始层厚度不大，表明该组应为较稳定的浅海-陆棚相沉积，其下部以含碳绢云千枚岩为主，为较深水的还原环境的沉积物。

三、阿羌火山岩($P_{1-2}a$)

阿羌火山岩为本次地调工作新发现建立的非正式组级岩石地层单位，定义为“出露于昆北地块北部边的一套火山沉积建造，下部主要为玄武岩和英安岩组成的双峰火山岩，上部以玄武岩、安山岩为主夹灰岩、板岩等。与下伏、上覆地层均为断层接触，时代为早—中二叠世”。

阿羌火山岩主要分布于普鲁—阿羌—吐木亚一带，呈北北东向带状展布，面积约 312km²。据火山岩岩石特征及建造特征将其分为上、下两段，底部为一套火山角砾岩。由于受多期构造运动的叠加作用，该火山岩已具不同程度的变质、变形，局部为断块、构造透镜体等。

(一)剖面描述

以于田县阿羌代牙火山岩剖面为例(图 2－23)，剖面上阿羌火山岩组地层总体呈南倾倒转，证据如下：①剖面上的火山岩喷发韵律均从基性开始到中酸性结束，单个韵律层显示从南往北地层从老到新；②第 20 层砾岩中见下部地层中的紫红色硅质岩砾石；③水下密度流成因的粒序层反映了地层的南倾倒转；④裂谷系内地层一般是两边较老，中间较新，此套地层亦不例外。

阿羌火山岩组地层总体变形较弱，但变质较强，岩石原生构造很少保留，矿物大多为蚀变矿物，地层总体单斜，褶皱不发育，以片理为代表的区域面理产状一般均为 140°∠65°，而原生面理产状 110°～120°∠40°～60°，剖面上原生层理已很难辨认。

第四系风成沙覆盖

══════断 层══════

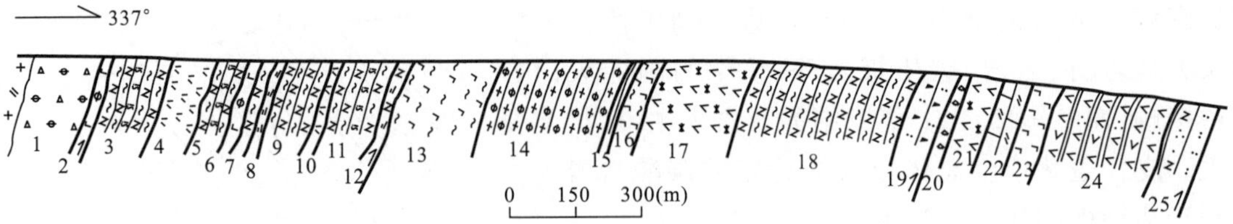

图 2-23　于田县阿羌代牙火山岩剖面图

上段：	**433.55m**
25. 变长石石英砂岩夹硅质岩	5.75m
24. 变质角闪石英安山岩	216.30m
23. 蚀变玄武岩	43.74m
22. 微晶白云质灰岩、粉晶灰岩夹沉凝灰岩	30.10m
21. 强蚀变安山岩	57.15m
20. 凝灰角砾千枚岩、砾岩	8.25m
19. 辉长岩、晶屑岩屑凝灰千枚岩	72.26m
下段：	**1 392.16m**
18. 钙质绿泥钠长片岩	170.17m
17. 强蚀变安山岩	165.35m
16. 强蚀变玄武岩	32.10m
15. 深灰色薄层状粉晶灰岩夹沉凝灰岩	5.40m
14. 绿帘透闪片岩	198.69m
13. 强蚀变玄武岩	156.69m
12. 钠长绢云板岩夹硅质岩	11.66m
11. 绿泥钠长片岩夹硅质岩	90.17m
10. 蚀变中—酸性熔岩	21.15m
9. 绿泥钠长片岩夹硅质岩	90.54m
8. 绢云母板岩	11.67m
7. 绿泥钠长片岩	11.49m
6. 蚀变玄武岩	11.49m
5. 绿泥斜长片岩夹硅质岩	46.26m
4. 碎裂岩化蚀变英安岩	45.87m
3. 绿泥斜长片岩夹硅质岩	124.25m
2. 蚀变玄武岩	16.24m
1. 绿帘石质碎裂岩	182.97m

————————侵　入————————

石英闪长岩(δo)

下段：以基性火山岩为主夹一定量的英安岩及少量硅质岩、绢云母板岩、凝灰质岩石等，叠置厚度大于 1 392.16m。该段以双模式火山岩为主要特征，即基性火山岩和酸性英安岩紧密共生，其间未见中间组分的安山岩，为裂谷活动初期深源岩浆高度分异的产物。硅质岩、绢云母板岩为火山岩间沉积夹层，为裂谷快速拉张沉降时相对“饥饿”的低速沉积物。在苏可代牙南及雨盖牙克南均见下段底部的火山角砾岩，表明裂谷活动初期以爆发相火山活动为主。

上段：未见顶，以安山岩为主夹少量基性火山岩、岩屑晶屑凝灰岩、灰岩等，顶部为长石石英砂岩，与下段为韧性断层接触，叠置厚度大于 433.55m。该段中出现一层砾岩，砾石成分复杂，分选、磨圆一般，胶结物为砂泥质，应为海底扇沉积砾岩，顶部出现水下扇成因的长石石英砂岩。上段的大量安山岩，标志着裂谷演化由强烈扩张转化为敛合收缩，其性质可能转化为苏巴什蛇绿岩带北侧岛弧-弧后盆地。

（二）形成环境及构造环境

火山岩地球化学特征（详见第三章），其稀土总量较低，但变化大，$\sum REE=(25.85\sim120.68)\times10^{-6}$，除火山碎屑岩外，轻、重稀土分馏不明显，$(La/Yb)_N=0.63\sim1.47$，个别为 2.76～4.09，轻稀土分馏程度较低，重稀土分馏程度较高，除个别样品外，Eu 异常不明显，普遍具 Ce 负异常。稀土曲线总体平坦，表明岩浆分异较好，来源于稳定地幔，其生成环境可能为大陆裂谷。微量元素特征及地球化学图解反映下部基性玄武岩形成于大陆边缘裂谷环境。

阿羌火山岩主要为一套海相火山沉积建造，下段火山岩表现为明显双峰特征，表明其为裂谷火山岩。在 $TiO_2-K_2O-P_2O_5$ 构造判别图上有 4 个样品落入板内玄武岩系列，仅有一个样品落入大洋玄武岩中，与其曼于特蛇绿岩带中的玄武岩相比，该带玄武岩中 SiO_2、TiO_2、K_2O 较高，而 Al_2O_3、MgO、CaO 较低，这进一步说明该带发育于板块内部或板块边缘，应属大陆裂谷系。裂谷活动初期玄武岩为高钾，K_2O 可达 6.58%，到晚期为低钾玄武岩，仅为 0.19（详见第三章）。

（三）时代及对比

阿羌火山岩下段夹大量硅质岩，硅质岩中采集到放射虫样，经中国科学院地质与地球物理所李红生鉴定，时代为早、中二叠世，其中剖面底部为早二叠世，上部为中二叠世。早二叠世放射虫化石有 *Follicullus* sp.（0508－70），*Pseuoalbaillella* cf. *bulbosa* Ishiga（0508－75），*RadioIaria* sp.（0508－73），*Pseuoalbaillella longuscornis* Ishiga and Imoto（0508－95），*Pseudoalbaillella* cf. *u*－*formis*? Holdsworth and Jones（0508－105），*Pseudoalbaillella* sp.（0508－97）。中二叠世放射虫组合有 *Pseuoalbaillella* aff. *longicornis* Ishiga and Imoto（0508－167），*P. rhombothoracata* Ishiga and Imoto（0508－165），*Pseudoalbaillella* sp.（0508－154. 168）。剖面上部火山岩中夹的灰岩中所采腹足化石时代为晚石炭世，灰岩和火山岩地层上下均为断层接触，似为外来滑块。综上所述，阿羌火山岩地层时代应为早—中二叠世。

在西昆仑库地-其曼于特早古生代蛇绿岩带北侧，绵延 700km 断续出露一套石炭纪—二叠纪的火山沉积建造，包括博斯坦铁克里克和盖孜村北西一带出露的火山岩-碎屑岩建造，库尔良附近的一套火山沉积建造（库尔良群上亚群）和阿羌火山岩等。对铁克里克和盖孜村北西一带的火山岩形成环境到目前为止还有很多争议，主要有岛弧成因（邓万明，1989；刘伟新，1994；贾群子，1999）和扩张的弧后盆地成因（丁道桂，1996）两种。库尔良群中的火山沉积建造，丁道桂（1996）认为可能为一种裂陷被动大陆边缘的产物。据其建造特征、岩石化学及地球化学特征，我们认为两种成因兼而有之。阿羌火山岩、库尔良群火山沉积建造及铁克里克和盖孜村北西一带的火山岩-碎屑岩建造，它们沉积建造相同，构造位置相同，时间一致，我们对比分析认为，应为同一裂谷弧或后盆地活动带所形成。

（四）矿产

区域上与该套火山岩有关的矿点有多处，类型为铜型、铜-锌型、锌型及多金属型，尤以铜型和铜-锌型为主，它们严格受火山岩控制，具明显层控特征。另外，墨玉县秃斯阿克金刚石矿点可能与该裂谷火山岩有关（含金刚石砂中玄武岩碎片含量 30%。测区内亦有塔木其铜-锌矿点、阿羌铜矿点等。因此，对该火山岩的详细研究具有重要的找矿意义。

四、苏克塔亚克组(P_3s)

苏克塔亚克组为本次地调工作新发现命名的组级岩石地层单位，定义为“出露于昆北地层小区内，不整合于阿羌火山岩之上的一套滨浅海相沉积地层，岩性以砂岩、板岩为主，夹灰岩，时代为晚二叠世”。该组仅见于苏克代牙南一带，面积约 6.5km^2，基本未变质，变形亦较弱(相对于阿羌火山岩)。

(一)剖面描述

以于田县苏克代牙苏克塔亚克组实测剖面为例(图 2－24)，剖面上该组未见顶，与其下的阿羌火山岩为断层接触，厚度大于 209m。

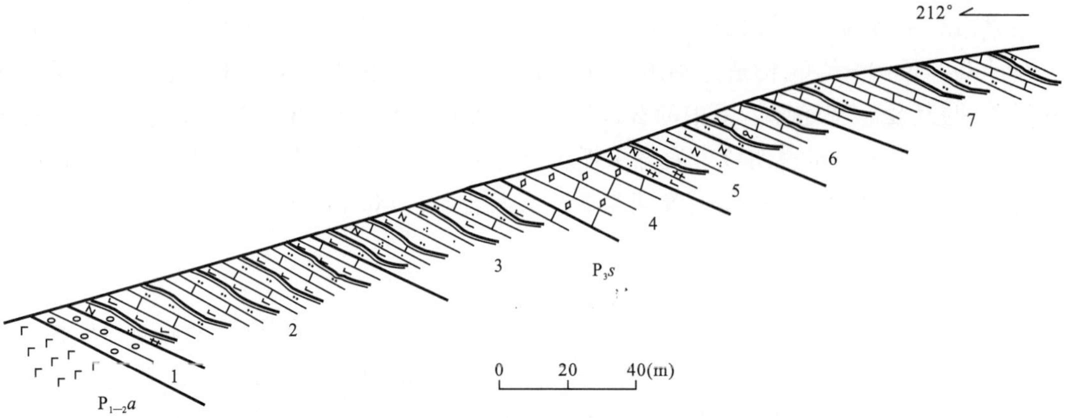

图 2－24　于田县苏克代牙苏克塔亚克组实测剖面图

苏克塔亚克组 P_3s

(未见顶)

7. 薄层状微晶灰岩夹粉砂质板岩及变质中粗粒黑云长石杂砂岩	47.38m
6. 条带状钙质板岩、粉砂质板岩夹粉砂质灰岩	15.16m
5. 粗粒含钙长石石英杂砂岩夹粉砂质板岩	14.36m
4. 浅灰白色中厚层状结晶灰岩	13.82m
══════断　层══════	
3. 含粉砂钙质板岩夹(互)薄层状砂质灰岩细粒长石石英砂岩	29.21m
2. 灰黑色含钙粘土质板岩夹少量粉砂质板岩、灰岩、含钙长石石英砂岩，底部为厚约 5m 的含碳粘土质板岩夹条带状细砂岩	80.11m
1. 浅紫—灰黄色厚层含砾中粒砂岩，底部为厚约 5m 的底砾岩	8.96m
══════断　层══════	
阿羌火山岩 $P_{1-2}a$ 蚀变玄武岩	＞5m

剖面上该组下伏地层为阿羌基性火山岩，二者为角度不整合接触。底砾岩往上为含砾砂岩及含砾灰岩，往上过渡为灰岩、砂岩、板岩的组合，基本层序特征清楚，单个基本层序一般由砂岩、灰岩、板岩构成，基本层序厚 1～2m，有向上变粗、变浅和向上变细、变深两种，为相对海平面下降、上升过程的产物。该组下部(第 1—2 自然层)为一个海侵体系域，基本层序为向上变细旋回；上部(第 9—12 自然层)为向上变粗旋回，应为高水位体系域的海退序列。地层中长石杂砂岩和滑塌砾岩的出现反映了不稳定的浅水局限海盆的沉积特点。

(二)地球化学特征及含矿性

该组中灰岩微量元素结果见表 2-27,由表中可见灰岩中 Rb、Ba、Th、Sc、V 含量变化较大,其中 Rb 为 7.23%~153.76%、Ba 为 27.01%~498.3%、Th 为 0.259%~28.18%、Sc 为 0.315%~25.82%、V 为 12.09%~150.8%。其均值与碳酸盐岩平均值(涂和费,1961)相比,除 Sr 明显偏低外,其余均明显偏高,表现为微量元素普遍富集。

表 2-27 苏克塔亚克组灰岩微量元素含量特征表

序号	样品号	岩石名称	Sr	Rb	Ba	Th	Ta	Nb	Zr	Hf	Sc	Cr
1	D3138/3G	砂质灰岩	350.30	27.30	141.60	16.80	0.24	41.95	66.93	0.63	7.25	48.15
2	D3138/5G	细晶灰岩	245.50	7.23	27.01	0.26	0.07	26.61	35.33	0.08	0.32	14.96
3	D3139/1G	灰岩	287.00	153.76	498.30	28.18	0.83	20.98	199.20	2.67	25.82	121.50
平均值			294.27	62.76	222.30	15.08	0.38	29.85	100.49	1.13	11.13	61.54
碳酸盐岩平均值(涂和费,1961)			610.00	3.00	10.00	1.70	0.01	0.30	19.00	0.30	1.00	11.00
序号	样品号	岩石名称	Co	Ni	V	Ga	U	Au	Ag	Cu	Pb	Zn
1	D3138/3G	砂质灰岩	10.76	32.65	84.22	12.65	3.32	0.46	0.03	26.29	10.07	45.70
2	D3138/5G	细晶灰岩	2.77	7.12	12.09	3.59	1.24	0.12	0.01	44.60	4.31	13.37
3	D3139/1G	灰岩	20.48	65.49	150.80	14.08	3.47	1.37	0.03	42.92	29.47	146.90
平均值			11.34	35.09	82.37	10.11	2.68	0.65	0.02	37.94	14.62	68.66
碳酸盐岩平均值(涂和费,1961)			0.10	20.00	20.00	4.00	2.20	4.00	0.08	63.00	12.00	94.00

注:表中 Au 元素含量单位为 $\times10^{-9}$,其他元素含量单位为 $\times10^{-6}$

该组碎屑岩微量元素结果见表 2-28,由表中可见 Rb、Th、V、Ga 含量变化较大,其中 Rb 为 $(6.30\sim162.0)\times10^{-6}$、Th 为 $(7.60\sim55.08)\times10^{-6}$、V 为 $(62.2\sim196.00)\times10^{-6}$、Ga 为 $(7.42\sim20.58)\times10^{-6}$。其均值与地壳克拉克值相比,Hf、Sc、Cr、V 明显偏高,Rb、Ta 明显偏低,其余则相差不大。

表 2-28 苏克塔亚克组碎屑岩微量元素含量特征表

序号	样品号	岩石名称	Sr	Rb	Ba	Th	Ta	Nb	Zr	Hf	Sc	Cr
1	D3138/2G	钙质板岩	155.60	6.30	867.8	16.49	0.98	29.45	210.70	4.14	34.82	135.00
2	D3138/4G	长石石英杂砂岩	270.80	72.45	270.1	7.60	0.46	15.51	95.44	1.36	13.39	50.00
3	D3138/6G	钙质板岩	275.30	162.00	693.2	21.37	1.20	25.45	200.80	2.66	29.15	148.50
4	D3138/7G	长石石英杂砂岩	736.00	68.62	430.7	55.08	0.96	22.12	90.48	1.10	12.61	121.20
5	D3138/8G	粘土质板岩	315.10	113.86	679.6	13.75	1.06	25.87	277.60	2.68	26.97	131.70
6	D3139/2G	粘土质板岩	295.90	153.76	581.8	16.01	0.86	19.55	175.70	2.44	24.22	113.10
平均值			341.10	96.17	587.2	21.72	0.92	22.92	175.12	2.40	23.53	116.58
地壳克拉克值			340.00	150.00	650.0	13.00	2.50	20.00	170.00	1.00	10.00	83.00
序号	样品号	岩石名称	Co	Ni	V	Ga	U	Au	Ag	Cu	Pb	Zn
1	D3138/2G	钙质板岩	22.03	54.97	196.00	20.58	4.18	1.76	0.04	54.29	30.03	114.50
2	D3138/4G	长石石英杂砂岩	9.34	27.66	62.20	7.42	2.39	0.77	0.02	24.00	18.10	57.40
3	D3138/6G	钙质板岩	18.61	60.00	187.20	16.06	1.13	1.83	0.03	33.22	31.54	108.80
4	D3138/7G	长石石英杂砂岩	8.38	22.78	67.22	8.77	3.39	1.59	0.02	15.48	25.42	39.06
5	D3138/8G	粘土质板岩	13.64	40.33	159.60	17.56	1.18	1.85	0.04	49.34	29.91	95.09
6	D3139/2G	粘土质板岩	19.03	70.82	177.10	12.85	1.46	2.35	0.03	49.99	25.89	110.40
平均值			15.17	46.09	141.56	13.87	2.29	1.69	0.03	37.73	26.82	87.54
地壳克拉克值			18.00	58.00	90.00	19.00	2.50	4.00	0.08	63.00	12.00	94.00

注:表中 Au 元素含量单位为 $\times10^{-9}$,其他元素含量单位为 $\times10^{-6}$

该组中主要成矿元素 Au、Ag、Cu、Pb、Zn 均未见明显高值，灰岩中 Au、Ag、Cu 含量较低，Au、Pb、Zn 含量变化较大；碎屑岩中 Au、Zn 含量变化较大，Au、Ag、Cu 含量明显低于地壳克拉克值。

（三）时代讨论

苏克塔亚克组时代目前尚无直接化石依据，空间上它和阿羌火山岩关系紧密，但其地层产状、变形、变质特征与阿羌火山岩极不协调。剖面上该组产状倾向北西，倾角缓，而区域面理为南倾，较陡；区域上包括阿羌火山岩在内均为变质地层，而该组地层基本未变质，变形亦较弱。故该组时代应晚于阿羌火山岩，在阿羌火山岩中的硅质岩所采放射虫样，时代最晚为中二叠世，考虑到区域上昆北地层小区二叠纪后未见有海相沉积，故苏克塔亚克组时代定为晚二叠世。

五、托库孜达坂组[(C—P)t]

青藏高原综合科学考察队孙鸿烈等(2000)，据新疆区域地层表(1981)；吴乃元(1982)；赵子允(1982)等资料将喀拉米兰区石炭系划分为下石炭统托库孜达坂群和上石炭统喀拉米兰河群，所划的托库孜达坂群主要为海相碎屑岩、火山碎屑岩、火山岩夹灰岩，所含化石除下石炭统种属外，也包括上石炭统分子。

本次地调工作将托库孜达坂岩群变更为岩组，重新定义的托库孜达板岩组为“出露于昆南地层分区内昆南断裂之北一套变形较强的低绿片岩相变质地层，以浅变质的长石石英砂岩、粉砂岩为主夹中酸性火山岩和灰岩，时代为石炭纪—二叠纪”。测区内该组主要出露于吕什塔格北侧，呈北东向展布，面积约 341km²。

（一）剖面描述

以于田县吐木亚中托库孜达板岩组详细路线剖面为例(图 2－25)，剖面上该岩组顶部和黑云母花岗岩为断层接触，未见底。

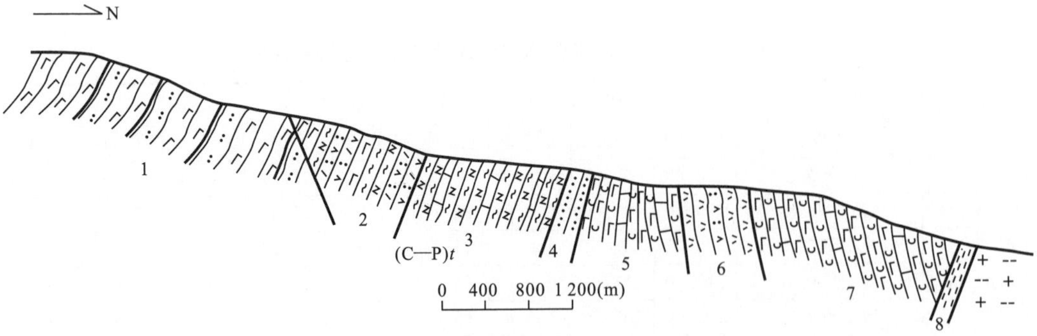

图 2－25　于田县吐木亚中托库孜达坂岩组详细路线剖面图

北侧奥陶纪 $Q_3\gamma$

═══════韧性剪切带═══════

（未见顶）

8. 长英质糜棱岩

7. 含碳钙质片岩夹条带状灰岩

6. 浅灰绿色变质英安岩夹变安山质晶屑凝灰岩

5. 含碳钙质片岩夹灰岩

4. 灰绿色砾岩

3. 绿泥钠长片岩夹灰岩

═══════════断　层═══════════

2. 安山质晶屑岩屑凝灰岩夹钠长石英片岩、钙质片岩

═══════════断　层═══════════

1. 钙质片岩夹板岩

（未见底）

剖面上该岩组下部岩性以钙质片岩、板岩为主；中部主要为一套火山碎屑岩，为变安山质晶屑岩屑凝灰岩、变英安岩、钙质片岩、绿泥钠长片岩夹少量灰岩、砾岩等，砾岩中砾石成分复杂，大小混杂，应为滑塌砾岩；上部主要为含碳钙质片岩夹条带状灰岩。该组中绿泥钠长片岩的原岩应为中—基性火山岩，与变质英安岩共生，火山岩地球化学特征详见第三章第二节，环境判别结果为岛弧或活动大陆边缘环境，微量元素环境判别为大陆边缘的压性环境，故托库孜达坂组应为苏巴什蛇绿岩带北侧的岛弧建造，应与阿羌火山岩上段弧后盆地建造相配套。

（二）时代讨论

测区内该岩组未见化石，但相邻东侧图幅，新疆地质调查院杨万志等在灰岩中采获 *Linoproductus* sp.（线纹长身贝和 *Aviculopecten* sp. 燕海扇），时代为石炭纪—二叠纪，所以将托库孜达坂组时代划归石炭纪—二叠纪。

六、塔斯坎萨依组(C_1t)

该组为本次地调工作新建的组级岩石地层单位。定义为“出露于苏巴什蛇绿混杂带中的一套浅变质的石英细砂岩夹少量绢云母板岩，与下伏双雁山片岩为断层接触，与上覆龙门沟组为整合接触，时代为早石炭世。具有洋中陆岛盖层沉积特征。

图区内该组主要出露于黄洋滩及以西地区，呈近东西向带状展布，变化不大，较为稳定，面积约 221km^2。

（一）地层描述

以于田县塔斯坎萨依组路线地质剖面为例（图 2-26），剖面上构造简单，主要以宽缓的开阔向背斜褶皱为主，次为变形相对较强区域的紧闭向背斜褶皱。开阔褶皱特征：两翼对称，倾角小，枢纽产状平缓，为 200°∠20°～40°，比较稳定；紧闭褶皱：一种为两翼对称，产状较陡，层间可见到牵引褶皱，在剖面的北部可见到；另一种为强挤压变形形成的尖棱-倒转褶皱，主要见于剖面南部，反映晚期地层的强变形特征。

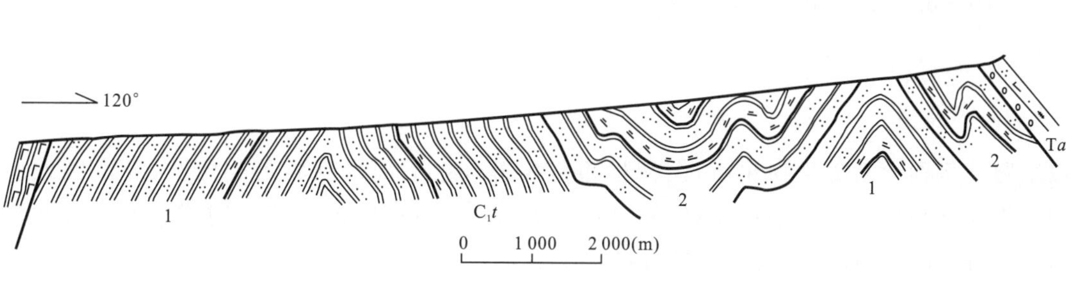

图 2-26　于田县塔斯坎萨依组路线剖面图

上覆地层：阿他木帕下组（T*a*）厚层状砂砾岩

～～～～～～～～～角度不整合～～～～～～～～～

塔斯坎萨依组(C_1t)

2. 灰色中厚层状变石英细砂岩夹绢云母板岩

1. 灰色中厚层状变质石英细砂岩，偶夹绢云板岩

（未见底）

剖面上岩性比较简单，上部以灰色中厚层状变石英细砂岩夹绢云母板岩为主，偶夹中粗粒变石英砂岩，岩石单层厚度变化较大，石英砂岩 50～100cm 均可见，板岩出露厚度 30cm 左右，偶见 1m 厚单层。地层中石英砂岩相对集中，与板岩组成不明显的韵律变化；下部以灰色中厚层状变石英细砂岩为主，偶夹绢云母板岩。岩石单位厚度变化：石英砂岩一般为 100cm 左右，局部相对集中；绢云母板岩一般为 20cm 左右，约占地层的 1/10。区域上该组上部见少量砾岩、灰岩及含砾砂岩等。

该组中由石英砂岩和板岩构成的沉积韵律（基本层序）极为清楚，单个韵律厚度 1～2m，由砂岩开始，到板岩结束，为海侵序列的产物。剖面自下而上板岩明显增多，上部出现灰岩。

（二）地球化学特征及含矿性

该组所取微量元素样品不多，含量特征见表 2－29。微量元素均值与地壳克拉克值相比，Sr、Rb、Ta 明显偏低，而 Sc、Ga 明显偏高，其余则相差不大，微量元素总量略偏低。

主要成矿元素 Au、Ag、Cu、Pb、Zn 均未见明显富集（矿化），与地壳克拉克值相比（表 2－29），Au 明显偏低，Pb 则明显高于克拉克值，Ag、Cu、Zn 与之相差不大。Au 含量低于克拉克值近 40 倍，可能预示附近某地的富集成矿。

表 2－29　塔斯坎萨依组中碎屑岩微量元素含量特征表

序号	样品号	岩石名称	Sr	Rb	Ba	Th	Ta	Nb	Zr	Hf	Sc	Cr
1	D1081/1G	变砂岩	100.10	54.70	548.9	19.25	0.21	9.00	26.71	0.69	21.06	124.70
2	D1081/2G	变细砂岩	113.20	90.78	574.5	9.31	0.31	10.62	20.49	0.55	17.16	90.78
平均值			106.65	72.74	561.7	14.28	0.26	9.81	23.61	0.62	19.11	107.74
地壳克拉克值			340.00	150.00	650.0	13.00	2.50	20.00	170.00	1.00	10.00	83.00
序号	样品号	岩石名称	Co	Ni	V	Ga	U	Au	Ag	Cu	Pb	Zn
1	D1081/1G	变砂岩	34.21	52.74	135.30	50.21	2.46	0.10	0.02	55.73	49.69	95.08
2	D1081/2G	变细砂岩	27.97	44.28	98.49	35.06	1.14	0.10	0.02	46.88	43.47	60.30
平均值			31.09	48.51	116.90	42.64	1.80	0.10	0.02	51.31	46.58	77.69
地壳克拉克值			18.00	58.00	90.00	19.00	2.50	4.00	0.08	63.00	12.00	94.00

注：表中 Au 元素含量单位为 $\times10^{-9}$，其他元素含量单位为 $\times10^{-6}$

（三）地层时代

该组路线剖面上未见生物化石，但在相邻路线上该组下部采到腹足类化石，经中国地质大学（北京）王训练教授鉴定有 *Lophophyllum chengqianggouense* Wang et Yu，时代为早石炭世晚期 C_1^v（韦宪阶），据此我们将该组时代定为早石炭世。

七、龙门沟组($C_{1-2}l$)

该组为本次地调工作新建的岩石地层单位，定义为“出露于苏巴什蛇绿混杂岩带中，岩性以细晶灰岩为主夹少量千枚岩，与下伏塔斯坎萨依组为整合接触，与上覆再依勒克组为断层接触，时代

为早石炭世晚期—晚石炭世，具陆岛盖层沉积特征”。

该组主要出露于柳什塔格东一带，面积约 75km²。图区分布稳定，变化不大。

（一）地层描述

该组图区内尚无实测剖面，以南侧伯力克幅中克里雅代牙路线地质剖面为例，描述见图 2－27。

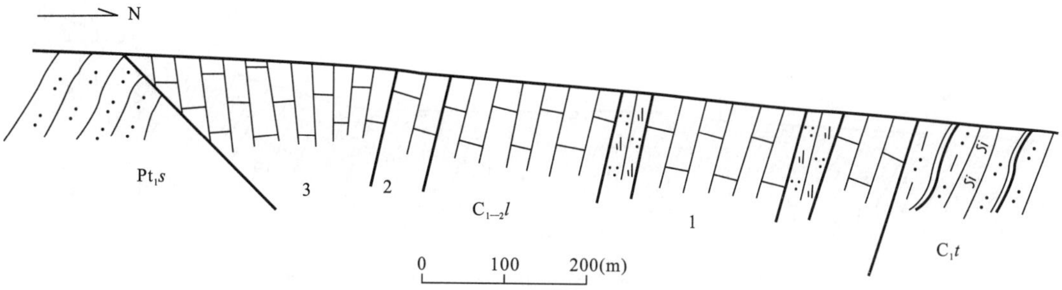

图 2－27　克里雅代牙路线地质剖面图

南侧为古元古代双雁山片岩（Pt_1s）

═══════断　层═══════

龙门沟组（$C_{1-2}l$）

3. 灰色厚层状细晶灰岩

2. 角砾状灰岩（岩溶角砾岩）

1. 灰色厚层状细晶灰岩夹石英绢云千枚岩

———————整　合———————

塔斯坎萨依组（C_1t）：粉砂质板岩、细砂岩

剖面上该组岩性以细晶灰岩为主，下部灰岩中夹少量石英绢云千枚岩（原岩可能为英安岩），灰岩和千枚岩的比例为 6∶1；上部以细晶灰岩为主，局部见岩溶角砾岩，系岩石被地表淡水溶蚀所致。

（二）地层时代

该组整合于有化石依据的塔斯坎萨依组（时代为早石炭世）之上，阿克苏河以北该岩组见大量珊瑚、腕足化石，经中国地质大学（北京）王训练（2001）教授鉴定有：珊瑚 *Arachnolasma sinensis* （Yabe et Kayasaka），*Gangamophyllum hammiensis yamansuense*，*Neoclisiophyllum* sp. *Lithostrotion portilocki*（Bronn），*Arachnolasma sinensis*（Yabe et Kayasaka），*Caninia* sp. 腕足类 *Gigantoproductus tilensis* var. *kasakstanensis* Andr 等，时代均为早石炭世晚期，其上部见个体较大的䗴。据此我们将该组时代定为早石炭世晚期—晚石炭世（C_{1-2}）。

八、再依勒克组（$P_{1-2}z$）

该组为本次地调工作新建的岩石地层单位，定义为“出露于苏巴什蛇绿混杂岩带内，主要为一套海相灰岩和陆相碎屑岩交互出现的特殊地质体，与上覆卡拉孔木组为整合接触，与下伏龙门沟组为平行不整合或断层接触，时代为早—中二叠世，具洋中陆岛盖层特征”。

图区内该组主要出露于黄羊滩南西平沟一带，面积约 58km²。为苏巴什洋中的陆岛上沉积，岩性有生物灰岩、微晶灰岩、含砾灰岩、砂岩、板岩等。测区内该组地层出露厚度大，岩相变化频繁，古生物化石丰富，但总体出露面积较小，处于沉积盆地的特殊构造部位，进一步划分存在困难，故将其置于同一个组内，以便于区域地层对比和区域地质构造研究。

(一)地层描述

图区内该组出露较少，无实测剖面，现以于田县阿什库勒北二叠系再依勒克组剖面为例，剖面上该组未见底，和上覆卡拉孔木组为整合接触(图 2－28)。

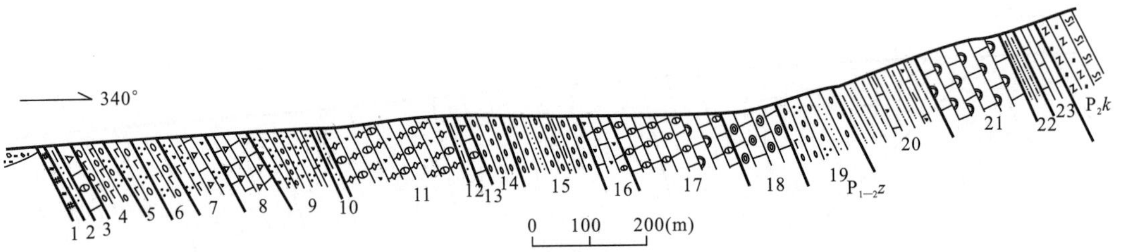

图 2－28　于田县阿什库勒北二叠系再依勒克组剖面图

卡拉孔木组 P_2k	
中薄层状绿色中粒长石砂岩、含放射虫硅质岩、脱玻化玻屑凝灰岩、钙质泥板岩	45.2m
——————整　合——————	
再依勒克组 $P_{1-2}z$	**2 212.5m**
23. 灰色薄层灰岩	54.6m
22. 浅灰白色泥质粉砂岩	103.6 m
21. 浅灰白色生物(礁)灰岩	197.2 m
20. 泥质粉砂岩夹薄层砂岩及砂泥质灰岩	189.3 m
19. 紫红色砾岩、砂岩	77.4 m
18. 浅灰白色块状生物灰岩	38.7 m
17. 浅灰白色含生物砂屑灰岩、礁灰岩、灰色中厚层状鲢灰岩	354.0 m
16. 黑色砂质灰岩夹生物灰岩、生物碎屑灰岩	119.1 m
15. 紫红色砾岩夹砂岩、砂质泥灰岩	140.5 m
14. 紫红色砾岩	70.2 m
13. 灰—深灰色角砾状含生物灰岩	34.8 m
12. 粉砂质泥岩、生屑灰岩、泥质灰岩	6.4 m
11. 亮晶含生物砂屑灰岩	243.8 m
10. 泥质粉砂岩夹灰色细晶灰岩	13.3 m
9. 石英粗砂岩夹紫红色砾岩、灰岩	161.3 m
8. 角砾状灰岩	106.9 m
7. 钙质石英砂岩夹砂质灰岩、角砾状灰岩	127.2 m
6. 钙质石英砂岩夹砾岩	65.8 m
5. 紫红色钙质石英砂岩	70.0 m
4. 灰质砾岩(下部)、石英质砾岩(上部)	15.0 m
3. 角砾状生物灰岩	17.9 m
2. 粉砂质泥岩夹薄层钙质砂岩	3.9 m
1. 含海绿石砂岩	1.6 m
(未见底)	

该组剖面总厚度大于 2 212.5m，岩性、岩相变化极大，表现为同一地层单元内陆相和海相的频繁交替变化。海相地层主要由生物灰岩、礁灰岩、角砾状灰岩等组成，灰岩中富含鲢、腕足、腹足、珊

瑚等化石。陆相地层主要为河流相砾岩、砂岩等，一般呈紫红色，砾岩中砾石成分以灰岩为主，另有少量砂岩及石英质砾石。砾石磨圆度一般较好，但分选较差，胶结物主要为钙质、砂质等，杂基—颗粒支撑。由于碳酸盐岩易受淡水溶蚀，加之陆岛的快速升降，使陆相地层和海相地层之间常有剧烈的侵蚀面(图 2-29、图 2-30)。这种侵蚀作用一般持续时间较短，与地质历史时期长时间地层缺失的不整合面有一定区别。陆块上地形起伏较大，使得剖面上灰岩和碎屑岩厚度变化较大，有时横向突然消失。

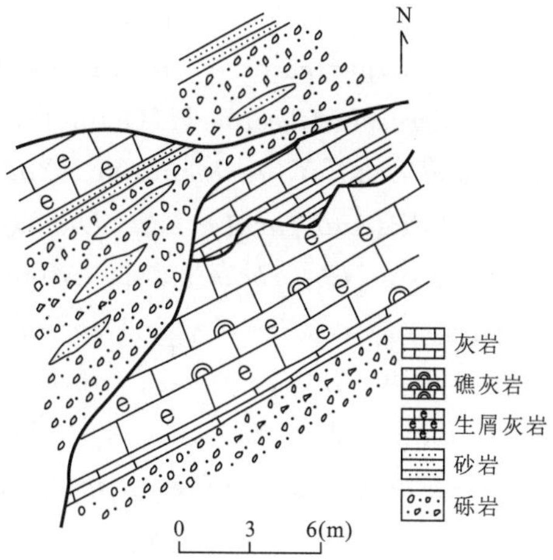

图 2-29　阿什库勒北再依勒克组中砾岩与灰岩关系素描图(平面)

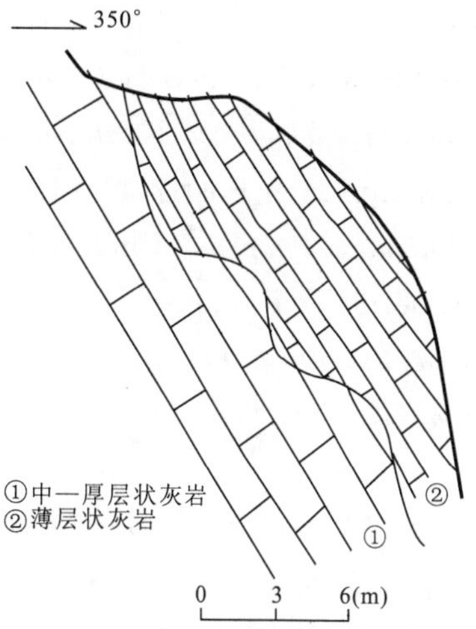

图 2-30　阿什库勒北再依勒克组中灰岩中侵蚀面素描图

黄羊滩南西平沟地质调查路线上该组可分为两部分：下部以碎屑岩为主，岩性主要为灰—深灰色长石石英砂岩夹板岩及少量含砾灰岩；上部以灰岩为主，为灰—浅灰色生物灰岩，浅灰—肉红色生屑灰岩等，顶部被早三叠世紫红色陆相磨拉石不整合覆盖，灰岩中含大量䗴科、腕足类、珊瑚类等化石。

(二)地球化学特征

该组灰岩的化学分析结果见表 2-30，由表中可以看出，岩石化学组分以 CaO 和 CO_2 为主，约占岩石的 97%。其平均值与碳酸盐岩平均值(涂和费，1961)相比，SiO_2、MgO、MnO 明显偏低，而 CaO 明显偏高，说明岩石中的陆源碎屑物含量较少，灰岩成分较纯，并具有工业利用价值。

表 2-30　再依勒克组中碳酸盐岩化学分析结果表　(%)

样品号	岩石名称	SiO_2	Al_2O_3	Fe_2O_3	FeO	CaO	MgO	MnO	TiO_2	P_2O_5	Na_2O	K_2O	CO_2	Σ
D154/3CS	亮晶砂屑灰岩	1.59	0.45	0.15	0.16	55.14	0.53	0.01	0.02	0.02	0.07	0.11	41.96	100.21
D154/10CS	亮晶砂屑灰岩	0.83	0.19	0.05	0.10	55.21	0.64	0.00	0.01	0.02	0.04	0.06	42.83	99.98
平均值		1.22	0.32	0.10	0.13	55.25	0.59	0.01	0.02	0.02	0.06	0.09	42.40	200.21
碳酸盐岩平均值(涂和费，1961)		5.19	0.81	0.15	0.16	42.01	7.90	0.12	0.06	0.03	0.04	0.03	42.25	

(三)古生物特征及时代讨论

1. 古生物组合特征

剖面上化石丰富,经中国地质大学(北京)王训练和聂泽同鉴定主要有腕足类:*Cleiothyridina* cf. *royssi* (Evelle),*C. capillata*(Waagen),*C. subexpansa*(Waagen),*Hustadia indica*(Waaggen),*Speriftrella* sp.,*Marginifera*;珊瑚类:*Thamasiphyllum major*(X. Yu),*T. rotiforme* sp. nov,*T. spongofoiium*? (Smith),*Dibunophyllum* sp.;䗴类:*Neoschwagerina cheni* Sheng,*Neoschwagerina colaniae* Ozawa,*Neoschwagerina simplex* Ozawa *Neoschwagerina* cf. *cheni* Sheng,*Kahlerina* sp.,*Kahlerina pachytheca* Kochasky,Devide et Ramovs,*Verbeekina verbeeki*(Geinitz),*Verbeekina heimi* Thompson et Foster,*Nankinelle* sp.,*Codonofusiella* sp.,*Yangchienia* sp.,*Yabeina* sp.,*Pseudofusulina paralpina*(Chen),*Pseudofusulina* sp.,A,*Pseudofusuina* sp.,*Dunbarula nana* Kochashy,Deride et Ramovs,*Dunbarula* sp.,*Schubertella* sp.,*Eoverbeekina* sp.,*Minojapanella* sp.,*Eoparafusulina pamirensis* Leven,*Eoparafusulina* sp.,*Misellina ovalis*(Deprat),*Miselina* sp.,*Ozawanella* sp.,*Schwagerina* sp.,*Colania* sp.等;有孔虫:*Archaesphaera minima* Sul.,*Archaesphaera crassa* Lipina,*Archaesphaera grandis* Lipina,*Eolasiodiscus* sp.,*Eotuberitina retlingerae* K. M. -Maclay,*Endothyra* sp.,*Cribrogenerina paraconica* Song,*Cribrogenerina celebrata* Lin,*Cribrogenerina vissarionovae*(Mor),*Cribrogenerina obesa* Lange,*Cribrogenerina sphaerica* (Pot),*Cribrogenerina grangxiensis* Lin,*Cribrogenerina permica* Lange,*Cribrogenerina maxima*(Lee et Chen.),*Climacammina gigas* Sul,*Climacammina major* Mor,*Climacammina valvulinoides* Lange,*Climacammina obbata* Nie et Song,*Climacammina fragilis* Reilinger,*Globivalvulina vulgaris* Mor,*Globivalvulina bulloidea*(Birady),*Palaeotextularia longiseptata* Lipina,*Palaeotextularia* sp.,*Neoendothyra* sp.,*Neotuberitina maljavkini*(Mikh),*Glomospira pusilliformis* Retlinger,*Glomospira regularis* Lipina,*Glomospira consinnusa* Song,*Glomospira pullchra*(Mikh),*Glomospira ovalis*(Malahova),*Glomospira ngariensis* Song,*Tetrataxis hemisphaerica* var. *elengata* Mor.,*Tetrataxis conica* Ehernbery,*Tetrataxis paraconica* Reitlinger,*Tetrataxis porviconica* Lee et Chen,*Tetrataxis midea* Viss,*Hemigordius subglobosa* Wang,*Hemigordius renzi*(Reichel),*Tuberitina collosa* Reitlinger,*Hemigordius biconcavus* Nie et Song,*Deckerella duoerdongensis* Nie et Song,*Deckerella fruclifera* Nie et Song,*Deckerella gracilis* Reitlinger,*Deckerella tenuissima* Reitlinger,*Deckerella pseudocomposita* Song,*Pseudoglandulina paraconica*(K. M. -Macluy),*Bradyina* sp.,*Plectongyra* sp.,*Nodosaria concinica* Pot.,*Nodosaria minma* Lipina,*Nodosaria cubanica* K. M. -Maclay,*Nodosaria paifungensis* Wang,*Nodosaria bella* Lipina,*Nodosaria armeniensis* Efiniova,*Nodosaria skikhanica* Lipina,*Nodosaria radicula* Linne,*Neodiscus duomaensis* Song,*Dagmarita corneus* Nie et Song,*Dagmarita chanakchensis* Reitlinger,*Protoumbella tibetica* Nie et Song,*Geinitzina concasica* K. M. -Maclay,*Geinitzina primitira* Pot.,*Geinitzina inflata* K. M. -Maclay,*Geinitzina spandeli* var. *plana* Lipina,*Robuloides* sp.,*Pachyphloia linae* K. M. -Maclay,*Pachyphloia ovata* Lange,*Pachyphloia paraovata* K. M. -Macluy,*Pachyphloia multiseptata* Lange,*Pachyphloia longi* Wang,*Pachyphloia* sp.,*Palaeotextularia* sp.,*Frondicularia* sp.,*Pachyphloia paraovata* K. M. -Mackay等;苔藓虫:*Fistulipora* sp.,*Gonioclodia* sp.等;藻类:*Tibeticodium* sp.,*Globuliferopoella angulata* Tchauvashov,*Epimastopora hunzaensis* Zanin Buri。

该组富产䗴类、有孔虫化石，并采有珊瑚类、腕足类等。剖面下部䗴类以 *Misellina ovalis*（Deprat），*M.* cf. *ovalis*(Deperat)，*Misellia* sp. 为主要分子，还有 *Eoparafu sulina pamirensis* Leven，*E.* sp.，*Pseudofusulina paralpina*（Chen），*P.* sp.，*Minojapanella* sp.，*Verbeekina* sp.，*Schubertella* sp.，*Schwagerina* sp.，*Codonofusiella* sp.，*Kaherina pochytheca* Kochanchy－Deride et Ramovs 等分子；有孔虫以 *Archaesphaera*，*Eotuberitina*，*Glomospira*，*Cribrogenerina*，*Palaeotextularica* 属为主，还有 *Globivalvulina*，*Tuberitina*，*Climacammina* 等属分子。剖面上部䗴类的主要分子为 *Neoschwagerina simplex* Ozawa，*N. cheni*，*N. colaninae*，*Verbeekina verbeeki*，*V. heimi*；常见分子为 *Yangchienia* sp.，*Kahlerina pachythecea*，*Yabeina* sp. 等。一般分子尚有 *Pseudofusulina* sp.，*Schwagerina* sp.，*Reichelina* sp.，*Eoverbeekina* sp.，*Schubertella* sp.，*Nankinella* sp.，*Minojapanella* sp. 等；有孔虫以 *Geinitzina*，*Globivalvulina*，*Tetrataxis*，*Hemigordius*，*Deckerella* 属为主，还有 *Dagmarita*，*Neotuberitina*，*Nodosaria*，*Pachyphloia* 等属分子。

2. 时代讨论

该组下部䗴类以 *Misellina* 属为主要分子，*Eoparafusulina* 属次之。*Misellina claudiae* 带是栖霞亚统的底部化石带，本区新产的 *Misellina ovalis* 是上述带的主要分子，二者经常共生。*Misellina* 属在我国华南等地，中二叠统(阳新统)早期栖霞亚统均有分布。*Misellina ovalis* 曾在藏东妥坝、芒康的莽错组中发现，在昆仑山区、阿尔格山的碧云山组中也有发现，其层位是相当的，均属于栖霞亚统的产物。本区新发现的䗴类及非䗴有孔虫以巨大的分异度和丰度为特征。*Eoparafusulina* 属出现时代为船山世晚期至栖霞期，*Eoparafusulina pamirensis* 见于帕米尔喀拉克塔什萨克马尔阶。所列有孔虫较多见于西藏地区 P_{1-2} 地层之中，其组合面貌具有早二叠世晚期到中二叠世早期的特点。综上所述，该组下部时代应为早二叠世晚期至中二叠世早期。

该组上部䗴类以 *Neoschwagerina* 属和 *Verbeekina* 属为主要分子，常见分子 *Yangchienia*，*Kahlerina*，*Yabeina* 等，一般分子尚有 *Pseudofusulina*，*Schwagerina*，*Reichelina*，*Eoverbeekina*，*Schubertella*，*Nankinella*，*Minojapanella* 等，*Neoschwagerina*－*Yabeina* 组合为华南茅口期的典型代表，上述分子组合与华南 *Neoschwagerina*－*Verbeekina* 带分子相似，时代应为中二叠世晚期。

（四）沉积环境及沉积相

图区内该组主要出露于苏巴什构造带中，为洋中陆岛盖层沉积。陆岛为大洋开裂时形成的陆块碎片，与陆块相比规模较小，且有时置身于大洋腹地，对海平面变化、构造运动等有特殊的敏感性，加之自身沉积加厚诸因素的影响，常表现为暴露、沉没的频繁交替，反映在剖面上则为陆相、海相的交替出现。海相地层为浅海相碳酸盐岩沉积，陆相沉积以紫红色为主要外观特征，应为炎热气候条件下的河流相及磨拉石建造。

九、硫磺达坂砂岩（Pl^{ss}）

硫磺达坂砂岩为本次地调工作新发现命名的组级非正式岩石地层单位，定义为“出露于苏巴什蛇绿混杂岩带中的一套弧前复理石建造，岩性以长石石英砂岩、粉砂质板岩、泥质硅质岩为主，夹有少量砾岩、含砾砂岩、灰岩等。与大洋玄武岩密切共生，地层中韵律清楚，紧闭褶皱发育，变形较强，时代为二叠纪”。

图区内该套地层主要出露于黄羊滩以南，呈断块(片)状，面积约 10km^2。测区内该套地层顶、底未见，变形强烈，表现为紧闭同斜褶皱。

（一）地层描述

图区内该套地层尚无实测剖面，在伯力克幅阿克苏河南侧路线上，该套地层出露较全，虽然其间有岩体、岩脉贯入，但层序恢复较易，地层总体南倾正常(图 2－31)，可分为 A、B、C、D 四个岩性段。

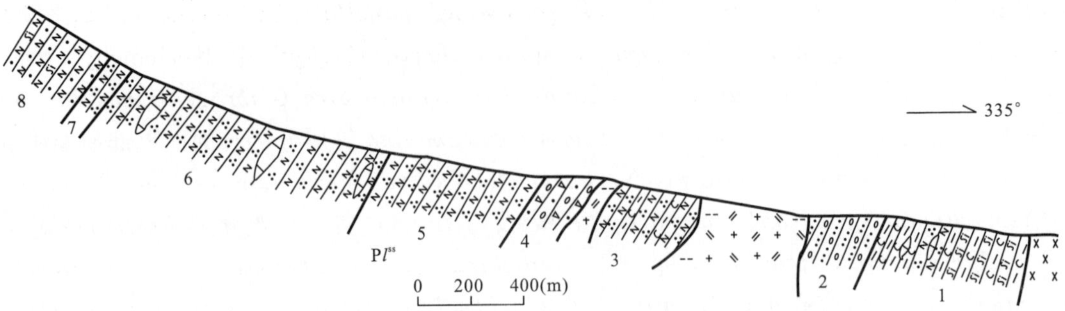

图 2－31 于田县阿克苏河中游南侧硫磺达坂砂岩路线地质剖面图

(未见顶)

D 段

8. 黑色中粒硅质长石砂岩

7. 紫红色长石石英砂岩

C 段

6. 灰—浅灰色长石石英砂岩夹中晶灰岩透镜体

B 段

5. 灰—浅灰色细粒长石石英砂岩

4. 灰色厚层状粗粒砾质岩屑砂岩

3. 浅灰色细粒长石石英砂岩夹含碳泥岩

2. 灰色厚层状含砾砂岩

A 段

1. 灰黑—浅黄绿色薄层状含碳泥岩、碳泥质硅质岩、放射虫硅质岩夹薄层长石石英砂岩及灰岩透镜体

══════════断 层══════════

黝帘角闪岩

A 段：路线上出露宽度约为 1km，岩性主要为灰黑色含碳泥岩夹薄层硅质岩、长石石英砂岩。其间夹有一定量灰岩滑块，已成透镜状，大小一般 2m×5m～3m×10m。该段褶皱发育，为深海-半深海相沉积。

B 段：路线上出露宽度约 2.5km，岩性主要为浅灰色细粒长石石英砂岩、灰色含砾岩屑砂岩夹含碳泥岩。砾石成分为石英质岩屑等，含量 10%～30%，砾径 1～10mm 不等，分选、磨圆均差。地层中由含砾砂岩—砂岩或砂岩—含碳泥岩构成的韵律极为清楚，表现为快速堆积的密度流成因特点。

C 段：路线上出露宽度 1km，岩性为灰—浅灰色长石石英砂岩。该段夹大量灰岩透镜体。

D 段：未见顶，出露宽度大于 1.5km，岩性为紫红色石英砂岩、灰黑色中粒硅质岩屑长石砂岩。该段以碎屑岩为主，以紫红色为主要特征，砂岩具快速堆积的特点。

(二)地球化学特征

硫磺达坂砂岩中碎屑岩微量元素含量见表 2－31，由表中可以看出，该套地层微量元素含量总体变化不大。其平均值与地壳克拉克值相比，大离子活泼元素 Sr、Ta、Nb、Zr 明显偏低，过渡性不活泼元素 Hf、Co、Ga 明显偏高，其余元素则相差不大。主要成矿元素 Au、Ag、Cu、Pb、Zn 等均未见明显的富集(矿化)，总体含量变化不大。

表 2-31 硫磺达坂砂岩中碎屑岩微量元素含量特征表

序号	样品号	岩石名称	Sr	Rb	Ba	Th	Ta	Nb	Zr	Hf	Sc	Cr
1	D1430/3G	石英砂岩	114.4	51.56	406.4	10.41	0.06	6.56	41.91	1.26	15.60	84.97
2	D1430/4G	石英砂岩	106.7	94.80	528.0	12.61	0.06	5.15	65.53	2.09	13.26	82.52
3	D1430/6G	长石石英砂岩	157.6	76.22	361.8	11.09	0.07	10.14	64.78	2.31	13.26	90.16
4	D1430/8G	绢云母板岩	143.4	228.30	856.4	19.53	1.42	17.48	72.86	2.43	28.86	162.30
5	D1430/10G	石英砂岩	120.3	119.00	560.5	15.97	0.65	13.47	72.26	2.44	17.94	94.75
平均值			128.5	113.99	542.6	13.92	0.45	10.56	63.46	2.10	17.78	102.94
地壳克拉克值			340.0	150.00	650.0	13.00	2.50	20.00	170.00	1.00	10.00	83.00
序号	样品号	岩石名称	Co	Ni	V	Ga	U	Au	Ag	Cu	Pb	Zn
1	D1430/3G	石英砂岩	22.68	38.54	74.97	33.69	1.64	0.10	0.03	35.38	34.42	53.30
2	D1430/4G	石英砂岩	31.75	34.82	86.90	43.82	1.38	0.00	0.06	56.62	44.76	44.23
3	D1430/6G	长石石英砂岩	30.43	32.45	80.08	44.54	2.24	0.00	0.03	48.65	47.10	36.29
4	D1430/8G	绢云母板岩	51.22	77.41	185.70	60.13	2.85	0.20	0.04	91.12	77.56	79.01
5	D1430/10G	石英砂岩	34.40	54.09	107.30	50.72	2.25	0.10	0.03	58.38	58.09	53.30
平均值			34.10	47.46	106.99	46.58	2.07	0.08	0.03	58.03	52.39	53.23
地壳克拉克值			18.00	58.00	90.00	19.00	2.50	4.00	0.08	63.00	12.00	94.00

注:表中 Au 元素含量单位为$\times10^{-9}$,其他元素含量单位为$\times10^{-6}$

其均值与地壳克拉克值相比,Au、Ag、Cu、Zn 偏小,而 Pb 明显偏大。有两个样品 Au 含量低于检测线,最高仅 0.2×10^{-9},与克拉克值相差一个数量级,成矿背景极低,可能已经过成矿富集提取。Pb 含量明显高于克拉克值,成矿背景值较高,有利于富集成矿。

(三)时代讨论

硫磺达坂砂岩与晚古生代苏巴什蛇绿岩(C—P_2)紧密共生,有时则完全构造混杂,其下部层位也夹有放射虫硅质岩特征,说明它是苏巴什洋盆俯冲消减过程的弧前复理石流积矿,其时代应为二叠纪。

(四)沉积环境及沉积相

该套地层产于苏巴什蛇绿混杂岩带中,与洋壳玄武岩密切共生,以快速堆积的碎屑岩为主,其下部夹放射虫硅质岩,为较深水沉积建造。Floyd 等(1991)通过对世界范围内显生宙和元古宙的不同构造背景下所形成的杂砂岩微量元素数据的分析发现,利用杂砂岩微量元素分析数据经上地壳平均值标准化后作出的多元素模式图(蛛网图)可有效地区分出形成的不同构造背景(图 2-32),将硫磺达坂砂岩中砂岩微量元素蛛网图与之比较(图 2-33),可看出其与大陆岛弧+活动陆缘环境下砂岩蛛网图特征相似,V、Cr、Ni 弱富集,Ta 亏损,其余则变化不大,曲线总体较平直。综上所述,该套地层应形成于俯冲带海沟中。

第六节 中生界

图区内中生界地层出露甚少,仅在普鲁、牙门及黄羊滩一带有零星出露,总面积不足 100km^2。均为陆相沉积,可分为山间磨拉石建造和沼湖含煤建造两种,岩性主要有砾岩、砂岩、粉砂岩、泥岩、

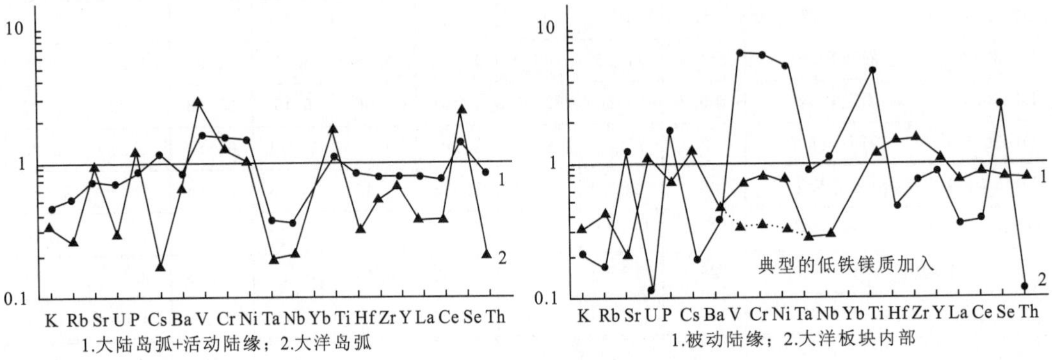

图 2-32　不同构造背景下杂砂岩的微量元素分布模式图

（Floyd 等，1991）

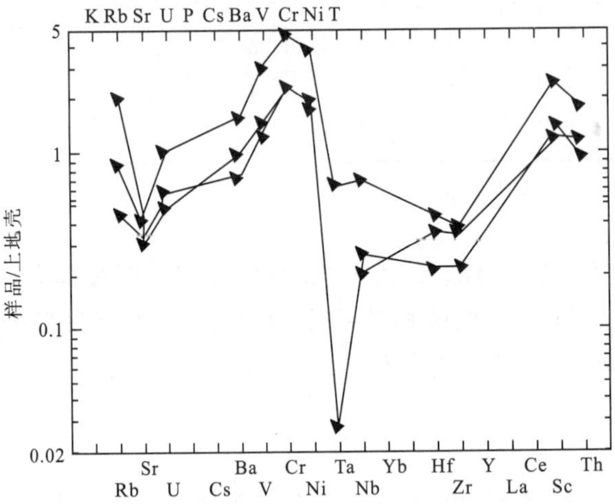

图 2-33　硫磺达坂砂岩中砂岩微量元素蛛网图

碳质泥岩、煤线等。地层基本未变质，变形相对较弱。据沉积建造、地层接触关系、区域对比将测区中生界划为三叠系阿他木帕下组、侏罗系叶尔羌群和白垩系克孜勒苏群3个岩石地层单位，现分述如下。

一、阿他木帕下组（Ta）

该组为本次地调工作新划分厘定的岩石地层单位，定义为“出露于昆仑山及喀喇昆仑山的一套紫红色磨拉石建造，岩性为紫红色砂岩、粉砂岩、砾岩等，与其下伏地层均为角度不整合接触，与其上覆的叶尔羌群为断层接触，时代为三叠纪”。该套地层前人未见报道。

测区内阿他木帕下组主要分布于黄羊滩四周，零星出露，总面积约 56km²。为一套紫红色陆相山间磨拉石建造，岩性有砾岩、砂砾岩、砂岩、粉砂岩和泥质粉砂岩等，出露厚度约 1 085m。

（一）剖面描述

图区内该组无实测剖面，现以伯力克幅中于田县阿他木帕下路线剖面为例（图 2-34），剖面上地层总体南倾，该组未见底，与上覆侏罗系叶尔羌河群为断层接触。

南侧为侏罗系叶尔羌群 $J_{1-2}Y$：绿色砂岩、粉砂岩及板岩

断　层

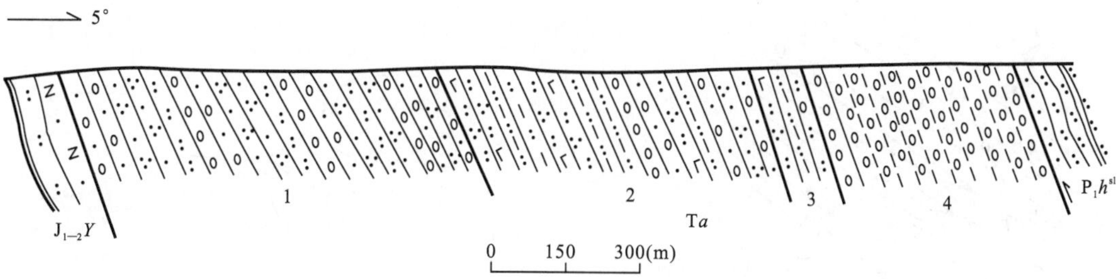

图 2-34 于田县阿他木帕下组路线地质剖面图

阿他木帕下组(Ta)	**1 085m**
4. 紫红色砾岩	359m
3. 紫红色钙质石英粉砂岩、泥质粉砂岩、细砂岩、含砾粉砂岩	72m
2. 紫红色钙质石英粉砂岩、泥质粉砂岩为主,粗砂岩、砾岩较少	429m
1. 浅紫色砂砾岩、砾岩及紫红色石英砂岩、粉砂岩	225m

————————— 推测断层 —————————

北侧为黄羊岭岩群(P_1h^{sl})

(未见底)

剖面上该组大致可分为上、下两部分:下部主要为紫红色砂砾岩、砾岩、砂岩、粉砂岩和泥质粉砂岩等,砾石成分有砂岩、灰岩、石英等,磨圆较好,分选较差,亦有少量灰绿色砂质凝灰岩。上部主要为一套紫红色砾岩,砾石磨圆、分选均差,不显层理,砾石成分与周围下伏岩性有关。

地层中由砾岩、砂岩和粉砂岩组成由粗到细的基本层序,厚度一般小于 10m,单层厚度小于 1.5m,砾岩层中常有由粗到细的粒序变化。纵向上基本层序中的砾岩、砂岩、粉砂岩各自含量有明显变化,形成自然分层。

(二)沉积环境及沉积相

图区内该组以紫红色粗碎屑岩为主要特征,总体为炎热干燥气候环境下的陆相沉积。下部砾岩中砾石磨圆较好,成分复杂,

砾岩和砂岩多为透镜状,与其卜细粒岩石有明显的冲刷截切现象,侧向常尖灭相变(图 2-35),砂岩中发育大型交错层理,层系交角可达 40°,为河流相沉积。上部砾岩中砾石磨圆、分选均差,不显层理,为近源快速堆积的洪积、坡积物。

(三)时代讨论

南邻伯力克幅前人将该套地层(日土幅 1∶100 万区调工作)划归白垩系,但依据不充分。本次工作在图区南部阿他木帕下附近见该组地层被花岗岩侵入,而在该花岗岩中青藏高原综合考察队(2000)所作同位素(Rb-Sr)年龄为 176Ma,属侏罗纪,另在黄羊滩附近该组角度不整合于有化石依据的再依勒克组之上(图 2-36),其时代应晚于二叠纪。综上所述,阿他木帕下组时代应为三叠纪无疑。

二、侏罗系叶尔羌群($J_{1-2}Y$)

泰拉(1932)曾将塔里木盆地西南至昆仑山一带的一套含煤岩系命名为叶尔羌群,其中包括部分二叠系地层。别良耶夫斯基(1946)又将该套沉积命名为含煤岩系。地质部第十三大队(1957)在

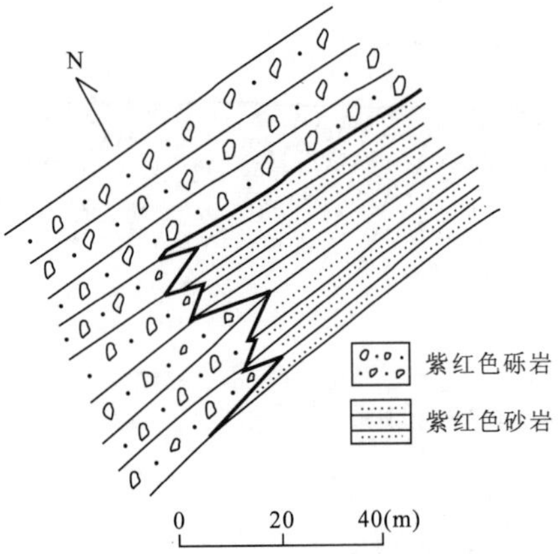

图 2-35　阿他木帕下组砾岩相变关系素描图

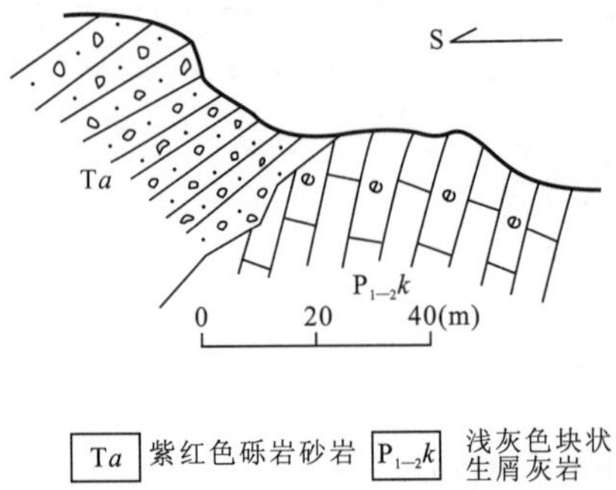

图 2-36　于田县西平沟西阿他木帕下组与再依勒克角度不整合关系素描图

艾格留姆河工作时，将该群划为艾格留姆岩系。西北煤田地质局 156 队(1962)将相当于艾格留姆岩系划为叶尔羌群。新疆区域地层表编写组(1981)将出露于托云、昆仑山、阿尔金山等地的一套湖沼相含煤岩系划为叶尔羌群，时代为早—中侏罗世，本次工作沿用该划分。

测区内侏罗系出露零星，难以进一步划分。图区内该群仅在普鲁西于田县煤矿一带有出露，面积约 12km^2，与下伏地层及上覆的克孜勒苏群均为断层接触。该群主要为一套陆相含煤建造，岩性有砂砾岩、砂岩、粉砂质泥岩、碳质泥岩、煤线等。可分为上、下两个岩性段，下段以砾岩为主，上段为较细碎屑岩。

(一)地层描述

新疆第二地质大队(1975)在图区内于田县煤矿一带作了较为详细的煤矿普查评价工作，但他们对地层划分有误，将上覆白垩系划为下伏三叠系，导致整个层序颠倒。现以修改后的钻孔 ZK 7 资料描述侏罗系地层。

上覆白垩系克孜勒苏群：紫红色砾岩、砂岩

=====断　层=====

叶尔羌群	**155.44m**
14. 含碳泥岩，含砂砾及煤的小包体	6m
13. 灰白色细粒砂岩偶夹碳质泥岩	16.50m
12. 灰白色细粒砂岩夹(互)碳质泥岩	2.5m
11. 碳质泥岩夹细砂岩薄层	19.69m
10. 碳质泥岩	2.40m
9. 碳质泥岩夹细砂岩薄层	28.06m
8. 灰色细砂岩夹泥质粉砂岩薄层	8.87m
7. 碳质泥岩夹砂岩薄层及粉砂岩	20.30m
6. 碳质泥岩	1.27m
5. 碳质泥岩夹砂岩薄层，含圆度不好的砾石	6.96m
4. 灰色砾岩	22.08m
3. 含砾泥质砂岩	3.15m
2. 灰绿色砾岩(砾石成分复杂，分选磨圆皆不好)	16.00m
1. 碳质砂岩含极少量砾石	1.66m

=====断　层=====

(未见底)

钻井剖面上侏罗系地层大致可分为两个岩性段:下段以灰绿色砾岩、含砾砂岩为主,夹少量的碳质砂岩、泥质砂岩。砾岩中砾石成分复杂,分选磨圆皆不好;上段岩性主要为灰色细砂岩夹(互)碳质泥岩、煤等,地层中由砂岩和泥岩组成的韵律极为清楚,单个韵律厚度一般1～2.5m,砂岩和泥岩的含量变化在纵向上形成分层。从沉积物特征来看,侏罗系应为湖泊-沼泽相沉积。

在普鲁西路线上叶尔羌群仅见上段,岩性为砂岩、粉砂岩、煤层等(图2-37),与其上的白垩系紫红色砾岩为断层接触。

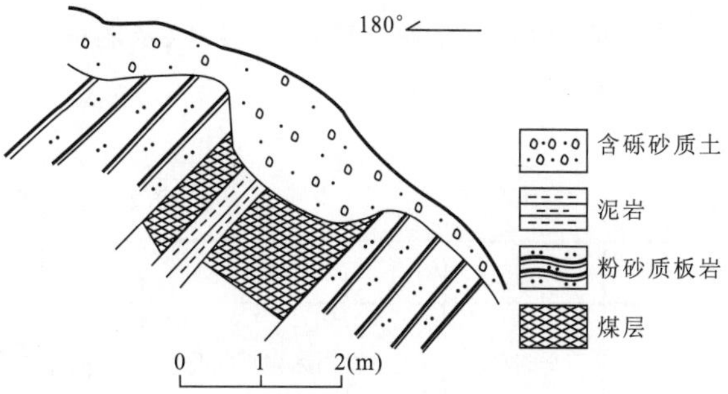

图2-37 叶尔羌河群中煤层素描图

(二)时代讨论

区域上该群中产丰富的植物化石、孢粉及双壳类化石,时代从早侏罗世到中侏罗世晚期均有,故其时代应为早—中侏罗世,可进一步划分为下亚群(包括莎里塔什组、康苏组)和上亚群(包括杨叶组、塔尔尕组)。测区内该群出露面积过小,未采到有价值的化石。据岩性组合、沉积建造特征对比研究后划分为叶尔羌群。

(三)矿产

区域上叶尔羌群普遍含煤,为新疆很重要的含煤岩系。测区内亦不例外,普鲁煤矿开采、勘探由来已久,但含煤地层出露较少,储量上一直未有大的突破(仅为小型),但该矿煤质较好,可用作炼焦用煤。

三、白垩系克孜勒苏群(K_1K)

该群由新疆石油管理局地调处107—109/75队(1975)创建,创名地为新疆乌恰县康苏北侧3km。《西北地区区域地层表——新疆维吾尔自治区分册》(1981)将其分为上亚旋回和下亚旋回,本次工作沿用该名及划分。

图区内该群出露较少,仅在普鲁西于田县煤矿一带有少量出露,面积约2.8km²。岩性主要为紫红—砖红色砂岩、砾岩等,与下伏叶尔羌群为断层接触。克孜勒苏群中基本层序由砾岩、含砾砂岩、砂岩组成(图2-38),单个基本层序厚约1.5～3m,砾岩构成基本层序的底部,往上变为含砾砂岩,最上部为砂岩,为向上变细旋回。砾岩底部常不平整,为底部印模或底蚀作用所致。

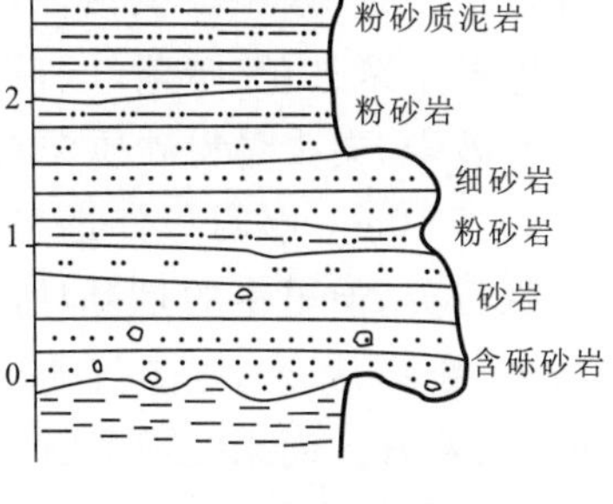

图2-38 于田县煤矿附近克孜勒苏群基本层序

该套地层前人(新疆第二地质大队,1975)将其划归三叠系,本次工作认为该划分有误,证据如下:①叶尔羌群中的示底构造(底部印模)指示地层向南变新,说明紫红色砾岩、砂岩新于叶尔羌群;②紫红色砾岩中见叶尔羌群中岩石的砾石;③该套地层特征和区域上克孜勒苏群地层特征相一致。综上所述,我们将该套地层划归克孜勒苏群。

第七节　新生界

图区内新生界以第四系为主,新近系少量,未见古近系,约占图幅总面积的65%。按固结程度可分已固结的新近系红色沉积层,以及弱固结、未固结的新近系—全新统灰色沉积层。新生界岩石地层划分见表2-32。

表2-32　于田县幅新生界划分表

系	统	冰碛物	冲洪积湖沼堆积	风积物	火山岩
第四系	全新统	崇测冰碛层Qh^{gl}	冲洪积 Qh^{apl}；湖沼堆积 Qh^{fl}	风积沙、粉沙、黄土Qh^{eol}	
	更新统	里田冰碛层Qp^{3gl}	新疆群Qp^3X		
		布拉克巴什冰碛层Qp^{2gl2}	乌苏群Qp^2W		
			康苏拉克组Qp^1k		普鲁火山岩$Qp^1\beta$
新近系	上新统		西域组(N_2—Qp^1)x		
			阿图什组(N_2a)		
	中新统				

一、新近系

阿图什组(N_2a)

新疆区域地层表编写组(1981)创名,命名地位于阿图什市西北约20km的塔浪河西岸。

本次工作沿用该组名及划分。

该组在区内出露极少(见后),仅在阿羌乡马勒工北有少量出露,面积约1km²。在西侧恰哈幅紧邻图区的大龙沟一带却有较多分布,该组与上覆西域组为角度不整合接触(见后),岩性主要是紫红色、暗紫红、砖红色砂岩、含砾砂岩,其次是砾岩和粉砂岩,夹少量粉砂质泥岩,为河、湖相沉积。砾石粒度一般不大于10cm,磨圆和分选均较好,砾石成分有花岗岩、变质岩和脉石英,但更多的是基性火山岩砾石,这种基性火山岩为暗绿色,新鲜,致密,很少气孔、杏仁构造,与第四纪火山岩完全不同,在基岩区尚未发现其露头,可能是同时代的火山岩,目前已剥蚀殆尽。在马勒工北一带该组未见底,与上覆第四系冲洪积层为角度不整合接触(图2-39),岩性主要为一套紫灰色砾岩,砾岩呈厚层状,砾石含量约75%,定向性不明显,大小悬殊,大者可达2m,磨圆度中等—较差,呈次圆—次棱角状,成分以灰岩及细砂岩为主,偶见酸性脉岩砾石。填隙物为砂质、钙质等(滴稀HCl微起泡)。

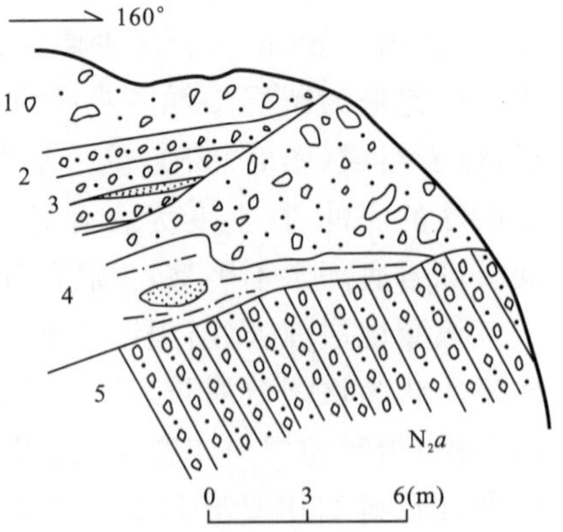

图2-39　于田县马勒工北阿图什组与第四系关系素描图

1.砾石层(洪积);2.砂砾石层(冲积);3.细砂透镜体;4.砂质粘土层;5.紫红色砾岩(N_2a)

该组命名剖面上产介形虫：*Ilyocypris manasensis*，*I. errabundis*，*Candona comprissaformis* 等。本组无论是从岩性特征和化石组合特征均可与库车组、葡萄沟组、独山子组对比，故将其时代归于上新世是合适的。

出露于昆仑山前一带的阿图什组已强变形，发生紧闭褶皱、断裂，地层普遍倒转。

二、第四系

图区第四系分布广，成因类型多种多样，既有冰川成因，又有火山成因；既有风积物，又有水成的冲洪积物及湖沼沉积。形成时代从更新世到全新世，不同时代的沉积物特征明显，易于划分识别。

本次地质调查工作图区内如此丰富多样的第四系采用先按成因类型分大类，再按时代顺序细分的原则划分（表 2-32）。

（一）冲、洪积层

图区内冲、洪积层广泛分布于昆仑山前和塔里木盆地，在图区东南角黄羊滩一带也有较多出露，此外，在昆仑山中的现代河谷中亦有少量分布，总面积约 6 270km^2。按其成因可分为冲积、洪积及冲洪积 3 种类型。按沉积物特征及形成时代将其划分为西域组、康苏拉克组、乌苏群、新疆群（戈壁群）及现代冲洪积层等。其中西域组、康苏拉克组、乌苏群巨厚地堆积于昆仑山前一带昆北地层分区博斯坦地层小区，北以奴尔-阿瓦甫-马勒工（山前）断裂为界，南侧大致以普鲁-阿羌（基岩山前）断裂为界，是与昆仑山隆升相耦合的山前拉分盆地（见第五章）沉积，具有特殊的构造意义（故建地层小区）。

1. 西域组（N_2—Q^1p）x

西域砾岩（或西域组）是由黄汲清、杨钟健（1944）命名于天山南侧库车河附近的盐水沟一带，20 世纪 60 年代初被刘东生先生引用并划归中更新世。此后，新疆地质局区域地质调查队等单位沿用，并将其时代确定为早更新世。西域组是与现代山脉快速隆升相关联的极重要的地层单位，遍布于塔里木盆地周缘地区，主要为山麓相磨拉石堆积，岩性为灰色砾岩、砂砾岩夹砂岩透镜体。砾岩胶结物为砂泥质、钙质等，半固结状，砾石成分因地而异，磨圆度一般，远离山区粒度变细。受新构造运动影响西域组多被掀斜，产状较陡。

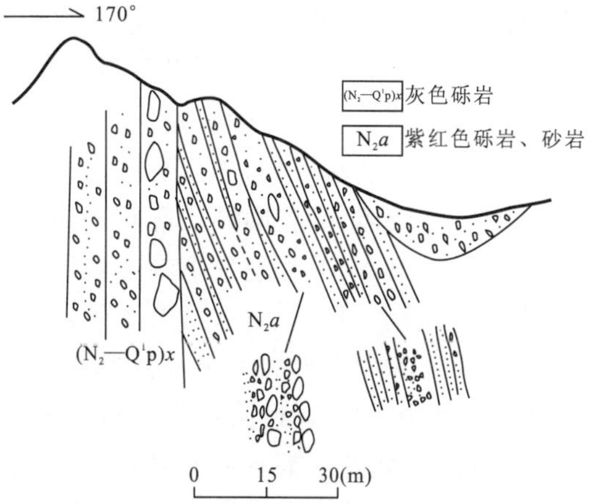

图 2-40　策勒县大龙沟西域组与阿图什组角度不整合关系素描图

西域组仅在博斯坦以西少量出露，且多被现代风成黄土状粉砂覆盖，极少露头，向西延出区外则大量分布。该地西域组和下伏新近系阿图什组为角度不整合接触（图 2-40），接触面直立。该地西域组厚度巨大，砾石成分与现代河床冲积物几乎毫无二致，由冲积相和洪积相反复交替构成。河流相为浅褐色，成层性较明显，砾石磨圆较好，分选中等—好。洪积相呈灰及淡绿灰色，成层性不明显，但具较模糊的粗—细韵律，砾石粗大，磨圆和分选均差。河流相砾岩和洪积砾岩为渐变过渡关系（图 2-41），过渡带宽约 10m。

一个极重要的现象是，西域组中夹多层弱固结的风成黄土状粉砂透镜体，约占地层总量的 10%，特征与现代山前一带正在沉积中的黄土状粉砂完全相同，最大厚度近 20m，最小的厚仅 1m，横向变化较大，有些被水流冲刷成不规则状，有的则延伸较长，向北地层产状变缓，沿粉砂层有人工开凿的窑洞。粉砂层顶部常有水流改造现象：一是产生冲刷凹槽，冲刷凹槽和砾岩中的砾石排列均反映水流方向为 NNE60°～70°；二是形成厚度小于 10～20cm 的极少粉砂的砂质层，砂质层常呈显著的紫红色，说明当时气候炎热。

西域组目前尚无可靠的时代依据，前人在叶城以南山前一带的工作中认为其底界在新近系内部。向东，在普鲁以北大量出露的早更新统（详见后）康苏拉克组虽有断裂破坏，但地层呈水平状，为未固结的松散层，二者虽被乌苏群分隔，但差别很大，航、卫片影像特征区别更加明显（详见后），应属两套地层，原始关系可能为角度不整合。所以，本项目暂将西域组的时代置于上新世—早更新世早期。

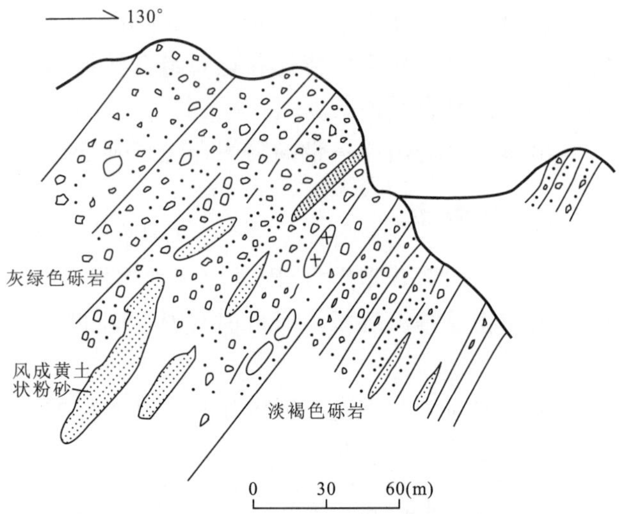

图 2-41　策勒县大龙沟西域组内部冲积相（下）与洪积相（上）过渡关系素描图

2. 康苏拉克组（Q^1pk）

康苏拉克组为滕志宏（1987）在研究本图区普鲁村以北克里雅河两崖第四纪火山岩时命名，时代为早更新世，本书沿用之。

康苏拉克组大面积分布于于田县普鲁村—流水—阿羌以北的山麓地带，形成极为特征的深切割梁卯地形（图版Ⅰ-1），普鲁—阿羌以南的基岩区平顶山上也有少量出露，在普鲁—阿羌一线基岩山前断裂一线，可见其直接角度不整合覆盖于阿图什组和更老的变质地层。

康苏拉克组与阿羌火山岩呈不整合接触（图版Ⅰ-4）。基岩山前断裂以北未见底。其上被厚近百米的风成黄土状粉砂覆盖，一般只在较大河谷的陡立谷壁上可见露头，剖面无法测制。康苏拉克组地层总体呈水平状，未变形，大致可分为上、下两部分。下部属河流相沉积，为褐红色砂砾石层夹粗砂层透镜体，略有固结。砾石磨圆较好，大小混杂，分选差，胶结物为泥质，约占 10%。砾石层间无切割现象，说明为基底下降的连续堆积；上部为浅紫红色砾石层，无风积砂透镜体，砾石较下部明显变大、增多，且大小均匀，磨圆较好。

测区康苏拉克组的一个重要特点是夹有火山岩，前人（滕志宏，1987；刘嘉麒，1992）对普鲁村北克里雅河两岸的中基性火山岩进行了比较深入的研究，本次区调中在普鲁村以东新发现了两处火山岩夹层，每处特征都有所差异，均比普鲁村北原发现的火山岩偏基性，标本上即可见较多橄榄石，且只有一层，但从火山岩层上下冲、洪积特征分析，其层位相当。故本次工作将"夹于康苏拉克组冲、洪积层（中）基性火山岩建段级非正式岩石地层单位，命名为普鲁火山岩"。

普鲁火山岩主要为安山玄武岩（图版Ⅰ-2），可分为上、下两层，其间见厚约 8m 的砂砾石层，两火山岩层分别与下伏砾石层形成红褐色烘烤边，属两期喷发作用形成。下火山岩层厚约 7.5m，其中下部为集块岩，厚 1.5m；中部为致密块状熔岩，具流动构造，厚约 5m；顶部为厚约 1m 的气孔熔岩。上熔岩层总厚 19.5m，亦可分为集块岩、块状熔岩、气孔熔岩 3 部分。安山玄武岩化学成分（据滕志宏，1987）：SiO_2 50.75%、Al_2O_3 14.81%、TiO_2 3.71%、Fe_2O_3 3.98%、FeO 6.25%、CaO 8.34%、MgO 5.28%、Na_2O 3.46%、K_2O 2.56%、H_2O^+ 0.85%、H_2O^- 0.70%，具高钛、高钾之特征。关于该套火山岩年龄，前人（刘嘉麒，1989；骆祥君，1987；柏美祥，1992；滕志宏，1994）已多次采样研究，上安山玄武岩同位素年龄在 1.23～1.10Ma 之间；下火山岩层年龄在 1.50～1.40Ma 之间。由此可见普鲁火山岩时代为早更新世。

3. 乌苏群(Qp^2W)

该群主要分布于塔里木盆地四周,山区大河两岸及山麓地带,以乌苏地区出露最全。

本区经区域地层对比,在图区内首次划分出乌苏群。乌苏群主要分布于奴尔以东,普鲁以西,博斯坦以南的山前地带,面积约 900km²,东、西向分隔西域组和康苏拉克组,但在康苏拉克组出露区,河流下切形成阶地沉积,与其下的康苏拉克组为明显的冲刷不整合接触(图 2-42)。乌苏群未变形,呈水平状,未固结,以其灰色与西域组和康苏拉克组区别明显。另外,该群虽也以冲、洪积为主,但出现了冰碛和冰水沉积。冰碛和冰水沉积主要见于主体分布的博斯坦地区,特别是靠近基岩的山前一带,砾石大小相差极大,有些漂砾达数米,其本无磨圆和分选。冲、洪积层与康苏拉克组相似。

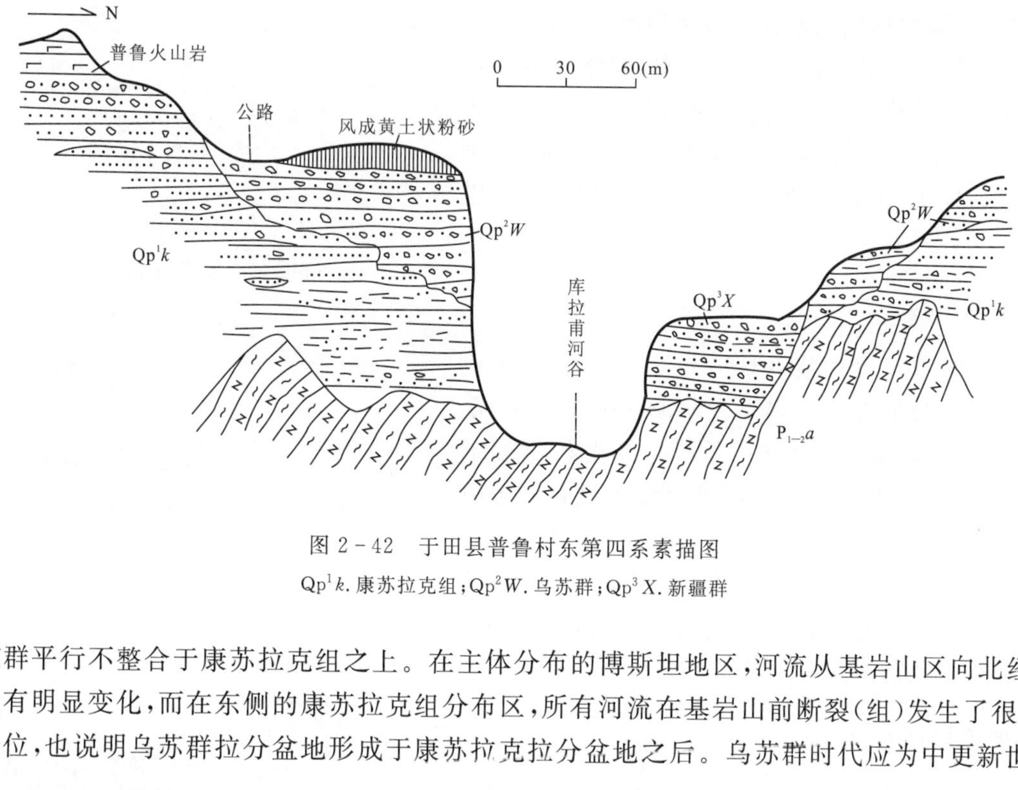

图 2-42 于田县普鲁村东第四系素描图

Qp^1k. 康苏拉克组;Qp^2W. 乌苏群;Qp^3X. 新疆群

该群平行不整合于康苏拉克组之上。在主体分布的博斯坦地区,河流从基岩山区向北经该群,方向没有明显变化,而在东侧的康苏拉克组分布区,所有河流在基岩山前断裂(组)发生了很显著的左旋错位,也说明乌苏群拉分盆地形成于康苏拉克拉分盆地之后。乌苏群时代应为中更新世为宜。

4. 新疆群(Qp^3X)

新疆群广泛分布于塔里木南缘低山平原地区,一般形成冲洪积扇或冲洪积平原(戈壁)、山前倾斜平原、低阶地(主要为一级)等。测区内该群主要分布于山前一带,另在山间河道两侧有零星分布,面积较大。

该群主要由砾石层及砂粘土层组成(图 2-43),砾石层呈松散状,砾石成分复杂,分选、磨圆均较差,大小不等,砾径 5～30cm 均可见。砾石层略具成层性及粗细韵律,为冲洪积成因。砂粘土层一般为透镜体,呈土黄色,成分为细砂、粉砂、粘土等,局部可见风成斜层理,为风积物。

区域上新疆群厚度变化较大,从几米到百余米,主要为末次冰期后的典型间冰期沉积物,其上多为现代风积砂及松散冲洪积层,时代应为晚更新世—全新世。

5. 现代冲洪积层(Qh^{apl})

现代冲洪积层主要分布于现代河床、河漫滩及山口冲积扇平原上,厚度不大,仅几米至十余米。

砾石层呈灰色松散状，磨圆度较好，具一定分选性，成层性较差，砾间砂泥质充填，其上多被风积沙覆盖。

（二）湖、沼沉积层（Qh^{fl}）

测区内湖、沼沉积主要分布于于田断裂以北的河流下游。较早的湖沼沉积主要为细粉砂、粘土、亚粘土等，其间夹有薄层细砾石层，呈半固结—松散状，粉砂—粘土的粗细韵律清楚可见(图 2-44)。现代湖沼沉积主要为黑色淤泥，地表常有茂密的芦苇。

调查中我们发现，于田县东原本有大面积湖沼湿地，适宜人类生存，但由于沙漠向南侵袭，现已完全干涸沙漠化，仅局部低洼处残存有稀疏芦苇。

测区内湖泊主要靠河流及地下水（泉水）补给，由于近年来气候日趋干燥，加之上游居民生活、生产用水量增大，工作区内地下水位及湖泊水位快速下降，湖泊面积在迅速缩小，生态环境恶化是危及当地居民的首要因素。

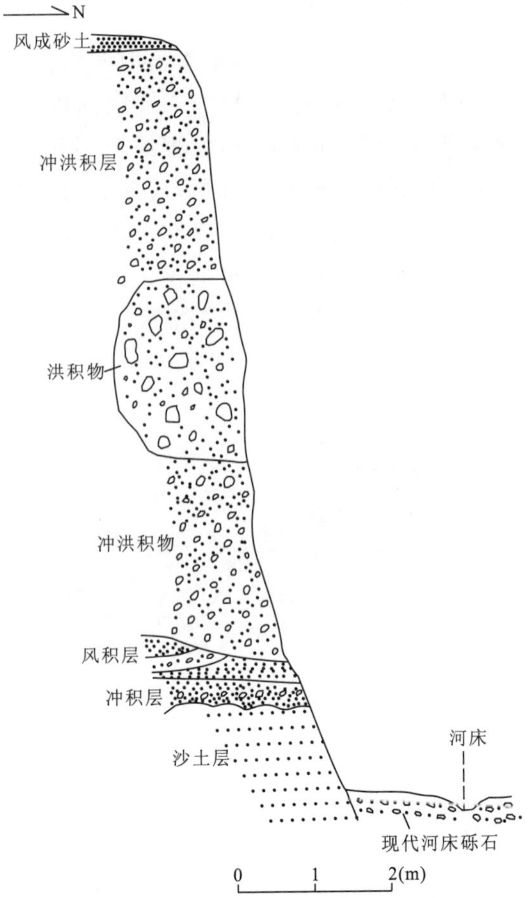

图 2-43　于田县也马勒工新疆群剖面图

（三）风积层

干旱环境和适度强度的环流是沙漠-黄土形成的必需条件。广袤的塔克拉玛干大沙漠区东为东北风，西为西北风，两种风向在民丰—策勒一带相会，受二者共同影响，测区一带是塔里木盆地周缘山前风成亚砂土堆积最厚的地区。风积层广泛分布于昆仑山以北低山、丘陵及平原地区，厚度从不足 1m 至近 100m，极不均匀。按粒度大小和成因可分地表流沙形成的风积沙和空气浮尘形成的风成黄土状粉沙两大类。

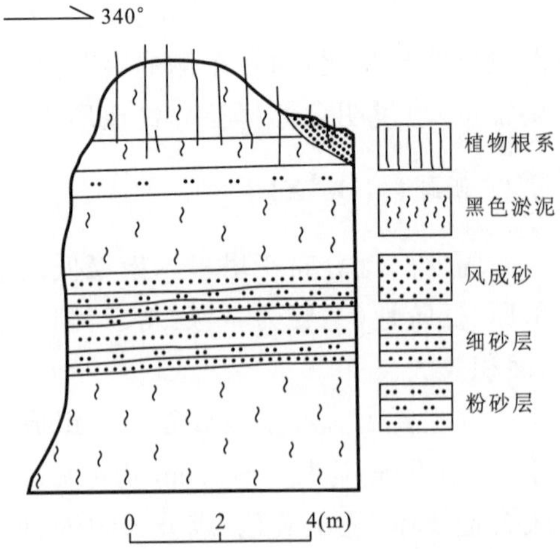

图 2-44　于田县州里巴扎村附近湖积物剖面图

1. 风成砂（Qh^{eol}）

风成砂为土黄色，松散堆积状，粒度为细砂级，广布于塔里木盆地（平原区），分布高度不超过 2 200～2 500m，形成沙漠、沙地和沙化戈壁。常有风成斜层理及交错层理构造，成分主要为石英、长石、云母等。测区风成砂按其活动性可分为活动沙丘地和半固定沙丘地两种。

(1)活动沙丘地：分布于于田县东北及南部的沙漠地带，可进一步分为垄状沙丘、链状沙丘、沙山和波状沙地等。沙垄、沙链一般高度 10～30m；沙山一般 40～50m，高者可达 100m，地形起伏较大；波状沙地较为平坦。活动沙地植被很少，多数地方寸草不生。

(2)半固定沙丘地：测区内分布于达木沟水库周围及阿羌乡的恰其兰干—萨拉瓦一带。沙丘多为低矮的孤立丘状沙丘，高度不超过 5m，沙丘及其周围植被发育，有芦苇、骆驼棘等，沙丘较为固定。

在活动沙丘地地下水位较高的区域，也有较多因沙堆草长而形成的固定沙丘，呈迎风面陡，背风面缓的不规则圆锥状。

新月形沙丘所显示的现代风向主要为西北风和东北风，受绿洲和高山的阻挡，局部风向转变为北风及西风。

调查中我们发现，在于田绿洲周围，尤其是北侧、西侧等地耕地沙漠化十分严重，甚至于原本水草丰盛的地方现已被沙漠吞食，大片胡杨枯死，呈沙进人退之势。

2. 风成黄土状粉沙层

图区一带是昆仑山风成黄土状粉砂及黄土分布最大、厚度也最大的地区，广布于海拔2 200～4 000m 的昆仑山区(奴尔-山节断裂以南，喀什塔什山以北)，因树木、建筑物的阻挡，平原上的绿洲区降尘量也较大。黄土状粉砂呈土黄色，粒度为粉砂级。除棕黄色古土壤层外，内部质地非常均匀。昆仑山区黄土状粉沙粒度垂向随海拔高度的增高而逐渐变细，横向从山口向南其粒度变细，沉积厚度也相应减小，基岩山地区(3 000m 以上)主要为黄土，前山地区(2 500～3 000m)为亚沙土，2 500m以下的平原地区为大气沙土。最主要的堆积场所为基岩山和平原之间的深切割更新世冲、洪积层上。在地质图上，为了尽可能清楚地反映前第四纪地质，风成黄土状粉砂层没有表示。

兰州大学地理科学系方小敏等在阿羌乡阿羌河与苏克河之间宽广平坦、海拔 2 900m 的分水岭对风成黄土进行了深入的剖面研究，黄土厚 81.5m，平行覆于康苏拉克组冲、洪积层之上，黄土层剖面结构在 43.3m 处分为明显两部分，上部以砂黄土和古土壤为主，下部以亚砂土和粗砂黄土为主，夹古土土壤。剖面上古土壤发育甚微，可分 9 层，碳酸钙平均含量下部变化不大，上部略有增加，平均粒度和粗粒含量下部变化大且粗，上部变化小而且细。

连续的古地磁样测试结果，深度 72m 之下为松山反极度性世，之上为布容正极度性世，方小敏等以 780ka 为 B/M 界限年龄，根据沉积速率推侧黄土底部年龄为 883ka，43.3m 处黄土分界处年龄为 500ka。但如果以 730ka 为 B/M 界限年龄，黄土底界年龄应为 830ka，43.3m 处分界处年龄为 450ka。

测区及昆仑山区的风成黄土状粉砂是塔克拉玛干沙漠的副产品，它开始堆积的时代应与沙漠的形成时代相当。从前所述可见，最早的黄土沉积层见于西域组的下部，距底界不足 10m，亦即大沙漠和黄土开始形成时代应在古近纪中新世—上新世。

(四)冰碛层及现代冰雪

图区内冰碛物及现代冰雪主要分布于吕什塔格和喀什塔什山(即昆仑山北脊)一带，现代冰雪位于海拔 5 000m 以上，少量冰舌可伸至 5 000m 以下。西昆仑第四纪冰川研究工作始于 20 世纪初(Hedin sven 1899—1902; Sobo - levski，1919；Stein A，1912；Trinkier E，1930)。1976 年中国科学院青藏高原综合考察队曾到南坡泉水沟上游进行现代冰川与第四纪冰川考察，提出本区中更新世以来发生过 3 次大冰期(Zheng 和 Li，1981；郑本兴，1986)，1985—1987 年，中日联合西昆仑考察队先后对南北坡的冰川地貌进行了考察，通过野外观察和室内年代测定、岩矿、粘土和孢粉分析，结合前人工作成果，一致认为昆仑山和喀喇昆仑山区第四纪冰川活动始于中更新世，进一步分 4 个主要冰期及一个小冰期，本次区调工作沿用其划分。不过，前人工作主要集中于本项目的伯力克幅，昆仑山区面积最大的克里雅冰帽四周更新世冰碛层极为发育且保存良好，在昆仑山北坡位置的本图幅，冰碛层也较发育，但由于剧烈的抬升切割保存很差，中更新世的两个冰碛层难以区分，可分中更新世、晚更新世和全新世 3 个大的冰碛层，现分述如下。

1. 更新世中期冰碛层(Qp^{2gl})

郑本兴等在伯力克幅克里雅冰帽阴坡玉龙喀什河上游，将昆仑山区已遭破坏改造的最老的冰碛层划归分为玉龙喀什冰碛层和布拉克巴什冰碛层，二者特征相似，出露高度在第四纪冰碛层中也最低，为 5 000～5 200m，在较晚期的布拉克巴什冰碛层冰碛砂土中获热释光测年为(206±17)ka(郑兴本等，1987)，为中更新世中晚期，与西边的泉水沟冰期相当，可与欧洲里兹冰期对比。

本图区喀什塔什山两侧可见的最老的冰碛层却位于海拔最高的位置，且很零星，难以进一步划分，如库拉甫河靠近图区南边线(36°线)河流的东侧 5 000m 高度有一明显的冰蚀“U”形谷阶地，之上有冰碛堆积，因地形过于陡险，用望远镜观察可见巨大漂砾，冰碛层被切割、侵蚀，地表形态为开阔、平缓的丘陵状，在距其最近的现代冲积物中可见大量位于更南侧的柳什塔格玄武岩砾石。

2. 更新世晚期冰碛层(Qp^{3gl})

郑兴本等将昆仑山南脊两侧大量出露的位于全新世冰碛层外围的冰碛层命名为里田冰碛层，终碛垄虽遭破坏，但其特征仍依稀可辨，垄间的湖相沉积层中获^{14}C测年有：(30 915±1 700)a B P、(16 510±553)a B P、(14 930±370)a B P(郑兴本等，1987)、(18 250±625)a B P(王靖泰等)，时代为晚更新世，属末次冰期的产物。

在于田县幅与该冰碛层可对比的冰碛也有较多出露，但其所遭受的侵蚀破坏程度更大，原始终碛垄已无法识别，之上多有风成黄土覆盖，草被较为茂盛。其分布特征荡然无存，已与现代地形完全一致，多数显示为山谷冰川堆积，终碛垄最前端可到达主河道，向后一直退积到与全新世冰碛层衔接。在图区最西侧的牙门一带，该期冰碛已突破基岩山前断裂，在断裂以北形成面积约 530km^2 的山麓冰川堆积。

在喀什嗒什山北坡该冰碛层出露于现代河流之上 50～300m 的高度，形成了一个比较清楚、连续的冰碛阶地(图 2-45)。但多数情况下，现代河流的侵蚀面并未到达该冰碛层的底部，冰碛砾石主要为花岗岩、花岗闪长岩、玄武岩，有少量斜长角闪岩，最大漂砾可达 10 余米(图版Ⅰ-5)。

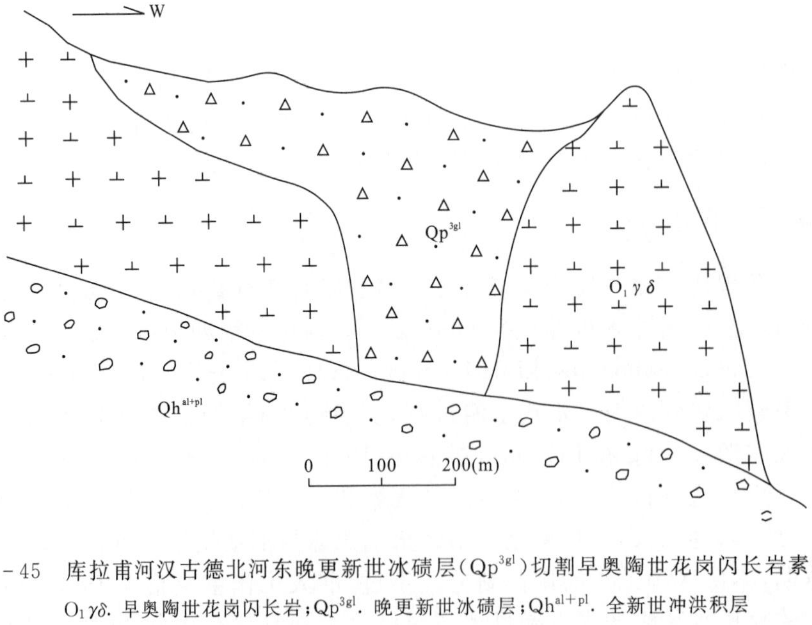

图 2-45　库拉甫河汉古德北河东晚更新世冰碛层(Qp^{3gl})切割早奥陶世花岗闪长岩素描图

$O_1\gamma\delta$. 早奥陶世花岗闪长岩；Qp^{3gl}. 晚更新世冰碛层；Qh^{al+pl}. 全新世冲洪积层

晚更新世冰碛层中局部可见冰水沉积，如图 2-46 为汉古得牧场冰碛与冰水沉积素描，冰水沉积覆于冰碛层之上，海拔为 4 000m，距现代河流高差约 300m，灰色，远观具较清楚的层状构造和分选性，砾石明显较冰碛层小且均匀。

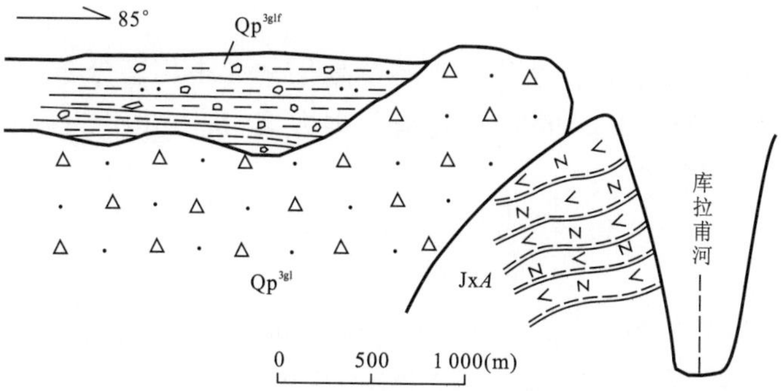

图 2-46 库拉甫河汉古德牧场晚更新世冰碛层素描图
Qp^{3glf}. 晚更新世冰水沉积；Qp^{3gl}. 晚更新世终碛垄；JxA 阿拉玛斯岩群

3. 全新世冰碛层(Qh^{gl})

现代冰川冰舌前缘一般都有全新世冰碛层，海拔为 5 500m 左右，郑兴本等将其命名为崇测冰碛层，于田县幅内该冰碛层均无法到达，但航、卫片显示极清晰。在伯力克幅该冰碛层终碛垄、侧积堤保留完整，冰碛物非常新鲜，其上无植被或植被很少，冰碛砾石呈松散堆积状。在崇测冰川前，该期冰碛垄可分两列，外列高 40～50m，宽 600～800m，常有冰下河流出通过。冰碛物^{14}C测年为(3 983±120)a B P；内列冰碛垄较高大，推挤在外列之上，^{14}C测年为(3 522±117)a B P(郑兴本，1987)，为全新世冰期。

4. 现代冰雪

测区内现代冰雪主要分布于昆仑山脊及附近的高山之上，总面积约 2 700km^2。在昆仑山南坡雪线较高，一般为 5 800～6 000m，北坡雪线较低，一般 5 500m 左右，柳什塔格南侧局部雪线低于 5 000m。

第八节 沉积岩

图区内出露沉积岩以碳酸盐岩、碎屑岩为主，另有少量泥岩，硅质岩等，主要分布于晚古生代以来的地层中。按照其物质来源将图区内沉积岩分为陆源沉积岩、火山物源沉积岩和内源沉积岩三大基本岩类(表 2-33)，在基本岩类中按成分、结构、成因等细分，其间有大量中间类型岩石。

表 2-33 沉积岩分类总表

陆源沉积岩(按结构细分)		火山物源沉积岩(按结构细分)		内源沉积岩		
				蒸发岩	非蒸发岩	可燃有机岩
砾岩 砂岩 粉砂岩 泥质岩	>2mm 2～0.062 5mm 0.062 5～0.003 9mm <0.003 9mm	集块岩 火山角砾岩 凝灰岩	>64mm 64～2mm <2mm	岩盐 石膏 硬石膏	石灰岩 白云岩	煤

一、陆源沉积岩类

图区内碎屑岩分布较广，几乎晚古生代以来每个地层单元中均有分布，对其分类命名原则参照原成都地质学院《沉积岩石学》(1980)的结构成因分类方案，进一步分为砾岩、砂岩、粉砂岩、泥岩等。

(一)砾岩

按砾石成分的不同可将砾岩进一步分为单成分砾岩和复成分砾岩两类。

1. 单成分砾岩

图区内该类岩石仅见于皮什盖萨依岩组、龙门沟组及再依勒克组中，主要为岩溶角砾岩。

岩溶角砾岩　岩石一般呈灰—浅灰色，具角砾状结构、块状构造，角砾含量一般大于70%，成分主要为灰岩，砾径大小不等，大者30～50cm，小者仅2～3cm，砾石一般呈棱角状，无磨圆。胶结物一般呈粉红色，为铁质及次生方解石等。该角砾岩为灰岩成岩后遭受淡水溶蚀，坍塌堆积而成。

2. 复成分砾岩

图区内该砾岩分布较广，成因类型复杂，主要分布于再依勒克组、托库孜达坂岩组、阿羌火山岩、苏克塔亚克组、阿他木帕下组、叶尔羌群、克孜勒苏群、阿图什组及第四系西域组中，成因类型有河流砾岩、洪积砾岩、滑塌(水下扇)砾岩、底砾岩等。

滑塌砾岩　见于托库孜达坂岩组、阿羌火山岩、苏克塔亚克组中，砾石呈灰—深灰色，岩石具砾状结构、块状构造，砾石含量30%～40%，成分较复杂，有硅质岩、石英岩、基性火山岩、片岩、花岗岩等，分选一般，砾径2～10cm，磨圆较差，为次棱角—次圆状。胶结物为砂泥质、火山碎屑等。受后期剪切作用影响，砾石变形较强，普遍被拉长，局部胶结物成拉丝状。该砾岩与其上、下地层均为突变关系，应为水下滑塌砾岩。

河流相砾岩　主要见于再依勒克组、西域组中。西域组中河流相砾岩呈浅褐色，半固结—固结状，砾石粗大，磨圆较好，分选中等到好，砾石成分复杂；再依勒克组中河流相砾岩呈紫红色，具砾状结构，块状构造。砾石含量60%～70%，成分以灰岩为主，另有少量的硅质砾，砾石磨圆好，分选较差，大者50cm，小者1cm。填隙物成分：石英10%～15%、斜长石2%～3%、硅质岩屑5%～8%、方解石10%～15%。河流相砾岩横向上不稳定，呈透镜状，与砂岩构成河流相二元结构。

坡洪积砾岩　见于阿他木帕下组、克孜勒苏群、叶尔羌群、阿图什组及西域组中。阿他木帕下组、克孜勒苏群和阿图什组中砾岩一般呈紫红—砖红色，具砾状结构，块状构造，砾石成分复杂，有灰岩、砂岩、硅质岩、花岗岩等，含量60%～70%，砾径1～15cm，分选、磨圆均不好，呈次棱角—次圆状。胶结物为细砂、泥质等，砾岩横向上稳定性差，常相变为砂岩，内部可见由粗—细的粒序层。从砾岩特征看应为陆相磨拉石建造砾岩；叶尔羌河群及西域组中砾岩常呈灰—灰白色，砾石含量50%～60%，成分复杂，磨圆、分选均较差。胶结物为砂泥质。叶尔羌群砾岩中见大量植物化石碎片(已炭化)。

底砾岩　仅见于苏克塔亚克组底部。岩石呈灰黄—灰绿色，具中—细砾状结构，砾石含量60%～70%，成分复杂，有硅质砾、火山岩砾、花岗岩砾等，分选、磨圆均较好，砾径2～4cm，呈次圆—椭圆状，砾石具一定定向排列，胶结物为砂泥质、火山质等。该砾岩代表一个不整合面，为古风化壳产物。

(二)砂岩

本书对砂岩的分类按原成都地质学院的《沉积岩石学》(1980)成因分类(图2-47)。图区内砂岩分布较广，主要见于奇自拉夫组、苏克塔亚克组、再依勒克组、硫磺达坂砂岩、阿他木帕下组、叶尔羌群、克孜勒苏群中，另外在柳什塔格玄武岩及西域组中有少量出露。砂岩沉积相有陆相和海相之分，但以陆相为主。

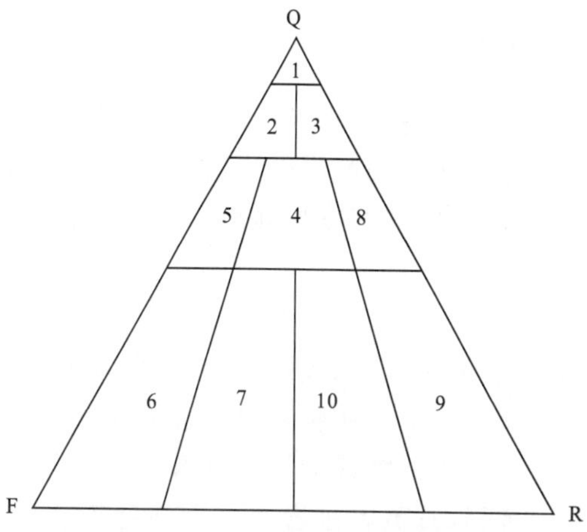

图2-47 砂岩分类三角图分解

1. 石英砂岩；2. 长石石英砂岩；3. 岩屑石英砂岩；4. 长石岩屑石英砂岩；5. 长石砂岩；6. 富长石石英砂岩；7. 岩屑长石砂岩；8. 岩屑砂岩；9. 富岩屑砂岩；10. 长石岩屑砂岩。

Q. 石英端元；F. 长石端元；R. 岩屑端元

不等粒钙质长石石英杂砂岩 主要见于奇自拉夫组、苏克塔亚克组中，岩石呈灰黄—紫红色，具不等粒砂状结构、中—厚层状构造。颗粒大小0.06～0.2mm占碎屑的35%～40%，0.3～0.6mm占30%～35%，其余0.7～1mm。矿物成分：石英30%～35%、斜长石+钾长石10%～15%、灰岩屑5%～10%、白云母1%～2%、方解石10%、硅质岩屑1%～2%、电气石+锆石+褐铁矿3%、铁泥质成分15%、微晶方解石15%～20%。碎屑呈棱角状，个别为三角状，磨圆度差，粒径大小不等，分选较差，斜长石双晶不明显，钾长石个别显示条纹结构。填隙物含量高，成分为铁泥质杂基，微晶方解石等，形成基底式胶结型和杂基支撑结构。岩石反映沉积环境以物理风化为主，强侵蚀和快速堆积的特点。

中细粒长石石英砂岩 主要见于奇自拉夫组、硫磺达坂砂岩、阿他木帕下组中，岩石呈紫红色，具中细粒砂状结构，块状构造。颗粒大小0.15～0.2mm约占50%～60%，其余为0.25～0.3mm。碎屑成分：石英50%～60%、斜长石+钾长石10%～15%；填隙物成分：方解石10%、玉髓5%～8%、铁泥质3%～5%。碎屑呈次棱角状，少数棱角状，分选较差，成分及结构成熟度均低。斜长石聚片双晶和钾长石条纹隐约可见，石英晶体内粉尘状包体常见。胶结物含量较少，形成接触-孔隙式胶结型和颗粒支撑。岩石沉积环境以物理风化为主，强侵蚀和快速堆积的产物。

细粒钙质石英砂岩 主要见于再依勒克组、阿他木帕下组中，岩石呈紫红色，具细粒砂状结构，块状构造。颗粒大小：0.1～0.25mm，个别0.3mm。矿物成分：砂屑石英65%、斜长石3%～5%、白云母2%～3%、石英岩屑1%，方解石胶结物25%。砂屑颗粒多呈棱角状，磨圆差但分选较好，结构成熟度不高。填隙物含量较高，局部砂屑呈悬浮状态，主要为接触-孔隙式胶结。该砂岩应为搬运距离较短的河流相沉积。

粗粒岩屑石英砂岩 主要见于柳什塔格玄武岩和硫磺达坂砂岩中，呈紫红色，岩石具粗粒砂状结构，块状构造。颗粒大小：主要为0.6～1mm，少数0.5mm。砂屑成分：石英70%～75%、斜长石+钾长石3%～5%、硅质岩屑3%～5%、石英岩屑3%～5%、火山岩屑1%；填隙物成分：粘土矿物+粉砂碎屑10%～15%。岩石中砂屑分选性不好，多呈棱角状，磨圆度差，成分和结构成熟度不高。填隙物成分有粘土矿物、粉砂级碎屑及少量方解石，形成接触-孔隙式胶结和颗粒支撑结构。岩石形成于稳定水流和干旱气候环境下。

中粗粒长石砂岩 主要见于奇自拉夫组、塔斯坎萨依组、再依勒克组、硫磺达坂砂岩、叶尔羌群、克孜勒苏群中，岩石呈灰—灰绿色，中粗粒砂状结构、块状构造。颗粒大小：多数0.25～0.7mm，少数1～1.2mm。砂屑成分：石英20%～25%、斜长石+钾长石55%～60%、硅质岩屑5%、方解石2%、黑云母1%；填隙物成分：隐晶石英+粘土矿物10%。颗粒多呈棱角状，分选较差，结构及成分成熟度均低。砂岩为孔隙式胶结型，杂基支撑。岩石的形成环境以物理风化为主，化学风化不发育，构造运动剧烈，风化时间短，为强烈侵蚀后快速堆积的产物。

(三)粉砂岩

图区内粉砂岩沿用砂岩分类命名原则，主要见于奇自拉夫组、硫磺达坂砂岩、阿他木帕下组、叶尔羌群、克孜勒苏群中，另在再依勒克组中有少量分布。

含钙长石石英粉砂岩　见于奇自拉夫组中，岩石呈紫红色、灰绿色，具粉砂状结构，薄层状构造。颗粒大小0.06～0.1mm，矿物成分：石英40%～45%、斜长石＋钾长石10%～15%、方解石5%、白云母1%～2%、铁泥质10%～15%、电气石＋锆石2%、次生方解石15%～20%。碎屑呈明显的棱角状，分选较好，斜长石双晶和钾长石条纹隐约可见。胶结物为粘土矿物和隐晶方解石等，含量较高，粘土矿物常沿层面聚集平行分布，形成基底式胶结型。岩石形成于水动力条件较弱而稳定、沉积速度缓慢的沉积环境。

钙质石英粉砂岩　主要见于硫磺达坂砂岩和阿他木帕下组中，岩石呈紫红色，具粉砂状结构，块状构造。颗粒大小：0.03～0.08mm，少数0.1mm。砂粒成分：石英55%、斜长石2%～3%、方解石5%～8%、硅质岩屑3%～5%、泥板岩屑3%；胶结物：方解石＋铁泥质25%～30%。砂屑多呈棱角状，均匀分布于胶结物中，磨圆差，但分选好，成分中有长石及方解石单晶。填隙物主要为方解石及铁泥质，含量较高，使粉砂级碎屑呈悬浮状分布于其中。岩石特征反映为近源快速堆积物。

富钙质粉砂岩　主要见于叶尔羌群及克孜勒苏群中，岩石呈紫红—灰绿色，具微晶及粉砂状结构，块状构造。颗粒大小：0.03～0.1mm不等，填隙物0.01～0.001mm。砂屑成分：石英35%～40%、长石1%、白云母1%、电气石1%、方解石10%；胶结物：方解石40%～45%、氧化铁＋泥质5%～8%。该岩石砂屑较少，达不到粉砂为主的含量，实属一种过渡性质岩石，具宏观特征，仍定名为粉砂岩。砂粒呈棱角状，分布不均匀。填隙物中方解石占绝大部分，表面附生一些氧化铁质及少量泥质，氧化铁质可能为方解石析出成分，造成岩石呈褐红色。

泥质粉砂岩　见于克孜勒苏群和再依勒克组中，岩石呈紫红—淡灰绿色，具粉砂状结构，薄层状构造。岩石砂屑主要为石英，含量45%左右，泥质胶结物含量高，约占40%。岩石抗风化能力较强，野外常突出地表，裂隙和孔洞中有大量石膏充填。

(四)泥岩

图区内该类岩石分布较少，见于塔斯坎萨依组、硫磺达坂砂岩、叶尔羌群和克孜勒苏群中。

含硅质泥岩　见于塔斯坎萨依组中，岩石具泥质结构，块状构造。矿物成分：泥质80%、隐晶石英15%～20%、石英1%。岩石中的矿物成分单一，主要为泥质成分和少量隐晶石英。岩石压实固结作用不明显，基本不显示重结晶现象，原泥质矿物十分细小，杂乱无定向分布。所含隐晶石英呈聚集的芝麻点状，较均匀分布于岩石中。

含碳泥岩　见于硫磺达坂砂岩和叶尔羌群中，岩石呈灰黑色，具薄层状构造，含碳泥质结构，贝壳状断口，质软污手。矿物成分主要为泥质，约占岩石的95%、碳质约占5%。岩石压实固结作用不明显，基本不显示重结晶现象，原泥质矿物十分细小，杂乱无定向分布。所含隐晶石英呈聚集的芝麻点状，较均匀分布于岩石中。硫磺达坂砂岩中泥岩为较深海的还原环境沉积物，叶尔羌群中泥岩为湖沼沉积物。

粉砂质泥岩　仅见于克孜勒苏群中，岩石呈紫红色，具泥质结构，薄层状构造，贝壳状断口。矿物成分主要为泥质，约占85%，次为粉砂质，约占15%。泥质成分颗粒十分细小，分布均匀。

二、火山物源沉积岩类

本书对火山碎屑岩分类采用《沉积岩石学》(成都地质学院，1984)分类方案(表2-34)，将图区内火山碎屑岩分为三大类：即火山碎屑熔岩类、正常火山碎屑岩类和向沉积岩过渡的火山碎屑岩类等。该类岩石图区内分布较少，仅见正常火山碎屑岩。

表 2-34 火山碎屑岩分类命名表

<table>
<tr><td>类型</td><td rowspan="2">向熔岩过渡的火山碎屑熔岩类</td><td colspan="2">正常火山熔岩类</td><td colspan="3">向沉积碎屑岩过渡的火山碎屑岩类</td></tr>
<tr><td>亚类</td><td>熔结火山碎屑岩亚类</td><td>火山碎屑岩亚类</td><td>沉积火山碎屑岩亚类</td><td colspan="2">火山碎屑沉积岩亚类</td></tr>
<tr><td>火山碎屑物含量</td><td>量不定，一般约30%～50%居多</td><td>火山碎屑物＞90%，以塑性碎屑为主</td><td>火山碎屑物＞90%，无或很少塑性碎屑</td><td>火山碎屑物占 50%～90%</td><td colspan="2">火山碎屑物占 10%～50%</td></tr>
<tr><td>成岩方式 / 岩石名称 / 碎屑粒度</td><td>熔结胶结</td><td>熔结</td><td>压实</td><td colspan="3">压实和水化学胶结</td></tr>
<tr><td>集块＞64mm</td><td>集块熔岩</td><td>熔结集块岩</td><td>火山集块岩</td><td>沉集块岩</td><td colspan="2">凝灰质巨砾岩（巨角砾岩）</td></tr>
<tr><td>角砾 64～2mm</td><td>角砾熔岩</td><td>熔结火山角砾岩</td><td>火山角砾岩</td><td>沉火山角砾岩</td><td colspan="2">凝灰质砾岩（角砾岩）</td></tr>
<tr><td rowspan="3">凝灰＜2mm</td><td rowspan="3">凝灰熔岩</td><td rowspan="3">熔结凝灰岩</td><td rowspan="3">凝灰岩</td><td rowspan="3">沉凝灰岩</td><td>2～0.062 5mm</td><td>凝灰质砂岩</td></tr>
<tr><td>0.062 5～0.004mm</td><td>凝灰质粉砂岩</td></tr>
<tr><td>＜0.004mm</td><td>凝灰质泥岩</td></tr>
</table>

石英安山质晶屑凝灰岩 见于柳什塔格玄武岩中。岩石具晶屑凝灰结构，块状构造，颗粒大小 0.2～0.6mm，少数 0.01mm。晶屑成分：斜长石 60%、石英 10%～15%、钾长石 5%～10%；岩屑成分：安山岩屑 5%～10%、硅质岩屑 1%；火山灰尘 5%～8%、绢云母 3%～5%。晶屑成分以斜长石为主，形态多呈棱角状、三角状和不规则状。岩屑成分以安山岩屑为主，多呈扁长状和不规则棱角状。火山灰为斜长石及变晶形成的绢云母等。

英安质岩屑晶屑凝灰岩 见于柳什塔格玄武岩中。岩石具岩屑晶屑凝灰结构，块状构造。颗粒大小多数 0.2～0.6mm，少数 0.01～0.05mm，个别 1mm。晶屑成分：斜长石 40%～45%、石英 20%、钾长石 5%～8%；岩屑成分：安山岩屑 15%～20%、粉砂泥板岩屑 1%；火山灰尘 5%～10%、绢云母 1%～2%。晶屑成分主要为斜长石、石英和钾长石等，形态多呈棱角状、三角状和不规则状。岩屑含量较高，成分以安山岩屑为主，多呈扁长状和不规则棱角状。火山灰为斜长石及变晶形成的绢云母等。

三、内源沉积岩类

图区内该类岩石按成分及成因进一步分为灰岩、白云岩、硅质岩和可燃有机岩 4 类，其间有若干过渡类型。灰岩和白云岩进一步划分是按结构结合成因进行的。

（一）灰岩

本书采用灰岩的结构-成因分类（曾允孚等，1980）方法对图区灰岩进行分类、命名（表 2-35）。图区内灰岩主要见于再依勒克组、苏克塔亚克组、龙门沟组中，在阿拉叫依岩群、托库孜达坂岩组中有少量分布。

亮晶含生屑砂屑灰岩 主要见于再依勒克组中，呈浅灰白色，岩石具亮晶含生物砂屑结构，块状构造。颗粒大小：砂屑 0.15～1mm，填隙物 0.02～0.05mm。矿物成分：砂屑为泥晶方解石 50%～55%、生物碎屑 10%；亮晶胶结物 35%～40%。岩石中碎屑呈不规则状和圆形，磨圆度一般，亮晶方解石与碎屑间界限明显，为突变关系。该岩石常形成于高能环境和较强的水动力条件下，原始粒间泥质被冲洗掉以后，富含 $CaCO_3$ 的水溶液于成岩期在留下的空隙中沉积明亮的晶体所致。

表 2-35　灰岩的结构-成因分类(曾允孚,1980)

<table>
<tr><td rowspan="2">颗粒含量(%)</td><td rowspan="2">主要填隙物</td><td colspan="6">颗粒灰岩类(2)</td><td rowspan="2">原地固着生物灰岩类(3)</td></tr>
<tr><td>内碎屑</td><td>生物(屑)</td><td>鲕(豆)粒</td><td>团粒</td><td>团块</td><td>三种以上颗粒混合</td></tr>
<tr><td rowspan="2">>50</td><td>亮晶</td><td>亮晶内碎屑灰岩</td><td>亮晶生物屑灰岩</td><td>亮晶鲕(豆)粒灰岩</td><td>亮晶团粒灰岩</td><td>亮晶团块灰岩</td><td>亮晶颗粒灰岩</td><td rowspan="5">1. 生物(珊瑚、红藻、苔藓虫、海绵、层孔虫等)礁灰岩
2. 生物(海百合、层孔虫、藻类)层灰岩
3. 生物(枝状珊瑚、海绵、苔藓虫、藻类等)丘灰岩</td></tr>
<tr><td>灰泥</td><td>微晶内碎屑灰岩</td><td>微晶生物(屑)灰岩</td><td>微晶鲕(豆)粒灰岩</td><td>微晶团粒灰岩</td><td>微晶团块灰岩</td><td>微晶颗粒灰岩</td></tr>
<tr><td>50～10</td><td>灰泥</td><td>内碎屑微晶灰岩</td><td>生物(屑)微晶灰岩</td><td>鲕(豆)粒微晶灰岩</td><td>团粒微晶灰岩</td><td>团块微晶灰岩</td><td>颗粒微晶灰岩</td></tr>
<tr><td>25～10</td><td>灰泥</td><td>含内碎屑微晶灰岩</td><td>含生物碎(屑)微晶灰岩</td><td>含鲕(豆)粒微晶灰岩</td><td>含团粒微晶灰岩</td><td>含团块微晶灰岩</td><td>含颗粒微晶灰岩</td></tr>
<tr><td><10</td><td>灰泥</td><td colspan="6">微晶或泥晶灰岩类(1)</td></tr>
<tr><td colspan="2">重结晶灰岩类(4)</td><td colspan="7">具残余结构(各种颗粒或生物礁)晶粒(粗晶、中晶、细晶)灰岩如具残余结构的巨晶、中晶灰岩</td></tr>
</table>

中晶含砂质灰岩　仅见于硫磺达坂砂岩和苏克塔亚克组中,岩石呈浅褐黄色,具含砂中晶结构,块状构造。颗粒大小以 0.25～0.3mm 为主,少数 0.15～0.35mm。矿物成分:含铁方解石 70%、斜长石+钾长石 10%～15%、硅质岩屑 3%～5%、石英 5%、中性火山岩 3%、黄铁矿+褐铁矿 2%。岩石中方解石呈它形粒状均匀分布,晶体边缘为不规则齿状嵌接,粒间均匀散布碎屑成分,碎屑呈尖棱角和棱角状。

微晶灰岩　主要见于再依勒克组、苏克塔亚克组中,岩石呈浅灰—灰白色,微晶结构,块状构造。颗粒大小 0.001～0.01mm。矿物成分:方解石 96%、泥质 2%～3%,方解石脉发育。岩石的成分单一,几乎全由方解石组成,方解石呈它形粒状,较均匀分布,但由于后期方解石细脉和次生方解石块体十分发育,将岩石中的主要基体贯穿成不规则块体特点,泥质呈薄膜状出现。

亮晶含砂屑生物灰岩　见于再依勒克组中,岩石呈灰—浅灰白色,具亮晶含砂屑结构,块状构造。颗粒大小:砂屑 0.15～1mm;填隙物 0.1～0.12mm。宏观上该灰岩中见大量生物化石,有腕足、腹足、珊瑚、鲢、苔鲜虫、海绵等,生物含量可达 40%～60%。矿物组分:砂屑 50%～55%、生物碎屑 10%、亮晶胶结物 35%～40%。岩石常形成于浅水高能环境和较强的水动力条件下。

生物礁灰岩　仅见于再依勒克组中,岩石一般呈灰白色,具块状构造,层理不发育。岩石中生物化石极为丰富,约占岩石的 50%～60%,分为造礁生物和附礁生物两种。造礁生物主要为珊瑚、海绵和苔藓虫等,珊瑚主要为群体珊瑚,含量 30%,构成礁体骨架;海绵和苔藓虫约占 10%左右,包黏缠绕于骨架上,起黏结作用。附礁生物主要为鲢、腕足、腹足、海百合等,含量为 20%左右。填隙物为微晶方解石。该类灰岩常形成于温暖且阳光充足的浅海环境。

粉晶灰岩　主要见于阿羌火山岩、托库孜达坂组、苏克塔亚克组中,呈灰色,具粉晶结构,中—薄层状结构。颗粒大小 0.01～0.03mm,矿物成分:方解石 95%、白云石 3%～5%、绢云母 1%。岩石成分单一,主要由方解石组成,呈它形粉晶粒状,分布均匀,稍显方向性排列,偶尔出现白云石交代方解石,而形成白云石化现象。

细晶灰岩　见于龙门沟组、阿羌火山岩、托库孜达坂组、苏克塔亚克组中、硫磺达坂砂岩,岩石呈灰色,具细晶结构、中—薄层状构造。颗粒大小 0.06～0.1mm,矿物组分:方解石 95%、白云石 2%～3%、石英 1%、白云母 1%。岩石中矿物成分单一,主要矿物方解石呈它形粒状,彼此间呈曲线紧密接触,分布均匀,具平行定向分布,含少量白云母、白云石等。

隐晶含砂灰岩　仅在阿拉叫依岩群中有极少量分布，岩石呈深灰色，具隐晶结构，定向构造，致密但硬度小。颗粒大小：以小于0.001mm为主，少数0.1～1.5mm不等。矿物成分：隐晶方解石80%、粉晶灰岩屑5%～10%、石英5%、泥质成分3%、白云石1%、方解石1%。岩石中方解石十分细小，在高倍镜下也不易将晶粒界限分清，分布均匀。石英、岩屑分布不均匀，且棱角、次棱角状也明显，受后期强应力作用砂屑呈透镜状，主体矿物及泥质成分定向分布明显。

粉晶白云质灰岩　仅见于阿拉叫依岩群中，呈浅灰色，具粉晶结构，层状构造。颗粒大小以0.02～0.05mm为主，少数0.1mm。矿物成分：方解石60%～65%、白云石20%～25%、透闪石5%～8%、石英3%～5%、白云母1%～2%、铁质1%。岩石经浅变质作用，出现少量新生矿物透闪石，晶体细小。主要矿物方解石呈它形粒状，晶体彼此接触紧密，相对具平行定向分布，形成原层状构造。白云石自形程度较高，分布不均匀，为后期交代产物，透闪石为碳酸盐化形成。

（二）白云岩

图区内白云岩较少，几乎全为次生白云岩，主要见于皮什盖萨依岩组和阿羌火山岩中。

细晶含灰质白云岩　主要见于阿羌火山岩中，岩石呈灰色，具细晶结构，块状构造。颗粒大小为0.1～0.2mm不等。矿物成分：白云石80%、方解石10%～15%、石英3%～5%。白云石呈半自形粒状，晶粒间呈曲线及少数折线状紧密接触，解理、双晶清楚。方解石分布不均匀，一般位于白云石边缘或晶体中，为交代后的残余。石英呈粒状，分布极不均匀。该岩石应为成岩期后的次生交代白云岩。

细晶硅化白云岩　主要见于皮什盖萨依组中，岩石呈浅灰色，具细晶结构，块状构造。颗粒大小以0.06～0.1mm为主，少量0.04～0.12mm。矿物成分：白云石80%～85%、石英10%～15%、白云母1%、方解石1%～2%。主要矿物白云石呈它形—半自形粒状，晶体间呈线状紧密接触，分布均匀，粒间偶尔残余有方解石粉晶颗粒。次生石英呈集合体和不规则带状、团堆状出现，晶体不规则粒状，为注入形式的硅化特征。该白云岩为交代成因的次生白云岩。

细晶白云岩　主要见于皮什盖萨依组、阿羌火山岩中，岩石呈浅灰色，具细晶结构，块状构造。颗粒大小0.05～0.1mm。矿物成分：白云石95%、石英3%～5%、铁质1%。主要矿物白云石呈它形—半自形粒状，晶粒间为曲线状紧密接触，分布均匀，形成块状构造特征。石英为变晶粒状，分布不均匀。该岩石应为次生白云岩成因。

（三）硅质岩

图区内该类岩石出露较少，多呈透镜状夹于其他岩石中。硅质岩主要见于其曼于特混杂岩带、苏巴什混杂岩带、阿羌火山岩及库拉甫河岩群中，均为沉积夹层。

碳泥质硅质岩　见于库拉甫河岩群和硫磺达坂砂岩中，岩石一般呈灰黑色，具泥质隐晶结构，薄层状构造。颗粒大小小于0.001mm，矿物组分中隐晶石英70%、泥质+碳质25%～30%。隐晶石英十分细小，分布均匀，其间混杂有碳质和泥质，碳泥质成分分布不均匀。

放射虫硅质岩　见于硫磺达坂砂岩和阿羌火山岩中，岩石具隐晶质结构，块状构造。颗粒大小小于0.001mm。矿物成分：隐晶石英75%～80%、方解石5%～8%、石英1%～2%、放射虫3%～5%、生物碎屑1%～2%、泥质3%～5%。岩石成分以隐晶石英为主，含少许方解石、石英及放射虫介壳和个别生物碎屑等。隐晶石英为基底成分，均匀分布，在基底中散布有石英、方解石及圆形放射虫介壳，显示成层聚集现象，偶见个别生物碎屑。泥质成分分布于粒间，显示层状特征。

含粉砂泥质硅质岩　见于再依勒克组和硫磺达坂砂岩中，岩石具含粉砂隐晶质结构，块状构造。颗粒大小小于0.001mm及0.02～0.03mm。矿物成分：隐晶石英大于80%、石英5%～10%、泥质8%～10%。岩石中的矿物成分简单，主要矿物为隐晶质石英和混入少量的石英粉砂及泥质成分等组成。石英呈十分细的隐晶状，大小小于 0.001mm；而混入的石英呈粉砂状，大小 0.02～0.03mm，具棱角状特点，均匀分布；泥质成分呈十分细的质点状混入隐晶石英之间。

（四）可燃有机岩

图区内该类岩石仅见煤，见于叶尔羌群中。煤岩呈黑色，脆度大，易污手，成层性好。主要为亮煤型，具均一结构，胶化物质占 90%～95%，为胶化基质体，呈褐红色；半丝炭化物质占 1%，主要为半丝炭木煤；丝炭化物质占 2%～4%。变质程度为焦-瘦煤阶段。

第三章 岩浆岩

大量发育岩浆岩是调查区岩石构成的一大特点，图幅内火山岩约646km²，侵入岩1 110km²，总计达1 756km²，占基岩露头的34.3%，是图区造山带极其重要的岩石组成。

岩浆岩岩石类型多样，岩浆活动历史漫长是调查区岩浆岩的又一个重要特点。从基性玄武岩、辉长岩，到中性的闪长岩、安山岩及偏酸性的花岗岩都有分布；时代上从上太古宙的变质深成侵入岩到第四纪火山岩均可见到，时空跨度极大。从分布和规模上看，岩浆活动多集中于古生代，且以中酸性岩石为主体。

第一节 侵入岩

区内侵入岩按时代可分古元古代深变质岩体（片麻岩套）、早古生代岩体和晚古生代岩体三大套。

一、古元古代变质深成岩体

（一）地质特征

深变质侵入岩为本次区调在区内首次划出，其分布非常局限，仅在其曼于特蛇绿混杂岩带以北的昆北地块结晶基底米兰岩群之中有零星出露，面积不足6km²，围岩主要有角闪斜长变粒岩、石榴角闪二长变粒岩和角闪斜长片麻岩等，与两侧围岩均以南倾的逆冲断裂分隔。

岩体内部构造变形强烈，可见到紧闭同斜褶皱，局部可见残留的基性岩包体，形状呈透镜状、浑圆状，一般大小为30cm×10cm。

变质深成岩体岩性为一套灰绿—黑灰色斜长角闪片麻岩、灰绿色角闪斜长片麻岩、角闪斜长（二长）片麻岩夹黑云角闪斜长片麻岩。

斜长角闪片麻岩 岩石呈灰绿、黑绿色，粒状纤柱状变晶结构，片麻状构造。主要矿物为角闪石40%～50%、斜长石30%～35%、石英大于10%，次要矿物为黑云母2%～3%、绿帘石＋黝帘石5%～8%。副矿物主要有榍石、钛铁矿、磁铁矿、锆石等。

角闪斜长片麻岩 岩石呈灰绿色，粒状纤柱状变晶结构，定向性构造，微片麻状构造。主要矿物为斜长石40%～45%、角闪石35%～40%、石英10%～15%，次要矿物为黑云母1%、钾长石1%～2%。副矿物为磷灰石。

黑云二长片麻岩 岩石呈浅灰色，鳞片花岗变晶结构，微片麻状构造。主要矿物为微斜长石30%～35%、黑云母10%～15%，次要矿物为白云母2%～3%、绿帘石1%～2%。副矿物有锆石、磷灰石等。

黑云角闪斜长片麻岩 岩石呈灰绿色，纤柱状粒状变晶结构，微片麻状构造。主要矿物为斜长石40%～50%、角闪石35%～40%、黑云母5%～10%，次要矿物为石英3%～5%、绿帘石1%～

2%。副矿物主要有榍石、磷灰石、锆石等。

(二)地球化学特征及原岩恢复

1. 岩石化学特征

侵入于米兰岩群中的深变质岩体(片麻岩)的岩石化学成分列于表 3-1 中。由表 3-1 可见,斜长角闪片麻岩的化学成分具 SiO_2、Na_2O、K_2O 含量较低,MgO、CaO、FeO 含量较高的特点,其原岩可能为偏基性侵入岩。而黑云斜长片麻岩的化学成分具 SiO_2、Na_2O、K_2O 含量较高,MgO、CaO、FeO 含量较低的特点,其原岩可能为中酸性侵入岩。

表 3-1 变质侵入体岩石化学成分含量表 (%)

序号	岩石名称	SiO_2	TiO_2	Al_2O_3	Fe_2O_3	FeO	MnO	MgO	CaO	K_2O	Na_2O	P_2O_5	LOI	Σ
2	斜长角闪片麻岩	49.70	1.54	14.89	3.55	8.05	0.20	6.97	7.90	1.40	3.35	0.22	0.87	98.64
3	黑云角闪斜长片麻岩	75.52	0.31	11.98	2.63	1.46	0.08	0.22	3.20	0.90	3.50	0.07	0.30	100.17

2. 原岩恢复

深变质岩体(片麻岩)比米兰岩群变质地层岩石粒度稍粗,岩性较均匀,其中残留有基性岩包体,镜下可见残余花岗结构、交代结构、半自形柱粒结构等,具侵入岩的特征。

利用[(al+fm)-(c+alk)]-Si 图解恢复原岩(图 3-1),变质侵入体的片麻岩均投影到火山岩区。

利用 Ab-An-Or 三角图解判别岩石类型(图 3-2),斜长角闪片麻岩原岩为英云闪长岩,而黑云角闪斜长片麻岩原岩为石英二长岩。由此可见,其岩石组合具有 TTG 岩系的特征。

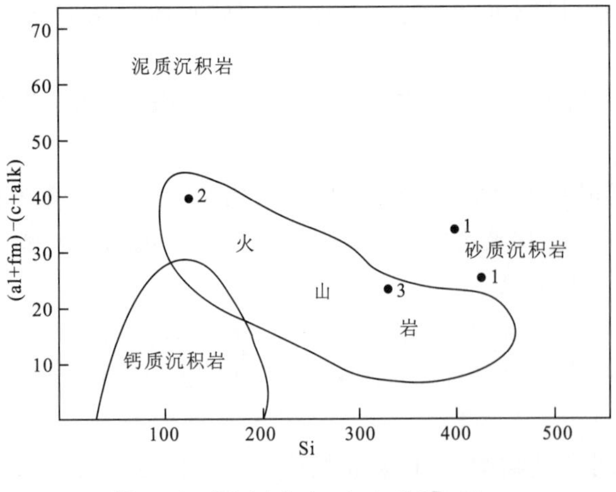

图 3-1 [(al+fm)-(c+alk)]-Si

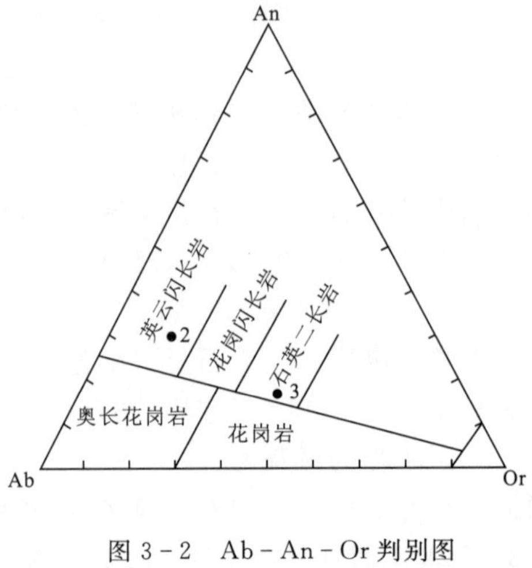

图 3-2 Ab-An-Or 判别图

进一步利用岩石化学计算,变质侵入体的其里特曼指数(σ)依次为 3.37 和 1.51,均小于 4,属于钙碱性系列。利用 A-F-M 三角图解判别(图 3-3),均投影到钙碱性系列,且原岩为英云闪长岩接近拉斑玄武岩系列，故其具有拉斑玄武岩系列的特征。分异指数(DI)分别为 37.05 和 79.87，固结指数(SI)分别为 44.36 和 16.57，表明岩浆分异程度不均匀，可能为同源岩浆演化系列。A/CNK 值分别为 0.695 和 0.825，均小于 1.1，属于次铝的Ⅰ型花岗岩(岛弧型花岗岩)。

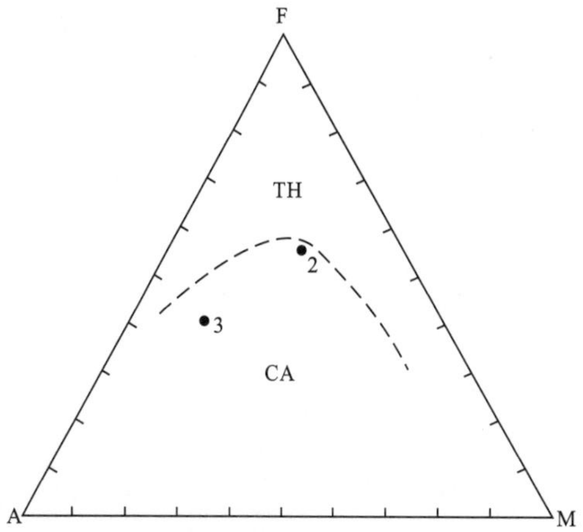

图 3-3 深变质侵入岩 A-F-M 图解
(据 Irvine，1972)
TH. 拉斑系列；CA. 钙碱性系列

3. 稀土元素特征

深变质侵入体稀土元素分析结果见表 3-2，其总量明显偏低，远远小于世界花岗岩平均含量(276×10^{-6})(维氏，1962)，δEu = 1.15 ~ 1.26，具明显的正异常；$(La/Yb)_N$ = 1.12 ~ 2.47，轻稀土富集不明显，$(La/Sm)_N$ = 1.65 ~ 3.20，$(Gd/Yb)_N$ = 0.56 ~ 0.52，轻、重稀土略有分馏。稀土元素配分曲线模式(图 3-4)总体近于水平。

表 3-2 古侵入体稀土元素含量及参数表

样品号	稀土元素含量($\times10^{-6}$)															特征参数值			
	La	Ce	Pr	Nd	Sm	Eu	Gd	Tb	Dy	Ho	Er	Tm	Yb	Lu	∑REE	δEu	$(La/Yb)_N$	$(La/Sm)_N$	$(Gd/Yb)_N$
D2006/2☆	6.77	13.43	2.92	11.62	2.56	1.07	3.25	0.62	4.36	1.04	3.01	0.59	3.58	0.69	55.51	1.26	1.12	1.65	0.56
D853/9★	35.22	72.48	8.7	34.77	6.88	2.43	7.25	1.1	8.91	2.45	6.1	1.18	8.48	1.27	197.22	1.15	2.47	3.20	0.52

注：☆角闪斜长片麻岩；★斜长角闪片麻岩

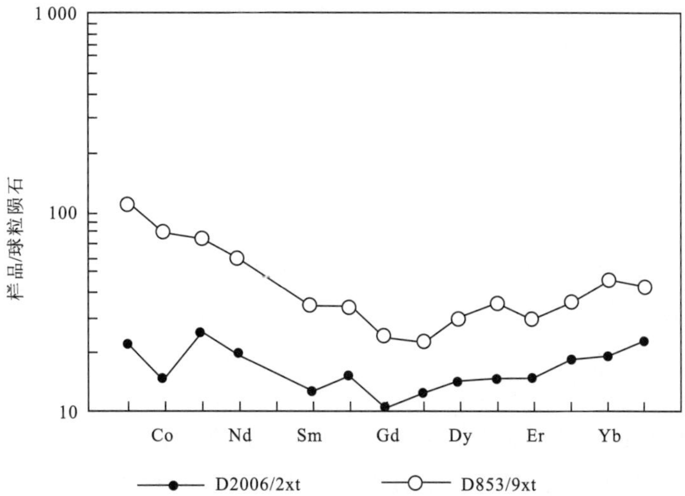

图 3-4 稀土元素球粒陨石标准化分布图

4. 微量元素特征

微量元素含量见表 3-3，与世界花岗岩相比，深变质侵入体的亲铁元素明显富集，大离子亲石元素(除 Sr 外)略有亏损，表明岩浆来源于地壳深部。高场强元素选择性富集或亏损，总体相差不大；亲铜元素略有富集，作为金属矿化剂的 Bi、Sb、As 则有明显的富集。

表 3-3　古侵入岩微量元素含量表

岩石名称	样品号	Cr	Ni	Co	Sc	V	Ba	Ga	Sr	Rb	Nb	Hf	Ta
黑云角闪斜长片麻岩	D2006/3	152.80	77.38	14.43	19.12	96.95	498.60	14.11	180.20	98.42	24.38	0.583	1.466
	D853/12	39.78	28.72	20.31	36.48	165.10	318.80	21.60	499.00	25.41	31.88	1.591	0.699
角闪斜长片麻岩	D853/6	32.68	16.71	17.38	13.44	126.70	2 349	25.19	1 024	167.50	36.46	0.754	1.393
	D853/11	31.26	7.32	6.71	10.55	43.95	802.90	8.68	250.50	121.20	14.42	0.443	1.064
	D853/9	39.93	40.80	35.57	51.36	257.30	813.50	25.82	361.70	83.48	37.94	1.237	0.247
	D853/8	545.80	96.54	24.69	55.39	150.20	435.50	10.24	589.60	22.74	21.89	1.317	0.296
	D853/7	40.49	28.69	28.10	44.93	254.80	212.40	29.25	431.00	17.63	44.13	1.401	0.528
	D853/5	43.86	10.63	10.00	7.01	57.92	1 847	15.71	472.00	184.40	23.10	0.538	0.161
克拉克值(维氏,1962)		83.00	58.00	18.00	10.00	—	650.00	—	340.00	150.00	20.00	1.000	205.000

岩石名称	样品号	Zr	Th	W	Sn	Bi	Sb	As	Pb	Zn	Cu	Ag	Au
黑云角闪斜长片麻岩	D2006/3	65.43	16.70	1.046	2.852	0.659	0.993	1.446	20.86	114.30	22.27	0.032	0.82
	D853/12	101.20	8.52	1.369	3.894	0.810	2.305	2.123	25.28	59.30	28.22	0.042	0.96
角闪斜长片麻岩	D853/6	83.77	75.16	1.517	2.983	0.658	1.090	2.572	33.13	101.20	29.04	0.050	2.38
	D853/11	33.95	26.94	1.181	5.402	0.289	1.392	1.881	21.20	42.28	13.35	0.015	1.71
	D853/9	128.80	7.77	1.454	1.884	1.142	1.608	2.326	30.01	106.70	22.79	0.052	0.45
	D853/8	101.90	7.44	1.474	3.689	0.934	2.644	2.268	29.49	89.70	12.00	0.022	0.58
	D853/7	151.40	20.23	1.644	2.747	1.089	1.625	2.683	33.80	74.62	33.97	0.058	0.87
	D853/5	50.70	1.45	1.167	7.496	0.369	1.284	2.004	25.75	51.44	23.75	0.031	0.00
克拉克值(维氏,1962)		170.00	13.00	1.300	2.500	0.009	0.500	1.700	16.00	83.00	47.00	0.070	4.30

注:表中 Au 元素含量单位为$\times10^{-9}$,其他元素含量单位为$\times10^{-6}$

依据变质侵入体的片麻岩中残留的基性岩包体,结合岩石化学特征综合分析,深变质侵入岩具有 TTG 岩套的特征,表明岩浆来源于地幔,经分异演化形成,由于岩浆分异演化程度不高,因此,Bi、Sb、As 的富集则有可能为后期变质流体的加入形成。

5. 成矿元素特征

深成岩体中成矿元素 Pb、Zn 普遍略高于地壳克拉克值,而 Cu、Ag 则略低于克拉克值,Au 与之相比则明显偏低。从成矿元素含量分布形式看,各自含量变化均不大,均不具成矿条件。

(三)形成时代

本次区调中新解体出的深变质岩体(片麻岩)仅见于米兰岩群之中,与米兰岩群紧密共生,二者经历了相同的深变质作用,产生了协调一致的片麻状构造,故将其时代置于古元古代。

二、早古生代侵入岩

测区内早古生代侵入岩规模巨大,出露面积约 770km^2,其时空分布、成因均与早古生代其曼于特蛇绿混杂岩带密切相关,主体分布于阿克塞因、阿拉玛斯、流水一带,岩体形态与区域构造线一致,呈北东东—南西西向展布,形成宽度大于 20km、长度大于 130km(向两侧伸出图区)的早古生代构造-岩浆岩带。多数分布于蛇绿岩带以南,部分跨越缝合带出露于其北。岩石组成较为复杂,岩性从基性、酸性、碱性均有出露,主体为中酸性花岗岩类。依据岩石组合特征及产出构造位置,可将早古生代侵入岩以缝合线为界分为南、北两个亚带,进一步又分为 4 个岩石组合。南带包括石英闪长岩-石英二长岩组合(Ⅰ组合)及中细—中粒似斑状二长花岗岩组合(Ⅱ组合),二者空间位置上互相重合,但岩石特征差别明显;北带包括花岗闪长岩-正长花岗岩组合(Ⅲ组合)及中细—中粒英云闪长岩组合(Ⅳ组合)。早古生代侵入岩分带、分布及与其曼于特蛇绿混杂岩带的关系见图 3-5。参照岩石谱系单位划分原则对其作进一步的解体和归并,侵入岩划分及总体特征见表 3-4。

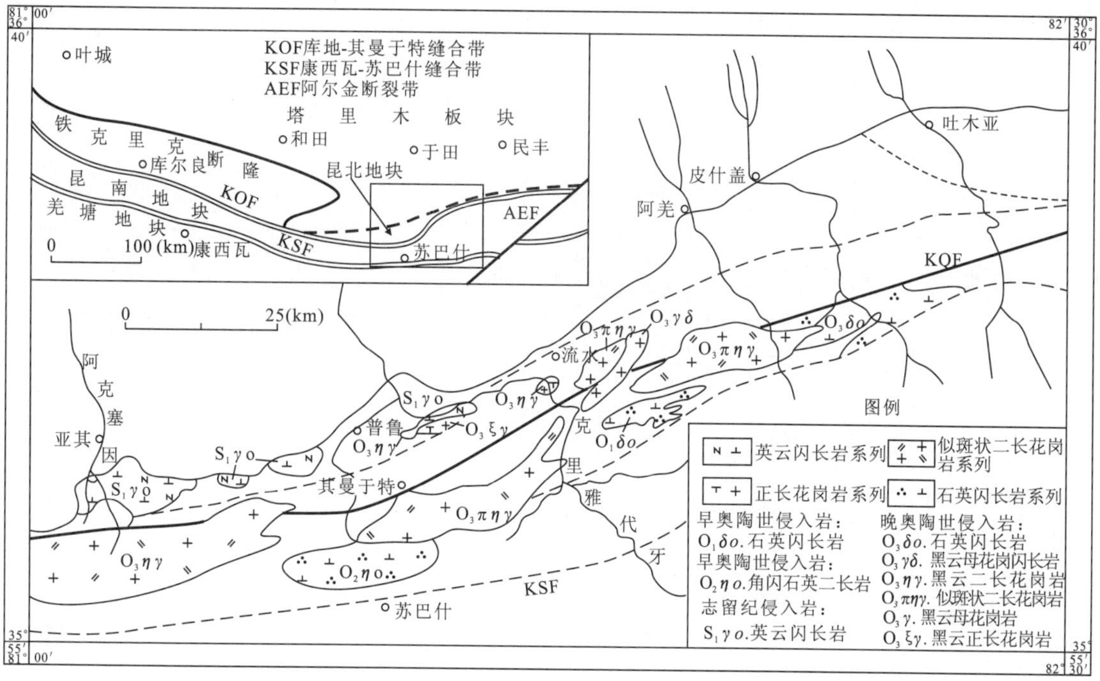

图 3-5 早古生代侵入岩分布图

(一)石英闪长岩-石英二长岩组合

1. 地质特征

测区内主体分布于库拉甫河上游、阿拉玛斯及皮什盖中上游,出露面积 107km²,总体呈带状出露于其曼于特蛇绿混杂岩带南侧,单个侵入体呈透镜状或近椭圆状,长轴方向与区域构造线完全一致。主体组成岩石为灰色中细粒石英闪长岩和灰色中粒石英二长岩。

1)阿拉玛斯岩体

阿拉玛斯岩体分布于赛拉古拉姆到阿拉玛斯一带,平面上呈不规则长条状,近东西向展布于其曼于特蛇绿混杂岩带南侧约 5~7km 处,面积约 10km²,呈枝杈状侵入于蓟县系阿拉玛斯岩群(JxA)一套黑云斜长大理岩接触处,交代变质作用明显,在内外接触带处形成有名的矽卡岩型"和田玉"。

该岩体主体组成岩石为灰色细粒石英闪长岩,岩石呈灰色,内部组构较均一,但暗色矿物含量略有变化,岩体内不均匀地含有深源暗色包体,多呈浑圆状,大小 3cm×5cm 到 15cm×20cm 均有,与围岩大多界线清楚,少数存在过渡现象,包体有集中成群分布的趋势,包体多处可达 25%,少处仅有 1%~2%,包体成分为细粒闪长质。

镜下岩石具有细粒半自形粒状结构,块状构造,矿物粒径 0.6~1.5mm,晶体之间穿插接触,其中斜长石呈半自形柱状,少部分中心十分混浊,显示净边结构,多数晶体较混浊,钠长律双晶和卡钠复合双晶较发育,An=46—48。角闪石自形柱状,多色性:Ng 为褐色、Np 为浅褐黄色,个别晶体中包裹蚀变黑云母等。石英呈它形填隙粒状，充填于长石孔隙中。蚀变表现为斜长石的帘石化和绢云母化，黑云母仅少数晶体绿泥石化。

表 3－4　早古生代侵入岩岩石特征一览表

岩带	岩石系列	序号	单元	代号	岩石名称	结构构造	主要矿物含量(%)					包体含量	年龄(Ma)	备注
							Kp	Pl	Q	Hb	Bi			
北亚带	英云闪长岩组合(Ⅳ)	1	阿拉雷克 2	$S_1\gamma o$	灰色中粒英云闪长岩	中粒半自形粒状结构，块状构造	5	50～60	20～25	5～10	10～15	少量	416	
		2	阿拉雷克 1	$S_1\gamma o$	浅灰色中粒英云闪长岩	中粒半自形粒状结构，块状构造	5	45～50	25～30	—	8～10	大量	425	
	正长花岗岩组合(Ⅲ)	3	奎代买 2	$O_3\xi\gamma$	中粒黑云正长花岗岩	中粒花岗结构，块状构造	40～45	20～25	20～25	—	8～10	—	—	
		4	奎代买 1	$O_3\eta\gamma$	灰白色细粒二长花岗岩	细粒花岗结构，块状构造	35～40	25～30	25～30	—	3～5	—	437	
		5	流水 2	$O_3\pi\eta\gamma$	中粒似斑状黑云二长花岗岩	似斑状结构，块状构造	30～35	25～30	30～35	—	5～10	较多	—	■
		6	流水 1	$O_3\xi\gamma$	中粒黑云正长花岗岩	细粒结构，块状构造	50～55	15～20	25～30	—	3～5	—	—	
		7	同阿尤甫	$O_3\gamma\delta$	中细粒黑云母花岗闪长岩	细粒花岗结构，块状构造	15～20	35～40	—	—	10～15	较多	—	
南亚带	似斑状二长花岗岩组合(Ⅱ)	8	阿克塞 3	$O_3\gamma$	中粒黑云母花岗岩	中粒半自形粒状结构，块状构造	35～40	30～35	25～30	—	5～10	—	—	
		9	阿克塞 2	$O_3\eta\gamma$	中粒似斑黑云母花岗岩	似斑状结构，块状构造	20～25	40～45	25～30	—	5～8	—	442	■
		10	阿克塞 1	$O_3\gamma$	中细粒黑云母花岗岩	细粒花岗结构，块状构造	10～15	50～55	25～30	—	5～8	—	—	
		11	阿羌堝 2	$O_3\pi\eta\gamma$	中粒似斑状黑云二长花岗岩	似斑状结构，块状构造	30～35	25～30	20～25	—	5～8	—	—	■
		12	阿羌堝 1	$O_3\eta\gamma$	中细粒黑云二长花岗岩	中细粒花岗结构，块状构造	20～25	25～30	25～30	—	15～20	—	—	
	石英闪长岩组合(Ⅰ)	13	皮什盖 2	$O_3\eta o$	中粒似斑状角闪石英二长岩	斑状结构，块状构造，微片麻状构造	25～30	30～40	10～15	5	—	捕虏体	—	■
		14	皮什盖 1	$O_3\eta o$	灰绿色中细粒石英闪长岩	中细粒半自形粒状，块状构造	5～8	50～60	15～20	15～20	—	大量	452	
		15	卡也地 2	$O_2\eta o$	中粒角闪石英二长岩	中粒半自形粒状结构，块状构造	30～40	30～35	10～15	10	2～3	—	461	
		16	卡也地 1	$O_2\eta o$	中细粒角闪石英二长岩	中—中细粒半自形粒状，块状构造	15～20	50～55	10～15	10	3～5	—	—	
		17	阿拉玛斯	$O_1\delta o$	细粒石英闪长岩	细粒半自形粒状，块状构造	1～2	45～50	5～10	3～5	35～40	大量	481	

注：■代表岩体中含 5%～20%的长石斑晶

2)卡也地岩体

出露于库拉甫河上游，苏巴什北5～8km处，呈透镜状分布于其曼于特蛇绿混杂岩带南侧5～9km处，面积约$50km^2$。围岩有阿拉玛斯岩群(JxA)、库拉甫河岩群(∈—O)K和柳什塔格玄武岩(Zl)，与围岩多为区域性大断裂所分隔。内部岩石组成复杂，按主体组成岩石进一步可以划分为两个单元：早期单元直接侵入于阿拉玛斯岩群中，内部见有大量斜长角闪岩捕虏体。主体岩性为灰色中细粒角闪石英二长岩，镜下具中细粒半自形粒状结构，块状构造。矿物粒径：0.6～2mm约占60%，其余2～4mm。矿物彼此穿插接触，钾长石半自形柱状，表面略显混浊，多数具卡斯巴双晶，为正长石类，少部分具格子双晶，为微斜长石。斜长石呈半自形柱状，表面混浊，双晶极不清楚。石英呈它形，填隙于其他矿物粒间，表面干净。角闪石自形柱状，Ng为绿色、Np为浅绿黄色，晶体中偶尔包有榍石等副矿物。黑云母为自形叶片状，多色性：Ng为褐色、Np为浅褐黄色，常包裹榍石、锆石等。蚀变主要表现为斜长石绢云母化、钠黝帘石化及钾长石轻微高岭土化。

晚期单元则脉动侵入于早期单元之中，主体岩石为中粒(含斑)角闪石英二长岩，岩石内部组成较均一，含有少量的钾长石斑晶。镜下具中粒半自形粒状结构，块状构造。矿物粒径2～5mm，矿物彼此穿插接触。其中斜长石呈半自形柱状和板柱状，表面十分混浊，双晶不清，在少数晶体中出现微斜长石交代条纹，呈不规则树枝状，为斜长石的反条纹结构。石英呈它形粒状，填充于长石粒间和孔隙中。钾长石较洁净，格子双晶清晰，为微斜长石，常交代斜长石，偶尔见交代角闪石。角闪石呈自形—半自形柱状，较干净，多色性不甚明显，Ng为绿色、Np为浅绿色，晶体中常包裹锆石、磷灰石等。蚀变表现为斜长石的强绢云母化和帘石化，晶体表面布满了次生矿物，黑云母全变成绿泥石，仅保留原黑云母晶片形态。

3)皮什盖沟垴岩体

分布于阿羌代牙沟垴及皮什盖沟垴，出露面积约$65km^2$，总体呈长轴为北东东—南西西向椭圆形，长轴与其曼于特蛇绿混杂岩带展布一致，南北两侧为区域性大断裂围限，主体侵入于阿拉玛斯岩群(JxA)之中，后期又被流水代牙似斑状二长花岗岩超动侵入，岩性有中细粒角闪石英闪长岩和中粒似斑状角闪石英二长岩，构成了两个侵入体，二者之间为脉动侵入关系。

早期侵入体主体分布于北侧，岩性为灰绿色中细粒石英闪长岩，岩石呈浅灰绿色，具微片麻状构造，构造面理与区域构造线一致。岩石中含有大量的条带状捕虏体，大小3～5m到30～50m不等，走向与区域构造线相一致。另外岩石中含有少量的细粒闪长质包体，含量约1%～2%，局部可达3%～5%，大小(10cm×15cm)～(20cm×30cm)，呈短轴椭球状，长轴方向与区域构造线基本一致。主要矿物成分为角闪石和斜长石。镜下岩石具中—中细粒半自形粒状结构，(碎裂结构)块状构造，矿物粒径2～4mm，少数5mm。颗粒之间彼此穿插接触，其中斜长石呈半自形柱状，因蚀变晶体表面十分混浊，双晶不清；钾长石它形粒状充填于粒间或孔隙中，洁净，格子双晶清晰(该岩石遭受动力破碎作用，表现为石英被破碎后又重结晶，显示齿状变晶特点。另外，角闪石也被碎裂、发生弯曲变形和波状消光)。蚀变特征表现为斜长石的强烈钠黝帘石化，表面布满了次生蚀变矿物，绿泥石由黑云母变质而成。

晚期侵入体分布于南侧，岩性为灰色似斑状中粒石英二长岩，岩石呈灰—浅灰色，似斑状结构，斑晶为钾长石，大小一般不超过2cm，含量10%～20%。局部高达40%～50%，镜下岩石具似斑状结构，基质中粒花岗结构，(碎裂结构)块状构造。矿物粒径：斑晶15～30mm不等，基质2～5mm，个别1.5mm。岩石中钾长石斑晶呈自形厚板状，洁净，具显微条纹结构和格子双晶，前者系条纹长石，后者系微斜长石，粗大斜长石晶体常被交代形成净边结构，基质中的斜长石呈半自形柱状，因蚀变晶体表面十分混浊，双晶不清，仅隐约显示钠长石律双晶。钾长石与斑晶相同。石英呈它形粒状，充填于孔隙中。角闪石呈自形柱状，多色性：Ng呈绿色、Np呈浅绿黄色，晶体中常叠加动力破碎挤压作用，造成岩石产生方向不一的裂纹和重结晶聚集现象，石英具波状消光。

4）被肢解的辉长岩和闪长岩

测区内仅在卡也地岩体中有少量分布，以捕虏体或残留体的形式出现，最小仅1～5m，最大出露宽度100m。主体组成岩石为蚀变中细粒二长辉长岩。岩石呈灰绿—灰色，块状构造，细粒纤柱状结构，矿物粒径0.8～1.5mm，主要矿物成分：斜长石40%、钾长石5%～10%、绿帘石5%、黑云母2%～3%。因受较强的热液蚀变作用，斜长石的晶体表面十分混浊，强烈钠黝帘石化，仅保留了原斜长石的晶体形态，纤维状成为纤闪石集合体。

2. 岩石化学及地球化学特征

1）岩石化学特征

南带侵入岩岩石化学成分含量见表3－5，由表可以看出，皮什盖、卡也地、阿拉玛斯侵入体岩石化学成分与世界花岗岩基本相当，其中K_2O多数明显偏高，TiO_2略偏低；被肢解的辉长岩与世界辉长岩相比，K_2O明显偏高，而MnO则异常亏损，其他成分则大体相当。

表3－5　早古生代石英闪长岩-石英二长岩组合岩石化学及指数表

岩体	岩体代号	样品号	氧化物含量（%）										
			SiO_2	TiO_2	Al_2O_3	Fe_2O_3	FeO	CaO	MgO	K_2O	Na_2O	MnO	P_2O_5
皮什盖	$O_3\pi\eta o$	D2061/1	57.86	0.54	18.57	2.31	3.01	4.55	2.16	4.36	3.94	0.12	0.30
	$O_3\delta o$	D2053/1	52.54	0.42	13.43	2.61	6.09	8.75	9.52	1.02	2.78	0.21	0.14
卡也地	$O_2\eta o$	D1022/5	62.09	0.61	14.71	2.33	3.03	3.90	3.23	4.50	3.50	0.10	0.23
	$O_2\eta o$	D1025/2	59.89	0.69	16.98	1.98	3.44	4.60S	2.84	4.08	3.05	0.084	0.30
	$O_2\eta o$	D1024/2	57.44	0.90	16.32	3.20	4.00	6.35	3.74	3.12	3.20	0.11	0.32
阿拉玛斯	$O_1\delta o$	D1027/1	58.54	0.67	16.84	1.43	3.98	5.80	4.56	1.89	3.50	0.11	0.28
	$O_1\delta o$	D3046/2	57.42	0.52	11.4	0.92	6.66	9.50	8.84	0.71	1.70	0.16	0.07
被肢解辉长岩	$\in\upsilon$	D1022/2	44.37	1.27	13.86	8.31	5.93	11.75	6.25	2.33	2.12	0.19	1.03
	$\in\upsilon$	D1025/1	48.06	1.19	17.37	3.35	6.51	9.35	6.29	2.56	3.08	0.20	0.39
世界闪长岩★			57.48	0.95	16.67	2.50	4.92	6.58	3.71	1.76	3.54	0.12	0.29
世界辉长岩★			50.14	1.12	15.48	3.01	7.62	9.58	7.59	0.93	2.35	7.59	0.24

岩体	岩体代号	样品号	氧化物含量（%）		特征参数值					
			LOI	Σ	σ	A/CNK	SI	DI	W	AR
皮什盖	$O_3\pi\eta o$	D2061/1	1.38	99.10	4.64	0.952	13.7	65.5	0.434	2.120
	$O_3\delta o$	D2053/1	2.38	99.89	1.51	0.621	43.2	49.6	0.300	1.413
卡也地	$O_2\eta o$	D1022/5	0.93	99.16	3.35	0.829	19.5	69.6	0.435	2.508
	$O_2\eta o$	D1025/2	0.41	98.34	3.01	0.953	18.5	64.1	0.365	1.987
	$O_2\eta o$	D1024/2	0.79	99.49	2.77	0.807	21.7	55.1	0.444	1.773
阿拉玛斯	$O_1\delta o$	D1027/1	2.14	99.74	1.87	0.917	29.7	52.6	0.264	1.625
	$O_1\delta o$	D3046/2	1.20	99.10	0.40	0.546	46.9	31.2	0.121	1.261
被肢解辉长岩	$\in\upsilon$	D1022/2	1.50	98.91	14.50	0.506	25.1	31.2	0.584	1.421
	$\in\upsilon$	D1025/1	0.56	98.91	6.29	0.698	28.9	38.7	0.340	1.535
世界闪长岩★			—	—	1.94	0.845	22.6	—	0.337	1.591
世界辉长岩★			—	—	1.51	0.693	35.3	—	0.283	1.301

★据LeMaitre R W，1976

利用岩石化学成分计算，被肢解的辉长岩里特曼指数(σ)为6.29～14.5，明显大于4，属碱性岩石，而其他大多数岩体σ=4.64～0.4，总体小于4，属于钙碱性岩石；在A-F-M图解(图3-6)中主体落入钙碱性系列区；在Na_2O-K_2O图解(图3-7)中全部落入Ⅰ型花岗岩区，A/CNK= 0.506～0.698，小于1.1，属次铝的Ⅰ型花岗岩。

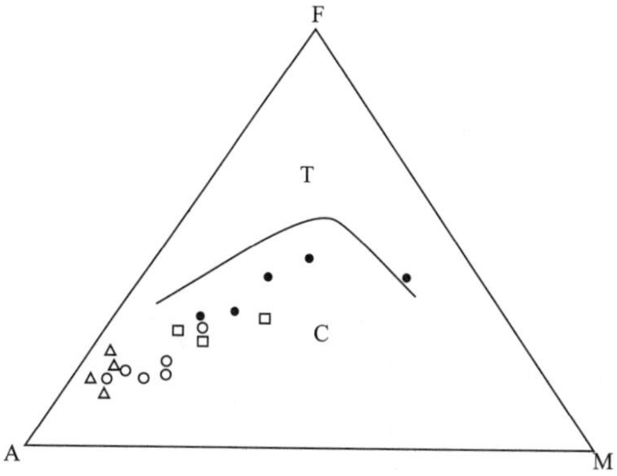

图3-6　早古生代侵入岩A-F-M图解

T. 拉斑系列；C. 钙碱性系列。

● 石英闪长岩-石英二长岩组合；○似斑状二长花岗岩组合；△正长花岗岩组合；□英云闪长岩组合

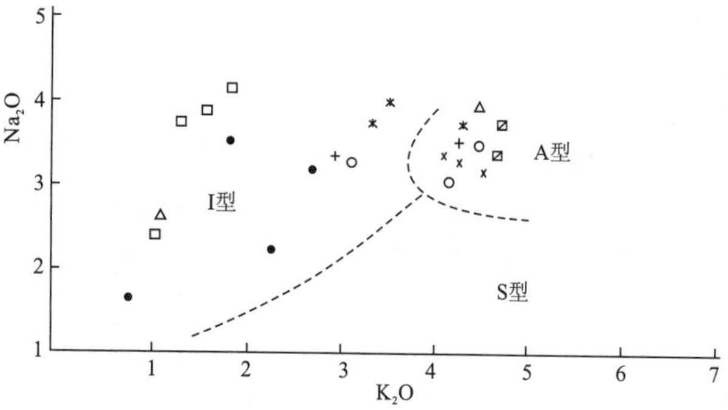

图3-7　Na_2O-K_2O岩石类型图解

(据Collin,1982)

● 阿拉玛斯岩体；○卡也地岩体；△皮什盖岩体；＋阿羌沟垴岩体；×流水岩体；＊阿克塞因岩体；▨奎代买岩体；□阿拉雷克岩体

2)稀土元素特征

南带侵入岩稀土元素含量见表3-6，稀土总量∑REE变化较大，多数集中在(120.30～355.51)$\times10^{-6}$之间，仅一个样品含量高达650.98$\times10^{-6}$，δEu=0.66～1.04，显示Eu为负异常，且部分显示Eu亏损明显，$(La/Yb)_N$=2.48～10.56，说明轻稀土均富集，且部分显示强富集，$(La/Sm)_N$=2.61～5.62，$(Gd/Yb)_N$=0.48～0.98，说明轻、重稀土分馏程度均较明显。稀土元素配分曲线模式(图3-8)总体显示轻稀土明显右倾，而重稀土则呈近水平状的形态特征。同时由图3-8可以看出，各单元稀土曲线特征极为相似，反映其具有相同或相似的岩浆来源和演化历程。

3)微量元素特征

微量元素含量见表3-7，选择其中部分具有特征性质的元素，利用世界闪长岩(维氏，1962)为参数标准化，得到蛛网图3-9，可以看出，各单元曲线拟合程度极高，表明具有相同的岩浆来源和相似的演化经历，与世界闪长岩相比，皮什盖岩体、卡也地岩体亏损亲铁元素(Cr、Ni)，富集亲硫元素(Bi、Sb)，大离子亲石元素和高场强元素则基本相当；阿拉玛斯岩体及被肢解的辉长岩富集大离子

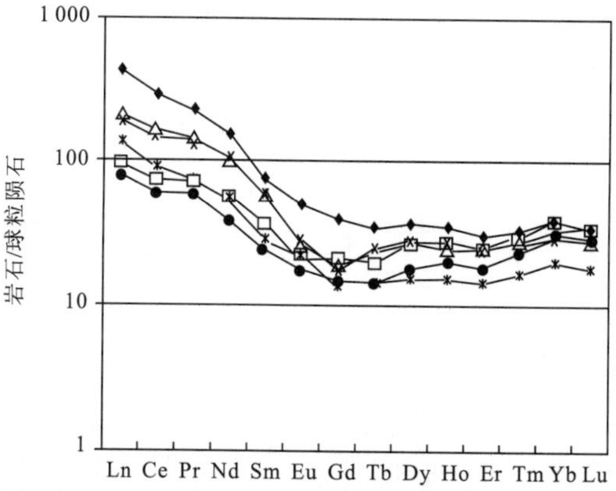

图3-8　石英闪长岩-石英二长岩组合稀土配分模式图

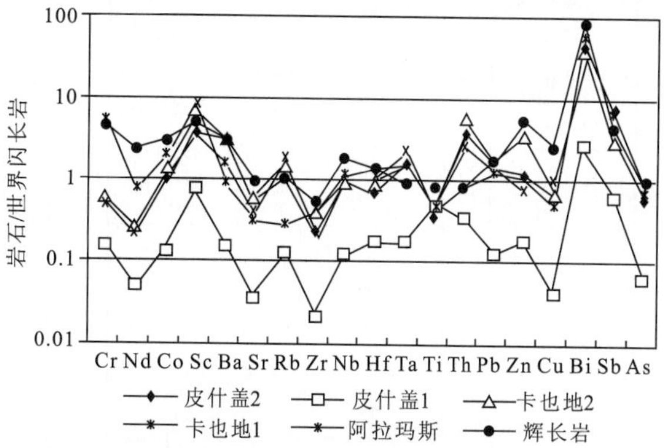

图3-9　石英闪长岩-石英二长岩组合微量元素蛛网图

表 3-6　早古生代石英闪长岩-石英二长岩组合稀土元素含量及特征参数表

序列	岩体代号	样品号	稀土元素含量(×10⁻⁶)															特征参数值				
			La	Ce	Pr	Nd	Sm	Eu	Gd	Tb	Dy	Ho	Er	Tm	Yb	Lu	ΣREE	δEu	δCe	$(La/Yb)_N$	$(La/Sm)_N$	$(Gd/Yb)_N$
皮什盖	$O_3\pi\gamma o$	D2061/1	141.70	275.80	27.88	94.76	15.76	3.86	12.77	1.79	11.95	2.67	6.77	1.13	7.97	1.14	650.98	0.88	0.87	10.56	5.62	0.98
	$O_3\delta o$	D2053/1	31.36	71.56	8.74	35.34	7.50	1.52	6.94	1.04	8.52	2.13	5.56	1.04	7.52	1.09	189.86	0.70	0.89	2.48	2.61	0.57
卡也地	$O_2\gamma o$	D1022/5	69.18	157.66	18.15	63.85	12.19	1.95	6.32	1.22	8.88	1.91	5.42	0.94	6.76	1.08	355.51	0.66	0.91	6.08	3.55	0.57
		D1025/2	46.52	79.17	8.53	34.11	7.28	2.29	7.22	0.91	5.06	1.02	2.66	0.45	2.35	0.43	198.00	1.05	0.78	11.75	3.99	1.88
		D1024/2	61.65	142.17	17.10	66.04	11.87	2.21	6.07	1.28	8.87	2.10	5.25	0.91	5.73	0.95	332.20	0.77	0.90	6.39	3.26	0.65
阿拉玛斯	$O_1\delta o$	D1027/1	45.43	87.53	9.07	32.71	5.85	1.66	4.45	0.75	4.98	1.16	3.12	0.57	3.96	0.58	201.82	1.04	0.86	6.82	4.85	0.69
		D3046/2	26.68	58.12	7.42	23.90	4.98	1.33	4.84	0.75	5.78	1.53	3.95	0.81	6.18	0.94	147.21	0.90	0.85	2.56	3.35	0.48
被肢解的辉长岩	$\in\upsilon$	D1022/2	43.66	66.44	6.60	24.23	4.89	1.13	5.05	0.68	4.17	0.36	2.38	0.43	1.90	0.37	162.79	0.76	0.74	13.64	5.58	1.63
		D1025/1	28.57	47.74	4.45	19.31	4.70	0.56	4.71	0.67	3.91	0.79	2.10	0.38	2.07	0.34	120.30	0.40	0.80	8.20	0.08	1.40

表 3-7　早古生代石英闪长岩-石英二长岩组合微量元素含量表

序列	岩体代号	样品号	Cr	Ni	Co	Sc	Ba	Sr	Rb	Y	Zr	Nb	Hf	Ta	Th	Bi	Sb	As	Pb	Zn	Cu	Ag	Au
皮什盖	$O_3\pi\gamma o$	D2061/2	33.21	13.03	10.92	8.62	2 262	442.9	82.29	21.37	60.9	19.40	0.617	1.065	26.64	0.432	1.256	1.38	21.40	100.3	31.45	0.023	1.68
		D2061/1	23.50	14.15	13.31	14.96	2 209	626.7	143.30	39.70	60.9	24.38	0.761	1.721	37.99	0.538	2.200	2.19	30.52	117.6	18.61	0.027	2.62
		D2061/3	23.64	9.51	7.27	4.41	1 741	276.9	79.87	9.60	45.5	13.98	0.610	0.764	17.34	0.288	1.098	0.88	13.89	51.7	16.25	0.018	1.32
	$O_3\delta o$	D2053/1	7.80	2.78	1.36	1.96	100.3	28.7	12.83	3.10	5.4	2.37	0.179	0.127	2.55	0.028	0.130	0.15	1.88	13.6	1.45	0.003	0.21
卡也地	$O_2\gamma o$	D1025/2	28.53	14.69	13.72	16.73	2 074	487.4	148.10	36.35	107.5	19.97	0.988	1.079	41.56	0.377	0.636	2.32	26.04	266.1	24.95	0.026	0.49
		D1022/5	33.13	19.76	14.81	10.80	978.4	340.9	93.96	34.91	67.3	19.79	1.436	2.067	10.99	0.399	1.436	2.34	21.47	41.8	51.05	0.023	1.21
		D1411/1	18.17	4.90	6.25	5.66	1 018	273.6	281.10	22.46	31.5	17.91	0.414	1.346	26.33	0.260	1.301	1.58	19.28	68.8	20.24	0.021	2.63
阿拉玛斯	$O_1\delta o$	D3046/1	103.10	25.52	21.82	29.23	257.6	153.0	17.50	17.38	137.0	27.35	1.424	0.805	3.90	0.632	0.571	1.42	19.59	80.5	19.69	0.038	1.25
		D3046/2	628.10	61.84	23.49	24.42	241.6	104.7	8.70	18.08	120.2	20.76	1.764	0.783	2.30	0.574	0.716	0.82	12.60	91.1	18.75	0.030	1.24
		D1027/1	62.79	38.54	14.22	13.93	1 259	505.7	56.50	21.93	81.4	22.57	1.134	1.529	10.99	0.497	1.114	2.64	24.78	49.8	13.78	0.028	2.72
被肢解的辉长岩	$\in\upsilon$	D1025/1	61.83	39.42	27.05	21.31	1 469	487.2	93.00	25.77	103.9	36.55	0.888	0.730	3.57	0.748	0.477	2.44	27.91	119.0	69.92	0.054	0.91
		D1022/2	387.60	222.2	33.61	4.91	2 385	1 080	109.60	14.26	178.1	38.42	1.950	0.528	8.54	1.042	1.264	2.15	28.72	679.9	118.60	0.056	0.82
世界闪长岩(维氏,1962)			50	55	10	2.5	650	800	100		260.0	20.00	1.000	0.700	7.00	0.010	0.200	2.40	15.00	72.0	35.0		
地壳克拉克值(维氏,1962)			83	58	18	10	650	340	150		170.0	20.00	1.000	2.500	13.00	0.009	0.500	1.70	16.00	83.0	47.0	0.070	4.30

注:表中 Au 元素含量单位为$\times10^{-9}$,其他元素含量单位为$\times10^{-6}$

亲石元素和亲硫元素，其他元素则基本相当。

以 MORB 为标准化得到图 3-10，该系列各单元岩石具有相似的微量元素组成，曲线吻合较好，反映其形成于相近的构造环境，具相似的物质来源。阿拉玛斯岩体的大离子亲石元素强烈富集，高场强元素(Zr、Hf、Sm、Y、Yb)及亲铁元素(Sc、Cr)大体相当或略有亏损。曲线形态与大西洋型碱性玄武岩比较接近。说明岩浆主要来自于地幔；同时注意到曲线上 Ce、P 及 Sm 呈较小的突起，显示出一定的大陆钙碱性玄武岩的曲线特征，表明陆壳物质的广泛加入，是壳幔共同作用的产物。

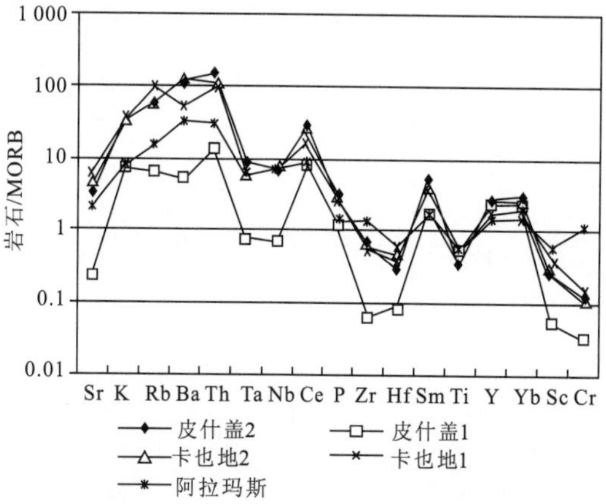

图 3-10 石英闪长岩-石英二长岩组合微量元素 MORB 配分模式图

皮什盖岩体和卡也地岩体则更多地显示出钙碱性大陆弧的特征(Y、Yb 正异常)，大离子亲石元素和 Ce 及 Sm 三个隆起，亲铁元素强烈亏损。

4)成矿元素特征

该组合侵入岩中成矿元素有：Pb、Zn、Cu、Ag、Au。与地壳克拉克值相比：Pb 含量略高，Zn 多数偏高，并且出现了两个异常高值，分别达到地壳克拉克值的 3 倍和 8 倍；Cu、Ag 略低，Au 含量明显偏低。从各个成矿元素含量分配模式看，Cu、Zn 偏差较大，特别是 Zn 为有利成矿元素；其他元素则可能为不利成矿元素。

3. 副矿物特征

该组合岩石中副矿物含量见表 3-8，副矿物组合为磁铁矿、磷灰石、榍石、锆石等，为常见岩浆型花岗岩副矿物组合。锆石特征见表 3-9，长宽比均大于 2，反映其物源较深。

表 3-8 早古生代侵入岩副矿物含量表 (g/t)

岩体	岩石名称	磷灰石	钛铁矿	磁铁矿	榍石	锆石	石榴子石	赤铁矿	褐铁矿	黄铁矿	方铅矿	电气石
阿拉雷	中粒英云闪长岩	2.5	—	85	0.125	7.5	10 粒	0.125	15 粒	2.5	10 粒	—
		少量	—	0.5	8 粒	8.75	微量	少量	少量	1.25	0.125	—
	中细粒英云闪长岩	5.33	1.067	0.13	—	80	—	4.33	21.46	5.33	0.4	0.13
奎代买	中粒花岗闪长岩	1.25	—	0.25	少量	21.88	—	少量	少量	3.125	0.375	—
	细粒二长花岗岩	1.06	少量	0.5	微量	0.33	—	微量	微量	1.0	20 粒	4
阿克塞因	似斑状花岗岩	10 粒	—	0.16	65.63	15.63	6 粒	5 粒	0.31	0.16	9 粒	5 粒
流水	中粒含斑花岗岩	0.13	—	40	0.13	0.27	9.07	15 粒	4.53	15 粒	4 粒	10 粒
		0.11	—	0.32	126.32	7.89	8 粒	—	0.11	0.11	10 粒	10 粒
	中细粒花岗闪长岩	0.11	0.11	0.21	10 粒	31.58	10 粒	—	0.21	0.53	0.11	0.11
皮什盖	中细粒石英闪长岩	0.25	—	0.125	少量	2.5	—	微量	微量	1.25	8 粒	90
阿拉玛斯	细粒石英闪长岩	6.09	—	0.17	15 粒	97.39	0.087	10 粒	0.17	0.0087	20 粒	5 粒
	细粒辉长岩 (D2019/4)	11.43	—	14.28	51.43	4.57	少量	40	少量	22.86	0.143	—

表 3-9　早古生代石英闪长岩-石英二长岩组合锆石特征表

岩体	岩石名称	粒径(mm)	长：宽	颜色	光泽	透明度	发光性	晶形晶面特征	包裹体	晶形
皮什盖	中细粒石英闪长岩(D2053/1)	0.03～0.4 0.02～0.15	1.5：1 2：1	浅玫瑰色	金刚光泽	透明		以柱状为主,表面光滑,少数晶体裂纹发育、柱面和锥面环带发育,少数晶面被溶蚀呈层状凹陷特点	少数晶体内含有细小锆石和片状云母及黑色质点矿物	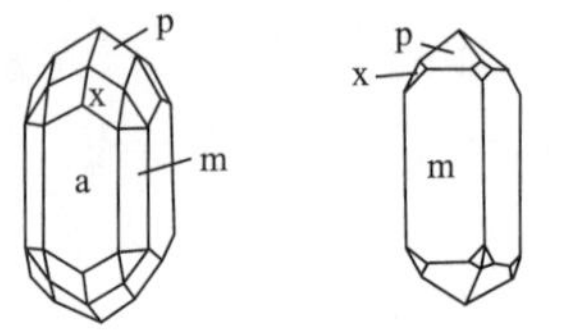
阿拉玛斯	细粒石英闪长岩(D3046/2)	0.04～0.7 0.03～0.2	1：1 1.5：1 部分为2：1	玫瑰色	弱金刚光泽	半透明	弱黄色光	以复方柱状为主,表面多粗糙,晶棱晶面模糊,部分裂纹发育,个别呈现环带	少数晶体内存在包体,有柱状、粒状小锆石和柱状的磷灰石,针状角闪石和质点状的黑云母矿物	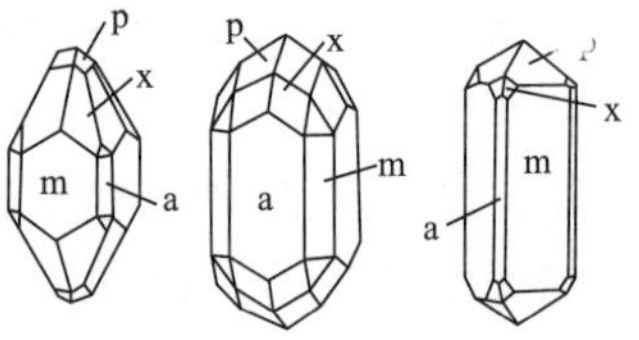

4. 岩浆来源

石英闪长岩-石英二长岩组合局限于俯冲带的上盘,主体为一套中基性岩石组合,研究其矿物组成和岩石组合对比,属 BarBarin(1986)划分的角闪石钙碱性岩石(ACG),应该是俯冲作用的直接产物。其岩浆形成中地幔约有 50%的贡献。岩石化学研究表明,属Ⅰ型花岗岩,反映其岩浆主体来源于地幔,或者下地壳偏基性岩石。

岩石中普遍含有暗色包体,相对寄主岩石,包体相对粒度较细、成分偏基性,具明显的岩浆结构,包体与围岩界线大多清楚,少量存在过渡现象,还有的出现流动构造。这些形成包体的基性岩浆,大多来自上地幔(或俯冲带下部的地幔楔),与下地壳中已有的酸性岩浆发生岩浆混合。这一现象的普遍存在表明,岩浆起源于壳幔混合带上,具有浆混岩浆特点。

稀土元素配分图上,该组合岩石具有重稀土相对集中、轻稀土相比呈发散的特征,表明岩浆主体可能与斜长石处于平衡状态(虽然早期阿拉玛斯岩体可能要深一些),其深度不超过 55km。

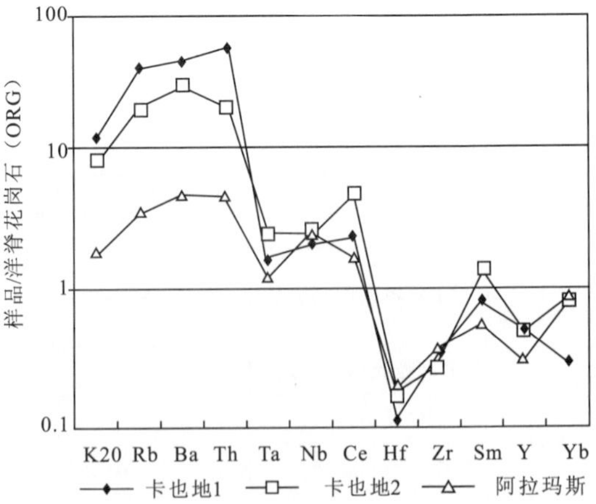

图 3-11　石英闪长岩-石英二长岩组合洋脊花岗岩标准化模式图

以洋脊花岗岩(ORG)为标准,对样品的 K_2O 及部分微量元素作标准化,得到综合曲线图(图 3-11),其曲线形态与纽芬兰典型的火山弧花岗岩相近似。从图中还可以看出,岩体强烈富集大离子亲石元素,而高场强元素有较明显的亏损,表明岩浆与洋中玄武岩有较明显的差别,并非由幔源玄武质岩浆分异产生,而是由下地壳偏基性岩石经部分熔融形成。

在 R_1-R_2 构造判别图解(图 3-12)中,该组合岩石样品较为分散,从地幔分离到板块碰撞前及碰撞后的抬升均有分布,反映了岩浆形成中构造环境的不稳定性。

综上所述,石英闪长岩-石英二长岩组合岩浆来源于壳幔过渡带之上的下地壳,由偏基性岩石经部分熔融而形成,并与地幔所产生的基性岩浆发生强烈混合,后经分异演化形成一系列岩石。

5. 侵位深度及剥蚀程度研究

以阿拉玛斯岩体为例，岩体呈不规则状侵入于阿拉玛斯岩群之中，界线清楚，并且有沿节理贯入的特征，表明岩浆形成深度不大，接触交代变质作用发育。依据上述特征，按 Hymdam(1985)的划分，该系列岩石形成于 6.5～13km 的地壳中带。

岩体中常见大型围岩捕虏体(或顶垂体)，侵入界面向外陡倾(或近于直立)，内部单元之间为脉动侵入关系，因此其剥蚀程度为浅—中等。

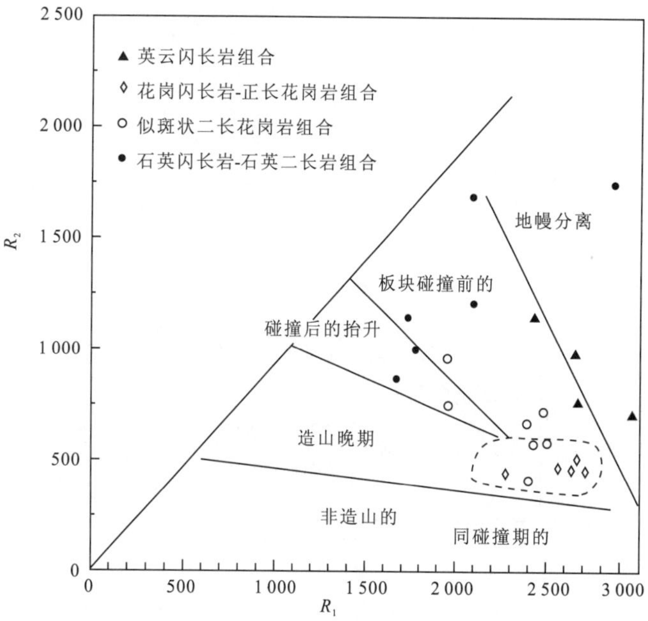

图 3-12 早古生代侵入岩 R_1-R_2 图解

6. 时代

在阿拉玛斯岩体和皮什盖沟垴岩体中分别作了两个锆石 U-Pb 测年分析，测试结果见表 3-10，谐和线图见图 3-13、图 3-14，并收集了一组 U-Pb 年龄值，年龄从 481～442Ma，属早奥陶世，与区域上古昆仑洋(原特提斯洋)的开始闭合相对应。阿拉玛斯岩体锆石 U-Pb 谐和曲线上，上交点年龄(1 363±242)Ma，可能代表了原岩形成年龄，下交点(481±3.6)Ma 则代表了锆石的封闭年龄，亦即岩体的就位年龄。皮什盖岩体样品均落在谐和曲线上，表明未发生明显的 Pb 的丢失和增加。根据模式年龄相对集中为两个阶段的情况，利用样品重量加权平均得到两个年龄(452.6±5.9)Ma 和(442.6±7.9)Ma，其中 452.6Ma 可能代表了该岩体早期单元的贯入年龄，而 442.6Ma 则可能代表了该岩体晚期单元的侵位年龄。

表 3-10 石英闪长岩-石英二长岩锆石 U-Pb 同位素组成表

岩体	序号	同位素原子比率					表面年龄(Ma)		
		$^{206}Pb/^{204}Pb$	$^{208}Pb/^{206}Pb$	$^{206}Pb/^{238}U$	$^{207}Pb/^{235}U$	$^{207}Pb/^{206}Pb$	$^{206}Pb/^{238}U$	$^{207}Pb/^{235}U$	$^{207}Pb/^{206}Pb$
皮什盖沟垴岩体	1	758	0.083 24	0.072 81	0.563 6	0.056 15	453.1	453.9	458.2
	2	7 560	0.101 6	0.072 64	0.565 2	0.056 43	452.0	454.9	469.5
	3	188	0.059 53	0.071 54	0.547 1	0.055 47	445.4	443.1	431.1
	4	7 329	0.110 5	0.071 17	0.547 0	0.055 74	443.2	443.0	442.0
	5	1 701	0.115 0	0.070 49	0.541 8	0.055 75	439.1	439.6	442.3
阿拉玛斯岩体	6	1 652	0.108 0	0.080 24	0.644 8	0.058 28	197.6	505.3	540.2
	7	6 761	0.094 36	0.079 37	0.631 3	0.057 69	492.4	496.9	518.0
	8	4 385	0.098 55	0.077 05	0.599 5	0.056 43	478.5	476.9	469.4
	9	6 145	0.096 09	0.075 66	0.608 3	0.058 32	470.2	482.5	541.6

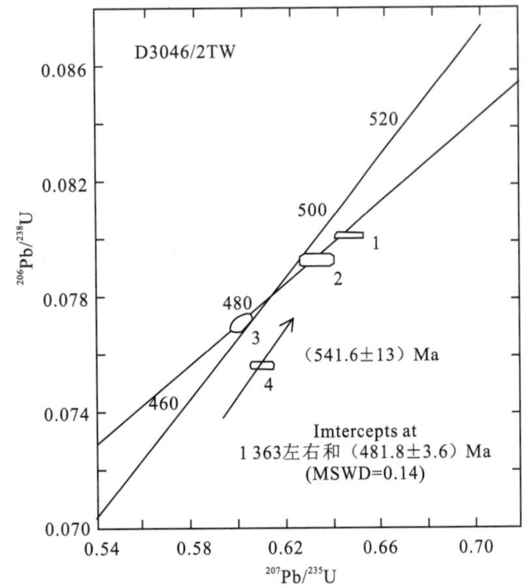

图 3-13　阿拉玛斯岩体锆石 U-Pb 同位素年龄谐和图

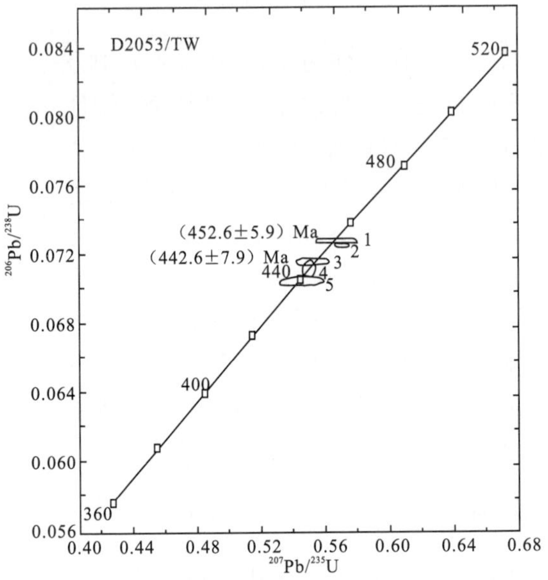

图 3-14　皮什盖沟垴岩体锆石 U-Pb 同位素年龄谐和图

7. 控岩构造及侵位机制

该组合岩石严格地限定于其曼于特蛇绿混杂岩带以南附近，很显然受其控制，形态多为透镜状或不规则状，长轴方向与缝合带完全一致，岩体中含有大量的围岩捕虏体(或顶垂体)。边部页理构造不发育，以上特征表明，岩浆依靠构造运动提供的空隙上升，并且依靠其化学活动性及热能大规模侵吞、同化围岩创造就位空间，岩浆挤压围岩形成空间的作用很弱。总之，岩浆是以被动定位为主要特征。

(二)中细—中粒似斑状二长花岗岩组合

1. 地质特征

主体分布于其曼于特蛇绿混杂岩带以南，少部分出露于其北，岩体规模较大，呈岩基产出。工作区有 4 个较大的自然侵入体。出露面积约 410 km^2，单个侵入体大多呈椭圆形产出、长轴方向与区域构造线一致，部分侵吞其曼于特蛇绿混杂岩带。主体侵入阿拉玛斯岩群(Jx*A*)和库拉甫河岩群[(∈—O)*K*]，侵入界面外倾，接触变质作用不明显。该组合岩石中包体少见。各侵入体特征分述如下。

1)阿羌沟垴岩体

主体分布于阿羌沟垴到铁克萨依沟垴一带，测区内有 4 个侵入体，出露总面积约 270km^2，多呈长条状或透镜状，岩基式产出，总体走向与区域构造线一致。主体侵入于阿拉玛斯岩群(Jx*A*)中，接触变质作用不明显。主要组成岩石有中细粒黑云二长花岗岩和中粒似斑状黑云二长花岗岩，依据岩石组成及接触关系解体为两个岩石单元。

早期单元岩性为中细粒黑云二长花岗岩，分布于各个侵入体的外侧，直接侵入于围岩之中，岩体中发育变粒岩捕虏体，内侧被晚期单元涌动侵入。早期单元内部页理构造不发育。暗色包体少见。岩石呈浅灰色，镜下具中细粒半自形粒状结构，块状构造。矿物粒径 1～2mm 约占 60%，其余 2～4mm。主要矿物成分有钾长石 20%～25%、石英 25%～30%、斜长石 25%～30%、黑云母 15%～

20%、白云母 2%、黝帘石 1%～2%。斜长石具钠长石律和卡钠复合双晶，An=24—26，为奥长石。钾长石具清晰的条纹结构。黑云母呈半自形—自形页片状，褐色。蚀变表现为中等绿帘石化和绢云母化。

晚期单元多分布于侵入体的内部，涌动或脉动侵入于早期单元之中，岩性为中粒似斑状黑云二长花岗岩，为岩体主体组成岩石，岩石呈灰绿色，镜下岩石具似斑状结构，基质为中粒结构，块状构造，矿物粒径：斑晶为 6～8mm，基质 2～4mm 为主，个别 5mm。似斑晶成分为微斜长石，含量约 10%，呈半自形厚板状，十分洁净，格子双晶清晰，晶体中包裹有斜长石自形晶体。基质中斜长石呈半自形柱状，表面混浊，双晶不清，钾长石特点与斑晶中钾长石相同，石英它形填隙状，黑云母半自形片状，因应力作用多集中一起显示弯曲现象。蚀变特点，主要表现为斜长石的钠黝帘石化和绢云母化，表面十分混浊。

2)阿克塞因岩体

出露于策勒县努尔乡阿克塞因代牙中游一带，主体分布于其曼于特蛇绿混杂岩带以南，北侧局部侵吞蛇绿岩带，出露面积约 140km^2。侵入体总体呈椭圆形或长条形，长轴方向与区域构造基本一致。侵入于阿拉玛斯岩群(Jx*A*)、卡羌岩组(Ch*K*)及柳什塔格玄武岩(*Zl*)之中，侵入界面向外陡倾，接触变质作用不明显。依照岩石组成及接触关系，内部可以进一步解体为 3 个单元。

早期单元岩性为中细粒黑云二长花岗岩，分布于岩体外侧，呈岩基式产出，外侧直接侵入于围岩之中，边部页理构造不发育，内部被晚期单元脉动贯入。岩石新鲜，呈灰白色，致密块状，细粒花岗结构、(初糜棱结构)块状构造，矿物粒径 0.8～1.5mm，大部分矿物之间为穿插接触，其中斜长石呈半自形柱状，略混浊，双晶以钠长石律双晶为主，个别双晶结合面平直清晰，An=26—28；钾长石呈半自形板柱状和它形粒状，洁净，具显微钠长石条纹和个别卡斯巴双晶，为正条纹长石，常见交代斜长石现象。岩石经受了明显的韧性变形作用，表现最敏感的矿物为石英，多发生重结晶呈不规则带状分布于长石粒间，原黑云母也被碎裂成鳞片状，挤压塑变呈不规则条纹状出现于长石粒间，少数长石发生弯曲和普遍波状消光等。蚀变表现为斜长石轻绢云母化和黑云母析出铁质成分。

中期单元岩性为中粒似斑状黑云二长花岗岩，分布于岩体内部，脉动侵入于早期单元，岩体中见有混合岩化二云二长变粒岩捕虏体，最大出露宽度达 100m。岩石呈灰白色，似斑状结构，基质为中粒半自形粒状结构、碎裂结构，块状构造，斑晶粒度 10～15mm，基质 2～3mm 为主，个别 4mm 和 1.5mm。岩石具似斑状结构，斑晶为半自形厚板状微斜条纹长石，洁净，具清晰的条纹结构和格子双晶，条纹形态为补片状和不规则状，系交代成因的钠长石条纹。另外，在斑晶中包裹有早期结晶的斜长石，粒径 0.3～0.6mm，略混浊，可能为地壳重熔的残余物，基质成分除钾长石外，还有石英、斜长石、黑云母等，粒径大小 2～4mm。斜长石呈半自形柱状，略混浊，隐约显示钠长石律双晶和肖钠律双晶，由于岩石叠加了动力浅变化作用，造成岩石中的矿物发生明显的破碎现象，表现石英被碎后又重结晶和黑云母碎裂聚集成堆及长石产生方向不一的裂隙，充填有石英和本身磨细的物质。

最晚期单元岩性为中粒黑云二长花岗岩，分布于岩体的南侧，脉动侵入于中细粒黑云二长花岗岩中，外侧侵入于黑云斜长片麻岩(Jx*A*)中，侵入界面向外陡倾。岩石呈灰色，块状构造，中粒半自形粒状结构，矿物之间穿插接触，粒径 2～4mm，其中斜长石呈半自形柱状，略混浊；钾长石呈半自形板柱状和它形粒状，洁净，具显微钠长石条纹，石英为它形粒状，充填于长石颗粒之间，黑云母呈自形聚片状—叶片状。

2. 岩石化学及地球化学特征

1)岩石化学特征

中细—中粒似斑状二长花岗岩组合岩石化学成分含量见表 3-11，与世界花岗岩相比，早期侵入体(阿羌沟塪岩体)SiO_2、K_2O 明显偏低,而基性成分 MgO、CaO、TiO_2 等均明显偏高,普遍 $Na_2O>K_2O$;晚期侵入岩则与之大体相当,Na_2O 与 K_2O 含量基本相当。

表 3-11 中细—中粒似斑状二长花岗岩组合岩石化学及指数表

岩体	岩体代号	样品号	氧化物含量(%)										
			SiO_2	TiO_2	Al_2O_3	Fe_2O_3	FeO	CaO	MgO	K_2O	Na_2O	MnO	P_2O_5
阿克塞因	$O_3\gamma$	D689/2	74.03	0.15	12.84	0.41	1.39	1.30	0.22	4.56	3.90	0.07	0.03
	$O_3\pi\gamma$	D692/3	69.37	0.41	15.01	0.92	1.06	3.00	1.73	3.20	3.85	0.06	0.10
	$O_3\gamma$	D693/2	71.24	0.35	14.36	0.82	1.13	2.00	1.37	3.35	4.10	0.05	0.08
阿羌沟塪	$O_3\pi\eta\gamma$	D3043/2	59.88	0.620	18.04	3.71	2.35	5.10	1.73	2.77	3.41	0.07	0.20
	$O_3\pi\eta\gamma$	D667/2	64.8	0.69	15.02	1.35	2.76	3.60	2.01	5.20	3.00	0.09	0.28
	$O_3\pi\eta\gamma$	D1411/5	67.37	0.35	15.31	1.74	1.67	3.10	2.01	3.86	2.78	0.05	0.11
	$O_3\pi\gamma$	D662/1	72.26	0.41	13.91	0.82	0.97	2.30	1.04	4.20	3.55	0.06	0.08
世界花岗岩(★)			71.30	0.31	14.32	1.21	1.64	1.84	0.71	4.04	3.68	0.05	0.12

岩体	岩体代号	样品号	氧化物含量(%)		特征参数值					
			LOI	Σ	σ	A/CNK	SI	DI	W	AR
阿克塞因	$O_3\gamma$	D689/2	0.48	99.38	2.31	0.94	2.10	91.50	0.23	3.98
	$O_3\pi\gamma$	D692/3	0.83	99.54	1.89	0.98	16.08	77.30	0.47	2.29
	$O_3\gamma$	D693/1	1.05	99.90	1.97	1.03	12.72	83.40	0.42	2.67
阿羌沟塪	$O_3\pi\eta\gamma$	D3043/2	1.22	99.10	2.26	1.01	12.38	62.83	0.61	1.73
	$O_3\pi\eta\gamma$	D667/2	0.58	99.38	3.08	0.88	14.04	—	0.33	2.57
	$O_3\pi\eta\gamma$	D1411/5	1.15	99.50	1.81	1.06	16.67	—	0.51	2.13
	$O_3\pi\gamma$	D662/1	0.79	100.38	2.05	0.96	9.83	84.52	0.46	2.83
世界花岗岩(★)			0.05	99.27	2.11	1.04	6.29	—	0.43	2.83

★LeMaitre R W,1976

经岩石化学计算,该组合侵入岩 $\sigma=1.81\sim2.31$,总体小于 4,属于钙碱性岩石,在 A-F-M 图解(图 3-6)中判别为钙碱性系列,相对石英闪长岩—石英二长岩组合,岩石明显富碱,明显向 A 端元靠近,并且分异指数显著增大。在 Na_2O-K_2O 图解(图 3-7)中样品落在了 Ⅰ 型和 A 型界线两侧附近。A/CNK=0.88~1.04,属准铝质 Ⅰ-A 型花岗岩,表明岩浆来源相对较浅,由硅铝质熔融而来。

2)稀土元素特征

稀土元素含量见表 3-12,稀土总量较高,$\sum REE=(181.8\sim373.4)\times10^{-6}$,$\delta Eu$ 值变化较大,部分 $\delta Eu=0.21\sim0.67$,显示 Eu 负异常明显,部分 $\delta Eu=1.21\sim1.60$,显示 Eu 为正异常,$(La/Yb)_N=5.88\sim53.88$,说明轻稀土均富集,且部分轻稀土显示强富集,$(La/Sm)_N=4.78\sim15.48$,$(Gd/Yb)_N=0.68\sim2.45$,说明轻稀土分馏程度明显,部分重稀土分馏程度较差,而部分重稀土分馏程度也较明显。稀土元素配分曲线模式(图 3-15、图 3-16)总体显示左高右低的形态特征,可以看出,阿羌沟塪岩体和阿克塞因岩体具有完全不同的稀土元素特征,说明二者具有不同的物质来源或演化历程。

表 3-12　早古生代侵入岩组合稀土含量及特征参数值

岩体	样品号	稀土元素含量(×10⁻⁶)									
		La	Ce	Pr	Nd	Sm	Eu	Gd	Tb	Dy	Ho
阿克塞因	D689/2	79.87	166.7	17.99	58.65	10.44	0.63	8.88	1.36	9.91	2.36
	D692/3	52.31	91.52	10.04	34.80	6.16	0.83	5.44	0.78	5.77	1.43
	D693/2	43.64	79.67	8.07	29.15	4.78	0.91	4.21	0.63	4.06	0.92
阿羌沟堖	D667/2	148.00	211.30	20.81	74.61	13.97	3.37	11.26	1.39	6.98	1.33
	D1411/5	80.76	104.60	8.70	28.39	3.26	1.62	3.55	0.32	1.59	0.32
	D3043/2	61.25	122.10	13.71	48.57	7.70	3.01	6.76	0.82	4.82	1.12
	D662/1	37.94	55.94	6.20	22.73	4.02	1.43	3.83	0.56	3.57	0.69
岩体	样品号	稀土元素含量(×10⁻⁶)				特征参数值					
		Er	Tm	Yb	Lu	ΣREE	$(La/Yb)_N$	$(La/Sm)_N$	$(Gd/Yb)_N$	δEu	δCe
阿克塞因	D689/2	6.08	1.20	8.06	1.22	373.4	5.88	4.78	0.68	0.21	0.89
	D692/3	3.84	0.64	4.60	0.63	218.8	6.75	5.31	0.73	0.47	0.79
	D693/2	2.30	0.40	2.67	0.37	181.8	9.71	5.71	0.97	0.67	0.83
阿羌沟堖	D667/2	3.63	0.59	3.36	0.60	501.2	26.16	6.62	2.05	0.87	0.71
	D1411/5	0.93	0.16	0.89	0.15	235.2	53.88	15.48	2.45	1.60	0.69
	D3043/2	2.95	0.47	3.23	0.47	277.0	11.26	4.97	1.28	1.37	0.85
	D662/1	1.99	0.34	1.75	0.32	141.3	12.87	5.90	1.34	1.21	0.70

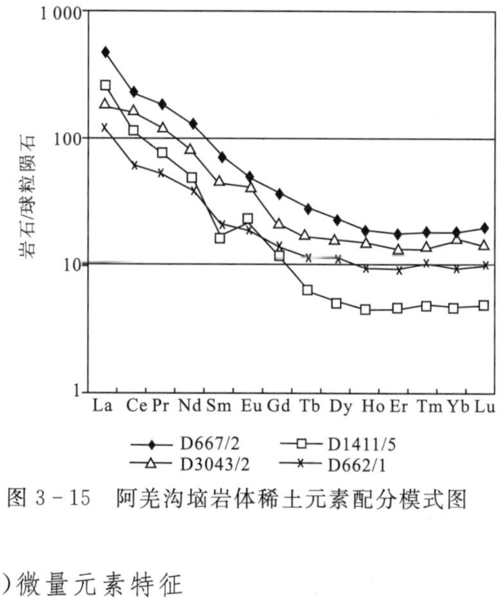

图 3-15　阿羌沟堖岩体稀土元素配分模式图

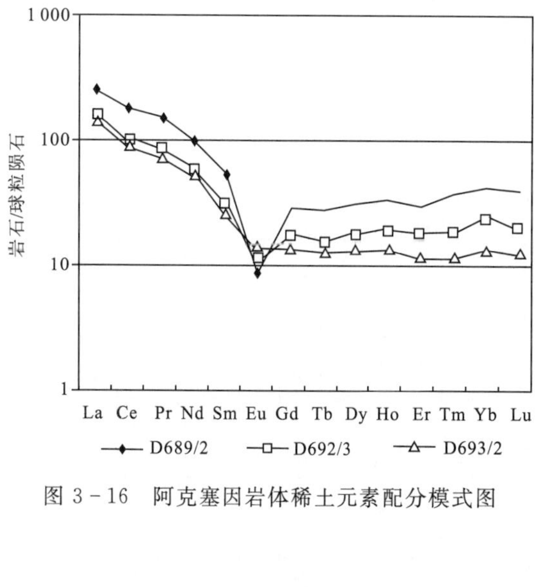

图 3-16　阿克塞因岩体稀土元素配分模式图

3)微量元素特征

微量元素含量见表 3-13,利用世界花岗岩(维氏,1962)的微量元素含量为参数,对各单元微量元素平均值作标准化,得到蛛网图 3-17,阿羌沟堖岩体除亲硫元素(Bi、Sb)强烈富集外,其他元素与世界花岗岩基本相当;阿克塞因岩体的大离子亲石元素和高场强元素(Zr、Nb、Hf、Ta、Ti)略有亏损,晚期单元中 Sr、Ba 的明显亏损结合铕的亏损,可以推测该岩浆经历了斜长石的分离结晶作用。

以阿羌沟堖岩体为例,用 MORB 为参数标准化得到图 3-18。可以看出,两岩性单元岩石具有

表 3-13 似斑状二长花岗岩微量元素含量表

岩体	样品号	Cr	Ni	Co	Sc	Ba	Sr	Rb	Zr	Nb	Hf	Ta	Th	Bi	Sb	As	Pb	Zn	Cu	Ag	Au
阿克塞因	D689/1	19.34	3.913	3.042	5.624	134.0	34.310	235.579	21.02	9.321	0.240	2.512	40.057	0.175	1.234	1.615	21.42	36.97	5.150	0.008	3.54
	D689/2	19.70	4.819	3.629	7.065	221.0	65.770	200.840	39.14	10.36	0.328	1.785	25.054	0.247	1.363	2.166	25.48	36.22	5.915	0.010	3.16
	D689/3	19.27	4.166	3.533	3.674	162.9	49.440	176.790	26.39	9.98	0.186	3.343	30.759	0.177	2.164	1.571	21.73	22.57	20.47	0.008	5.22
	D692/1	24.89	7.959	6.468	5.963	977.5	289.700	99.740	47.86	15.12	0.493	1.747	31.255	0.276	0.951	1.968	24.51	34.92	8.764	0.018	2.90
	D692/2	22.12	7.221	4.600	3.483	728.2	223.400	157.800	37.80	11.27	0.244	1.012	30.957	0.203	0.974	1.84	22.86	30.26	5.839	0.012	3.38
	D692/3	25.00	6.694	4.974	3.589	564.6	206.100	197.632	38.47	12.73	0.332	3.095	49.017	0.231	1.036	1.957	24.29	37.12	6.181	0.013	4.96
	D693/1	28.61	9.687	4.568	3.843	608.6	249.400	89.586	27.73	9.81	0.138	0.770	6.341	0.199	0.823	1.672	20.49	30.90	6.409	0.011	1.34
	D693/2	20.72	6.737	4.067	4.691	562.7	214.700	143.549	30.42	10.42	0.139	1.772	25.938	0.184	1.208	1.823	21.58	30.45	5.801	0.011	2.92
	D693/3	24.89	7.537	5.230	4.267	846.4	271.400	156.958	37.13	11.73	0.249	2.608	25.395	0.246	1.039	2.079	26.51	41.23	13.020	0.012	4.35
	D693/4	25.03	8.401	5.614	4.691	701.5	212.800	135.905	29.07	13.05	0.321	1.405	22.789	0.232	1.181	1.798	22.11	39.20	7.584	0.016	6.54
	D694/1	32.34	10.38	6.233	7.574	230.0	267.700	114.265	38.47	15.28	0.328	1.595	19.681	0.263	1.262	1.805	22.66	34.70	12.070	0.018	2.60
	D694/3	14.81	12.32	13.78	10.97	1574	583.100	245.433	88.12	33.96	1.535	6.924	29.038	0.565	0.795	2.217	30.58	73.80	14.500	0.042	10.33
	D695/1	11.36	6.252	6.991	5.709	366.5	108.400	216.506	59.27	29.04	0.441	6.943	23.477	0.372	1.226	1.747	22.97	45.11	10.890	0.031	10.59
	D691/3	18.01	2.627	3.405	2.826	664.2	109.700	217.176	39.14	9.20	0.157	2.099	44.097	0.151	1.168	1.589	22.11	23.64	5.953	0.009	3.24
	D2049/2	30.02	9.016	6.183	2.498	765.7	348.200	67.906	36.83	15.76	0.345	1.165	9.293	0.250	1.184	1.099	16.92	465.40	8.997	0.019	1.77
阿羌沟垴	D3043/2	33.85	11.880	11.59	9.115	1 482	613.300	111.573	75.68	23.69	0.633	1.346	24.162	0.548	1.477	2.296	30.02	80.93	13.230	0.030	2.44
	D3043/3	34.16	12.750	6.067	5.988	797.9	153.600	334.841	74.37	13.06	1.401	2.063	31.333	0.295	1.510	1.803	23.44	48.67	5.900	0.015	3.24
	D3043/4	52.04	17.940	6.972	7.170	1 324	160.800	334.065	95.44	14.80	0.769	1.759	12.168	0.362	0.988	2.200	29.05	56.41	5.864	0.016	2.80
	D1411/5	20.13	16.810	12.09	8.765	2 370	132.966	414.100	62.20	15.42	1.365	2.444	5.804	0.483	0.426	2.534	30.04	52.26	14.170	0.018	3.07
	D1411/6	32.16	7.258	8.989	7.494	4 591	233.966	521.400	48.15	15.72	0.331	0.872	102.522	0.373	0.846	2.635	30.83	83.99	14.980	0.018	1.63
	D1411/7	25.62	4.760	5.532	5.659	2 941	132.058	358.700	28.40	9.34	0.389	0.562	26.998	0.189	0.667	1.676	18.68	55.95	9.323	0.010	2.83
	D662/1	19.84	5.025	5.421	7.076	837.5	280.700	296.083	82.12	12.14	1.749	2.771	54.194	0.094	0.427	2.299	24.16	69.38	4.621	0.011	3.52
	D667/2	27.95	8.117	11.60	10.210	1 528	605.200	40.859	102.10	21.80	1.501	1.188	7.551	0.253	0.419	2.415	26.60	116.50	17.25	0.025	1.46
地壳克拉克值（维氏，1962）		83.00	58.000	18.00	10.000	650.0	340.000	150.000	170.0	20.00	1.00C	2.500	13.000	0.009	0.500	1.700	16.00	83.00	47.00	0.070	4.30

注：表中 Au 元素含量单位为 $\times 10^{-9}$，其他元素含量单位为 $\times 10^{-6}$

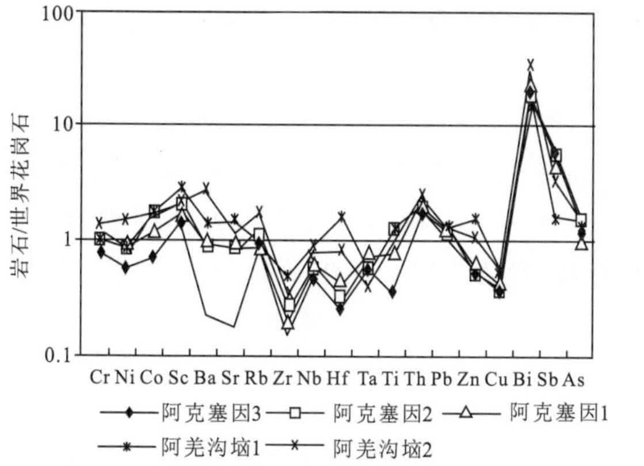

图 3-17　中细—中粒似斑状二长花岗岩组合微量元素蛛网图

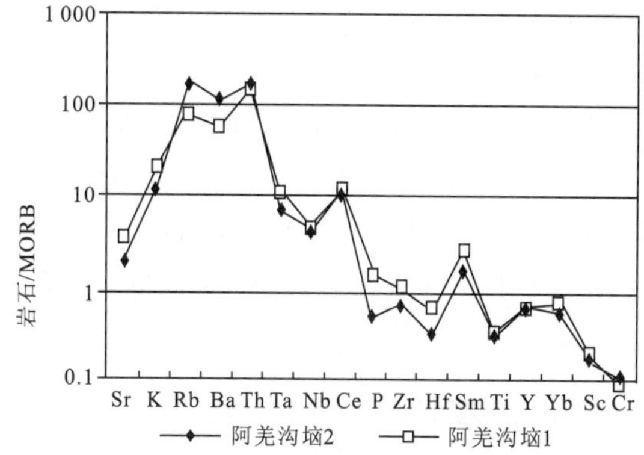

图 3-18　阿羌沟垴岩体微量元素 MORB 标准化形式图

基本一致的微量元素曲线特征，表现出非常明显的 3 个隆起（Y、Yb 正异常），相对石英闪长岩-石英二长岩组合，又有 Sr、Ba、Ti 的相对明显的负异常及亲铁元素的强烈亏损，这一特征与中带侵入岩的物源较浅，可能与斜长石处于平衡熔融状态的结论相吻合。此外各单元曲线拟合程度极高，反映其具有大致相同的岩浆来源和演化经历。

4）成矿元素特征

该组合侵入岩成矿元素含量见表 3-13，其中 Pb 含量略高于地壳克拉克值，Zn 多数样品偏低，Cu、Ag 则明显偏低；以上 3 种元素各自含量偏差不大，均为不利成矿元素；Au 多数样品低于克拉克值，最低为其 25%；有 3 个样品偏高，最高为其 250%，Au 相对偏差较大，并且丰度较高，为有利成矿元素。

3. 副矿物特征

主要副矿物含量见表 3-8，副矿物种类较多，组成复杂。其中以磁铁矿、锆石、榍石、磷灰石含量较高，钛铁矿、褐铁矿、黄铁矿含量较少，副矿组合为磁铁矿＋（钛铁矿）＋锆石＋榍石＋磷灰石，为常见岩浆型花岗岩副矿物组合。

阿克塞因岩体中锆石多数晶体呈浅玫瑰色，金刚光泽，透明，晶棱晶面清晰，晶棱锐利图 3-19，表面略粗糙，微量有蚀坑。少数锆石裂纹较发育。有少数晶体内含有针状角闪石、片状黑云母，个别含粒状小锆石。紫外灯下锆石发暗黄光。总之，锆石特征具有明显的岩浆成因的特征。

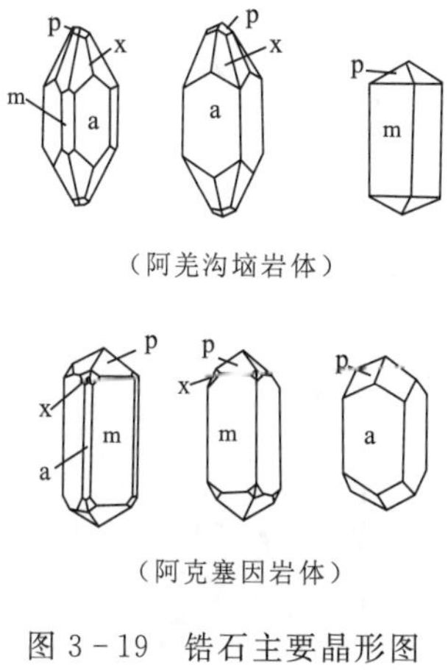

图 3-19　锆石主要晶形图

4. 岩浆来源及演化

中细—中粒似斑状二长花岗岩组合主体为一套酸性岩石，依据其矿物组成及岩石组合特征，按照 BarBarin(1986)划分原则属角闪石钙碱性岩石（ACG）。据当今值诸多研究成果认为，它的出现标志着构造体制由挤压向伸展的转换。

在 R_1-R_2 构造判别图（图 3-12）中，该组样品多集中于俯冲前到同碰撞区。岩石化学研究表明，其属准铝质的Ⅰ-A 型花岗岩，岩浆主要来源于下地壳的部分熔融；同时我们注意到阿羌沟垴岩体稀土配分图上轻稀土相对集中、重稀土则相对发散的特征，结合铕明显的正异常，可以推测岩浆源区与富含重稀土的角闪石等处于平衡状态；而阿克塞因岩体稀土则具有明显的负铕异常，反映岩浆源可能要浅一些，与斜长石处于平衡状态。另外岩体中残余原岩条带状构造（图版Ⅱ-5）也表明岩浆起源于下地壳。

Rb/Sr-Sr 图解（图 3-20）中，该组合样品构成一条完整的双曲线，显示出部分熔融的特征。

总结以上特征不难推断：早期的阿羌沟垴岩体岩浆起源于下地壳硅镁质岩石，以部分熔融形成岩浆，而后以结构演化为主要特征形成了自身一套岩石组合；晚期的阿克塞因岩体则物源较浅，可能起源于上地壳的硅铝壳，经高度的部分熔融形成岩浆，经历不同程度的分异演化和斜长石的分离结晶形成了一系列岩石。

5. 侵位深度及剥蚀程度研究

中细—中粒似斑状二长花岗岩组合的岩体多以岩基出现，与围岩侵入界面平滑且清晰，主体侵入于低角闪岩相卡羌岩组（Ch*k*）和阿拉玛斯岩群（Jx*A*）之中，晚期单元侵入于绿片岩相变质的库拉甫河岩群[（∈—O）*K*]之中，接触变质普遍不发育。据此可以大致推测岩浆就位 6.5～13km 的地壳中带靠下部。

早期单元中含有少量围岩捕虏体，晚期少见，岩体内多期侵入岩均可见到，各单元之间为脉动侵入关系，岩体以中粒似斑状结构为主。依据上述特征分析，该组合岩体剥蚀程度为中等。

6. 时代

在阿克塞因岩体的中期单元岩石中，我们作了一个锆石 U-Pb 法测年分析，样品分析结果见表 3-14，谐和图见图 3-21，样品均落在谐和曲线上，但很不集中，给出了 4 个年龄值，考虑到该岩体局部切穿缝合带，因此其就位必然是在板块对接碰撞之后，就位年龄不会大于 452Ma（俯冲期侵入岩贯入年龄），因而（485.9±0.6）Ma 和（454.6±0.8）Ma 不可能代表岩浆的贯入年龄（有可能为岩浆的形成年龄？），（442.3±4.8）Ma 则很有可能代表了岩浆的贯入年龄。

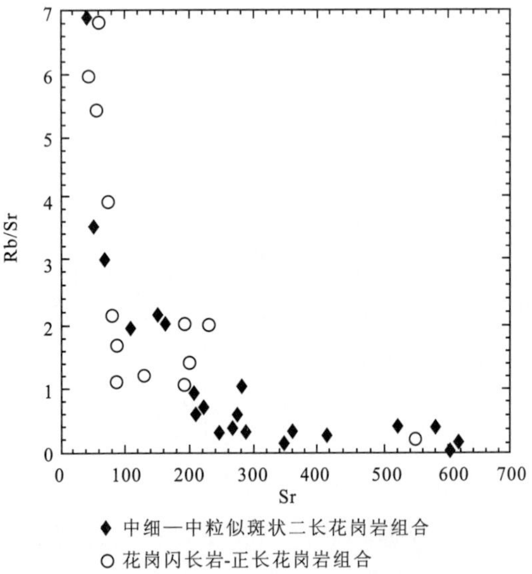

图 3-20　Rb/Sr-Sr 相关图

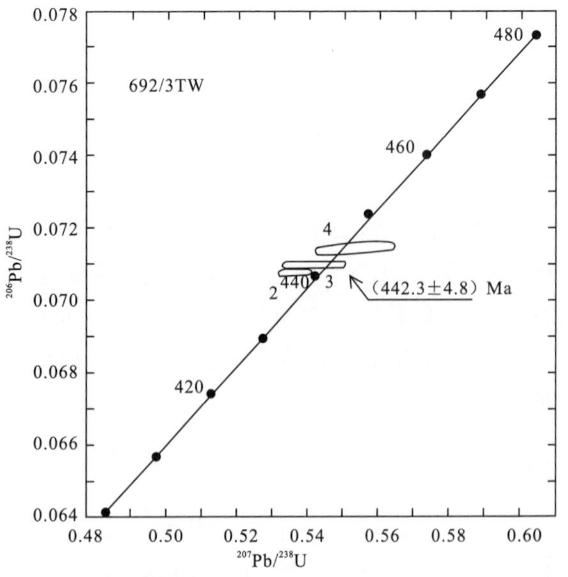

图 3-21　阿克塞因岩体锆石 U-Pb 同位素年龄谐和图

表 3-14　似斑状二长花岗岩锆石 U-Pb 同位素组成表

岩体	序号	同位素原子比率					表面年龄(Ma)		
		$\frac{^{206}Pb}{^{204}Pb}$	$\frac{^{208}Pb}{^{206}Pb}$	$\frac{^{206}Pb}{^{238}U}$	$\frac{^{207}Pb}{^{235}U}$	$\frac{^{207}Pb}{^{206}Pb}$	$\frac{^{206}Pb}{^{238}U}$	$\frac{^{207}Pb}{^{235}U}$	$\frac{^{207}Pb}{^{206}Pb}$
阿克塞因	1	1 551	0.117 90	0.069 00	0.522 0	0.054 87	430.1	426.5	407.0
	2	3 805	0.093 62	0.070 75	0.535 0	0.054 84	440.7	435.1	405.8
	3	3 237	0.145 00	0.070 92	0.541 7	0.055 39	441.7	439.5	428.0
	4	1 040	0.113 90	0.071 38	0.552 8	0.056 17	444.5	446.8	459.0
	5	6 645	0.089 59	0.073 03	0.557 7	0.055 34	454.6	449.9	426.2
	6	741	0.110 30	0.078 29	0.616 1	0.057 08	485.9	487.4	494.6

7. 控岩构造及侵位机制

岩体主体分布于缝合带的南侧，局部切穿缝合带，岩石组合及微量元素显示具大陆弧花岗岩之特征，是板块碰撞的直接产物，明显受到一级构造——其曼于特蛇绿混杂岩带的控制。

岩体多呈椭圆形或长条形，长轴方向与缝合带大体一致，少数有小角度交切，早期侵入体中含有少量的围岩捕虏体，边部页理构造不发育。综合以上特征，该组合侵入岩仍然主要依靠构造运动提供的空间上升就位，同时，岩浆挤压围岩所创造的空间也占有一定的份额，而岩浆依靠侵吞围岩相对石英闪长岩-石英二长岩组合明显减弱。

（三）花岗闪长岩-正长花岗岩组合

1. 地质特征

黑云母花岗闪长岩-二长花岗岩组合分布于其曼于特蛇绿混杂岩带以北的流水、卡羌、奎代买一带，零散出露，岩体规模较小，呈岩株和岩枝状产出，总面积为 43.5km²。单个侵入体规模较小，多呈浑圆状产出，边界圆滑。奎代买岩体中含有较多的深源暗色包体，含量 5%～30%，多呈浑圆状，或不规则状，大小 5～20cm，与寄主岩石界线大多清楚，少部分存在过渡关系，包体岩性为中细粒角闪石英二长岩，具细粒花岗结构，主要矿物成分有角闪石 10%、黑云母 10%、斜长石 35%～40%、微斜长石 30%～35%等。流水岩体中含有少于 5%的暗色包体。

1)流水岩体

分布于流水代牙中游，呈北东—南西向椭圆形出露，面积约 34.3km²，紧邻其曼于特蛇绿混杂岩带出露于其北侧，北侧侵入于卡羌岩组(Ch*k*)之中，侵入界面向外陡倾，边部可见 10～20cm 的细粒边。依岩石组成及接触关系进一步划分出 3 个单元。

早期单元岩性为细粒黑云母花岗闪长岩，呈长条状分布于岩体的南部，长轴走向北东—南西，切穿其曼于特缝合带，岩体南侧侵入于阿拉玛斯岩群斜长角闪岩(Jx*A*)中，侵入界面向外陡倾，岩体中不均匀地含有卡羌岩组(Ch*k*)长英质碎裂岩和蚀变细粒角闪闪长岩的捕虏体，大小 10～20cm 到 3～5m 均有，多呈不规则状。岩石呈灰—浅灰绿色，镜下岩石具中细粒花岗结构，块状构造，矿物粒径 0.8～1.5mm 为主，约占 50%～60%，其余 2～2.5mm。矿物彼此穿插紧密接触，石英和钾长石呈它形粒状，板状，填隙粒间，一般较洁净。钾长石具格子双晶，为微斜长石，个别具条纹结构，为条纹长石。斜长石呈半自形柱状，较明显钠黝帘石化，故多数表面混浊，少数晶体仍较洁净，聚片双晶清楚，An=24—26。黑云母晶片多呈它形片状，Ng 为褐色、Np 为浅褐黄色。岩石蚀变较强烈，表现为斜长石钠黝帘石化和绢云母化及绿帘石化等。

中期和晚期单元岩性分别为中粒黑云正长花岗岩和中粒似斑状黑云二长花岗岩，两种岩石具有相似的组构特征，不同处在于晚期单元的矿物粒度明显大于中期单元，并且可见晚期单元脉动侵入于中期单元之中（图版Ⅱ-6）。岩石呈浅灰绿色，块状，镜下岩石具似斑状结构，基质为中粒结构，块状构造，矿物粒径：斑晶为6～8mm，基质2～4mm为主，个别5mm，似斑晶成分为微斜长石，含量约10%，呈半自形厚板状，表面十分洁净，格子双晶清晰，晶体中包裹有斜长石自形晶体。基质中斜长石呈半自形柱状，表面混浊，双晶不清，钾长石特点与斑晶中钾长石相同，石英为它形填隙状，黑云母半自形片状，因应力作用多集中一起，显示弯曲现象。岩石蚀变主要表现为斜长石的钠黝帘石化和绢云母化，表面十分混浊。

流水岩体中普遍含有细粒角闪闪长岩的捕虏体或包体，在花岗闪长岩中规模较大，达3～5m，多呈不规则状，斑状二长花岗岩中暗色包体一般不超过30cm，多呈椭球状，包体与围岩界线截然或比较清楚。岩性为细粒角闪闪长岩，岩石呈灰色，镜下岩石具有细粒半自形粒状结构，块状构造，矿物粒径0.6～1mm为主，个别0.3～1.2mm。矿物成分有角闪石40%～45%、斜长石45%～50%、黑云母10%、石英1%、磁铁矿1%，磷灰石几粒，榍石1%。矿物自形程度较高，均较新鲜，各矿物之间紧密接触，角闪石呈自形—半自形柱状，多色性明显：Ng为浅绿色、Np为浅绿黄色，最大消光角（C∧Ng）16°～18°。斜长石半自形—自形柱状，表面较干净，钠氏双晶和卡钠复合双晶均可见到，An=46—48；黑云母呈它形片状，自形程度较差，多色性：Ng为褐红色、Np为浅褐黄色。

2）奎代买岩体

测区内分布于卡羌、奎代买一带，出露面积约9.2km²。单个岩体规模不大，多呈浑圆状或长条状，边界圆滑，主体侵入于卡羌岩组（Ch*K*）、流水岩组（Jx*l*）之中，侵入界面向外陡倾，接触变质作用不明显。依据岩石组成及接触关系可划分为两个单元。

中粒黑云正长花岗岩呈长条状产出，走向近东西，岩石呈灰色，风化面略带褐色，岩体内部不均一，主体具中粒结构，块状构造，矿物粒径2～4mm，少数1.5mm。岩石中矿物彼此穿插接触，斜长石半自形柱状，洁净，微斜长石呈它形—半自形板状，粒状，洁净，该岩石显示受力挤压造成斜长石双晶和黑云母发生弯曲和波状消光。

岩石中不均匀地含有暗色包体，多呈椭圆形、长条形，或不规则状，大小一般小于40cm。多与围岩存在混染过渡关系，少数界线清楚。岩性为中细粒半自形粒状结构，块状构造，矿物粒径2～4mm约占30%～40%，其余0.6～1.5mm。主要矿物成分：斜长石35%～40%、微斜长石30%～35%、普通角闪石10%、黑云母10%、石英5%～8%。矿物彼此穿插接触，其中斜长石呈半自形厚板状，具格子双晶，晶体中常包裹有斜长石细小晶体，斜长石原为半自形柱状，较干净，早期斜长石混浊，可能为地壳重熔过程中的残余。

细粒二长花岗岩呈浑圆状产出，规模很小，岩石呈灰白色，致密块状，岩石组成均一。镜下岩石具细粒花岗结构，矿物粒径1～2mm，少数3mm，其中斜长石呈半自形柱状，较混浊，受应力挤压，双晶弯曲明显，微斜长石呈它形粒状，洁净，具十分清晰的格子双晶，钾长石普遍交代斜长石。白云母呈鳞片状，常被包裹在长石晶体之中。

2. 岩石化学及地球化学特征

1）岩石化学特征

岩石化学成分含量见表3-15。SiO_2为71.59%～74.01%，属酸性岩范畴，Na_2O+K_2O为7.53%～8.30%，$K_2O>Na_2O$，与世界花岗岩（维氏，1962）相比，FeO、MgO、CaO含量很低。碱度率（AR）达3.06～3.38，为碱性花岗岩。在Na_2O-K_2O图解（图3-7）中集中地落在了A型花岗岩区。A/CNK=0.87～1.02，属次铝的A型花岗岩。

表 3-15　花岗闪长岩-正长花岗岩组合及英云闪长岩组合岩石化学含量及指数表

岩体	岩体代号	样品号	氧化物含量(%)										
			SiO_2	TiO_2	Al_2O_3	Fe_2O_3	FeO	CaO	MgO	K_2O	Na_2O	MnO	P_2O_5
阿拉雷克	$S_1\gamma o$	D2030/1	57.51	0.50	14.59	2.05	6.97	6.35	3.03	1.06	2.57	0.16	0.10
		D2027/2	72.89	0.27	11.88	1.09	1.72	3.38	1.34	1.60	3.96	0.06	0.09
	$S_1\gamma o$	D4624/1	69.49	0.37	14.48	0.71	1.84	3.95	1.76	1.74	4.15	0.06	0.09
		D2024/3	66.14	0.47	13.28	1.40	2.68	5.25	3.13	1.14	3.78	0.07	0.13
奎代买	$O_3\eta\gamma$	D2012/2	73.74	0.20	13.50	1.10	1.15	1.55	0.58	4.56	3.30	0.05	0.04
	$O_3\xi\gamma$	D2011/1	71.59	0.32	13.78	1.12	1.62	1.50	0.25	4.56	3.74	0.06	0.07
流水	$O_3\pi\eta\gamma$	D3037/2	72.45	0.17	13.57	0.79	1.09	2.10	0.50	4.63	3.32	0.07	0.07
		D3034/2	73.92	0.20	12.10	0.83	1.10	2.05	0.72	4.16	3.46	0.07	0.07
同阿	$O_3\gamma\delta$	D3040/2	74.01	0.19	12.80	0.89	1.36	1.55	0.58	4.16	3.37	0.05	0.05
世界花岗岩(★)			71.30	0.31	14.32	1.21	1.64	1.84	0.71	4.04	3.68	0.05	0.12

岩体	岩体代号	样品号	氧化物含量(%)		特征参数值					
			LOI	Σ	σ	A/CNK	SI	DI	W	AR
阿拉雷克	$S_1\gamma o$	D2030/1	3.39	98.28	0.91	0.86	19.34	46.27	0.23	1.42
		D2027/2	0.96	99.24	1.03	0.83	13.80	79.56	0.39	2.15
	$S_1\gamma o$	D4624/1	0.76	99.40	1.31	0.91	17.26	73.91	0.28	1.94
		D2024/3	1.56	99.03	1.05	0.78	25.80	65.17	0.34	1.72
奎代买	$O_3\eta\gamma$	D2012/2	0.59	100.36	2.01	1.02	5.43	87.64	0.49	3.19
	$O_3\xi\gamma$	D2011/1	0.81	99.42	2.41	1.00	2.21	88.04	0.41	3.38
流水	$O_3\pi\eta\gamma$	D3037/2	0.60	99.36	2.15	0.95	4.84	—	0.42	3.06
		D3034/2	0.54	99.22	1.88	0.87	7.01	88.09	0.43	3.33
同 阿	$O_3\gamma\delta$	D3040/2	0.59	99.60	1.83	1.00	5.60	87.69	0.40	3.21
世界花岗岩(★)			0.05	99.27	2.11	1.04	6.29	—	0.43	2.83

★据 LeMaitre R W,1976

2)稀土元素特征

稀土元素含量见表 3-16,稀土总量变化较大,$\sum REE=(81.50\sim738.68)\times10^{-6}$,$\delta Eu=0.49\sim0.76$,显示 Eu 为负异常,且部分 Eu 亏损明显,$(La/Yb)_N$值变化较大,多数$(La/Yb)_N=4.20\sim16.01$,显示轻稀土富集,且部分为强富集,个别$(La/Yb)_N=0.86$,显示重稀土富集,轻稀土亏损。$(La/Sm)_N=2.19\sim5.44$,$(Gd/Yb)_N=0.27\sim3.45$,说明轻稀土均分馏程度明显,少部分重稀土分馏程度较差,而大部分重稀土分馏程度也较明显。稀土元素配分曲线模式(图 3-22)总体显示左高右低的形态特征。

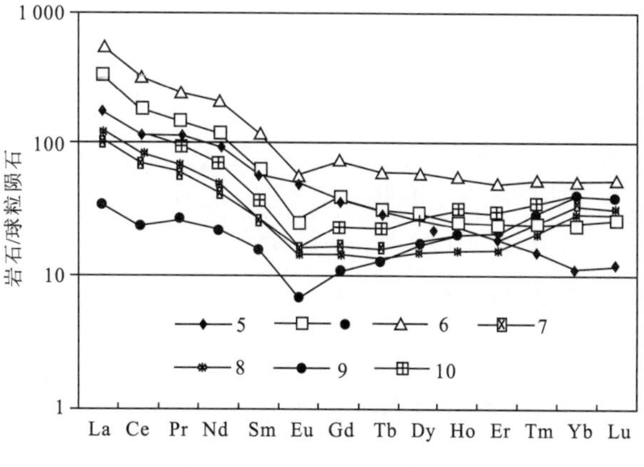

图 3-22　花岗闪长岩-正长花岗岩组合稀土元素配分模式图

5. 细粒二长花岗岩;6. 中粒黑云正长花岗岩;7. 中细粒黑云母花岗闪长岩;8. 中粒似斑状黑云二长花岗岩;9. 细粒黑云二长花岗岩;10. 中粒含斑黑云二长花岗岩

同时,由图 3-22 可见,该组合岩石稀土元素特征与正常花岗岩类稀土元素特征有明显的差别，可能与其物源有关，其稀土元素配分曲线形态特征与下元古界结晶基底米兰岩群岩石特征相似。

包裹于奎代买正长花岗岩中的包体与正长花岗岩具有极其相似的稀土曲线特征，表明它们有着共同的岩浆源。包体中常见地壳残余斜长石与以上分析得出的源区斜长石处于平衡熔融相佐证。

表 3-16　花岗闪长岩-正长花岗岩组合及英云闪长岩组合稀土含量及特征参数表

岩体	样品号	稀土元素含量($\times10^{-6}$)									
		La	Ce	Pr	Nd	Sm	Eu	Gd	Tb	Dy	Ho
阿拉雷克	D2023/1●	5.98	9.68	1.17	5.42	1.58	0.66	2.08	0.35	2.34	0.55
	D2024/3	22.32	37.11	4.45	18.49	4.04	1.07	4.35	0.62	3.87	0.87
	D2027/2	23.28	33.67	4.27	16.91	2.63	0.88	2.74	0.35	1.95	0.41
	D2030/1	19.99	28.83	3.37	10.46	1.96	0.82	2.02	0.27	1.44	0.31
	D4624/1	20.08	39.07	4.86	18.37	3.27	0.91	2.99	0.42	3.07	0.74
奎代买	D2011/1	58.25	115.27	14.10	57.00	11.79	3.73	12.14	1.58	8.53	1.69
	D2011/2	108.73	174.49	17.90	72.83	12.50	1.85	12.57	1.64	9.31	1.91
	D2012/1	179.55	297.94	30.22	128.10	24.02	4.29	24.11	3.18	19.12	4.08
流水	D3034/2	34.06	66.45	7.62	26.54	5.25	1.19	5.17	0.80	6.00	1.47
	D3036/1	11.40	23.65	3.38	13.60	3.26	0.49	3.41	0.65	5.70	1.51
	D3037/1	41.66	81.53	8.60	30.56	5.59	1.02	4.63	0.68	4.71	1.17
	D3040/2	57.05	109.80	11.86	44.50	7.71	1.16	7.63	1.13	8.74	2.34

岩体	样品号	稀土元素含量($\times10^{-6}$)					特征参数值				
		Er	Tm	Yb	Lu	ΣREE	$(La/Yb)_N$	$(La/Sm)_N$	$(Gd/Yb)_N$	δEu	δCe
阿拉雷克	D2023/1●	1.52	0.29	1.69	0.29	33.60	2.10	2.37	0.75	1.24	0.72
	D2024/3	2.39	0.44	2.59	0.47	103.08	5.12	3.45	1.03	0.86	0.74
	D2027/2	1.06	0.19	1.06	0.19	89.59	13.04	5.53	1.58	1.10	0.66
	D2030/1	0.82	0.15	0.78	0.14	71.36	15.22	6.37	1.59	1.38	0.68
	D4624/1	1.89	0.32	2.47	0.35	98.81	4.83	3.84	0.74	0.96	0.81
奎代买	D2011/1	3.93	0.50	2.16	0.37	291.04	16.01	3.09	3.45	1.04	0.82
	D2011/2	5.12	0.86	4.68	0.84	425.23	13.79	5.44	1.65	0.49	0.76
	D2012/1	10.65	1.82	9.88	1.72	738.68	10.79	4.67	1.50	0.59	0.78
流水	D3034/2	4.04	0.82	6.55	0.99	166.95	3.09	4.06	0.48	0.76	0.83
	D3036/1	4.39	0.97	7.85	1.24	81.50	0.86	2.19	0.27	0.49	0.79
	D3037/1	3.27	0.70	5.65	0.93	190.70	4.38	4.66	0.50	0.65	0.86
	D3040/2	6.31	1.17	8.06	1.19	268.65	4.20	4.63	0.58	0.50	0.84

注：●为包体

3)微量元素特征

以规模最大的流水岩体为例,用维氏(1962)世界花岗岩作标准化得到曲线图 3－23,可见亲铁元素和高场强元素大体相当,仅少数亲硫元素明显富集;以 MORB 为标准参数对该组合岩石微量元素标准化,得到图 3－24,流水岩体曲线表现出与似斑状二长花岗岩(南带)相似的曲线特征。差别在于 Sr、Ba、Ti 相对亏损更加明显,而 Rb、Th 的相对富集更为突出,显示出物源更浅、熔融程度更低的特点。与世界花岗岩相比,奎代买岩体、流水岩体仅亲硫元素(Bi、Sb)表现出明显的正异常,其他元素基本相当。

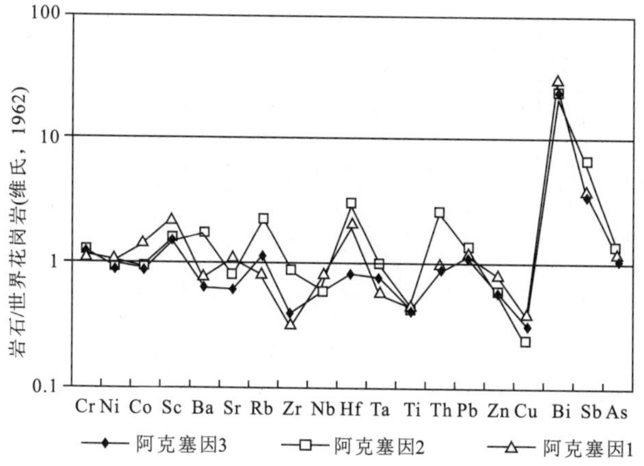

图 3－23　流水岩体微量元素蛛网图

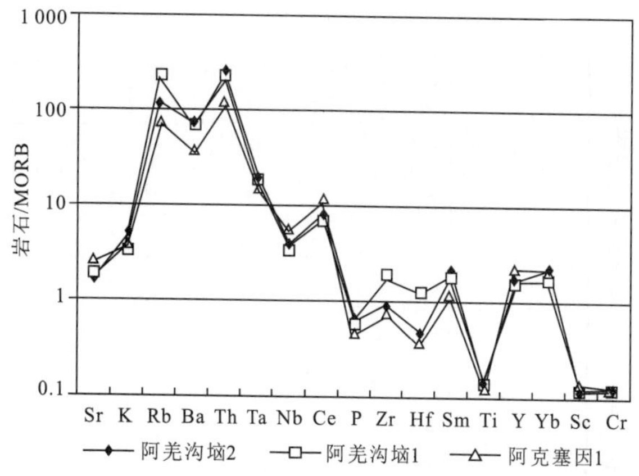

图 3－24　流水岩体微量元素 MORB 标准化形式图

4)成矿元素特征

该组合岩石中成矿元素含量见表 3－17。其中 Pb 多数略高于地壳克拉克值,含量相对稳定,离差不大,为不利成矿元素;Zn 则相对变化较大,流水岩体中多数样品低于克拉克值,而奎代买岩体中出现了 3 个较高值,分别为地壳克拉克值的 2～3 倍,总体离差较大,为有利成矿元素;Cu、Ag 相对克拉克值明显偏低,并且偏差不大,为不利成矿元素;Au 含量多数高于克拉克值,最高接近其 3 倍,样品离差较大,为有利成矿元素。

3. 副矿物特征

副矿物组成见表 3－8。副矿物组合为磁铁矿＋锆石＋磷灰石＋黄铁矿＋方铅矿,为常见岩浆型花岗岩副矿物组合,相比南带侵入岩岩石中黄铁矿和方铅矿明显增加。锆石特征见表 3－18。奎代买岩体具有如下特点:①锆石晶形多为长柱状简单晶体,长宽比较大(3∶1);②晶体中含有云母及细小锆石包裹体;③晶棱晶面清晰,蚀象少见。这些特点反映了岩浆源相对较浅的特征。

4. 岩浆来源及演化

岩体零星散布于其曼于特蛇绿混杂岩带以北,处于俯冲带的下盘,从出露构造位置看岩体必然形成于板块对接该组合之后。岩石以富碱为特征,为一套酸性岩石组合,在 R_1-R_2 构造判别图中,样品集中于同碰撞花岗岩区,岩石化学研究表明为 A 型花岗岩;注意到稀土曲线重稀土部分集中、轻稀土部分呈发散状,反映岩浆可能与斜长石处于平衡熔融状态。岩石锶初始值为 0.707 2＋0.003 4,为锶中等偏低的花岗岩,表明岩浆来源于下地壳。岩体中普遍含有细粒闪长岩包体,表明发生过中基性岩浆和酸性岩浆的混合作用。

表 3-17　花岗闪长岩-正长花岗岩组合及英云闪长岩组合岩石微量元素含量表

岩体	样品号	Cr	Ni	Co	Sc	Ba	Sr	Rb	Zr	Nb	Hf	Ta	Th	Bi	Sb	As	Pb	Zn	Cu	Ag	Au
阿拉雷克	D2027/2	43.15	13.53	6.720	7.076	543.8	324.90	25.72	82.12	10.47	1.497	0.341	4.022	0.144	2.822	1.989	19.44	43.54	13.25	0.010	0.56
	D2030/1	38.81	14.30	13.280	23.480	387.3	263.60	5.24	98.43	13.55	0.983	0.119	1.904	0.402	2.194	3.67	20.69	78.77	23.72	0.015	0.87
	D2030/2	36.44	29.49	12.300	20.550	162.4	199.10	10.83	89.30	17.43	1.142	0.383	5.164	0.577	14.32	1.287	18.5	103.5	25.32	0.022	0.64
	D2030/3	71.28	17.14	11.450	17.640	157.1	186.80	7.65	82.51	15.82	1.229	0.377	2.844	0.521	9.256	1.119	17.18	59.93	24.12	0.021	0.65
	D2045/1	54.55	18.60	9.100	6.780	599.0	287.30	36.26	76.96	17.86	1.360	1.136	9.293	0.410	0.553	1.545	21.74	59.51	14.66	0.022	1.85
	D2068/2	62.34	18.41	16.800	27.750	829.7	156.30	20.01	112.90	16.36	1.239	0.267	2.808	0.536	2.892	2.300	22.63	57.43	41.29	0.023	0.50
	D2068/1	65.93	24.32	16.820	36.600	518.5	206.80	30.05	116.50	20.54	1.883	0.365	2.801	0.749	6.836	1.952	25.98	98.69	27.39	0.026	0.66
	D2024/3	98.18	45.80	12.740	14.310	369.3	404.70	40.66	96.62	15.40	0.923	0.634	4.43	0.306	0.614	2.307	22.97	278.3	53.60	0.016	0.97
	D2024/2	261.60	148.60	23.350	18.350	431.3	313.80	30.21	139.50	16.95	2.303	0.956	7.176	0.619	1.044	1.669	23.76	112.2	48.61	0.020	1.71
	D2023/1	413.70	88.90	19.080	24.930	330.9	242.90	88.48	141.90	19.97	2.034	0.762	7.06	0.558	0.415	2.076	21.60	50.25	19.10	0.030	1.12
奎代买	D2012/1	22.88	0.77	4.066	7.076	464.4	89.61	100.84	94.80	9.42	3.103	1.468	11.63	0.063	0.667	2.022	20.69	276.2	0.31	0.006	1.56
	D2012/2	32.41	6.28	3.266	4.894	358.6	68.02	271.41	263.00	9.27	4.984	2.741	42.415	0.173	1.988	1.206	18.16	33.33	7.95	0.009	4.49
	D2012/3	38.40	6.18	4.218	5.353	338.7	52.45	283.58	315.40	11.38	5.513	3.013	45.561	0.227	1.463	1.167	18.98	141.4	7.55	0.012	5.39
	D2011/1	16.22	9.28	5.204	8.282	536.8	88.00	150.25	103.90	14.23	1.267	3.305	24.537	0.125	0.302	1.922	19.07	202.7	3.70	0.014	4.19
	D2011/2	18.68	6.18	11.49	22.760	1 241	194.10	395.66	136.50	38.82	1.596	2.634	63.242	0.451	0.66	2.273	26.50	87.70	18.79	0.037	3.33
	D2011/3	78.83	32.16	3.599	2.294	291.7	38.26	227.64	100.00	10.33	1.810	3.659	43.498	0.247	1.705	1.057	15.89	65.85	5.70	0.009	5.87
	D2011/4	29.22	5.21	5.113	7.035	501.3	81.65	176.82	142.00	16.72	2.081	3.558	40.869	0.267	2.259	1.262	20.26	82.80	10.48	0.017	5.91
流水	D3034/2	24.53	5.07	4.237	3.420	720.3	193.6	204.22	80.74	12.15	1.267	4.390	27.775	0.207	0.876	1.747	23.67	36.64	6.30	0.012	7.36
	D3034/3	28.32	8.03	4.050	4.570	356.4	200.10	281.33	65.07	12.31	0.667	1.968	10.675	0.237	1.068	1.923	25.94	36.23	6.08	0.009	4.82
	D3034/4	36.46	8.69	5.700	6.067	632.1	197.50	221.59	80.57	14.83	0.769	1.759	12.618	0.242	0.919	1.660	23.20	38.56	6.65	0.014	6.97
	D3035/1	30.66	7.57	4.607	4.097	1 433	228.90	466.26	173.50	12.05	3.047	3.456	47.147	0.250	1.754	2.058	26.67	33.99	4.75	0.011	4.88
	D3036/1	15.57	1.91	1.057	2.148	63.9	50.04	340.11	22.36	7.57	0.700	7.255	28.013	0.037	1.626	1.581	18.74	14.58	3.52	0.010	11.04
	D3040/2	20.67	6.21	3.778	5.285	623.9	131.70	158.12	57.25	9.83	0.974	2.068	24.799	0.206	1.097	1.857	22.31	36.83	6.37	0.010	3.48
	D3040/4	36.96	11.71	10.830	9.139	695.8	549.80	124.39	66.93	23.49	0.769	1.759	12.168	0.488	0.953	2.088	27.77	89.43	9.49	0.029	2.80
地壳克拉克值（维氏，1962）		83.00	58.00	18.000	10.000	650.0	340.00	150.00	170.00	20.00	1.000	2.500	13.000	0.009	0.500	1.700	16.00	83.00	47.00	0.077	4.30

注：其中 D2023/1 为暗色包体；表中 Au 元素含量单位为$\times10^{-9}$，其他元素含量单位为$\times10^{-6}$

表 3 - 18　花岗闪长岩-正长花岗岩组合及英云闪长岩组合锆石特征表

岩体	岩石名称	粒径(mm)	长∶宽	颜色	光泽	透明度	发光性	晶形晶面特征	包裹体	晶形
奎代买	中粒花岗闪长岩(D2011/1)	0.03～0.7 0.02～0.2	1.5∶1 20% 2∶1 20%	玫瑰色为主	金刚光泽	透明		以碎块状为主，部分晶体显蚀象，少数裂纹发育，多数晶形简单	部分晶体中有云母，细柱状小锆石	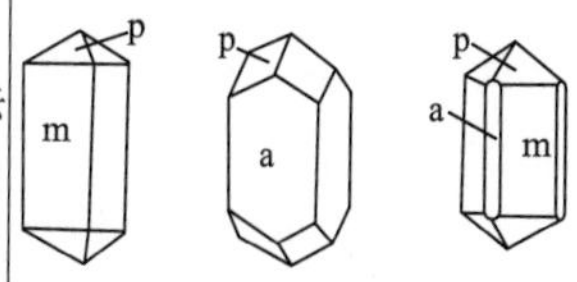
	细粒二长花岗岩(D2012/2)	0.02～0.3 0.01～0.08	1.5∶1 90% 3∶1 10%	浅玫瑰色	金刚光泽	透明		晶体形态以柱状为主，少数碎块状，裂纹少见，少数显蚀象	个别含锆石和云母包裹体	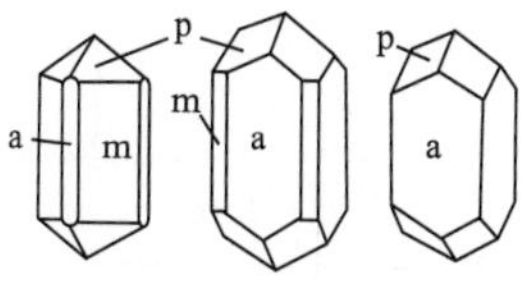
流水	中粒含斑黑云二长花岗岩(D3034/2)	0.02～0.3 0.01～0.08	2.5∶1 90% 3∶1 10%	浅玫瑰色	金刚光泽	透明		晶体形态以柱状为主，少数碎块状，裂纹少见，少数显蚀象	个别含锆石和云母包裹体	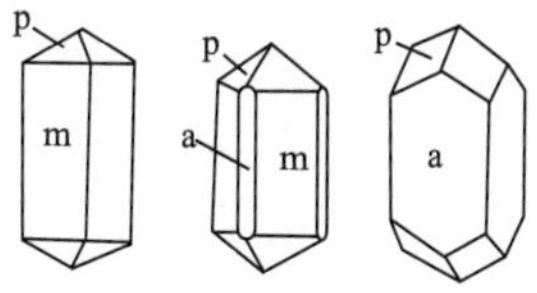
	中细粒花岗闪长岩(D3040/4)	0.03～0.5 0.02～0.2	1.5∶1 2∶1 2.5∶1	浅玫瑰色	金刚光泽	透明	暗黄光	以柱状为主，晶棱晶面清楚，表面略粗糙，个别显蚀象，部分裂纹发育	少数晶体内存在个别片状、粒状的黑色矿物和个别的粒状小锆石包裹体	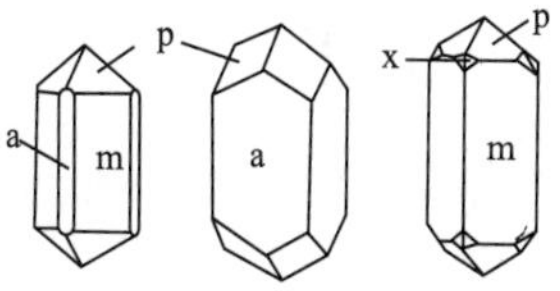

在 Rb/Sr - Sr 图解(图 3 - 20)中总体构成标准的双曲线，证实岩浆以部分熔融作用为主。奎代买岩体中包体稀土研究表明，岩浆源区与斜长石处于平衡状态，来源于下地壳。

5. 侵位深度及剥蚀程度

岩体呈岩枝、岩株状产出，与围岩界线平滑清晰；主体侵入于绿片岩相变质地层阿拉叫依岩群(Z—O)*A* 中，流水岩体还可见到 10～20cm 的细粒边。以上特征总体反映，岩浆就位于地壳中带(6～13km)的靠上部。

岩体规模较小，与围岩侵入界面直立陡倾；流水岩体中含有小规模、不规则状的围岩捕虏体，岩体内部各单元之间多以脉动关系接触，岩石多具中粒、中细粒结构，这些特征均反映了岩体的剥蚀程度较小。

6. 时代

流水岩体中我们作了一条 Rb - Sr 等时线分析，样品分析结果见表 3 - 19，一致曲线见图 3 - 25，奎代买岩体中作了一个锆石 U - Pb 法测年分析，样品分析结果见表 3 - 20，谐和线图见图 3 - 26。流水岩体 Rb - Sr 等时线(图 3 - 25)取得年龄为(470±59)Ma，线性相关性较好(MSWD=0.89)但该年龄与地质资料相比明显偏老，一方面可能由于样品中缺少^{87}Sr 含量较高的样品，使得 D3034/1 - 8 点对直线的斜率起到了至关重要的作用，这个样品 Sr 比值的偏差直接导致年龄的偏差。另一方面，在岩浆源区有可能在封闭的体系中岩浆熔融了较老的岩体而导致年龄偏老。另外，该年龄值正负误差高达 59Ma，上下浮动范围较大。综合以上分析可以认为，流水岩体形成于 470Ma 之后。

表 3-19　花岗闪长岩-正长花岗岩组合 Rb-Sr 同位素组成表　（×10⁻⁶）

样品号	Rb	Sr	$^{87}Rb/^{86}Sr$	$^{87}Sr/^{86}Sr$	2sig.
3034/1-1	270.1	187.3	4.174	0.735 025	16
3034/1-2	271.4	179.4	4.380	0.735 233	20
3034/1-3	244.7	186.0	3.807	0.733 205	20
3034/1-4	242.4	189.5	3.702	0.731 780	17
3034/1-5	237.2	183.5	3.742	0.732 409	20
3034/1-6	278.4	194.6	4.142	0.734 440	17
3034/1-7	236.4	175.9	3.890	0.733 581	19
3034/1-8	318.2	184.9	4.986	0.740 744	18

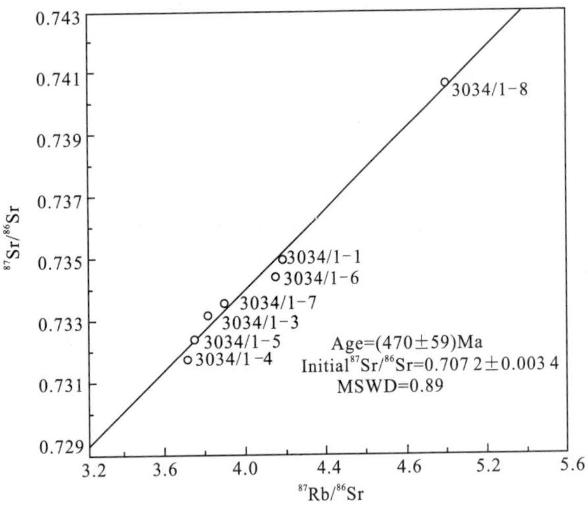

图 3-25　流水岩体全岩 Rb-Sr 同位素等时线图

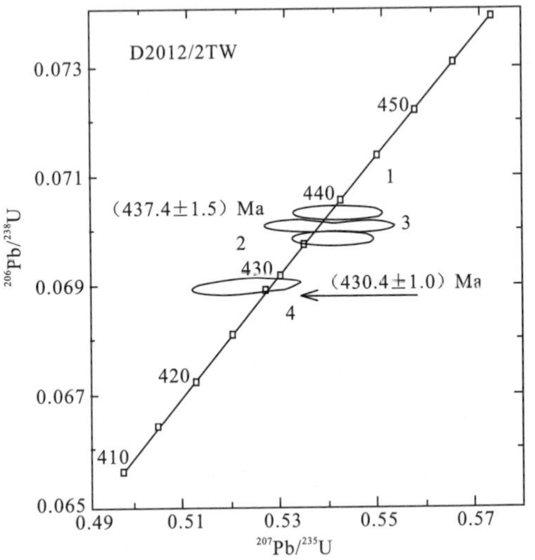

图 3-26　奎代买岩体 U-Pb 同位素年龄谐和图

表 3-20　花岗闪长岩-正长花岗岩组合与英云闪长岩组合锆石 U-Pb 同位素组成表

岩体	序号	同位素原子比率					表面年龄(Ma)		
		$^{206}Pb/^{204}Pb$	$^{208}Pb/^{206}Pb$	$^{206}Pb/^{238}U$	$^{207}Pb/^{235}U$	$^{207}Pb/^{206}Pb$	$^{206}Pb/^{238}U$	$^{207}Pb/^{235}U$	$^{207}Pb/^{206}Pb$
奎代买	1	985	0.128 8	0.070 35	0.541 0	0.055 77	438.2	439.1	443.4
	2	601	0.114 3	0.070 23	0.538 7	0.055 63	437.5	437.5	437.6
	3	4 087	0.127 5	0.070 11	0.544 8	0.056 36	436.8	441.0	466.6
	4	5 418	0.123 6	0.069 04	0.522 4	0.054 88	430.4	426.8	407.4
阿拉雷克	1	1 517	0.131 9	0.066 64	0.508 8	0.055 37	415.9	417.6	427.4
	2	1 224	0.133 3	0.069 20	0.536 6	0.056 24	431.3	436.2	461.8
	3	134	0.118 1	0.070 97	0.561 6	0.057 40	442.0	452.6	506.8
	4	1 091	0.094 8	0.072 72	0.578 5	0.057 69	452.5	463.5	518.1

奎代买二长花岗岩的锆石 U－Pb 测试，样品大部分落在了一致曲线上(图 3－26)，表明岩浆基本是在封闭体系中演化、就位。曲线图上可以得到两个年龄值：(437.4±1.5)Ma 和(430.4±1.8)Ma，前者为前 3 个样品的加权平均值，可能代表了岩浆的形成年龄；后者则可能代表了岩浆就位年龄。

7. 控岩构造及侵位机制

岩体分布于缝合带北侧(下盘)附近，单个岩体规模不大，不具线状分布特征，流水岩体有斜切缝合带的现象。这些特征表明，该组合岩浆主体受到缝合带一级构造的控制，同时受到造山后抬升阶段次级构造的影响。

岩体多呈浑圆状，边界圆滑，内侧页理构造不发育，流水岩体中含有较多的围岩捕虏体，这些特征反映岩浆侵位过程中，岩浆侵吞、构造提供空隙及岩浆主动膨胀 3 种因素均有明显的表现。

(四)中细—中粒英云闪长岩组合

1. 地质特征

分布于其曼于特蛇绿混杂岩带以北 10 km 范围内，岩体规模一般较小，呈岩株状、带状出露于阿拉雷克、普鲁以东，面积约 147km^2，单个侵入体规模不大，主要有阿拉雷克岩体、亚门岩体等。主体侵入于卡羌岩组(Ch*k*)和丝路岩组(Q*ns*)，侵入界面多向外陡倾，内侧偶见页理构造，外接触带有较弱的热变质现象。岩石中极不均匀地含有大量的深源暗色包体，呈浑圆状、长条状，或不规则状，一般小于 40cm，多数与寄主岩石存在过渡关系，部分界线清楚，包体与寄主岩石岩性相同，只是暗色矿物含量较高、色率较深。依据岩体中矿物组成及接触关系进一步划分出两个岩性单元。

早期单元分布于普鲁东及阿拉雷克南，岩性为细—中粒英云闪长岩，岩体以结构均一、色率较浅为特征。岩石呈浅灰色，镜下岩石具中粒半自形粒状结构，块状构造，矿物粒径 2～4mm 为主。其中斜长石呈半自形柱状，多数晶体表面混浊。钾长石为它形填隙粒状，表面洁净，具清晰的格子双晶，结晶较晚，常交代斜长石形成净边结构。黑云母呈自形叶片状，多数聚集在一起。斜长石多数具轻绢云母化和高岭土化的蚀变特征。岩体中含有少量小于 3%的暗色包体，与寄主岩石界线截然，直径一般小于 25cm。

晚期单元分布于阿拉雷克及亚门一带，以细粒黑云英云闪长岩为主，岩体规模相对较大，色率相对较深，包体相对较多为特征。岩石呈灰色，镜下岩石具中细粒半自形粒状结构，块状构造，矿物粒径 0.3～1mm 约占 60%，其余 2～3mm，矿物之间穿插接触，其中斜长石可分出两期晶体，早期晶体粒度细小，表面洁净，双晶发育，An＝28—30。晚期晶体较大，自形柱状，具环带构造(2～3)环，中心环带混浊，边缘洁净，双晶不发育，An＝30 左右，晶体中包裹有石英、斜长石、角闪石等，石英为它形粒状，角闪石自形柱状。岩体中含有 5%～15%的暗色包体，与寄主岩石呈过渡或较为清楚的接触关系，规模变化较大，由 5cm 到 50cm。此外，亚门岩体中含有大量的黑云斜长片麻岩捕虏体或残留体(Ch*k*)。

大量存在的暗色包体岩性为黑云角闪英闪岩，多呈长条状、椭圆形或不规则形。岩石呈灰—深灰色，镜下具微细粒半自形粒状结构，块状构造，矿物粒径 0.15～0.2mm 约占 40%～50%，其余 0.2～0.6mm。主要矿物成分有斜长石 45%～50%、角闪石 10%～15%、石英 20%～25%、黑云母 10%。成分与寄主岩石大体相同，只是矿粒细小，暗色矿物含量略高。其中斜长石洁净，双晶不发育，黑云母呈半自形叶片状，其结晶可能稍晚于其他矿物，表现出晶片较大，并且晶片中普遍包裹有石英、斜长石等，岩石新鲜，基本无蚀变。

2. 岩石化学及地球化学特征

1)岩石化学特征

岩石化学成分含量见表 3-15。SiO_2为 57.51%～72.89%，变化范围较大，属中酸性岩，FeO、MgO、CaO 含量较似斑状二长花岗岩组合和正长花岗岩组合偏高。以富钙为最大特征，Na_2O+K_2O为 3.63%～5.56%，$Na_2O>K_2O$，A/CNK=0.78～0.91，σ 为 0.91～1.31，平均值为 1.07，属次铝的钙性岩石。在 Na_2O-K_2O 图解(图 3-7)中落入Ⅰ型花岗岩区。与世界花岗岩相比，英云闪长岩中偏基性成分(FeO、MgO、CaO)明显偏高；而偏酸性的岩成分(SiO_2、K_2O)则偏低。

2)稀土元素特征

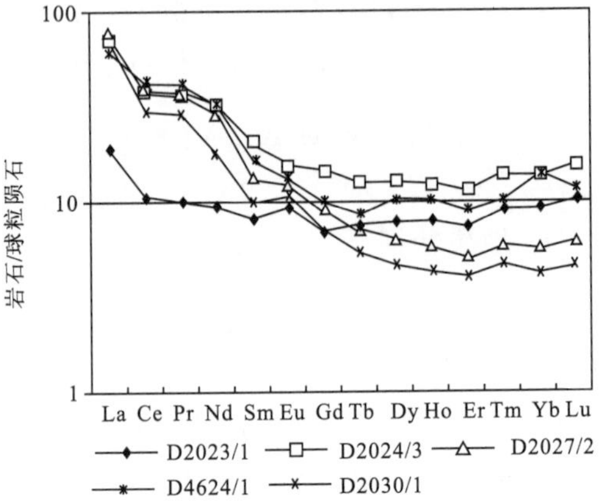

图 3-27　英云闪长岩组合稀土元素配分模式图

稀土元素含量见表 3-16。该组合岩石稀土总量较小，但变化较大，$\sum REE=(33.60\sim103.08)\times10^{-6}$，$\delta Eu=0.86\sim1.38$，显示 Eu 多为正异常，个别显示负异常，$(La/Yb)_N$值变化较大(2.10～15.22)，均显示轻稀土富集，且部分为强富集，$(La/Sm)_N=2.37\sim6.37$，$(Gd/Yb)_N=0.74\sim1.59$，说明大部分轻稀土分馏程度明显，重稀土分馏程度较差，而少部分重稀土分馏程度也较明显。稀土元素配分曲线模式图 3-27 总体显示左高右低的形态特征，同时，由该图可见，本组合岩石稀土元素特征与正常花岗岩类稀土元素特征不完全相同，可能与其物源有关，其稀土元素形态特征与古元古代结晶基底岩石特征相似。极其相似的稀土曲线(特别是 LREE)表明，该组合岩石来自于同一岩浆源，总体构成一向右缓倾的斜线，LREE 分馏、富集较为明显，HREE 曲线近于平坦或向右缓倾，表现出亏损的特征。

大量包裹于深色英云闪长岩中的同质微粒包体稀土曲线呈近水平状，其形态类似于洋中脊玄武岩之稀土特征，说明岩浆主要来自于地幔。包体的中、重稀土曲线与暗色英云闪长岩吻合较好，轻稀土元素也有一定的相似性，因此，包体的稀土组成可以近似地代表源区物质的稀土组成。

3)微量元素特征

该组合微量元素分析结果见表 3-17。以世界花岗岩(维氏，1962)为参数标准化得到蛛网图 3-28，亲铁元素(Cr、Ni、Co、Sc)部分显示富集，大离子亲石元素和高场强元素(Ba、Rb、Zr、Ta、Th)则略有亏损。早期单元和晚期单元曲线形态吻合较好，表明二者来源于同一岩浆源。

以 MORB 为标准化得到曲线图 3-29，英云闪长岩与正长花岗岩系列有着显著的差别，曲线平滑，反映岩浆分异演化较弱；大离子亲石元素富集明显，高场强元素由 Nb—P 富集程度逐渐减弱，由 Zr—Ti 亏损程度大体递增；Y—Cr 曲线大体平坦，亏损较为明显，曲线特征与亚丁湾的拉斑-碱性的洋中脊玄武岩比较接近，反映其物源主要来自于地幔或古老的 TTG 岩套。这与稀土元素研究得出的结论可互相印证。

4)成矿元素特征

成矿元素含量见表 3-17，其中 Pb 含量略微高于地壳克拉克值，样品离差较小，为不利成矿元素；Zn、Cu、Ag 含量明显低于地壳克拉克值，仅相当于其 1/2～1/4，样品离差较小，为不利成矿元素；Au 含量多数样品为克拉克值的 1/10～1/5，少数样品为其 1/4 到接近 1/2，虽然样品离差较大，但含量偏低，亦为不利成矿元素。

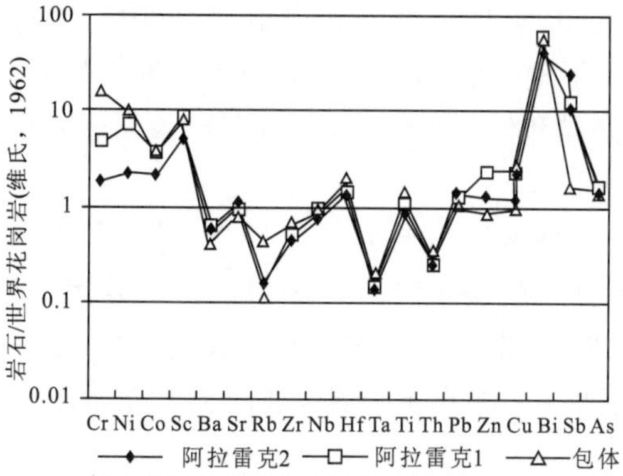

其中:阿拉雷克1为浅灰色英云闪长岩
阿拉雷克2为灰色英云闪长岩

图 3-28　英云闪长岩微量元素蛛网图

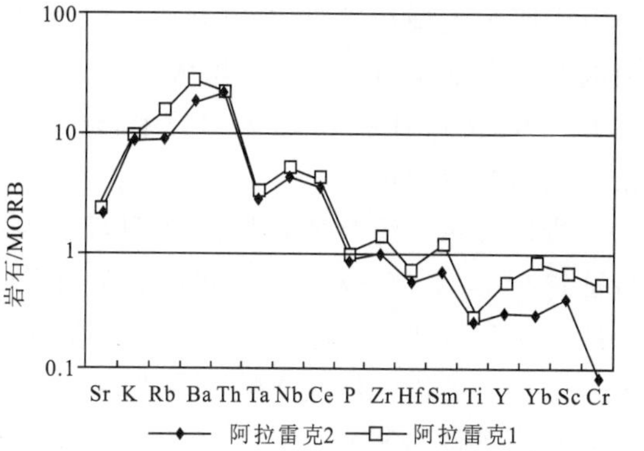

图 3-29　英云闪长岩组合微量元素 MORB 标准化模式图

3. 副矿物特征

副矿物含量见表 3-8。副矿物组合为磁铁矿+锆石+磷灰石+褐铁矿+赤铁矿，为常见岩浆型花岗岩副矿物组合。早期单元中磁铁矿含量达 85g/t，晚期单元中含有丰富的锆石(80g/t)和褐铁矿(21.46g/t)。

锆石特征见表 3-21，与正长花岗岩相比，英云闪长岩中锆石具有：①多呈复方短柱状，长宽比一般小于 2∶1；②晶面粗糙，蚀象发育；③常含片状角闪石、细小锆石、星点状黑色矿物包裹体 3 个特点，反映了岩浆演化较为复杂，物源较深。

表 3-21　英云闪长岩组合锆石特征表

岩体	岩石名称	粒径 (mm)	长∶宽	颜色	光泽	透明度	发光性	晶形晶面特征	包裹体	晶　形
阿拉雷克	中粒英云闪长岩 (D2027/2)	0.04～0.2 0.02～0.08	2∶1 1.5∶1	浅玫瑰色	金刚光泽	透明	黄色光	多数晶形完整，部分呈碎块状，锥面粗糙，柱面有蚀坑	少量存在包裹体，星点状黑色矿物不规则排列，个别为细小的柱状锆石	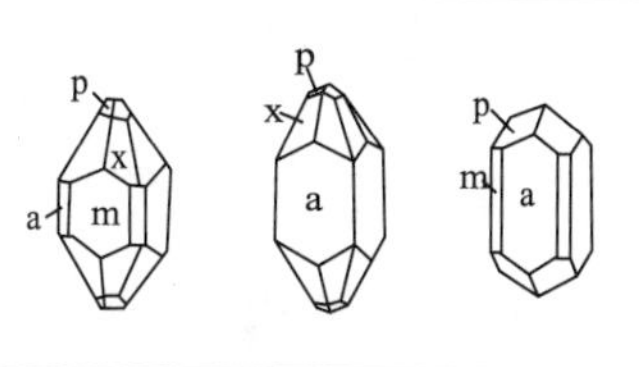
	中细粒英云闪长岩 (D2030/1)	0.02～0.5 0.01～0.05	1∶1 1∶1.5	浅玫瑰色	金刚光泽	大多透明	黄色光	大多数为次浑圆状，少数晶棱清晰，并有断裂错位现象	个别含有细小锆石包裹体和星点状黑色矿物包裹体	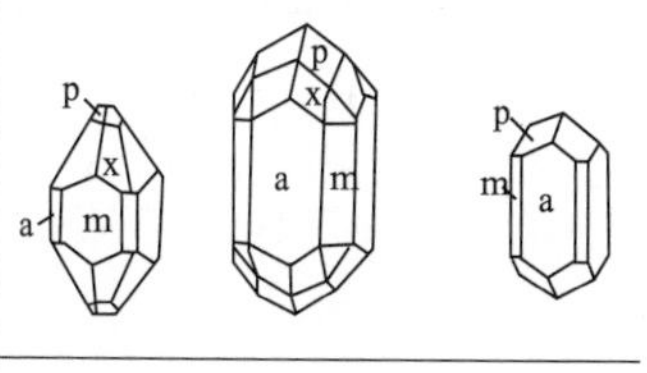
	中细粒英云闪长岩 (D2024/3)	0.03～0.5 0.02～0.09	1.5∶1 2∶1	浅玫瑰色	金刚光泽	透明	黄色亮光	大多呈碎块状，表面普遍有溶蚀痕迹	部分晶体内有片状角闪石和星点状黑色矿物	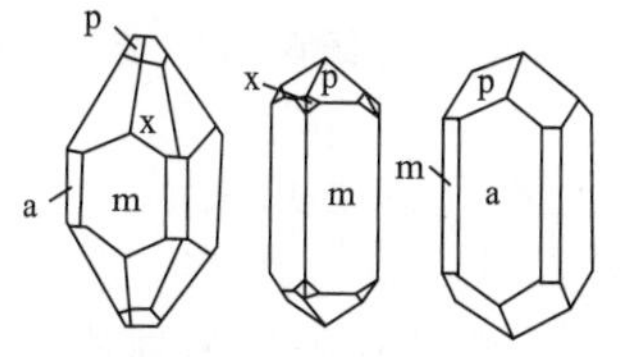

4. 岩浆来源及演化

该组合岩体总体呈带状分布于其曼于特蛇绿混杂岩带以北，处于俯冲带的下盘，从出露构造位置看，岩体必然形成于板块对接造山之后。岩石以富钙为特征，为一套偏酸性岩石组合，岩石化学研究表明为Ⅰ型花岗岩，注意到稀土曲线轻稀土部分集中、重稀土部分呈发散状，反映岩浆可能与角闪石或石榴子石处于平衡熔融状态，表明岩浆来源于下地壳底部或上地幔顶部的麻粒岩相环境，在 R_1-R_2 构造判别图(图 3-12)中，样品集中于地幔分异和俯冲前二者界线附近，表明岩浆中有大量的地幔组分的加入。

岩体分布于缝合带的北侧，串珠状、带状的分布特征显示出明显的张裂环境，矿物及岩石组合特征符合 BarBarin 大洋斜长花岗岩类(RTG)，但由于缺少铁镁质岩石及相应的洋壳建造，不可能形成于大洋环境。比较可能的情况是在造成山后伸展阶段，出现了一次明显的拉张事件，造成拉张中心部位岩石圈地幔或下地壳古老的 TTG 岩套发生部分熔融形成岩浆，进而上升至近地表形成的一套高钙性岩浆岩。

5. 侵位深度及剥蚀程度

英云闪长岩岩体呈岩株、岩枝形式出现，与围岩界线平滑清晰，主体侵入于角闪岩相变质岩之中，亚门岩体中含有大量的黑云斜长变粒岩捕虏体(或残留体)；边部亦见有呈指状穿插于阿拉叫依岩群(Z—∈)A 绿片岩相变质地层(图 3-30)，围岩中可见有较窄的热变质现象，岩体内侧偶见页理构造，各单元之间多为脉动侵入关系，岩石具中—中细粒结构。据以上特征，该组合岩形成于地壳中带(6～13km)靠上部。剥蚀程度为中等。

6. 时代

阿拉雷克岩体中我们作了一个锆石 U-Pb 测年分析，分析结果见表 3-20，谐和图见图 3-31。在 U-Pb 一致曲线上，样品投影点全部落在了曲线的下方，表明曾发生了 Pb 的丢失，上交点(990±36.5)Ma 可能代表了原岩的形成年龄；下交点(410±34)Ma 则代表了岩浆的就位年龄。

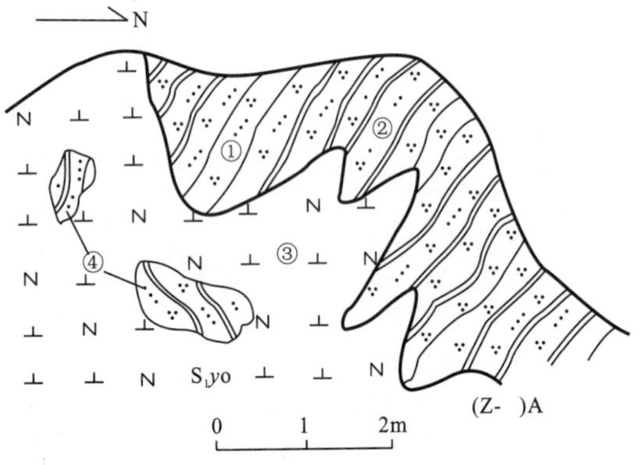

图 3-30 普鲁西阿拉雷克岩体与阿拉叫依岩群侵入关系素描图

①石英片岩；②变石英砂岩；③中细粒英云闪长岩；④地层捕虏体

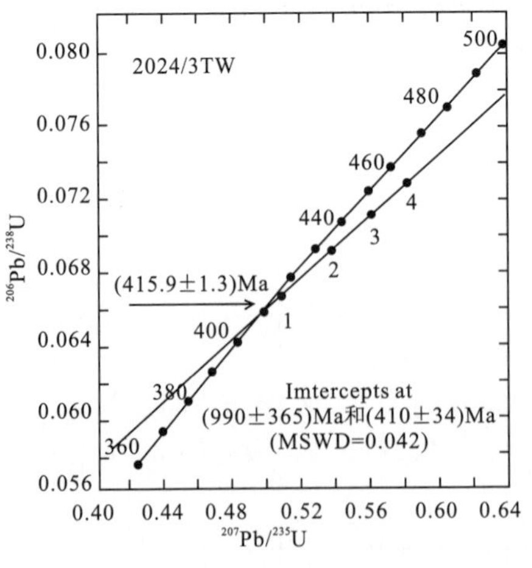

图 3-31 阿拉雷克岩体英云闪长岩锆石 U-Pb 同位素年龄谐和图

此外在亚门岩体中我们作了一条 Rb-Sr 等时线分析，结果见表 3-22。样品中有 3 个样构成了一条完整的等时线(图 3-32)，取得年龄为(415±32)Ma。

7. 控岩构造和侵位机制

英云闪长岩呈串珠状出露于缝合带的北侧，单个侵入体呈浑圆状，边界圆滑，内侧有不发育的页理构造，部分岩体中亦含有大量的围岩捕虏体，以上特征反映岩浆侵位过程，岩浆侵吞、构造位移提供空隙及岩浆主动膨胀 3 种地质作用均有显示，表现出复合就位的特征。

表 3-22　英云闪长岩组合 Rb-Sr 同位素组成表　　（$\times10^{-6}$）

样品号	Rb	Sr	$^{87}Rb/^{86}Sr$	$^{87}Sr/^{86}Sr$	2σ
2030/1-1	83.57	245.2	0.984 0	0.708 122	27
2030/1-2	23.02	254.8	0.260 9	0.707 740	20
2030/1-3	27.73	240.1	0.333 4	0.708 249	26
2030/1-4	10.97	324.7	0.097 56	0.706 882	14
2030/1-5	24.92	241.8	0.297 6	0.707 439	15
2030/1-6	18.45	282.7	0.188 5	0.706 684	22
2030/1-7	20.29	275.3	0.212 8	0.706 947	20
2030/1-8	26.13	292.3	0.258 1	0.707 886	18
2030/1-9	51.30	270.2	0.548 4	0.707 963	16

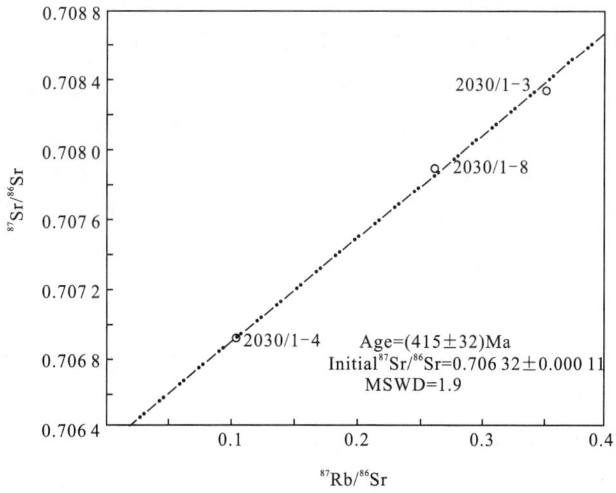

图 3-32　普鲁东英云闪长岩全岩 Rb-S 同位素等线图

三、晚古生代侵入岩

晚古生代侵入岩分布范围广泛，由调查区北侧的普鲁—流水一带到南侧相邻图幅（伯力克幅）的阿克苏一带，南北跨度达 90km，东西两侧均伸出图区。调查区内出露总面积约 222km²。岩石组成复杂，从基性岩到中酸性岩均有出露，以中酸性岩类为主体。侵入岩的分布与古生代大地构造背景相一致，区域上形成北、中、南 3 个构造岩浆岩带，北带分布于普鲁—流水—吐木亚一带，主体发育于昆北地块之上，与普鲁-阿羌裂谷相关；中带分布于苏巴什北—克里雅代牙一带，呈狭窄的带状侵入于柳什塔格玄武岩之中，发育于昆南地块边缘；南带侵入岩分布于昆仑山主脊—阿克苏一带，发育于羌塘地块之上，与苏巴什洋盆的消减、闭合有关（伯力克幅）。本图幅内仅出露北带和中带的一部分。

(一)北带侵入岩

1. 地质特征

调查区内北带侵入岩分布于普鲁—阿羌一带，向西收敛、向东发散呈宽达 20km 的带状分布，总体与阿羌火山岩带相伴。大多侵入于紧邻其南侧的前石炭纪地体之中，少数侵入于裂陷槽火山岩之内。出露总面积约 154.2km^2。岩体规模不大，多为小型岩体或岩株状产出，单个侵入体多呈透镜状或近椭圆形，宽度一般最大 5km，其长轴走向与构造线一致，岩性组成有辉绿岩、石英辉长岩、石英闪长岩、花岗闪长岩、二长花岗岩等，其中以石英闪长岩为最主要岩石类型，缺少中性岩石。依据各岩体之间的接触关系、各岩体空间上的关系、与围岩地层的关系，以及各侵入体与构造位置的关系和岩体的地球化学特征，晚古生代与普鲁-阿羌裂谷带密切相关的北带侵入岩可分 4 种岩石及岩石组合类型，即辉绿岩、石英辉长岩、石英闪长岩-二长花岗岩、花岗闪长岩-二长花岗岩。

1)辉绿岩

辉绿岩体常单独产出，未见与之共生配套的其他岩性的岩体，比较集中地分布于图区中部喀什塔什(流水)—阿羌南一带，除吾胡来约勒岩体外，其他岩体规模均很小，或呈脉状侵入于阿羌火山岩和前奥陶纪地层之中，长轴方向与构造线方向一致，总面积约 33.4km^2。吾胡来约勒岩体位于阿羌代牙以西至苏克塔雅克南，出露长约 15km，宽 2～3km，面积约 30km^2，北东向延伸，南侧被一区域性大断层切割，北侧与阿羌火山岩($P_{1-2}a$)接触，关系不清楚，既有侵入迹象，也有过渡迹象。该岩体是区内出露面积最大的一个基性岩体，但内部矿物粒度细小，普遍具辉绿结构和辉长辉绿结构，局部具辉长结构，隐约具可分性，但界线却不明显，显示其为一复式岩体，为多次岩浆涌动形成，但岩浆侵入间隔时间可能很短。岩石呈灰绿色，以辉绿岩为主，镜下岩石具中细粒辉绿结构，块状构造。矿物粒径 1～1.5mm 占 60%，其余 2～3mm。斜长石呈自形柱状，杂乱分布形成三角形空隙，其中充填半自形—它形角闪石晶体。斜长石钠氏双晶和卡钠复合双晶仍较清楚，An=64—66。蚀变表现为斜长石的轻帘石化和绿泥石化。

2)石英辉长岩

石英辉长岩分布于普鲁以东及吐木亚中游，空间上位于辉绿岩集中分布区的外围，普鲁-阿羌火山岩海槽的南部，侵入于阿羌火山岩及皮什盖萨依组(Cp)之中。总面积仅 6.6km^2，边部可见小规模次棱角状捕虏体，岩体规模不大，岩性为中粒石英辉长岩，岩石呈灰—深灰色，镜下岩石具残余中粒辉长结构，矿物粒径 2～5mm，岩石中的纤闪石呈粗大的近等轴状颗粒，斜长石虽经蚀变，原等轴状轮廓仍清楚，表面混浊不清，双晶消失。岩石经受强烈的自变质作用，表现为斜长石强烈钠黝帘石化和绢云母化及暗色矿物辉石的纤闪石化。

3)石英闪长岩-二长花岗岩组合

在规模上石英闪长岩-二长花岗岩组合是晚古生代普鲁-阿羌构造岩浆岩带(北带)的主体，而该组合的主体是石英闪长岩。侵入体总面积约 97.6km^2，空间与皮什盖萨依变质核杂岩关系比较密切，既侵入深变质的核杂岩，也侵入核杂岩的沉积盖层，少部分紧邻该变质核杂岩，主要侵入于裂陷槽火山岩之内，由早期的石英闪长岩和晚期的二长花岗岩组成。

石英闪长岩　岩性为中细粒角闪石英闪长岩，呈灰—深灰色，中细粒半自形粒状结构，矿物粒径 1～3mm 为主。矿物之间彼此穿插接触，其中斜长石呈半自形柱状，表面混浊，双晶不清；钾长石为它形粒状，表面洁净，具清晰的格子双晶；石英为它形填隙状；角闪石呈半自形—自形柱状，多色性：Ng 为绿色、Np 为绿黄色。蚀变表现为斜长石的强烈帘石化和绢云母化，个别黑云母变绿泥石和析出钛形成榍石等。岩体中含有少量暗色包体，呈浑圆状—椭圆状，大小一般小于 20cm，含量小于1%，岩性为细粒闪长质，与围岩界线清楚。

二长花岗岩　主要分布于吐木亚上游，为一较大的侵入体，侵入于皮什盖萨依组和早期单元之中。岩性为中粒黑云二长花岗岩，呈浅灰—灰白色，中粒半自形粒状结构，块状构造，矿物粒径2～3mm为主。主要矿物成分斜长石为半自形柱状，较干净，具钠长石律双晶和卡钠复合双晶，双晶结合面平直，受应力作用弯曲。钾长石为它形粒状，具清晰的钠长石条纹结构，常交代斜长石，于斜长石一侧形成蠕虫结构。蚀变表现为少数斜长石帘石化、绢云母化和个别黑云母的绿泥石化。

4)花岗闪长岩-二长花岗岩组合

花岗闪长岩-二长花岗岩组合比较集中地分布于图区东部皮什盖—苏盖特一带阿羌火山岩之中，总面积约26.6km^2。由细粒黑云母花岗闪长岩和白云二长花岗岩两种岩性组成。

黑云母花岗闪长岩　分布于苏盖特，呈不规则或近椭圆状。岩体中含大量棱角状—次棱角状火山岩捕虏体，主体岩性为细粒黑云母花岗闪长岩，岩石呈浅灰色，镜下岩石具细粒半自形粒状结构，块状构造。矿物粒径1～2mm，矿物彼此穿插接触，其中斜长石为半自形柱状，较干净，双晶不发育，仅隐约出现聚片双晶。钾长石为它形粒状，洁净，具清晰的格子双晶，为微斜长石。岩石蚀变微弱。

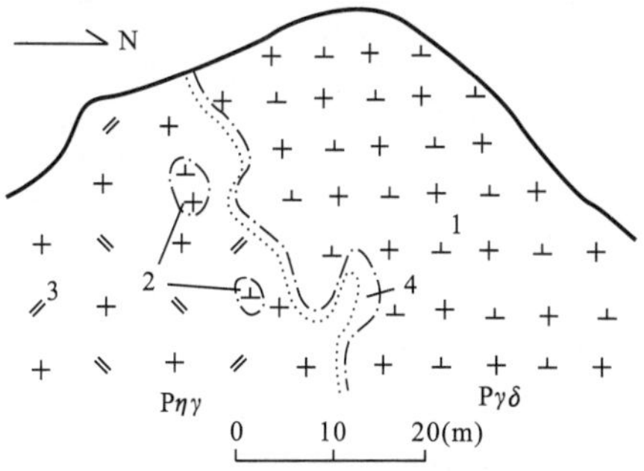

图3-33　皮什盖岩体内部脉动侵入关系素描图

①浅灰色细粒(含白云母)花岗闪长岩；②花岗闪长岩捕虏体；③灰白色中粒白云二长花岗岩；④两种岩性之间为清楚的脉动侵入关系，二长花岗岩一侧出现不发育的冷凝边

中粒白云二长花岗岩　分布于皮什盖南侧附近，侵入于阿羌火山岩及细粒黑云母花岗闪长岩中，二者之间为清晰的脉动关系(图3-33)。岩性为碎裂化中粒白云二长花岗岩，岩石具残余中粒花岗结构，碎裂结构，块状构造，矿物粒径2～3mm，少数4～5mm。岩石经受动力变质作用，几乎全部发生重结晶，少部分长石矿物边缘碎粒化，原生黑云母也被挤压成鳞片状，沿粒间分布，残余斜长石呈半自形—它形粒状，略混浊，钠长石律双晶和卡钠复合双晶较清楚，钾长石呈它形粒状，洁净，格子双晶清晰。蚀变表现为斜长石轻绢云母化和帘石化及黑云母大部分绿泥石化。

2. 岩石地球化学特征

1)化学特征

岩石化学成分含量见表3-23。与中国石英闪长岩相比，基性组分(CaO、MgO、Na_2O、P_2O_5)略偏低，而K_2O则偏高，且$K_2O > Na_2O$，其他成分则基本相当。石英闪长岩-二长花岗岩组合中石英闪长岩与中国石英闪长岩成分基本相当，仅CaO、MgO略有偏高。花岗岩则与中国花岗岩成分基本相当，但K_2O偏低。辉长岩与中国辉长岩对比，其中Fe_2O_3、FeO、K_2O、Na_2O、P_2O_5偏低，而CaO、MgO则略偏高。

岩石化学计算表明，辉绿岩$A/CNK = 0.65 \sim 1.01$，σ为$2.78 \sim 3.90$，$AR = 1.67 \sim 1.34$，为次铝的钙碱性岩石。在$K_2O - Na_2O$图解中样品全部落在了Ⅰ型花岗岩区，表明岩浆主要来源于地幔。石英闪长岩$A/CNK = 0.55 \sim 0.73$，σ为$0.52 \sim 1.27$，且$Na_2O > K_2O$，为次铝的钙性岩石，在$K_2O - Na_2O$图解中样品全部落在了Ⅰ型花岗岩区，结合A/CNK总体小于0.7的特征，可以判断岩浆来源于地幔。石英闪长岩-二长花岗岩组合侵入岩$A/CNK = 0.86 \sim 1.05$，σ为$1.72 \sim 4.66$，变化范围较大，主体小于3.3，少数达4以上，为次铝的钙碱性-碱性岩。

表 3-23　晚古生代(北带)侵入岩岩石化学含量表

岩石名称	代表性岩体	岩体代号	样品号	氧化物含量(%)										
				SiO_2	TiO_2	Al_2O_3	Fe_2O_3	FeO	CaO	MgO	K_2O	Na_2O	MnO	P_2O_5
花岗闪长岩	皮什盖	$P\eta\gamma$	D3123/1	77.23	0.05	11.80	0.64	0.40	1.15	0.07	1.88	5.63	0.06	0.03
		$P\gamma\delta$	D4368/1	69.80	0.36	14.82	0.61	2.87	4.77	1.19	2.15	3.22	0.07	0.23
		$P\gamma\delta$	D3122/1	71.50	0.28	14.92	0.49	2.08	3.69	0.94	2.40	3.04	0.05	0.15
石英闪长岩	奇阿勒克	$P\eta\gamma$	D1066/1	70.08	0.30	14.92	1.62	1.13	2.60	1.37	3.22	3.60	0.07	0.14
		$P\delta o$	D3038/1	60.01	0.82	16.83	1.42	3.94	6.35	2.70	2.26	3.46	0.09	0.24
		$P\delta o$	D3028/1	51.79	1.31	18.66	2.78	6.81	6.80	3.16	2.77	3.59	0.14	0.32
		$P\delta o$	D675/3	52.77	2.06	16.46	2.73	6.00	7.10	3.52	2.95	3.80	0.13	0.65
		$P\delta o$	D4654/1	59.10	0.85	16.77	1.59	3.92	4.50	3.85	3.64	2.92	0.12	0.26
	普鲁东	$P\nu o$	D4650/2	53.74	0.62	14.36	2.42	5.00	8.00	8.63	1.56	2.14	0.15	0.19
		$P\nu o$	D2069/1	53.71	0.37	11.02	3.37	8.77	9.10	7.33	0.44	1.93	0.21	0.06
		$P\nu o$	D1514/1	47.09	0.23	18.49	1.05	2.79	16.40	8.34	0.45	1.60	0.08	0.01
辉长岩	吾胡来约勒	$P\nu$	D1011/5	50.07	2.29	16.13	1.87	10.15	4.60	3.67	1.70	3.55	0.15	0.62
		$P\nu$	D3056/3	48.17	1.32	15.60	6.51	4.57	10.16	6.37	1.03	2.76	0.19	0.17
中国石英闪长岩				60.51	0.73	16.70	2.84	3.49	4.68	2.54	2.65	3.68	0.14	0.46
中国辉长岩				47.62	1.67	14.52	4.09	9.37	8.75	6.47	1.18	2.97	0.22	0.46
中国花岗岩				71.27	0.25	14.25	1.24	1.62	1.62	0.80	4.03	3.79	0.08	0.16

岩石名称	代表性岩体	岩体代号	样品号	氧化物含量(%)		特征参数值					
				LOI	Σ	σ	SI	W	AR	A/CNK	K_2O/Na_2O
花岗闪长岩	皮什盖	$P\eta\gamma$	D3123/1	0.39	99.33	1.65	0.81	0.62	3.76	0.88	0.33
		$P\gamma\delta$	D4368/1	0.25	100.33	1.08	11.85	0.18	1.75	0.91	0.67
		$P\gamma\delta$	D3122/1	0.69	100.23	1.04	10.50	0.19	1.82	1.04	0.79
石英闪长岩	奇阿勒克	$P\eta\gamma$	D1066/1	0.62	99.67	1.72	12.52	0.59	2.27	1.05	0.89
		$P\delta o$	D3038/1	0.79	98.91	1.92	19.59	0.26	1.65	0.86	0.65
		$P\delta o$	D3028/1	1.06	99.19	4.60	16.54	0.29	1.66	0.88	0.77
		$P\delta o$	D675/3	1.20	99.37	4.66	18.53	0.31	1.80	0.74	0.78
		$P\delta o$	D4654/1	1.49	99.01	2.67	24.18	0.29	1.89	0.99	1.25
	普鲁东	$P\nu o$	D4650/2	2.51	99.32	1.27	43.70	0.33	1.39	0.73	0.73
		$P\nu o$	D2069/1	2.33	98.64	0.52	33.56	0.28	1.26	0.55	0.23
		$P\nu o$	D1514/1	2.79	99.33	1.03	58.61	0.27	1.12	0.56	0.28
辉长岩	吾胡来约勒	$P\nu$	D1011/5	3.50	98.30	3.90	17.53	0.16	1.67	1.01	0.48
		$P\nu$	D3056/3	2.69	99.54	2.78	29.99	0.59	1.34	0.65	0.37

在 K_2O-Na_2O 图解(图 3-34)中主体落在了Ⅰ型花岗岩区，表明岩浆中部分来源于地幔。花岗闪长岩-白云二长花岗岩组合的皮什盖岩体 A/CNK＝0.88～1.04，σ 为 1.04～1.65，AR＝1.75～3.76，为次铝的钙碱性碱性岩石，在 K_2O-Na_2O 图解中样品落在了Ⅰ型花岗岩区，表明岩浆中有来自于地幔的组分。

2)稀土元素特征

晚古生代北带侵入岩稀土元素含量见表 3-24。辉绿岩稀土总量较高，ΣREE＝(27.68～

70.94)×10^{-6}，δEu=0.98～1.08，铕异常不明显，早期$(La/Yb)_N$=10.82，轻稀土富集明显，晚期$(La/Yb)_N$=0.85～2.06，说明轻稀土富集不明显。早期$(La/Sm)_N$=5.56，$(Gd/Yb)_N$=1.14，说明轻稀土分馏明显，重稀土分馏较差；晚期$(La/Sm)_N$=0.82～2.17，$(Gd/Yb)_N$=0.69～0.79，说明轻、重稀土分馏程度均较弱。稀土元素配分曲线模式(图3-35)早期显示左高右低平缓的曲线形态，晚期呈近于平坦曲线。由图可以看出，早期单元和晚期单元具有完全不同的稀土元素特征，说明二者具有不同的物质来源和演化历程。辉长岩ΣREE=(74.63～188.53)×10^{-6}，稀土总量较高。δEu=0.74～1.16，铕异常不明显，$(La/Yb)_N$=1.73～4.82，轻稀土略有富集；$(La/Sm)_N$=2.52～3.72，$(Gd/Yb)_N$=0.41～0.97，说明轻稀土分馏明显，重稀土亦有一定程度的分馏，稀土元素配分曲线模式(图3-36)总体显示

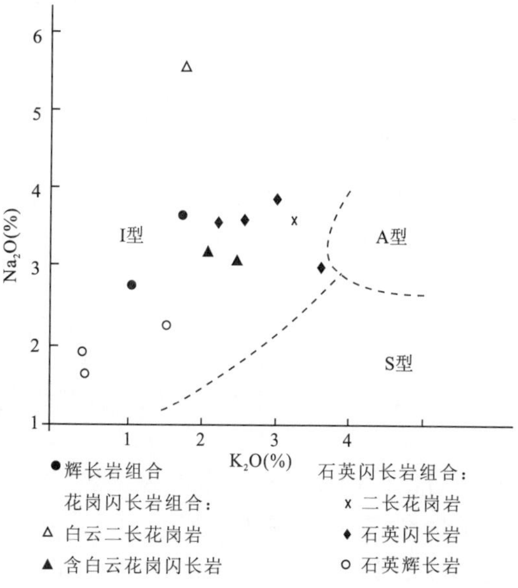

图3-34 晚古生代北侵入岩K_2O-Na_2O图解

表3-24 古生代北带侵入岩稀土元素含量特征表

岩体	岩体代号	样品号	稀土元素含量(×10^{-6}) La	Ce	Pr	Nd	Sm	Eu	Gd	Tb	Dy	Ho
皮什盖	Pηγ	D3123/1	19.28	38.04	5.08	17.86	4.21	0.29	3.59	0.62	4.54	1.00
	Pγδ	D4368/1	61.22	103.50	10.69	45.94	4.74	1.50	5.39	0.54	2.56	0.45
	Pγδ	D3122/1	40.86	77.60	8.84	36.35	4.69	1.02	4.45	0.57	2.60	0.45
阿拉雷克	Pηγ	D1066/1	48.15	79.52	8.62	29.79	5.86	1.35	5.11	0.73	4.28	0.92
	Pδo	D3038/1	79.69	149.40	15.47	54.01	8.29	2.31	7.79	0.83	5.36	1.22
	Pδo	D3028/1	76.84	153.10	16.85	66.06	12.83	2.83	9.70	1.47	10.68	2.51
	Pδo	D675/3	102.30	176.70	18.45	72.36	13.90	3.27	11.03	1.57	8.29	1.67
	Pδo	D4654/1	44.59	96.17	9.99	36.65	6.95	1.91	5.94	0.87	6.41	1.55
普鲁东	Pνo	D4650/2	37.64	78.19	8.94	32.79	6.33	1.36	5.70	0.76	5.88	1.47
	Pνo	D2069/1	12.83	27.01	4.23	16.64	3.18	0.83	2.99	0.45	3.73	1.03
	Pνo	D1514/1	15.63	25.98	2.85	13.78	3.05	1.09	3.28	0.48	3.03	0.70
吾胡来	Pν	D1011/5	4.61	8.15	1.39	4.74	1.33	0.41	1.49	0.25	1.79	0.44
约勒	Pν	D3056/3	5.81	15.90	3.29	15.30	4.44	1.54	5.27	1.04	7.16	1.45

岩体	岩体代号	样品号	稀土元素含量(×10^{-6}) Er	Tm	Yb	Lu	ΣREE	特征参数值 δEu	δCe	$(La/Yb)_N$	$(La/Sm)_N$	$(Gd/Yb)_N$
皮什盖	Pηγ	D3123/1	2.69	0.58	4.11	0.58	102.47	0.24	0.79	2.79	2.86	0.54
	Pγδ	D4368/1	1.37	0.18	1.24	0.14	239.46	1.00	0.79	29.31	8.07	2.66
	Pγδ	D3122/1	1.32	0.15	1.03	0.12	180.05	0.74	0.82	23.55	5.45	2.65
阿拉雷克	Pηγ	D1066/1	2.54	0.46	2.64	0.45	190.42	0.81	0.76	10.82	5.14	1.19
	Pδo	D3038/1	3.03	0.50	3.54	0.53	331.97	0.95	0.84	13.36	6.01	1.35
	Pδo	D3028/1	6.23	1.07	7.49	1.11	368.77	0.81	0.86	6.09	3.74	0.79
	Pδo	D675/3	4.48	0.75	4.26	0.75	419.78	0.85	0.79	14.25	4.60	1.59
	Pδo	D4654/1	3.91	0.76	5.59	0.80	222.09	0.97	0.92	4.74	4.01	0.65
普鲁东	Pνo	D4650/2	3.56	0.63	4.64	0.64	188.53	0.74	0.87	4.82	3.72	0.75
	Pνo	D2069/1	2.86	0.56	4.40	0.68	81.42	0.89	0.76	1.73	2.52	0.41
	Pνo	D1514/1	1.95	0.36	2.07	0.38	74.63	1.16	0.76	4.48	3.20	0.97
吾胡来	Pν	D1011/5	1.26	0.24	1.33	0.25	27.68	0.98	0.67	2.06	2.17	0.69
约勒	Pν	D3056/3	4.42	0.64	4.07	0.61	70.94	1.08	0.74	0.85	0.82	0.79

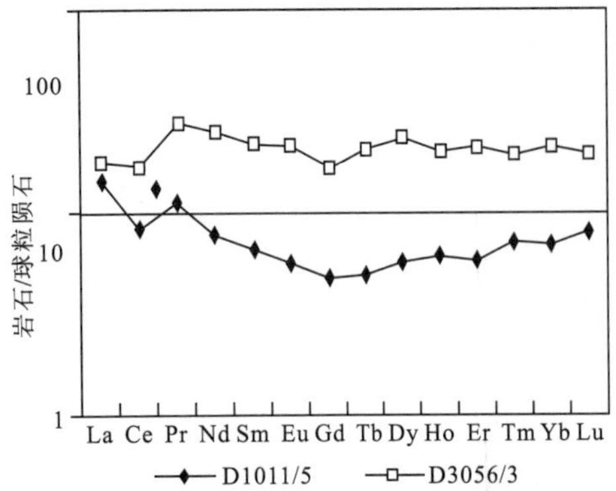

图 3－35　辉长岩稀土元素配分模式图

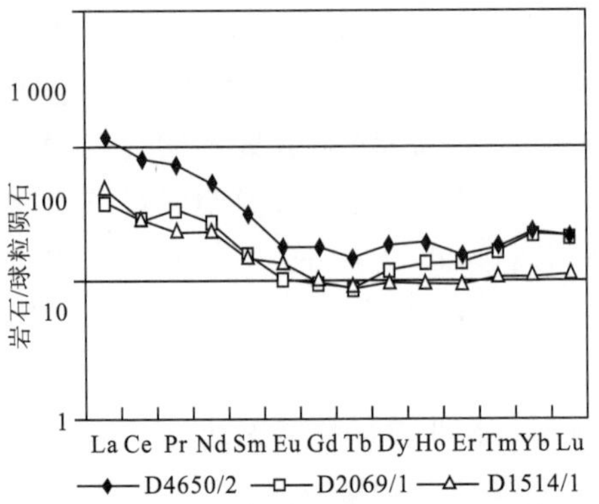

图 3－36　石英辉长岩稀土元素配分模式

左高右低的曲线形态。石英闪长岩-二长花岗岩组合岩体$\sum$REE＝(190.42～419.78)×10^{-6}，稀土总量高，变化范围宽。δEu＝0.81～0.97，铕略显亏损，$(La/Yb)_N$＝ 4.74～14.25，属轻稀土富集型。$(La/Sm)_N$＝3.74～6.01，$(Gd/Yb)_N$＝0.65～1.59，说明轻稀土分馏明显，重稀土分馏较差。稀土元素配分曲线模式(图 3－37)早期显示左高右低的较为平滑的曲线形态。

二长花岗岩-白云母花岗岩组合岩体$\sum$REE＝(102.47～239.46)×10^{-6}，稀土总量较高，变化范围宽。δEu＝0.74～1.00，铕异常不明显，$(La/Yb)_N$＝23.55～29.31，属轻稀土强烈富集型。$(La/Sm)_N$＝5.45～8.07，$(Gd/Yb)_N$＝2.65～2.66，说明轻稀土分馏明显，重稀土呈现强烈分馏。稀土元素配分曲线模式(图 3－38)呈左高右低的陡立的一条斜线，轻稀十强烈富集，重稀土明显亏损。

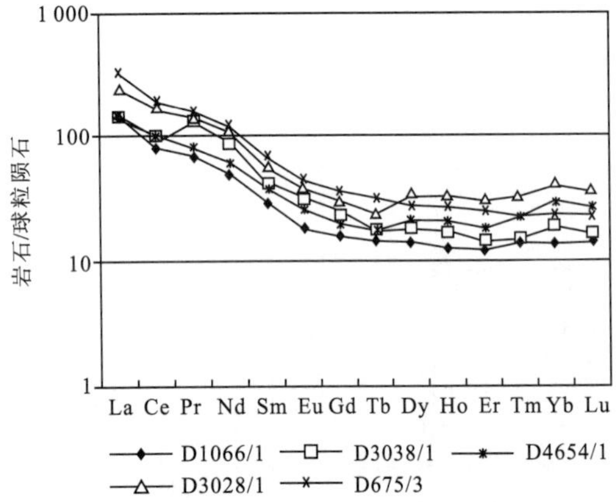

图 3－37　石英闪长岩组合稀土元素配分模式图

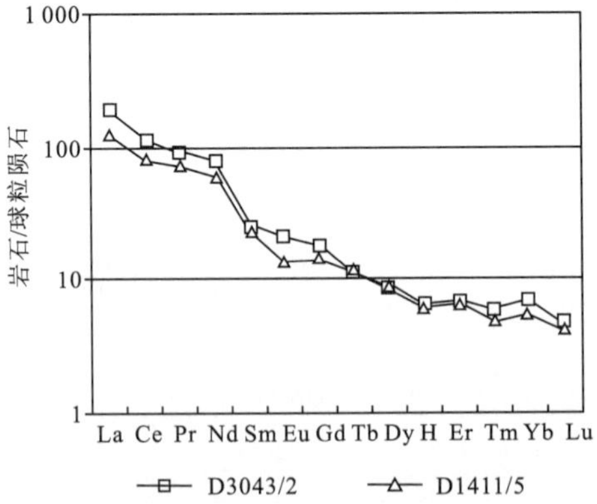

图 3－38　花岗闪长岩组合稀土元素配分模式图

3)微量元素特征

微量元素含量见表 3－25。

利用世界闪长岩为标准对各组合侵入岩作标准化得到曲线图 3－39、图 3－40。辉长岩组合和石英闪长岩组合有着大致相似的曲线特征，亲铁元素随相容性的降低(Ni、Cr、Co)而由亏损到富集，亲石元素(Ba、Sr、Rb)呈现出较为明显的亏损，高场强元素和亲铜元素大体相当，部分亲硫元素(Bi、Sb)强烈富集。花岗闪长岩组合与前两个组合明显不同，表现为亲铁元素大体相当，高场强元素多数亏损。

用 MORB 作标准化得到曲线图 3－41，辉长岩组合和石英闪长岩组合的大离子亲石元素(K、Rb、Ba、Th)强烈富集，高场强元素有较弱的亏损。曲线形态表现出大陆钙碱性玄武岩到大洋碱性玄武岩的过渡类型，反映出岩浆主要来自于地幔，同时又有部分地壳物质加入。图 3－42 花岗闪长

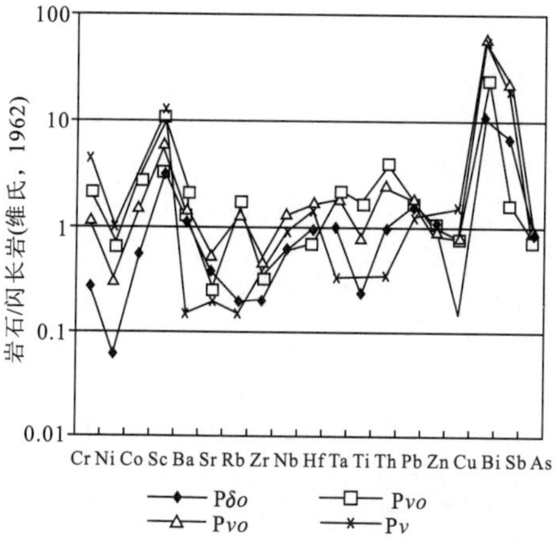

图 3-39　辉长石和石英闪长岩组合微量元素蛛网图

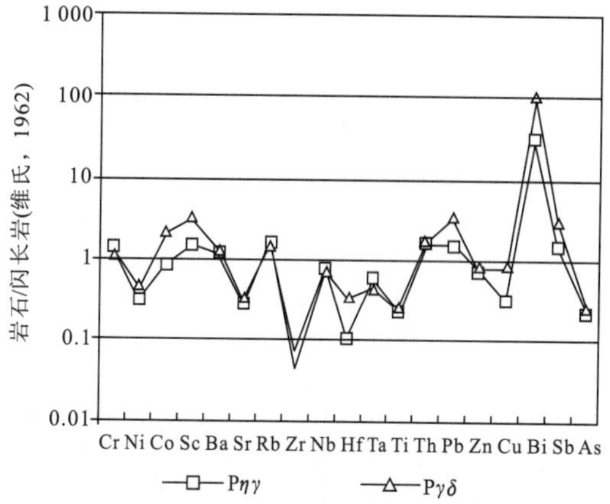

图 3-40　花岗闪长岩组合微量元素蛛网图

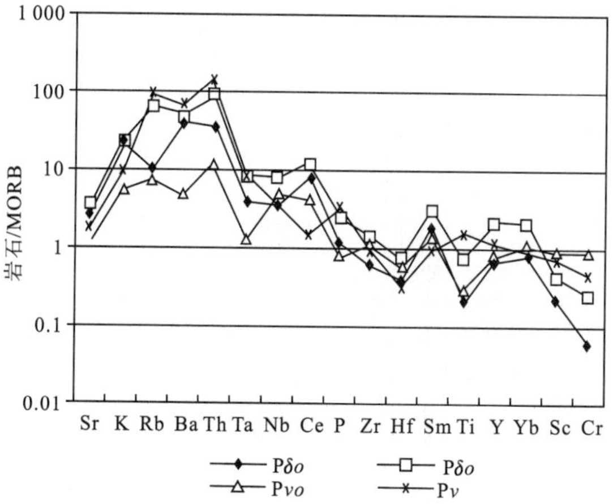

图 3-41　辉长岩和石英闪长岩组合微量元素 MORB 标准化形式图

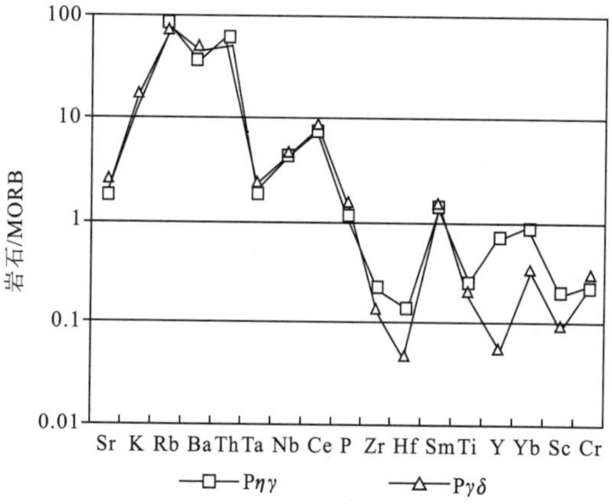

图 3-42　花岗闪长岩组合微量元素 MORB 标准化形式图

岩组合酸性侵入岩微量元素特征，大离子亲石元素（K、Rb、Ba、Th）明显富集，同时表现出 Ce、Nb 和 Sm 的相对正异常，与大离子亲石元素一起构成“三弧”隆起的曲线，表现出大陆钙碱性玄武岩到大陆裂谷玄武岩的过渡类型，与阿羌火山岩具有极为相似的曲线特征，反映出二者有着共同的岩浆来源，或者岩浆具有明显的继承特征。

4）成矿元素特征

成矿元素含量见表 3-25。其中 Pb 在早期侵入岩（包括奇阿勒克岩体、普鲁东岩体和吾胡来约勒岩体）中含量略微高于地壳克拉克值，样品间离差较小，为不利成矿元素；而在晚期侵入岩（皮什盖岩体）中多数样品则明显偏高，为克拉克值的 2～3 倍，样品离差相对较大，对成矿较为有利。Zn 在早期侵入岩中相对克拉克值略微偏高，样品间偏差较小，为不利成矿元素；在晚期侵入岩中总体含量相对克拉克值偏低，但出现了 1 个异常值，高出其所在岩体其他样品的 5 倍，为一矿化线索；Cu 在早期侵入岩中含量围绕克拉克值上下波动，变化不大，为不利成矿元素；在晚侵入岩中含量总体偏低，但样品间离差较大，对成矿有利。Ag、Au 在早期侵入岩中多数样品低于克拉克值，Ag 相对离差较小，Au 则相对较大，对成矿较为有利；晚期侵入岩中 Au 含量非常低，仅为克拉克值的 1/4，含量稳定，为不利成矿元素。

表 3-25　晚古生代北带侵入岩微量元素含量表

岩体	岩体代号	样品号	Cr	Ni	Co	Sc	Ba	Sr	Rb	Zr	Nb	Hf	Ta	Th	Bi	Sb	As	Pb	Zn	Cu	Ag	Au
皮什盖	Pηγ	D3122/1	57.00	24.30	10.50	7.50	190.2	203.3	116.90	17.90	20.70	0.09	0.41	15.10	0.27	1.21	1.140	19.50	76.60	5.90	0.026	0.10
		D3122/2	79.60	13.50	4.60	2.70	1 136	315.8	108.20	4.60	13.20	0.07	0.34	10.30	0.05	0.07	0.190	20.20	79.40	8.50	0.028	0.10
		D3122/3	53.40	21.60	18.00	1.70	775.5	255.2	128.40	13.00	16.00	0.07	0.36	6.60	0.63	0.03	0.520	32.10	47.70	24.80	0.017	0.10
	Pδo	D3123/2	31.20	12.20	5.30	7.00	264.7	101.9	266.80	15.50	14.80	0.08	0.32	1.10	0.49	0.04	0.400	37.50	22.50	7.10	0.682	0.01
		D3123/1	39.10	15.60	7.70	1.60	256.8	100.7	190.90	14.30	13.50	0.29	0.16	11.50	0.45	0.04	0.460	38.80	38.90	15.90	0.032	0.10
		D4368/2	63.00	32.50	33.50	15.60	966.9	395.2	54.04	10.30	9.70	0.12	0.15	11.40	1.85	0.04	0.500	57.30	45.20	48.70	0.242	0.00
		D4368/1	69.60	129.00	22.50	6.40	24.7	46.4	115.40	28.60	16.30	0.37	0.40	13.70	0.21	5.30	0.830	18.60	218.10	9.70	0.064	0.10
奇阿勒克	Pηγ	D1066/1	13.90	3.09	5.53	8.04	756.3	291.9	19.35	53.14	12.02	0.98	0.68	6.80	0.11	1.42	2.137	22.13	72.67	4.93	0.010	1.00
	Pδo	D3125/1	40.50	7.38	6.83	6.46	1 028	218.8	113.60	87.38	13.65	1.37	1.64	35.64	0.32	1.19	1.422	19.39	39.43	51.62	0.018	3.44
		D3129/6	44.17	14.42	13.17	17.33	1 057	385.0	285.50	79.33	19.35	1.38	1.46	39.16	0.63	13.29	2.411	31.04	59.96	12.00	0.024	2.62
		D684/3	29.25	7.92	12.69	18.41	629.1	222.6	207.70	94.80	18.68	0.42	2.95	21.65	0.54	0.56	2.477	27.97	68.17	17.56	0.024	3.61
		D3028/1	62.72	15.95	15.72	12.21	970	586.6	133.30	129.50	33.16	1.80	1.88	6.52	0.66	1.10	2.411	31.83	90.01	20.83	0.043	2.67
		D3028/3	70.91	26.13	21.76	16.55	1 139	526.8	84.85	173.50	39.40	2.22	1.21	5.16	0.81	2.37	1.812	25.10	97.33	25.03	0.054	1.87
		D3130/5	80.99	20.96	22.20	27.10	1 011	360.9	30.87	160.50	30.89	1.66	0.51	3.49	0.80	6.34	1.836	28.16	82.29	27.66	0.044	1.01
普鲁东	Pν	D2069/2	192.50	32.68	23.50	62.17	84.11	136.9	12.10	136.40	16.51	1.55	0.17	3.00	0.87	0.77	1.402	19.00	80.94	57.02	0.035	0.32
		D2069/1	225.10	36.71	26.42	52.97	131.2	184.5	9.48	156.00	18.94	1.92	0.19	2.80	0.90	3.02	1.438	20.17	101.90	76.87	0.020	0.48
		D2029/4	138.00	73.26	22.91	26.36	137.9	164.1	13.28	176.30	21.44	2.47	0.32	3.16	0.59	8.96	1.436	19.50	103.40	63.56	0.024	0.68
		D2029/3	96.77	56.64	16.62	18.56	80.9	180.1	18.50	54.73	22.50	0.59	0.24	1.31	0.46	8.67	1.429	19.43	177.30	35.55	0.015	0.37
		D2029/1	336.90	53.75	12.56	14.12	44.9	125.5	8.81	44.86	14.65	1.92	0.15	1.34	0.32	2.58	1.534	19.67	83.54	22.17	0.011	0.30
		D1514/1	311.00	76.34	15.67	31.20	105.5	132.6	29.55	54.95	15.26	0.57	0.29	2.55	0.36	1.45	1.987	17.78	98.04	59.76	0.010	0.45
吾胡来约勒	Pν	D1011/5	158.10	29.81	9.25	23.77	2 705	247.9	323.70	157.90	11.15	0.54	2.98	58.87	0.34	0.58	2.183	21.56	51.87	40.03	0.089	3.54
		D3056/3	55.70	323.60	43.60	34.00	66.7	161.9	41.00	19.60	13.20	0.86	0.22	0.90	0.10	0.09	1.270	9.90	71.30	15.00	0.010	0.31
地壳克拉克值(维氏,1962)			83.00	5.80	18.00	10.00	650	340.0	150.00	170.000	20.00	1.00	2.50	13.00	0.01	0.50	1.700	16.00	83.00	47.00	0.070	4.30

注:表中 Au 元素含量单位为$\times10^{-9}$,其他元素含量单位为$\times10^{-6}$

3. 副矿物特征

副矿物含量见表3-26。辉绿岩副矿物含量很低，为150×10^{-6}，主要副矿物组合为：磁铁矿+锆石+褐铁矿+黄铁矿，此外还有少量的磷灰石、榍石、石榴子石等；石英闪长岩-二长花岗岩和花岗闪长岩-白云二长花岗岩两个组合侵入岩副矿物含量也不高，但变化范围较大，由93～1 305μg/g，主要副矿物成分有磁铁矿、钛铁矿、磷灰石、锆石、黄铁矿、方铅矿等，副矿物组成较复杂。

表3-26　晚古生代侵入岩(北带、中带)副矿物含量表

岩带	岩体	岩石名称	磷灰石	钛铁矿	磁铁矿	榍石	锆石	石榴子石	褐铁矿	黄铁矿	方铅矿	电气石
中带	克里雅河	似斑状黑云母花岗岩	少量	—	2 504	108	7.80	—	少量	3.89	—	—
北带	皮什盖	中粒白云二长花岗岩	1.20	少量	微量	1 303	<1	少量	少量	1.20	10粒	—
		细粒黑云母花岗闪长岩	44.40	8.33	124	微量	<1	—	5.00	微量	0.11	个别
		碎裂化细粒英闪岩	1.71	5	微量	个别	<1	—	少量	85.7	—	—
	奇阿勒克	细粒石英闪长岩(D3028/1)	6	110	1.00	5.5	21	—	11	0.60	0.10	—
		中粒石英辉长岩(D1514/1)	8粒	—	0.44	5粒	0.89	5粒	88.89	38.89	—	3粒

锆石特征见表3-27。辉绿岩中的锆石颗粒细小，多为短柱状，长宽比一般小于1～1.5，晶体中常包裹角闪石和细小锆石等，晶形相对简单，反映岩浆源较深。其他组合侵入岩锆石颗粒相对较大，多为复方柱状或锥形，长宽比一般大于2，晶体中主要包裹体为细小的锆石、磷灰石及黑云母等，说明相对基性岩岩浆源变浅。

4. 岩浆来源及演化

晚古生代北带侵入岩呈带状伴生于裂陷槽内，岩石化学研究表明多为I型花岗岩，反映岩浆中有地幔成分的参与；微量元素研究表明岩浆与阿羌火山岩有着极为相似的曲线形态，均具有大陆钙碱性玄武岩到大陆裂谷玄武岩的过渡类型之特征，表明岩浆主体来源地幔，又有部分地壳物质的加入。基性侵入岩特别是辉绿岩的岩石成分和平坦的稀土曲线特征，表明岩浆可能直接来自于岩石圈地幔所分泌的玄武质岩浆。而酸性岩体的岩石组合、右倾的稀土曲线，反映出其岩浆可能经历了一定的分异演化或者有地壳物质的明显加入。

岩石中含有少量的暗色闪长质包体，与围岩界线清楚，反映出较弱的岩浆混合作用的存在，同时，在副矿物中有较多的钛铁矿出现，反映岩浆源中有大量下地壳物质加入。

总结以上特征可以看出，晚古生代北带侵入岩与阿羌火山岩有着明显的成因联系，是由岩石圈地幔或软流圈幔分泌的基性岩浆直接上涌形成基性侵入岩。地幔岩浆的加入，同时也提供了较为充足的热能，使下地壳(米兰岩群)发生部分熔融，形成了一系列中酸性岩石。

5. 侵位深度及剥蚀程度研究

北带侵入岩以中基性和中酸性岩石为主，岩石以中—细粒结构为主；火山岩南侧围岩中均有大量的同期脉岩贯入，岩体与围岩界线清楚平滑，边部偶见有细粒边，而基性岩石常见与火山岩过渡现象，总体表现出浅成岩的特征，按Hymdam(1985)划分原则，北带侵入岩大致形成于6.5～13km地壳中带靠上部到浅表环境。

表 3-27　晚古生代北带晚期侵入岩锆石特征表

岩带	岩石名称	粒径(mm)	长∶宽	颜色	光泽	透明度	发光性	晶形晶面特征	包裹体	晶　形
北带(晚期)	中粒白云二长花岗岩 (D3123/1)	0.32～0.04 0.04～0.02	2∶1 4∶1	浅玫瑰色	金刚光泽	透明	未见发光	以柱状为主,表面较光滑,少数局部有蚀痕	包裹体较多,主要为细小锆石,次为氧化铁或其他黑色星点状性质不明的小包体	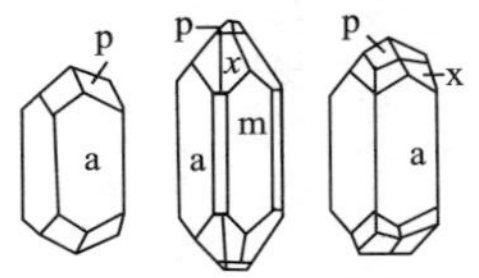
北带(晚期)	细粒黑云母花岗闪长岩 (D4368/1)	0.64～0.06 0.80～0.03	2∶1 4∶1	浅玫瑰色为主	金刚光泽	半透明	未见发光	以柱状为主,颗粒大的表面粗糙,细小的光滑	多数含包裹体,主要为细小锆石	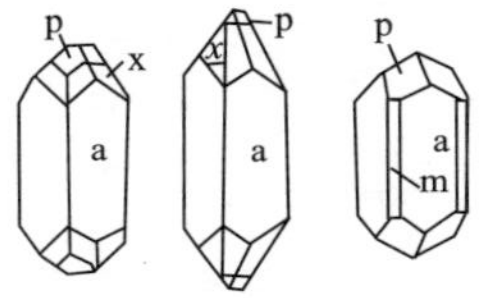
北带(晚期)	碎裂化细粒英闪岩 (D3122/1)	0.40～0.01	3∶1 2∶1	浅玫瑰色为主	金刚光泽	半透明	未见发光	以复方柱状晶形为主,部分有程度不同的蚀象	多数含包裹体,主要为细小锆石,个别为极细小的星点状性质不明的包裹体	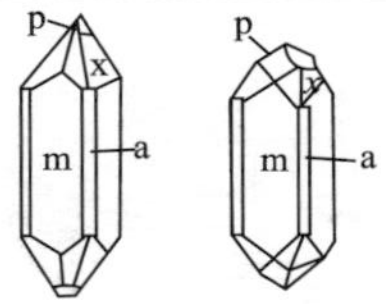
中带	中粒似斑状二长花岗岩 (D2087/4)	0.40～0.04 0.08～0.02	2∶1 4∶1	浅玫瑰色	金刚光泽	透明	暗黄光	以复方柱状晶形为主,表面局部有细小蚀象	包裹体普遍,主要为细小锆石,其次有少量绿泥石、黑云母及氧化铁	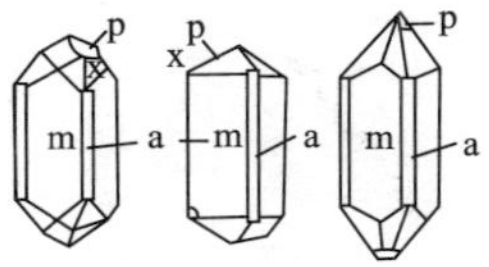
南带(晚期)	中细粒石英辉长岩 (D1514/1)	0.03～0.30 0.02～0.10	1∶1 1.5∶1 个别 2∶1,3∶1	浅玫瑰色	金刚光泽	透明	暗黄光	以短柱状晶形为主,晶棱晶面清晰,多数表面略粗糙,少数晶面光滑,个别晶体裂纹较发育,少数锆石被溶蚀	部分晶体含角闪石、细小锆石和星点状黑色矿物	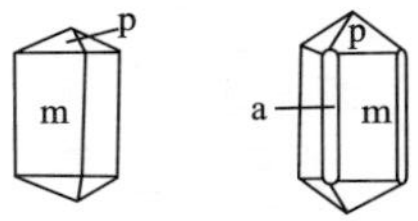
南带(晚期)	中细粒石英闪长岩 (D3028/1)	0.08～0.50 0.04～0.25	2∶1 1.5∶1 个别 4∶1	浅玫瑰色、无色	金刚光泽	多数透明		多呈柱状,一般晶面清晰,表面粗糙,晶面普遍有凹坑,呈层状凹陷,个别具明显的环带,少数晶体有不规则的裂纹	多数晶体含有细柱状磷灰石和锆石,个别见角闪石	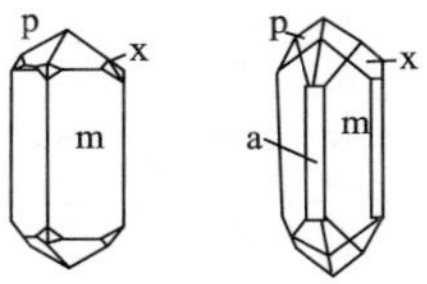

北带侵入体侵入界面多向外陡倾，火山岩内部及附近侵入体中含有大量次棱角状捕虏体，内部可见涌动式侵入关系，因此其剥蚀程度为中等。

6. 时代

空间上北带侵入岩与石炭纪皮什盖萨依组和早、中二叠世阿羌火山岩共生，与阿羌火山岩既有侵入关系，也有过渡关系，地球化学特征也极相似，说明它们在时间上相当，成因上密切相关。

区域上和本区晚古生代火山岩首次出现于石炭纪，结束于中二叠世，晚二叠世沉积地层中已无火山活动，从另一侧面说明北带侵入岩时代应为石炭纪到中二叠世。

（二）中带侵入岩

1. 地质特征

中带侵入岩分布于测区南部克里雅代牙及南部邻图幅的苏巴什、再依勒克北一带，呈北东东—北东向狭窄的带状展布，本图区仅出露其东段。岩带宽度小于 3km。有 3 个较大的自然侵入体，出露面积约 67.8km^2，单个侵入体均呈长条状或长透镜状，其长轴方向与构造线完全一致。主体侵入于震旦纪柳什塔格玄武岩（Zl）之中，也可以见到塔斯坎萨依组（C_1t）碎屑岩的捕虏体。岩石组成较为简单，仅中细粒角闪石英二长闪长岩和中粒似斑状黑云母花岗闪长岩两种岩性（两个单元）。

1）中细粒角闪石英二长闪长岩

分布于岩体南侧边部，外侧侵入于柳什塔格玄武岩中，内侧被中粒似斑状黑云母花岗闪长岩脉动侵入。岩石呈绿灰色，中粒半自形粒状结构，或似斑状结构，块状构造，矿物粒径 2～5mm，斑晶 20mm。似斑晶为半自形—自形板状钾长石，干净，具格子双晶和显微条纹结构，为微斜长石。基质主要矿物成分为石英：10%～15%、钾长石 15%～20%、斜长石 40%～45%、角闪石 25%，其中斜长石为半自形柱状，角闪石为自形柱状。

岩体中含有大量的细粒闪长岩包体，包体与寄主岩石间呈过渡或清楚的界线，包体含量可达 20%～40%，由于岩石与包体间的强烈混染，岩石内部很不均匀，岩性有中粒角闪石英二长闪长岩、中粒斑状石英二长岩等。其中包体多呈浑圆形或椭圆形，大小 10～25cm，岩性为细粒闪长岩，呈深灰—灰黑色，细粒半自形粒状结构，块状构造，矿物粒径多数 0.5～1mm，少数为 2～3mm。主要矿物成分有石英 2%～3%、斜长石 45%、黑云母 2%～3%、角闪石 40%～45%。矿物之间穿插紧密接触，其中斜长石为半自形柱状，轻绢云母化，晶体较混浊，但聚片双晶仍隐约可见，角闪石为自形—半自形柱状，绿—淡黄绿色。

2）中粒似斑状黑云母花岗闪长岩

分布于岩体内部，是岩体的主体组成部分，岩石呈灰—浅灰色，风化面显褐色，似斑状花岗结构，基质具中粒半自形粒状结构，块状构造。斑晶为钾长石，矿物粒径 10～20mm，含量 10%～25%，镜下表面洁净，具显微钠长石条纹结构和卡斯巴双晶。基质中主要矿物成分：石英 20%～25%、钾长石 5%、斜长石 45%～50%、黑云母 5%～8%、角闪石 2%～3%。其中斜长石呈半自形柱状，较干净，双晶发育，常见钠长石律双晶和卡钠复合双晶，双晶结合面平直清晰，An＝24—26，石英为它形粒状，黑云母自形叶片状（褐色），角闪石为自形柱状（绿色）。

岩石中亦含有较多的暗色包体，大小 10～25cm，含量约 5%～10%，多呈浑圆形或椭圆形产出，与寄主岩石界线截然，岩石特征同早期单元中的包体。

2. 岩石化学及地球化学特征

1)岩石化学特征

岩石化学成分含量见表 3－28。早期单元与中国辉长岩成分相当,但 FeO 偏低,K_2O 略偏高,略偏酸碱性,晚期单元则处于中国花岗岩和中国石英闪长岩之间。该岩体岩石演化特征明显,从早期单元到晚期单元岩浆向酸性方向演化,表现在 SiO_2、K_2O 明显增加;而 Fe_2O_3、FeO、CaO、MgO 则呈明显的下降趋势。

表 3－28　晚古生代中带岩体岩石化学含量表

岩体代号	样品号	氧化物含量(%)										
		SiO_2	TiO_2	Al_2O_3	Fe_2O_3	FeO	CaO	MgO	K_2O	Na_2O	MnO	P_2O_5
Cγδ	D893/1	68.50	0.38	14.60	0.42	2.65	3.63	0.85	4.33	2.65	0.06	0.16
Cγδ	D2087/4	59.60	1.00	15.40	3.84	3.87	6.89	2.82	3.3	2.44	0.11	0.27
Cδo	D2087/1	47.40	1.19	14.50	5.17	5.29	8.02	5.95	2.06	2.17	0.19	0.34
中国石英闪长岩		60.51	0.73	16.70	2.84	3.49	4.68	2.54	2.65	3.68	0.14	0.46
中国辉长岩		47.62	1.67	14.52	4.09	9.37	8.75	6.47	1.18	2.97	0.22	0.46
中国花岗岩		71.27	0.25	14.25	1.24	1.62	1.62	0.80	4.03	3.79	0.08	0.16

岩体代号	样品号	氧化物含量(%)		特征参数值					
		LOI	Σ	σ	SI	W	AR	A/CNK	K_2O/Na_2O
Cγδ	D893/1	1.62	99.85	1.91	7.77	0.14	2.24	0.94	1.63
Cγδ	D2087/4	0.49	100.04	1.98	17.34	0.50	1.70	0.76	1.35
Cδo	D2087/1	7.98	100.26	4.07	28.84	0.50	1.46	0.71	0.95
中国石英闪长岩				2.29	16.71	0.45	1.84	0.96	0.72
中国辉长岩				3.73	26.87	0.30	1.43	0.66	0.40
中国花岗岩				2.16	6.97	0.43	2.94	1.05	1.06

岩石化学计算表明,该侵入岩 A/CNK＝0.71～0.94,σ 为 1.91～4.07,变化范围较大,早期单元为次铝的钙碱性—碱性岩,晚期单元为钙碱性岩。在 K_2O-Na_2O 图解(图 3－34)中 K_2O 含量变化范围较大,主体落在了 I 型花岗岩区,表明岩浆中部分来源于地幔。

2)稀土元素特征

稀土元素含量见表 3－29。

表 3－29　晚古生代中带岩体稀土元素含量表

岩体代号	样品号	稀土元素含量($\times10^{-6}$)									
		La	Ce	Pr	Nd	Sm	Eu	Gd	Tb	Dy	Ho
Cγδ	D893/1	80.62	158.0	16.39	59.04	10.41	1.99	10.13	1.24	6.50	1.13
Cγδ	D2087/4	88.56	190.1	22.89	92.64	19.69	3.56	18.58	2.87	16.77	3.20
Cδo	D2087/1	67.37	160.2	19.94	82.07	18.34	3.52	16.67	2.64	14.64	2.75
包体	D2087/5	37.74	100.7	14.05	49.55	11.93	2.42	11.35	1.82	10.32	2.04

岩体代号	样品号	稀土元素含量($\times10^{-6}$)					特征参数值				
		Er	Tm	Yb	Lu	ΣREE	δEu	δCe	$(La/Yb)_N$	$(La/Sm)_N$	$(Gd/Yb)_N$
Cγδ	D893/1	3.44	0.46	3.05	0.43	352.83	0.64	0.87	15.69	4.84	2.04
Cγδ	D2087/4	9.73	1.38	9.34	1.30	480.61	0.62	0.87	5.63	2.81	1.22
Cδo	D2087/1	7.67	1.06	6.58	0.96	404.41	0.66	0.91	6.08	2.30	1.55
包体	D2087/5	5.77	0.84	5.29	0.80	254.62	0.69	0.91	4.24	2.00	1.32

稀土总量较高，$\sum REE=(352.83\sim480.61)\times10^{-6}$，$\delta Eu$值变化较大，部分$\delta Eu=0.62\sim0.66$，显示 Eu 负明显亏损，$(La/Yb)_N=5.63\sim15.69$，说明轻稀土富集，$(La/Sm)_N=2.30\sim4.84$，$(Gd/Yb)_N=1.22\sim2.04$，说明轻稀土分馏程度均明显，部分重稀土分馏程度较差，而部分重稀土显示一定程度的分馏。稀土元素配分曲线模式（图 3－43）总体显示左高右低的形态特征，并且轻稀土部分呈收敛状，重稀土部分呈发散状，反映岩浆可能与角闪石处于平衡熔融状态，或者岩浆经历了明显的角闪石的分离结晶作用。

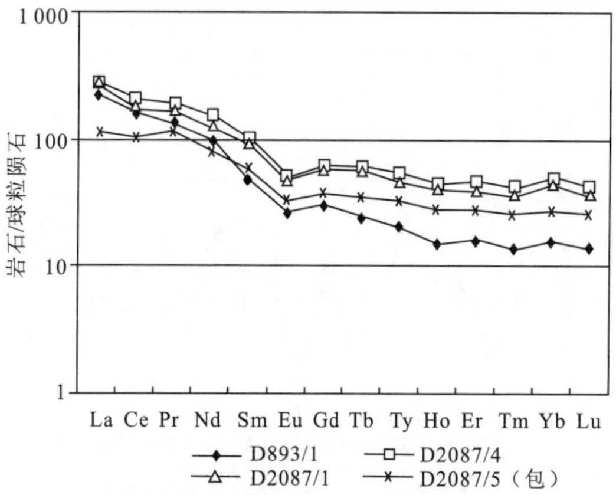

图 3－43　晚古生代中带侵入岩微量元素稀土配分模式图

3）微量元素特征

微量元素含量见表 3－30。

以世界闪长岩为参照，对微量元素作标准化得到曲线图 3－44，各单元曲线特征相似，反映它们具有密切的亲缘关系。其中亲铁元素随着相容性的降低，富集程度明显增加；强不相容元素（Ba、Sr、Rb）略有亏损，高场强元素除 Zr 明显亏损外，其他元素 Nb、Hf、Ta、Ti、Th 和亲铜元素 Pb、Zn、Cu 大体相当；亲硫元素中 Bi 强烈富集，而 Sb、As 则有明显的亏损。

表 3－30　晚古生代中带岩体微量元素含量表

样品号	岩体代号	Ni	Cr	Co	Sc	Ba	Sr	Rb	Zr	Nb	Hf
D893/1	Cγδ	12.02	64.22	6.20	4.81	232.5	232.7	232.3	21.99	22.67	0.465
D2088/1	Cγδ	29.41	58.34	19.95	14.42	1 012	303.0	160.2	20.00	21.72	0.628
D2087/4	Cγδ	20.37	51.61	12.56	14.17	295.4	262.5	144.9	30.40	47.17	1.277
平均数		20.60	58.06	12.91	11.13	513.3	266.1	179.1	24.13	30.52	0.790
D2087/1	Cδo	42.68	63.08	45.06	36.62	338.0	345.6	88.1	36.25	45.84	1.489
D2087/5(包)		28.69	34.92	38.63	25.37	513.3	350.4	136.7	48.55	36.10	1.156
地壳克拉克值(维氏，1962)		58.00	83.00	18.00	10.00	650.0	340.0	150.0	170.00	20.00	1.000

样品号	岩体代号	Ta	Th	Bi	Sb	As	Pb	Zn	Cu	Ag	Au
D893/1	Cγδ	2.025	20.670	0.202	0.171	0.931	16.93	67.71	17.25	0.020	0.30
D2088/1	Cγδ	1.352	16.140	0.741	0.028	0.350	32.59	48.37	22.77	0.023	0.20
D2087/4	Cγδ	3.990	20.660	0.150	0.042	1.281	17.98	91.59	20.70	0.025	0.60
平均数		2.460	19.160	0.360	0.080	0.850	22.50	69.22	20.24	0.023	0.37
D2087/1	Cδo	2.285	10.420	0.129	0.038	0.862	10.48	98.97	26.86	0.028	0.40
D2087/5(包)		1.254	5.863	0.103	0.250	0.898	9.01	108.00	19.11	0.008	0.20
地壳克拉克值(维氏，1962)		2.500	13.000	0.009	0.500	1.700	16.00	83.00	47.00	0.070	4.30

注：表中 Au 元素含量单位为$\times10^{-9}$，其他元素含量单位为$\times10^{-6}$

以 MORB 为标准化得到曲线图 3－45。图中显示，大离子亲石元素（Sr、K、Rb、Ba、Th）强烈富集，高场强元素中（Ta、Nb、Sm）富集明显，亲铁元素 Sc、Cr 略有亏损。整个曲线形态呈三弧隆起状，显示出亲大陆岛弧的特征。

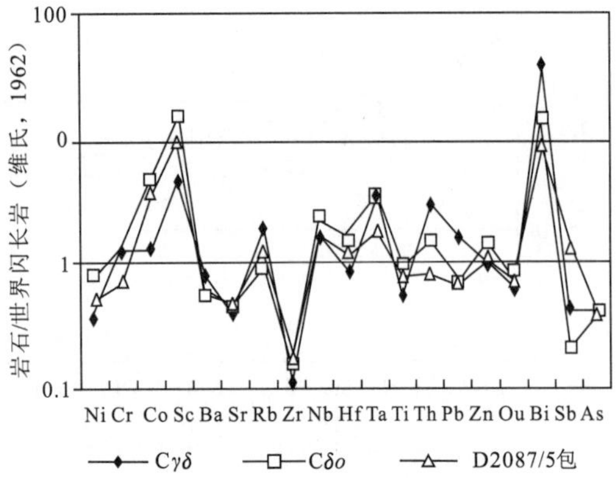

图 3-44　晚古生代中带侵入岩微量元素蛛网图

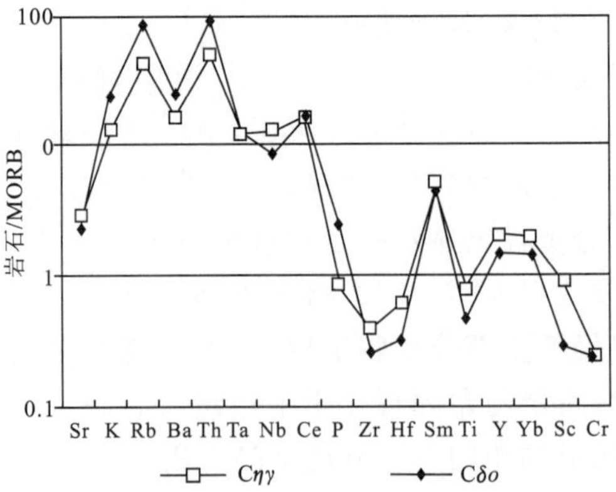

图 3-45　晚古生代中带侵入岩微量元素 MORB 标准化形式图

4）成矿元素特征

晚古生代中带侵入岩成矿元素含量见表 3-30。其中 Pb、Zn 含量与克拉克值偏差不大，样品间离差较小，为不利成矿元素；Cu、Ag 含量接近克拉克值的一半含量较为稳定，亦为不利成矿元素；Au 含量多数样品不足克拉克值的 1/10，含量变化不大，为不利成矿元素。

3. 副矿物特征

中带侵入岩副矿物组成相对简单（表 3-26），种类较少，主要由磁铁矿、榍石、锆石和黄铁矿组成，其中磁铁矿高达 2 504$\times10^{-6}$，榍石亦高达 108$\times10^{-6}$，可能是深源基性的包体岩浆大量混入的结果。

锆石基本特征见表 3-27。清晰的晶棱晶面及透明的特性表明其为岩浆成因，长宽比为（2∶1）～（4∶1），比值较大，暗示物源较浅。

4. 岩浆来源及演化

该组合岩体主体为一套中酸性岩石，依据其矿物组成及岩石组合特征，按 BarBarin 划分原则属角闪石钙碱性岩石（ACG），它的出现标志着构造体制由挤压向伸展的转换。同时这一岩浆的形成中地幔有 50%～90%的贡献。岩浆中大量存在的深源暗色包体表明有来自于深部的基性岩浆大规模活动，并与上部的中酸性岩浆发生了强烈的混合。

岩石化学研究表明属次铝的 I 型花岗岩，岩浆主要来源于下地壳或上地幔的部分熔融，同时我们注意到稀土配分图上轻稀土相对集中、重稀土则相对发散的特征，推测岩浆源区与富含重稀土的角闪石等处于平衡状态。在部分微量元素对世界闪长岩标准化图解中，亲铁元素随着相容性的降低，富集程度明显增加，这一特征也进一步确立了部分熔融模式的存在。

5. 侵位深度及剥蚀程度研究

中带侵入岩以中酸性岩石为主，以中粒似斑状结构为主要特征，与围岩边界较为清楚，未见细粒边，总体显示深成岩的特征，按 Hymdam（1985）划分原则，中带侵入岩大致形成于 6～13km 的中带靠下部。

侵入界面向外陡倾，边部可见棱角状到次棱角状围岩捕虏体，大面积出露晚期单元侵入体，二者之间为脉动侵入关系，因此剥蚀程度中等。

6. 时代

在中带侵入岩中可见到南侧围岩塔斯坎萨依岩组(C_1t)碎屑岩的捕虏体，表明岩体时代应晚于早石炭世。前人在邻幅(伯力克幅)边部同一构造位置侵入岩(中粒黑云二长花岗岩)中取得K－Ar年龄为300Ma(许荣华，2000)，其时代为石炭纪。

7. 控岩构造及就位机制

狭窄且较连续的带状形态以及岩体内部基本不发育变形构造，含较多巨大的柳什塔格玄武岩捕虏体及顶垂体，紧邻晚古生代苏巴什蛇绿混杂岩带分布，而其侵位时期正处区域伸展机制，这些特征均说明该岩浆岩带受大型区域张性断裂控制，具被动侵位特点。

四、脉岩

测区内脉岩不发育，但脉岩类型较多，依据岩石组成、产出位置及成因将测区内脉岩划分为伟晶岩脉、中基性岩脉、中性岩脉及酸性岩脉四大类。

根据脉岩的产出构造位置及与各期侵入岩在成分上的继承性和空间上分布的密切关系，以及变质变形特征，将测区脉岩初步划分为前寒武纪、早古生代、晚古生代、中—新生代4期，现由老到新叙述如下。

1. 中基性岩脉

分布于其曼于特蛇绿混杂岩带南、北两侧附近，出露脉体不多，但局部成群出现，侵入于深变质岩系卡羌岩组(Ch*k*)和阿拉玛斯岩群(Jx*A*)之中。侵入界面不很规则，少呈团块状出现，但界面截然。脉岩规模普遍较小，一般3～20m，延伸50～200m。脉体走向与区域构造线大体一致，岩石普遍蚀变强烈。主要岩石类型有：

中细粒黑云闪长岩-中粒辉长岩　岩石呈灰色块状，中粒半自形粒状结构，矿物粒径为2～4mm为主，少数1.5mm。主要矿物成分有斜长石70%、普通角闪石15%～20%、黑云母5%～10%、石英2%～3%。矿物彼此之间紧密穿插接触。其中斜长石呈半自形柱状，洁净，双晶发育，钠长石律和少数卡钠复合双晶较为发育。个别双晶具环带构造。An＝48—50，为中长石；角闪石呈自形柱状，为普通角闪石，常见包裹黑云母；黑云母呈自形叶片状，常包裹榍石、锆石等。

强蚀变细粒二长辉长岩　岩石呈灰绿色、浅灰色，块状，细粒半自形粒状结构，矿物粒径为0.8～1.5mm。主要矿物成分有斜长石40%、纤闪石40%、钾长石5%～10%、绿帘石5%、黑云母2%～3%。因受较强的热液变质作用，斜长石表面十分混浊，强烈的钠黝石化，仅保留原斜长石晶体的形态；纤闪石呈纤维状集合体。

细粒透闪石化单斜辉石岩　岩石呈灰黑色，残余自形柱状结构，块状构造，矿物粒径以2～3mm为主，主要矿物成分有透闪石(原为单斜辉石)90%、单斜辉石5%～10%。岩石遭受强烈的热液变质作用，造成原生辉石变为透闪石，但原生结构变化不大。

蚀变含长角闪石岩　岩石呈绿黑色，残余自形柱状结构，块状构造，矿物粒径3～5mm，主要矿物成分有角闪石(次闪石化)大于80%、斜长石10%、黑云母3%、钾长石3%～5%。其中角闪石为自形柱状，斜长石为粒状充填，钾长石为后期交代产物。

该类脉岩伴生于震旦纪—寒武纪其曼于特蛇绿岩带(见本章第三节)侧旁附近，走向亦与其基本一致，表明脉体可能与原特提斯洋的演化相关。偏基性的岩石组成，加上不很规则的脉体边界反映了一种区域性张裂环境。依据上述特征，可以推断这些脉岩是在原特提斯洋的扩张过程中，由幔源岩浆贯入到周围基底岩系中形成。

2. 中酸性岩脉

分布于其曼于特缝合带侧旁附近，被其侵入的地层最老为深变质基底岩系米兰岩群(Pt_1M)，最新地层为皮什盖萨依岩组(Cp)。单个脉岩规模不大，一般(3～5)m×(50～200)m。脉体多呈北东—南西向走向，脉体边界截然，但是很平直，有的脉沿节理贯入，表明就位深度不大。组成岩石单一，岩性有：

细粒黑云二长岩　　岩石呈绿灰色，细粒半自形粒状结构，块状构造。矿物粒径0.6～1.5mm，主要矿物成分有斜成石50%～60%、钾长石10%～15%、黑云母5%～10%、绿帘石10%～15%。

蚀变辉绿玢岩　　岩石呈灰绿色，斑状结构，基质辉绿结构，块状构造，斑晶粒径5～17mm。基质粒径0.5～1mm，斑晶成分有斜长石5%～10%，基质成分：斜长石45%、阳起石20%～25%、绿帘石5%～10%、绿泥石15%～10%、角闪石2%～3%。

细粒黑云闪长岩　　呈深灰色，细粒半自形粒状结构，块状构造，矿物粒径0.3～0.6mm，主要矿物成分有斜长石65%～70%、透闪石5%～10%、黑云母20%～25%、石英1%～2%。斜长石呈半自形细粒状，双晶发育，An=48—50，黑云母呈半自形叶片状，透闪石呈纤维放射状，为后期变晶形成。

该类脉岩空间分布与晚古生代普鲁-阿羌裂谷相关，岩性特征缺少角闪石，而富含黑云母和浅色矿物，岩石相对前一类脉岩明显偏酸性。说明它与该裂谷的演化相吻合，时代为晚古生代。

3. 酸性岩脉

包括两类花岗岩脉，一类为与早古生代末期英云闪长岩体同期、同成因、同成分脉体。分布于阿拉雷克岩体附近或内部，脉体边界平直，界线清楚，脉体走向无优选方位。岩体内部脉体相对色率较浅，矿物粒度明显变细0.3～0.6mm。岩体外侧脉体则粒度相当，为1～4mm。脉岩矿物成分大致相同，主要组成矿物有斜长石60%～65%、石英20%～25%、角闪石5%～8%、黑云母5%。

另一类花岗岩脉为区域性晚期脉体，区内仅发现两条较大脉体。走向近东西，侵入地层中最老为卡羌岩组(Chk)，最新地质体为石炭纪侵入岩。脉体规模不大，(1～20)m×(10～200)m，边界平直，界线截然。倾角为35°～60°，脉体主要岩性为细粒花岗闪长岩。岩石呈浅灰色，细粒花岗结构，块状构造，矿物粒径0.6～1.5mm。主要矿物成分有斜长石45%～50%、石英25%～30%、钾长石15%～20%、黑云母3%～5%、角闪石1%、绿帘石1%～2%。其中斜长石为半自形柱状，混浊，双晶不清，钾长石为它形—半自形粒状、板状，常见其交代斜长石。

第一类花岗岩脉-英云闪长岩脉从其岩石组构特征及与岩体的密切伴生关系分析，其由幔源岩浆(为主)形成侵入岩之后的残余岩浆而形成。时代为志留纪。第二类花岗岩脉的形成则要晚得多，至少应在石炭纪之后，从其伴生于晚古生代裂陷槽的附近，并结合偏酸性的岩石组成分析，其可能形成于裂陷槽的闭合过程之中或其末期。

4. 伟晶岩脉

集中分布于吐木亚一带卡羌岩组(Chk)和米兰岩群之中。吐木亚村以南约5km范围内，伟晶岩脉最为发育，局部成群出现，最高可占岩石组成的30%。向南向北脉岩明显减少。伟晶岩脉多数顺片麻理贯入，少数斜切片麻理，边界不很规则，但总体与片麻理一致。单脉规模从20cm～5m不等。

第二节　火山岩

测区内火山岩分布广泛，伴随特提斯洋的发展演化，区内形成了规模宏大的洋岛型、岛弧型及裂谷型火山岩带，岩石组成较为复杂，从块状玄武岩到安山岩，英安岩及新生代偏碱性的辉石安山岩均有分布。其中以水下溢流相为最主要的产出相，爆发相很少，陆相火山岩仅在普鲁以东有零星出露。

一、震旦纪—早古生代火山岩

这一时期火山活动主要集中于苏巴什以北，喀什塔什山主脊一带，呈北东—南西向似层状展布，其中柳什塔格玄武岩中约占90%。主要由强蚀变玄武岩、绿帘阳起石岩、阳起石岩(原岩为玄武岩)组成，下部层位见有枕状构造，集中成层分布，呈椭圆形，长轴15～30cm，短轴10～20cm，边部杏仁体较为发育；上部层位夹有凝灰岩；库拉甫河岩群中火山岩约占30%，主要由钠长绿帘石岩和细粒斜长角闪岩组成(原岩为中基性火山岩)，下部层位中含有磁铁矿透镜体。

(一)岩石学特征

1. 柳什塔格玄武岩

主要为一套中基性火山岩，宏观以深灰色、绿黑色，致密块状为主要特征，抗风化能力极强，构成了柳什塔格山脉主脊。大部分岩石经受动力变质作用，为低绿片岩相变质。主要岩石类型有以下几种：

强阳起石化玄武岩　为其主体组成岩石，呈灰绿色，致密块状，残余间隐结构，主要矿物组成有斜长石40%～45%、阳起石45%～55%、绿帘石2%～3%。岩石遭受强烈的阳起石化作用，但原岩主要矿物和结构仍残留，且较清楚，原生斜长石呈细板条状微晶，粒径0.15～0.3mm，少数0.5mm，板条状微晶无排列规律，所形成的空隙中充填为次生阳起石和粉尘状磁铁矿等。其中斜长石较干净，显示卡钠复合双晶，少数卡氏双晶；次生阳起石呈纤维状集合体，绿色，原暗色矿物可能为辉石，经蚀变和变质作用形成。

绿帘阳起石岩　呈灰绿色，块状，纤维状变晶结构，颗粒大小0.02～0.05mm，主要矿物成分有阳起石60%～65%、绿帘石25%～30%、纳更长石3%～5%、磁铁矿1%、方解石3%。岩石遭受强烈的蚀变作用，使原生结构和原生矿物基本消失殆尽，新生矿物阳起石呈纤维状晶体，无定向分布，其粒间分布有细小绿帘石(可能为斜长石蚀变形成)和个别残余的钠更长石。岩石中出现粒径较粗的绿帘石集合体，大致呈圆形，大小1～3mm，可能为杏仁体，据此，结合蚀变矿物组合及残余个别钠更长石分析，原岩为杏仁状玄武岩。

蚀变粗玄岩　呈灰黑色，致密块状，具残余粗玄结构，颗粒长径0.3～0.5mm，主要矿物组成有斜长石50%～55%、次闪石25%～30%、绿泥石8%～10%、绿帘石3%～5%、磁铁矿2%～3%，其中斜长石为板条状，杂乱排列，轻钠黝帘石化，隐约显聚片双晶；孔隙中原生暗色矿物已次闪石化，个别绿泥石化。

安山质岩屑晶屑凝灰岩　呈深灰色，块状，岩屑、晶屑凝灰结构，粒径大小0.05～1.5mm，岩屑成分有安山岩屑25%～30%、玄武质岩屑2%～3%、石英岩屑1%～2%。晶屑成分有斜长石30%、石英3%～5%、火山灰尘15%～20%、绿泥石15%、黄铁矿1%。岩屑粒径多在1～1.5mm，大小不等，形态多呈棱角状或尖棱角状，晶屑有三角状、阶梯状等；火山灰尘粒径0.02～0.0.3mm，呈尖棱角状，次生蚀变绿泥石等将火山碎屑胶结在一起。

蚀变安山岩 呈深灰色，具交织结构，块状构造，颗粒大小0.1～0.2mm，主要矿物组成有斜长石70%～75%、绿泥石10%～15%、绿帘石10%～15%、石英1%～2%，其中斜长石呈板条状，轻绢云母化，双晶不清，其次还有绿泥石化和绿帘石化。

2. 库拉甫河岩群

主要为中基—中酸性火山熔岩，宏观呈灰绿色，致密块状，大部分岩石经受低绿片岩相变质作用，主要岩石类型有：

钠长绿帘石岩 呈灰绿色，粒状变晶结构，块状构造，颗粒大小0.1～0.5mm，主要矿物组成有绿帘石(主)+黝帘石(次)40%～45%、钠长石35%～40%、绿泥石10%～15%、石英5%～10%。岩石经受强烈的自变质作用，造成原岩特征全部消失。强蚀变矿物主要为大量的不规则它形粒状绿帘石、黝帘石和鳞片状绿泥石等混杂分布于岩石中，钠长石呈变晶粒状，十分洁净，钠氏双晶很少。从蚀变矿物组合分析，原岩为基性火山熔岩类。

细粒斜长角闪岩 灰绿色，细粒变晶结构，块状构造，颗粒大小0.1～0.15mm，主要矿物组成有角闪石40%～45%(可能为原岩残留矿物)、斜长石35%～40%、阳起石5%～8%、透闪石2%～3%、绿帘石1%～2%、石英1%。其中角闪石呈半自形短柱状，粒状(少数沿脉体边缘变为阳起石纤维状晶体和个别转变为透闪石纤柱体)；斜长石它形，少数半自形粒状，表面混浊，双晶不清，隐约可见聚片双晶，黝帘石、方解石混合一起的细脉和钠长石细脉较为发育，杂乱贯入。

(二)岩石化学特征

岩石化学成分含量见表3-31。柳什塔格玄武岩成分接近大洋拉斑玄武岩，表明其可能形成于大洋环境，而库拉甫河岩群中的火山岩则有较大的差别，表现在SiO_2、K_2O明显偏高，而FeO、CaO、MgO则明显偏低，显示了硅铝壳物质的加入，可能产生于岛弧环境。

表3-31 震旦纪—早古生代火山岩岩石化学含量表

火山岩所属岩群	样品号	氧化物含量(%)										
		SiO_2	TiO_2	Al_2O_3	Fe_2O_3	FeO	CaO	MgO	K_2O	Na_2O	MnO	P_2O_5
柳什塔格	D168/5	58.86	1.76	13.73	5.36	2.53	8.01	3.57	4.55	3.12	0.12	0.65
	D1435/7	58.87	0.79	13.78	1.06	7.55	5.63	3.73	0.99	2.61	0.16	0.22
	D1028/2	47.89	0.88	15.74	2.16	7.73	13.20	8.48	0.32	2.00	0.20	0.10
	D1028/4	49.92	1.00	14.18	2.93	7.96	11.30	7.66	0.32	2.88	0.21	0.09
库拉甫河	D1021/1	63.69	0.84	15.17	0.95	4.86	2.50	4.02	2.80	2.68	0.12	0.23
大洋拉斑玄武岩		49.30	1.80	15.20	2.40	8.00	10.80	8.30	0.24	2.60	0.17	1.00

火山岩所属岩群	样品号	氧化物含量(%)		特征参数值					
		LOI	Σ	σ	t	AR	SI	A/CNK	W
柳什塔格	D168/5	1.72	103.98	3.71	6.03	2.090	18.66	0.558	0.679
	D1435/7	4.67	100.06	0.82	14.14	1.455	23.40	0.883	0.123
	D1028/2	1.03	99.73	1.10	15.61	1.174	40.99	0.570	0.218
	D1028/4	0.86	99.31	1.48	11.30	1.287	35.22	0.553	0.269
库拉甫河	D1021/1	1.66	99.52	1.45	14.87	1.899	26.26	1.266	0.164
大洋拉斑玄武岩		—	99.81	1.28	7.00	1.245	38.53	0.629	0.231

利用 Maitre 的全碱-氧化硅(TAS)图解(图 3-46)判别，柳什塔格玄武岩中有两个样品落入玄武岩区，为基性火山岩，库拉甫河岩群中的火山岩则落入安山岩与英安岩附近，为中酸性火山岩。

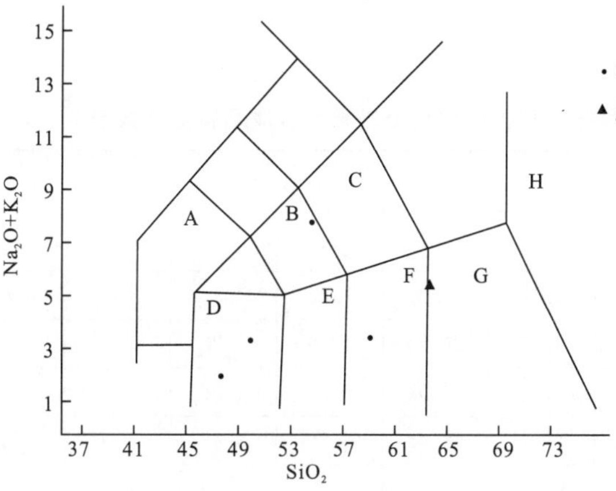

图 3-46 早古生代火山岩全碱-氧化硅(TAS)图解

A. 碱玄岩、碧玄岩；B. 玄武粗面安山岩；C. 粗面安山岩；D. 玄武岩；E. 玄武安山岩；F. 安山岩；G. 英安岩；H. 流纹岩。

(三)火山岩碱度及岩石系列

利用$(Na_2O+K_2O)-SiO_2$图(图 3-47)判别，两个火山岩群中火山岩样品主体落入亚碱系列；进一步利用$(Na_2O+K_2O)-FeO^*-MgO$图(图 3-48)判别，柳什塔格玄武岩中有两个样品均落入钙碱性系列玄武岩区，另外两个样品落入钙碱性系列区；而库拉甫河岩群中的火山岩则落入钙碱性系列区；里特曼指数结果见表 3-31，柳什塔格玄武岩除一个样品高达 3.71 外，其他均变化于 0.82～1.48 之间，主体小于 1.8，为强太平洋型钙碱性岩石；库拉甫河岩群中火山岩里特曼指数为 1.45，同柳什塔格岩群一样属偏钙性的钙碱性岩。

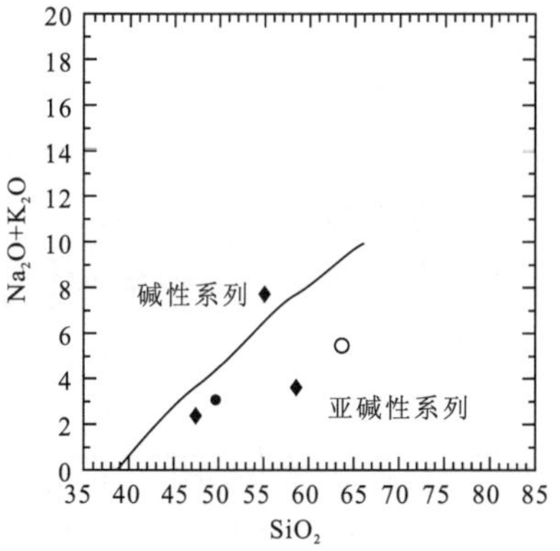

图 3-47 $(Na_2O+K_2O)-SiO_2$ 判别图

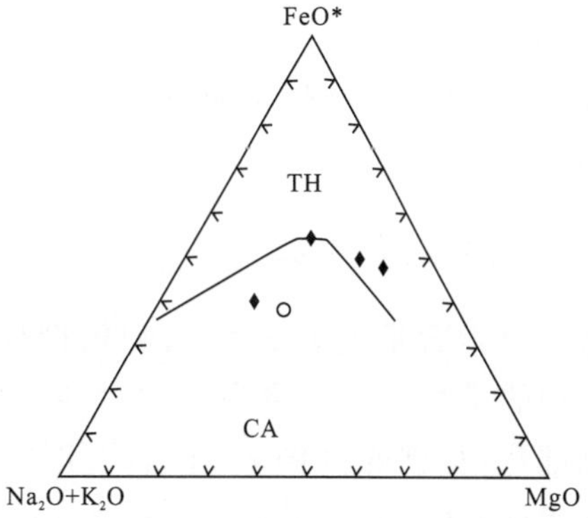

图 3-48 $(Na_2O+K_2O)-FeO^*-MgO$ 判别图

TH. 拉斑玄武岩系列；CA. 钙碱系列

(四)稀土元素特征

稀土元素含量见表 3-32，柳什塔格玄武岩稀土总量不高，$\sum REE=(72.92\sim125.02)\times10^{-6}$，有一个样品高达 502.26×10^{-6}，δEu 值变化不大，为 0.96～1.10，无明显的亏损或富集，$(La/Yb)_N$

=1.55～10.08，说明轻稀土有一定程度的富集，个别样品中高达26.62，属强富集型；$(La/Sm)_N$=1.60～7.60，$(Gd/Yb)_N$=0.81～2.03，说明轻稀土分馏较为明显，部分重稀土分馏程度较差，而部分重稀土分馏程度也较明显。稀土元素配分曲线模式(图3-49)总体显示左高右低的形态特征。

表3-32　震旦纪—早古生代火山岩稀土含量及特征参数表

火山岩所属岩群	样品号	元素含量($\times10^{-6}$)									
		La	Ce	Pr	Nd	Sm	Eu	Gd	Tb	Dy	Ho
柳什塔格	D1435/7	11.42	25.35	5.19	16.38	2.82	0.83	3.00	0.48	2.92	0.60
	D1435/14	25.47	50.92	6.67	24.80	4.49	1.25	3.69	0.53	3.01	0.57
	D168/5	15.74	33.95	4.08	23.08	5.02	1.58	5.31	0.95	5.76	1.16
	D1028/2	148.41	219.26	20.50	68.48	12.20	3.42	10.94	1.41	7.48	1.53
	D1028/4	6.63	12.76	59.31	15.55	2.59	0.95	3.35	0.57	3.97	0.93
库拉甫河	D1021/1	20.43	33.62	4.12	15.17	3.40	1.29	3.16	0.52	3.08	0.67

火山岩所属岩群	样品号	元素含量($\times10^{-6}$)					特征参数值				
		Er	Tm	Yb	Lu	ΣREE	δEu	δCe	$(La/Yb)_N$	$(La/Sm)_N$	$(Gd/Yb)_N$
柳什塔格	D1435/7	1.86	0.25	1.58	0.24	72.92	0.96	0.68	4.29	2.53	1.16
	D1435/14	1.67	0.23	1.50	0.22	125.02	1.00	0.80	10.08	3.55	1.51
	D168/5	3.17	0.43	2.57	0.36	103.16	1.03	0.87	3.64	1.96	1.27
	D1028/2	4.08	0.66	3.31	0.58	502.26	0.97	0.74	26.62	7.60	2.03
	D1028/4	2.55	0.47	2.54	0.44	112.61	1.10	0.05	1.55	1.60	0.81
库拉甫河	D1021/1	1.90	0.34	1.95	0.35	90.00	1.30	0.73	6.22	3.76	0.99

库拉甫河岩群中的火山岩稀土总量为85.46×10^{-6}，δEu为1.30，显示较为明显的正异常，$(La/Yb)_N$=6.22，轻稀土富集明显；$(La/Sm)_N$=3.76，$(Gd/Yb)_N$=0.99，说明轻稀土分馏较为明显，部分重稀土分馏程度极差。

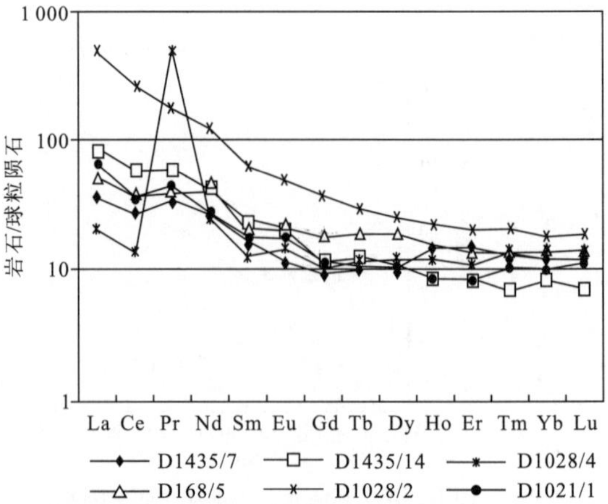

其中：D1021/1为库拉甫河岩群中火山岩，其余为柳什塔格玄武岩中火山岩

图3-49　早古生代火山岩稀土元素配分模式图

(五)微量元素特征

微量元素含量见表3-33，利用世界玄武岩(维氏，1962)的微量元素含量为参数对各个样品微量元素作标准化，得到蛛网图3-50，柳什塔格玄武岩的亲铁元素(Cr、Co)略有富集，大离子亲石元素出现选择性富集(Sc)和亏损(Sr、Rb、Ba)，高场强元素大体相当，亲硫元素(Bi)强烈富集。库拉甫河岩群中的火山岩与柳什塔格玄武岩微量元素特征相同(图3-51)。

表 3-33 震旦纪—早古生代火山岩微量元素含量表

火山岩所属岩群	样品号	Ni	Cr	Co	Sc	Ba	Sr	Rb	Zr	Nb	Hf
柳什塔格	D168/5	105.30	140.40	32.47	27.96	449.00	838.30	14.82	55.07	23.02	1.931
	D1435/7	48.34	181.60	41.77	32.76	58.25	125.00	46.21	46.15	16.09	1.178
	D1435/14	69.70	132.20	32.49	22.72	634.50	316.10	61.06	80.51	18.47	2.347
	D1435/15	74.66	221.70	23.33	26.70	50.31	167.30	12.05	17.75	6.41	0.513
	D1028/2	116.30	344.00	33.34	35.54	130.30	151.90	11.30	147.30	28.95	1.351
	D1028/4	35.75	62.26	29.98	36.27	103.10	144.10	20.08	114.70	25.88	1.638
库拉甫河	D1412/1	46.52	195.10	22.38	46.04	111.60	189.60	13.96	90.13	16.97	0.688
	D1412/5	84.56	384.50	30.49	39.92	99.07	55.39	18.52	116.10	19.41	1.590
	D1021/1	230.60	435.10	15.02	10.69	487.60	117.90	69.57	78.50	16.99	0.329
地壳克拉克值(维氏,1962)		58.00	83.00	18.00	10.00	650.00	340.00	150.00	170.00	20.00	1.000

火山岩所属岩群	样品号	Ta	Th	Bi	Sb	As	Pb	Zn	Cu	Au	Ag
柳什塔格	D168/5	1.644	2.768	0.128	0.085	0.810	8.198	73.77	113.30	0.30	0.033
	D1435/7	0.208	4.102	1.378	0.415	1.182	43.550	109.80	76.96	0.00	0.012
	D1435/14	0.779	9.616	0.103	0.190	0.968	8.801	74.24	16.95	0.02	0.025
	D1435/15	0.153	1.065	0.011	0.081	0.474	7.777	75.00	105.60	0.10	0.015
	D1028/2	0.273	1.232	0.897	1.620	2.120	24.850	713.10	110.60	1.00	0.041
	D1028/4	0.198	1.293	0.904	1.154	1.770	19.600	118.60	85.94	0.45	0.041
库拉甫河	D1412/1	0.105	2.036	0.75	0.520	2.010	24.870	116.00	24.56	0.31	0.020
	D1412/5	0.145	1.402	0.747	23.580	1.543	16.870	122.60	21.95	0.32	0.030
	D1021/1	0.876	18.040	0.253	1.060	1.311	13.380	54.14	22.49	1.13	0.027
地壳克拉克值(维氏,1962)		2.500	13.000	0.009	0.500	1.700	16.000	83.00	47.00	4.30	0.070

注:表中 Au 元素含量单位为 $\times10^{-9}$,其他元素含量单位为 $\times10^{-6}$

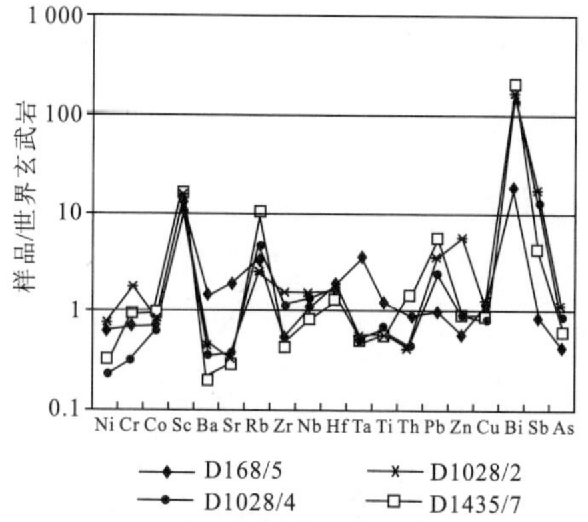

图 3-50 柳什塔格玄武岩微量元素蛛网图

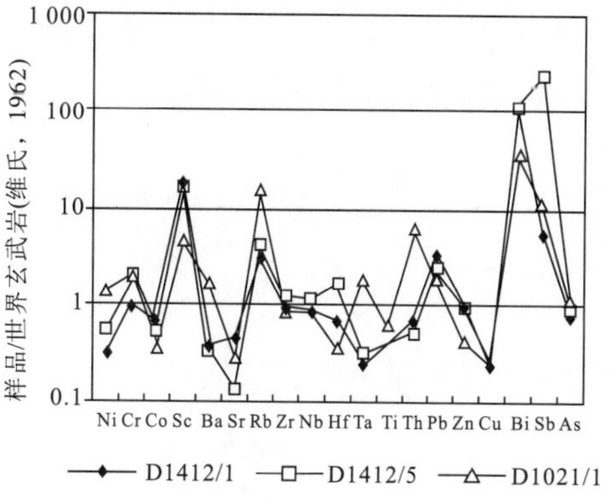

图 3-51 库拉甫河岩群中火山岩微量元素蛛网图

以 MORB 为参数标准化得到图 3-52,可以看出,柳什塔格玄武岩各个样品微量元素组成有一定的差别,反映出岩浆来源及演化的复杂性;柳什塔格玄武岩和库拉甫河火山岩均总体表现出大离子亲石元素(K、Rb、Ba、Th)的明显富集(图 3-53),高场强元素中 Nb、Ce、P、Sm 也有一定程度的富集,其他元素略有亏损或大体相当。分配型式部分具有大陆性火山弧的钙碱性玄武岩之特征,部分接近阿曼蛇绿岩型式，是拉斑玄武质火山弧玄武岩与拉斑玄武质洋中脊玄武岩的过渡类型；库拉甫河岩群火山岩更接近于大陆钙碱性玄武岩。

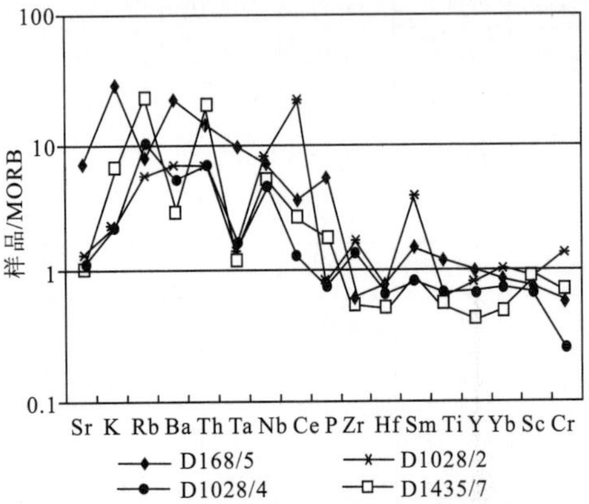

图 3-52　柳什塔格玄武岩微量元素 MORB 标准化形式图

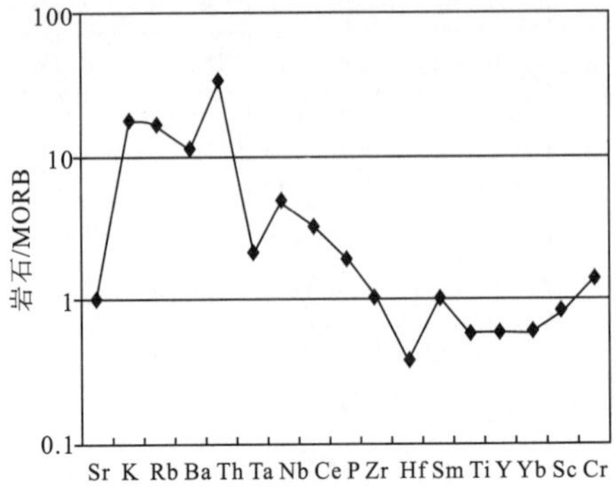

图 3-53　库拉甫河岩群火山岩微量元素 MORB 标准化形式图

（六）成矿元素特征

成矿元素含量见表 3-33。与地壳克拉克值相比，柳什塔格玄武岩和库拉甫河岩群中的火山岩中多数样品成矿元素中的 Pb、Zn、Cu 普遍呈富集状（库拉甫河岩群中火山岩 Cu 呈弱亏损），但一般小于 2 倍，其中 Zn 出现了一个峰值为 713.1×10^{-6}，为克拉克值的近 9 倍，强烈富集；Ag 则富集明显，为克拉克值的 2～6 倍，并且变化较大；Au 则呈亏损状，最高仅为 1×10^{-9}，为克拉克值的 1/4。总体上，柳什塔格玄武岩中成矿元素（除 Au 外）呈富集状，成矿元素含量离差较大，有利于成矿。

（七）岩浆来源、构造环境及成因分析

利用 $FeO^*-MgO-Al_2O_3$ 图解（图 3-54）判别，柳什塔格玄武岩有两个样品落入洋中脊或洋岛区（3 区），另外两个样品落入造山带区（2 区），而库拉甫河则落入造山带区。

利用 $TiO_2-MnO\times10-P_2O_5\times10$ 图解（图 3-55）进行判别，柳什塔格玄武岩有 3 个样品落在岛弧拉斑玄武岩区，1 个样品落在洋岛碱性玄武岩区；库拉甫河岩群中的火山岩落在岛弧拉斑玄武岩与岛弧钙碱性玄武岩界线附近。

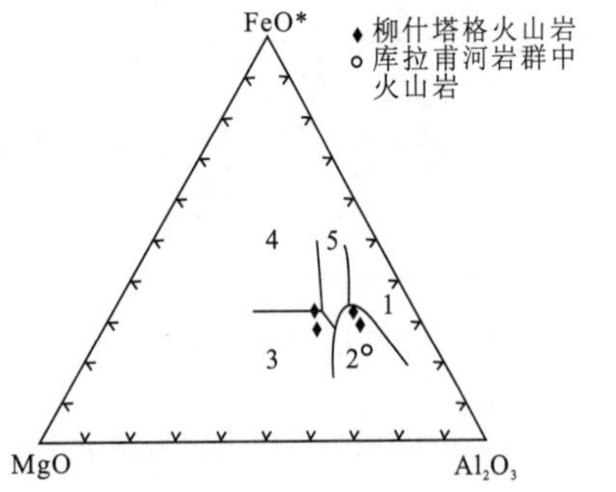

图 3-54　火山岩 $FeO^*-MgO-Al_2O_3$ 构造判别图（据皮尔斯，1977）

1. 扩张性中央岛；2. 造山类；3. 洋中脊或洋底；4. 大洋岛；5. 大陆

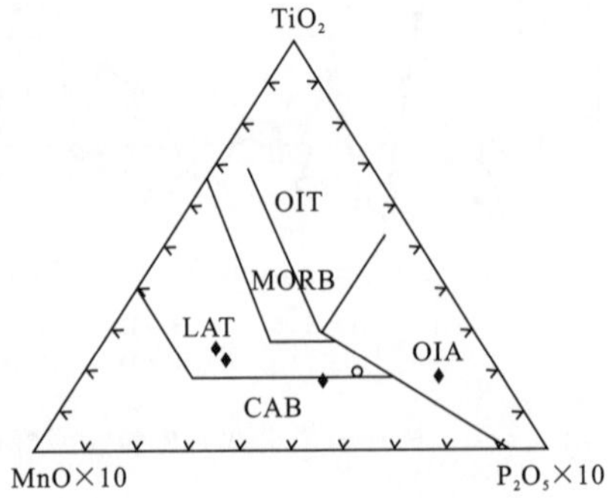

图 3-55　火山岩 $TiO_2-MnO\times10-P_2O_5\times10$ 构造判别图

LAT. 岛弧拉斑玄武岩；CAB. 岛弧钙碱性玄武岩；OIA. 洋岛碱性玄武岩；OIT. 洋岛玄武岩

柳什塔格玄武岩微量元素以 MORB 标准化图见图 3-52，早期少量的玄武岩大离子半径元素分配型式大体呈 3 个隆起的型式，表现为 K、Rb、Ba、Th、Nb、Ce、Sm 的明显富集，近似于大陆性火山弧的钙碱性玄武岩；晚期主体玄武岩分配型式接近于阿曼蛇绿岩型式（除 Nb 明显富集外）。库拉甫河岩群中的火山岩大离子半径微量元素分配型式主体表现为“三弧隆起”的型式，表现为 K、Rb、Ba、Th 的强烈富集，并伴有 Nb、Ce、P 及 Sm 的相对富集。其特征接近大陆钙碱性火山弧的特征，少量火山岩则表现出与柳什塔格玄武岩相似的特征。

小结：柳什塔格玄武岩主体为一套钙碱性系列基性火山岩，上部层位少量深水沉积岩，主要是硅质岩及砂岩，火山岩的岩石地球化学特征表明主要来源于地幔玄武岩浆，形成于拉张环境下的不成熟的洋壳及洋岛环境；库拉甫河岩群主体为火山-沉积建造，主要有大理岩、变砂岩、石英岩及玄武岩，其中碎屑岩微量元素特征接近于大陆岛弧环境，火山岩主要为一套钙碱性系列英安岩及玄武岩，岩石地球化学特征表明其主要来源于上地幔，并明显有地壳物质的加入，形成于岛弧环境。

柳什塔格玄武岩稀土含量高，轻稀土富集，无铕异常，相比 MORB 玄武岩大离子亲石元素（K、Rb、Ba、Th）明显富集，岩石中没有配套的其他铁镁质、超铁镁质岩石，说明它属于洋岛基性火山岩或不成熟的洋底火山岩，其岩浆来源于富集地幔，成因则可能与地幔柱有关。

二、晚古生代火山岩

测区内晚古生代火山岩主要赋存于阿羌火山岩组和托库孜达坂岩组之中，前者以火山岩为主体组成岩石，含量超过 80%，后者约占有 20%，阿羌火山岩下段以基性玄武岩为主，夹少量英安岩，具双峰式火山岩的特征，上部以安山岩为主夹基性火山岩，火山岩相以熔岩为主（>90%），下部有爆发相（火山角砾岩），上段仅出现少量凝灰岩。托库孜达坂岩组中火山岩主要为中性及中酸性火山岩，以安山岩、英安岩及英安质凝灰岩为主。

（一）岩石学特征

1. 阿羌火山岩

主要由中基性火山岩组成，后期普遍经历强烈的蚀变和低绿片岩相变质作用，主要岩石类型如下：

蚀变玄武岩　呈灰—灰绿色，残余斑状结构、基质间隐结构，块状构造，残余个别杏仁构造。颗粒大小：残余斑晶 1.5～2mm，基质 0.15～0.3mm，残斑晶体主要矿物斜长石为自形晶，含量 2%～3%，基质主要矿物组成有斜长石 55%～60%、绿帘石（主）＋隐晶质成分（少）30%～35%、绿泥石 2%～3%，基质中斜长石呈长条状微晶，杂乱排列，其间为次生绿帘石及隐晶质玻璃充填。蚀变表现为斜长石的绢云母化、帘石化和绿泥石化及发育的方解石细脉和绿帘石细脉。

绿帘角闪岩（强蚀变玄武岩）　呈灰绿色，具纤柱状、粒状变晶结构，块状构造，矿物粒径 0.3～1mm 为主，少数 0.15～0.2mm。主要矿物组成有绿帘石 30%～35%、角闪石 40%、斜长石 15%、透闪石 3%～5%、绿泥石 5%～10%。其中绿帘石呈不规则它形粒状，稍显条带状富集相间出现，角闪石为原岩残留矿物，多呈现它形—半自形柱状，少数晶体变绿泥石。该岩石经受强烈蚀变作用，使原岩结构和矿物特征几乎全部消失，依据矿物组合及偶见斜长石较大的柱状体推测，原岩为基性熔岩类。

强蚀变安山岩　岩石呈灰绿色，具纤状、粒状变晶结构，块状构造，矿物粒径 0.2～0.3mm。主要矿物组成有斜长石 40%～45%、阳起石 30%～35%、绿帘石 5%～10%、透闪石 5%～10%、绿泥石 5%。其中斜长石呈变晶等轴粒状，大小均匀，表面因蚀变十分混浊，钠氏双晶隐约可见，偶见棕色角闪石残余，说明原生暗色矿物为棕色角闪石，现已变晶成细柱状阳起石和少数透闪石、绿泥石等，以上矿物杂乱排列，无方向性，岩石中发育多种细脉（方解石脉、绿帘石脉、绿泥石脉、绿泥石和斜长石脉），依据偶见近椭圆形绿帘石集合体（杏仁体），结合变质矿物组合，原岩为中性熔岩类。

变质角闪石英安山岩　岩石呈浅绿色，块状，层状，具变余斑状结构，基质为显晶质结构，斑晶为石英圆粒，洁净，大小0.6～1mm，含量3%～5%；基质粒径0.01～0.03mm为主，少数0.06～0.1mm。主要矿物组成有斜长石60%～65%、角闪石20%～25%、石英5%～10%、钾长石2%～3%。由于变质作用，斜长石和石英呈变晶显晶质粒状，角闪石呈粒状和个别短柱状，并且显示优选的定向方位，形成显微定向构造，该岩石原岩结构仍清晰可见，为斑状结构，并可见斑晶被基质熔蚀的特征。

碎裂化蚀变英安岩　岩石呈绿灰色，致密块状，具残余斑状结构，基质为微晶结构。斑晶为斜长石，大小1～1.5mm，含量约3%～5%，基质粒度0.1～0.15mm，另一部分0.15～0.2mm，主要矿物组成有斜长石35%、石英20%～25%、绿泥石25%～30%、绢云母10%、绿帘石2%～3%，其中斜长石呈板条状和细柱状，杂乱分布，石英为它形粒状，与长石紧密接触，长石的卡钠复合双晶仍可见到，蚀变矿物绿泥石充填于长英质矿物之间，岩石受压应力产生不同方向的裂纹，充填有方解石细脉和石英细脉。

斜长角闪岩（原岩可能为玄武岩）　岩石呈灰绿色，纤柱状变晶结构，定向构造，矿物粒径0.3～1mm，少数1.5～2mm，主要矿物组成有角闪石40%～45%、石英1%、方解石2%～3%、阳起石3%～5%，岩石明显遭受动力变质作用，造成原生结构和矿物发生变化，使原岩特征不清，主要变晶矿物角闪石呈不完整的它形纤状和柱状，斜长石呈它形粒状、柱状，晶体表现不完整，表面混浊，显示帘石化，但钠氏双晶仍清楚，个别晶体An=58—60。受强应力作用，矿物定向排列明显，岩石中绿帘石脉体十分发育。从矿物组合及残余的斜长石粗大晶体1.5～2mm隐约显示的结构特征，原岩可能为玄武岩类。

石英安山质凝灰岩　呈深绿灰色，致密块状，残余凝灰熔岩结构。主要组成物质：凝灰质粒度0.1～0.15mm，其中晶屑有石英10%、斜长石15%～20%；岩屑为安山质5%～10%；胶结物为安山质熔岩。斑晶粒度1～1.2mm，成分为石英2%～3%，呈圆粒状，基质粒度0.01～0.02mm，成分有：斜长石35%～40%、绢云母+绿泥石20%～25%、石英1%～2%，其中火山碎屑呈棱角和尖棱角状，杂乱分布。后期蚀变表现为部分斜长石绢云母化和绿泥石化。

变质安山凝灰熔岩　呈绿灰色，显微片状、块状构造，具斑状结构，基质交织结构。火山碎屑粒度0.1～2mm。由于受应力作用已多呈压扁拉长状，主要成分有蚀变安山岩屑15%～20%、花岗岩屑3%、透闪岩屑5%～8%、绿泥石岩屑2%～3%、斜长石岩屑5%～10%；熔岩胶结物中，斑晶为自形柱状斜长石，长径0.3～1mm，洁净，卡钠复合双晶发育，基质成分为板条斜长石微晶，大致平行或是半平行排列，其间充填有蚀变矿物阳起石、纤维状晶体和绿泥石等。

碎粒化钙质透闪片岩　灰绿色，片状构造，纤维粒状变晶结构。颗粒大小：新生变质矿物0.05～0.15mm，残斑为0.3～1mm。主要矿物组成有方解石30%～35%、透闪石（主）+阳起石（少）30%～35%、绿泥石15%～20%、斜长石10%、绿帘石3%～5%、白云母1%～2%。岩石明显经受动力变质作用，产生碎粒化，残斑为斜长石和透闪石，新生矿物透闪石、阳起石呈纤维状晶体，相间聚集平行分布，形成片状构造，岩石中偶见残余斜长石板条状微晶平行排列，似交织结构，并有少数绿帘石圆球体残余，可能为原岩中的杏仁体。由此推断，原岩为中性熔岩类。

钙质斜长片岩　浅灰绿色，片状，显微鳞片粒状变晶结构，残余斜长石粒径0.3～1mm，变晶矿物粒径为0.03～0.06mm。主要矿物组成有斜长石30%～35%、方解石25%、绿泥石（主）+黑云母（次）15%～25%、绢云母3%～5%、透闪石（主）+阳起石（次）10%、绿帘石5%～8%。蚀变形成的方解石显示压扁拉长形态，与长石聚在一起，绿泥石和黑云母鳞片二者有过渡特征。并且聚集成条纹状，与长石、方解石条纹相间排列形成片状构造。从显微粒状斜长石和残余较大的斜长石（残斑）等分析，原岩属中性熔岩类。

透闪绿帘石岩 呈灰绿色，定向构造，具纤维状变晶结构，颗粒大小0.01～0.03mm为主，少数0.1～0.3mm。主要矿物组成有绿帘石（主）＋黝帘石（少）45％～50％、透闪石30％～35％、绿泥石5％、阳起石5％～8％、石英1％～2％、方解石3％～5％。镜下可见方解石细脉，依据变质矿物组合及野外产状分析，原岩为基性熔岩类。

晶屑岩屑千枚岩 呈浅灰绿色，千枚状构造，具变余晶屑岩屑凝灰结构及显微鳞片变晶结构。火山碎屑粒径变化较大，一般0.1～0.3mm，少数1～1.5mm。成分有中性熔岩屑（主）＋酸性熔岩屑（次）30％～35％、玄武岩屑5％、石英岩屑10％～15％、斜长石5％～7％、黑云母小于1％；变晶矿物有绢云母（主）＋绿泥石（次）30％～35％、火山灰尘2％～3％。岩石中物质组成复杂，除石英、长石晶屑外，还残余有棱角状、次棱角状和阶梯状熔岩岩屑，其余岩屑全部呈压扁拉长状、豆荚状、透镜状。

凝灰角砾千枚岩 呈灰绿色，千枚状构造，具变余凝灰角砾状结构及显微鳞片状变晶结构。角砾大小2～22mm不等，凝灰碎屑0.03～1mm，角砾成分：绿泥片岩屑10％、安山岩屑15％、基性熔岩屑10％、石英＋绿帘石岩屑1％～2％，与角砾成分相同的各种细小（＜2mm）岩屑10％～15％、变砂岩屑1％～2％、石英岩屑5％～8％、斜长石晶屑3％、绿泥石及绢云母30％～35％。角砾多呈压扁拉长状，棱角不清，岩石中方解石细脉特别发育。

玄武质火山角砾岩 呈灰绿色，块状，火山角砾状结构。角砾大小2～20mm不等，胶结物0.15～1.5mm。角砾成分：玄武岩岩屑25％～30％、霏细岩岩屑5％～10％、辉绿岩屑15％、细粒英云闪长岩岩屑3％～5％；胶结物成分：与角砾成分相同的细小岩屑10％～15％、火山灰尘（变绿泥石和绢云母）15％～20％、斜长石晶屑5％～8％、石英岩屑1％～2％、方解石2％～3％、绿帘石1％。角砾呈棱角状，晶屑呈棱角和三角状。

强蚀变粗玄岩 呈灰绿色，块状，残余粗玄结构。矿物粒径0.15～0.3mm，主要矿物成分有斜长石45％～50％、阳起石（主）＋角闪石（次）45％～55％，原斜长石局部杂乱排列形成孔隙中充填有次生矿物阳起石和角闪石等，既可见残余的粗玄结构，局部地段又可见斜长石条状晶体显示半定向排列，又具有交织结构特点。因此，该岩石有向安山岩过渡的特征。原暗色矿物蚀变为阳起石。

2. 托库孜达板岩组中的火山岩

托库孜达板岩组分布于测区东部喀什塔什山一带昆南地块上，以含碳钙质片岩及变灰色长石石英砂岩、粉砂岩为主，夹安山质晶屑凝灰岩、凝灰质砂岩、英安岩和深灰色灰岩等。火山岩多以火山碎屑岩为主，并多以夹层形式出现，已发生低绿片岩相变质，主要组成岩石如下：

变质英安岩 呈浅绿灰色，块状，微片状，具斑状结构，基质微粒结构，斑晶粒径0.5～2mm不等，成分有斜长石10％～15％、石英5％～8％、钾长石5％、绢云母（主）＋黑云母（少）10％～15％、绿帘石2％～3％；其中斜长石呈自形柱状，较干净，石英颗粒边缘被熔蚀成港湾状。受应力作用，变质矿物绢云母、黑云母、绿帘石等与粒状矿物一起显示定向分布。

变安山质晶屑凝灰岩 岩石呈灰绿色，具定向构造，变余晶屑凝灰结构，晶屑粒径0.06～1mm不等，个别2～3mm（岩屑），晶屑主要为棱角状和阶梯状，其中斜长石45％～50％、钾长石3％～5％、石英2％～3％，岩屑成分为安山质岩屑，少数有拉长现象，含量5％～10％，火山灰尘15％～20％；变质新生绿泥石及绿帘石20％～30％，因受应力作用显示平行分布。

变安山质晶屑岩屑凝灰岩 呈灰色，具定向构造，变余晶屑岩屑凝灰结构，颗粒大小0.05～

1.5mm，火山碎屑大小不等，形态多样，由于变质应力作用，岩屑显示压扁拉长特征，少数呈棱角状，成分有安山质岩屑35%、玄武质岩屑3%，晶屑成分有斜长石15%～20%、石英3%～5%、钾长石3%～5%，多呈棱角状和阶梯状，杂乱分布，火山灰尘约15%。新生变质矿物绿泥石(主)＋黑云母(次)15%～20%、绿帘石2%～3%，平行定向排列，构成定向构造。

(二)岩石化学特征及岩石化学定量分类

阿羌火山岩及托库孜达坂岩组中火山岩岩石化学成分含量见表3-34，表中数据显示阿羌火山岩成分主体接近于大陆裂谷玄武岩，具有明显富碱的特点。托库孜达坂岩组火山岩则具高铝玄武岩的化学特征。利用Maitre的全碱-氧化硅(TAS)图解(图3-56)判别，阿羌火山岩5个样品落入玄武岩区，3个样品落入安山岩区，另有2个样品属超基性岩类；托库孜达坂火山岩则落入玄武岩和碱性玄武岩的界线附近。

表3-34　晚古生代火山岩岩石化学含量表

岩组		样品号	岩石名称	氧化物含量(%)									
				SiO_2	TiO_2	Al_2O_3	Fe_2O_3	FeO	CaO	MgO	K_2O	Na_2O	MnO
阿羌	上段	D3130/6	强蚀变玄武岩	58.40	0.18	11.89	3.63	6.70	7.42	4.15	0.66	3.78	0.26
		D3132/2	强蚀变粗玄岩	50.00	1.54	13.22	2.87	8.20	9.60	6.79	0.89	3.08	0.20
		D3130/2	变质角闪石英安山岩	60.55	0.28	13.48	1.89	7.47	4.55	3.08	0.16	5.50	0.16
		D1409/1	玄武质火山角砾岩	62.34	0.99	11.42	3.18	5.15	3.15	4.10	1.06	3.52	0.11
	下段	D3128/1	钙质钠长绿泥片岩	52.19	1.04	14.40	2.18	5.60	7.57	4.08	1.51	3.12	0.12
		D3127/2	斜长阳起片岩	40.47	2.61	13.00	1.07	8.04	11.05	6.54	6.58	4.82	0.11
		D683/1	蚀变绿泥阳起石岩	49.14	1.31	13.56	2.79	7.30	9.50	6.25	0.50	3.00	0.07
		D1009/3	透闪绿帘石岩	48.02	0.48	13.23	2.34	5.72	13.50	5.61	0.20	2.50	0.19
		D1010/2	绿泥钙质片岩	39.16	0.32	9.75	0.91	6.56	16.10	9.06	0.20	0.70	0.08
		D2053/2	绿泥钠长片岩	52.54	0.42	13.43	2.61	6.09	8.75	9.52	1.02	2.78	0.21
托库孜达坂		D1068/4	变安山质晶屑凝灰岩	47.53	0.78	16.54	1.86	4.88	11.10	4.56	0.30	3.74	0.13

岩组		样品号	岩石名称	氧化物含量(%)			特征参数值					
				P_2O_5	LOI	Σ	σ	t	AR	SI	A/CNK	W
阿羌	上段	D3130/6	强蚀变玄武岩	0.02	1.56	98.65	1.28	45.10	1.60	21.9	0.582	0.351
		D3132/2	强蚀变粗玄岩	0.17	1.96	98.52	2.25	6.58	1.42	31.1	0.563	0.259
		D3130/2	变质角闪石英安山岩	0.05	1.17	98.34	1.83	28.50	1.92	17.0	0.771	0.202
		D1409/1	玄武质火山角砾岩	0.13	3.64	98.79	1.08	7.98	1.92	24.1	0.902	0.382
	下段	D3128/1	钙质钠长绿泥片岩	0.28	6.62	98.71	2.33	10.80	1.53	24.7	0.701	0.280
		D3127/2	斜长阳起片岩	0.13	4.00	98.42	−51	3.13	2.80	24.2	0.370	0.117
		D683/1	蚀变绿泥阳起石岩	0.09	5.31	98.82	2.00	8.06	1.36	31.5	0.596	0.276
		D1009/3	透闪绿帘石岩	0.01	7.39	99.19	1.45	22.40	1.22	34.3	0.458	0.290
		D1010/2	绿泥钙质片岩	0.01	16.52	99.37	−0.20	28.30	1.07	52.0	0.318	0.122
		D2053/2	绿泥钠长片岩	0.14	2.38	99.89	1.51	25.40	1.41	43.2	0.622	0.300
托库孜达坂		D1068/4	变安山质晶屑凝灰岩	0.15	7.46	99.03	3.60	16.40	1.34	29.7	0.620	0.276

阿羌火山岩主体为一套中基性火山岩，主要由玄武岩和安山岩组成，玄武岩中部分接近于碱性玄武岩；托库孜达坂岩组中火山岩为玄武岩和碱性玄武岩的过渡类型。

（三）火山岩碱度及岩石系列

在图 3－57 中，阿羌火山岩下段有 1 个样品落入碱性系列，有 2 个样品落在碱性系列与亚碱性系列的界线附近；上段有 4 个样品全部落在亚碱性系列；托库孜达坂火山岩落入碱性系列一侧，靠近界线。在图 3－58 中，两个地层单元中的火山岩均落入钙碱系列。

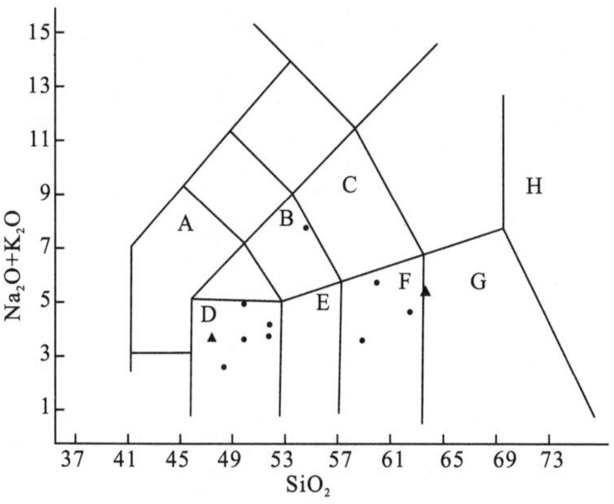

图 3－56　晚古生代火山岩全碱-氧化硅（TAS）分类图

A. 碱玄武、碧玄岩；B. 玄武粗面安山岩；C. 粗面安山岩；D. 玄武岩；E. 玄武安山岩；F. 安山岩；G. 英安岩；H. 流纹岩。

• 阿羌火山岩；▲ 托库孜达坂火山岩

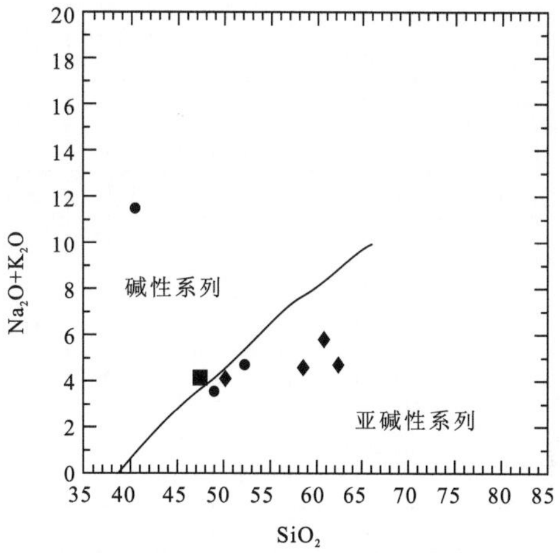

图 3－57　$(Na_2O+K_2O)-SiO_2$ 判别图

◆ 阿羌火山岩上段；● 阿羌火山岩下段；

■ 托库孜达坂火山岩

里特曼指数结果见表 3－34，阿羌火山岩除 2 个超基性岩外，有 4 个样品小于 1.8，为钙性岩，属拉斑玄武岩系列；有 4 个样品在 1.8～2.3 之间，属钙碱性系列；托库孜达板火山岩 $\sigma>3.3$，属碱性岩系列。

综上所述，阿羌火山岩主体为钙碱性岩，属钙碱性系列，有少量的钙性岩，属拉斑系列，托库孜达坂火山岩则为碱性系列。

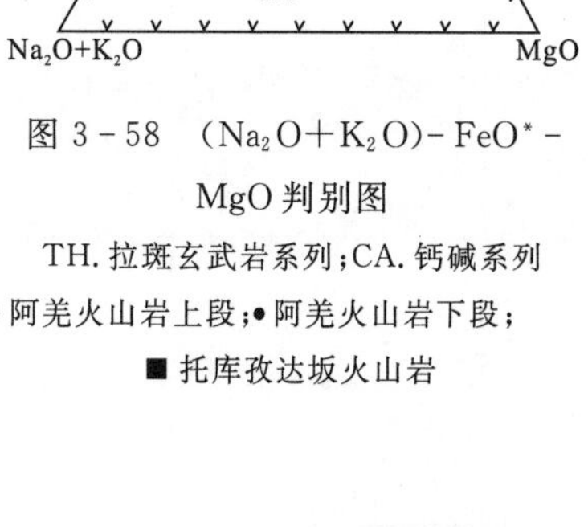

图 3－58　$(Na_2O+K_2O)-FeO^*-MgO$ 判别图

TH. 拉斑玄武岩系列；CA. 钙碱系列

◆ 阿羌火山岩上段；● 阿羌火山岩下段；

■ 托库孜达坂火山岩

（四）稀土元素特征

晚古生代火山岩稀土元素含量及特征参数见表 3－35。阿羌火山岩上、下段稀土特征差别不明显，均表现为稀土总量较低，但变化较大，$\sum REE=(25.85\sim120.68)\times10^{-6}$，熔岩类 δEu 值变化不大，为 0.74～1.16，无明显的亏损或富集，$(La/Yb)_N=0.63\sim1.47$，轻稀土富集不明显，$(La/Sm)_N=1.06\sim2.19$，$(Gd/Yb)_N=0.25\sim0.80$，说明轻稀土分馏不明显，而重稀土分馏程度较好。稀土元素配分曲线模式（图 3－59，图 3－60）。

总体显示近于平坦的形态特征。火山碎屑岩 $\sum REE=(76.39\sim82.06)\times10^{-6}$，相对熔岩类略高，$\delta Eu$ 值变化不大，为 0.99～1.16，$(La/Yb)_N=2.76\sim4.09$，说明轻稀土有一定程度的富集；$(La/Sm)_N=2.21\sim3.62$，$(Gd/Yb)_N=0.85\sim0.99$，说明轻稀土分馏较为明显，部分重稀土分馏程度较差，稀土元素配分曲线模式总体显示左高右低的形态特征，属轻稀土富集型。阿羌火山岩具有基本相似的曲线形态，反映其具有基本一致的岩浆来源。相比较而言，上段稀土变化较大，这与组成岩石为偏中酸性的安山岩夹偏基性的蚀变玄武岩相对应。

表 3-35　晚古生代火山岩稀土元素含量及特征参数表

岩组		样品号	稀土元素含量(×10⁻⁶)									
			La	Ce	Pr	Nd	Sm	Eu	Gd	Tb	Dy	Ho
阿羌	上段	D3130/6	9.24	24.46	3.51	17.65	5.46	1.54	5.67	1.08	9.66	2.49
		D3132/2	3.37	6.73	1.11	4.28	0.96	0.28	1.12	0.21	1.97	0.59
		D3130/2	5.57	11.69	1.49	5.99	1.72	0.52	1.86	0.36	3.29	0.96
		D1409/1	14.01	24.75	3.62	15.44	3.96	1.50	4.86	0.76	4.99	1.13
	下段	D3127/2	8.60	19.59	2.94	14.45	3.45	1.29	3.89	0.70	6.05	1.63
		D683/1	15.06	30.60	5.05	24.18	7.02	2.27	8.01	1.51	10.08	2.38
		D1003/2	16.75	26.76	3.06	12.46	2.89	0.91	3.36	0.51	3.36	0.79
		D1009/3	5.89	11.11	1.60	3.99	1.92	0.71	2.54	0.43	3.01	0.77
		D1010/2	5.39	10.69	1.57	6.57	1.84	0.63	2.32	0.40	2.90	0.7
		D2053/2	9.41	22.44	3.42	14.69	4.28	0.99	4.81	0.91	7.91	2.11
托库孜		D1068/4	26.22	42.07	5.77	23.45	4.76	1.35	4.69	0.73	4.04	0.99

岩组		样品号	稀土元素含量(×10⁻⁶)					特征参数值				
			Er	Tm	Yb	Lu	ΣREE	δEu	δCe	$(La/Yb)_N$	$(La/Sm)_N$	$(Gd/Yb)_N$
阿羌	上段	D3130/6	6.33	1.19	6.18	1.14	95.60	0.93	0.90	0.89	1.06	0.56
		D3132/2	1.66	0.36	2.76	0.45	25.85	0.91	0.72	0.73	2.19	0.25
		D3130/2	2.56	0.52	3.93	0.64	41.10	0.98	0.83	0.84	2.02	0.29
		D1409/1	3.02	0.54	3.01	0.47	82.06	1.16	0.71	2.76	2.21	0.99
	下段	D3127/2	3.93	0.78	4.28	0.72	72.30	1.19	0.81	1.19	1.56	0.56
		D683/1	6.26	1.12	6.11	1.03	120.68	1.02	0.73	1.46	1.34	0.80
		D1003/2	2.23	0.41	2.43	0.47	76.39	0.99	0.73	4.09	3.62	0.85
		D1009/3	2.23	0.43	2.38	0.46	37.47	1.09	0.74	1.47	1.92	0.65
		D1010/2	1.92	0.37	2.07	0.39	37.76	1.04	0.76	1.55	1.83	0.69
		D2053/2	5.84	1.14	8.81	1.34	88.10	0.74	0.83	0.63	1.37	0.34
托库孜达坂		D1068/4	2.69	0.47	2.61	0.43	120.27	0.95	0.69	5.97	3.44	1.10

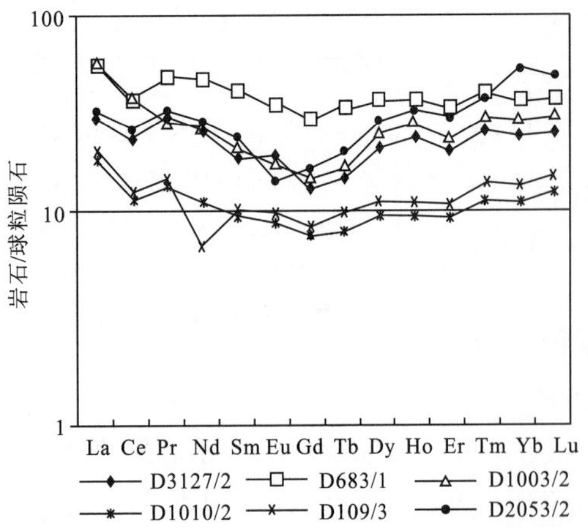

图 3-59　阿羌火山岩(下段)稀土配分模式图

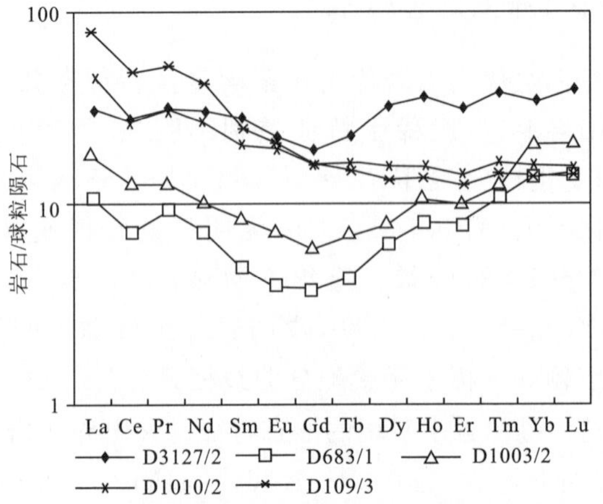

图 3-60　阿羌火山岩(上段)托库孜达坂火山岩稀土配分模式图

托库孜达坂组中火山岩具有与阿羌火山岩中的火山碎屑岩相似的稀土特征(图 3-60)，$\sum$REE$=120.27\times10^{-6}$，总量较高，$(La/Yb)_N=5.97$，属轻稀土富集型；$(La/Sm)_N=3.44$，$(Gd/Yb)_N=1.10$，轻稀土分馏较明显，重稀土分馏很差。

晚古生代火山岩稀土特征总体具有大陆拉斑玄武岩的特征，$\sum$REE$=(25.85\sim120.68)\times10^{-6}$，$(La/Yb)_N=0.5-7.6$，$(La/Sm)_N=0.55$，曲线总体平坦，说明岩浆分异较弱，岩浆来源于亏损地幔。其生成环境可能为大陆裂谷环境，由于$\sum$REE 变化较大，则反映为大陆边缘裂谷环境，这与地质特征相同。

(五)微量元素特征

微量元素含量见表 3-36，以维氏(1962)世界玄武岩为参照得到图 3-61，晚古生代火山岩具有较为相近的曲线特征，表现出亲铁元素(Ni、Cr、Co)有一定程度的亏损，而大离子亲石元素中强烈富集 Sc、Rb，高场强元素大体相当，亲硫元素中强烈富集 Bi 和 Sb。不同处在于托库孜达坂组中火山岩的亲铁元素亏损程度更高一些。

以 MORB 为标准化得到曲线图 3-62，阿羌火山岩下段偏基性玄武岩中大离子亲石元素(Rb、K、Ba、Th)及部分高场强元素(Ta、Nb、Ce、P)中等富集，部分高场强元素(Zr、Sm、Ti、Y、Yb)及亲铁元素(Sc、Cr)未见明显的亏损；上段则表现为大离子亲石元素较强烈的富集(特别是 Rb、Th)，Ti 及亲铁元素略有亏损。托库孜达坂组中火山岩相对阿羌火山岩上段更富集大离子亲石元素，亏损亲铁元素。

(六)成矿元素特征

阿羌火山岩为区域重要的 Cu 多金属成矿带，我们取得了大量的成矿元素分析数据，Pb、Zn 平均分别为 14.96×10^{-6}和 94.61×10^{-6}，与地壳克拉克值比较接近或略有富集；而 Cu、Ag、Au 平均值分别为 38.84×10^{-6}，0.036×10^{-6}和 $0.000\ 51\times10^{-6}$，均明显低于地壳克拉克值。从分析数据看，Cu、Pb、Zn 各自含量(或者说偏差)变化较大，为有利成矿元素，而 Au、Ag 则偏差较小，为不利成矿元素。但地面调查中，蚀变火山岩中有 Cu 矿化现象，反映成矿元素经历了迁移富集。

(七)岩浆来源、构造环境及成因分析

1. 利用主元素进行分析

$TiO_2-P_2O_5$图(图 3-63)中，普鲁火山岩样品投影点具有较好的线性关系，TiO_2/P_2O_5的比值为 9.26，接近于 10。Sun(1984)研究表明，从 3 800Ma 至今原始地幔的 TiO_2/P_2O_5的比值估计值固定值 10，这是稳定地幔源区派生岩浆而形成的玄武岩具有较好的 $TiO_2-P_2O_5$线性关系的原因。因此，普鲁火山岩源区为地幔。

利用 Al/Fe、Al/Ti、Ti/Sr 比值可以判断基性火山岩为裂谷或张性环境。Al/Fe$<$1.05、Al/Ti$<$10、Ti/Sr$>$28，为裂谷或张裂环境；当 Al/Fe$>$1.05、Al/Ti$>$10、Ti/Sr$<$28 时则为岛弧或活动大陆边缘环境。普鲁火山岩样品中，Al/Fe 除两个样品外其余均小于 1.05，Al/Ti 有 3 个样品小于 10，Ti/Sr 除两个样品外其余均大于 28(表 3-37)。因此普鲁火山岩形成于裂谷环境。

从以上看出，普鲁火山岩主体形成于裂谷环境。

2. 利用微量元素进行构造环境分析

阿羌火山岩大离子亲石元素分配型式见图 3-62。下段基性玄武岩除 Hf、Cr 略有亏损外，总体呈大隆起形式，表现出富集程度由 Sr—Th增加，由 Nb—Zr降低，由 Sm—Cr总体不亏损，分配

表 3-36　晚古生代火山岩微量元素含量表

（$\times 10^{-6}$）

岩石名称	样品号	Ni	Cr	Co	Sc	Ba	Sr	Rb	Zr	Nb	Hf	Ta	Th	Bi	Sb	As	Cu	Pb	Zn	Au	Ag
蚀变英安岩	D3121/1	55.50	53.30	34.60	26.60	146.0	151.0	24.20	22.00	9.80	1.050	0.450	1.800	0.040	0.070	0.510	41.70	5.60	96.10	0.000 1	0.084
	D3121/2	79.60	166.90	34.20	33.70	73.9	168.3	15.10	33.00	6.00	1.230	0.120	0.600	0.030	0.060	0.380	48.10	5.60	95.00	0.000 1	0.024
	D3124-1-1	5.10	23.00	2.60	4.50	201.8	68.7	166.50	17.00	35.20	0.180	1.780	22.00	0.100	0.050	0.700	6.40	2.80	96.00	0.000 3	0.020
	D3124-1-2	24.80	19.00	10.70	13.80	15.2	9.0	152.70	15.10	22.20	0.130	0.710	7.300	0.110	0.080	0.470	21.60	2.00	5.00	0.000 1	0.048
	D3124-1-3	41.10	75.60	14.10	12.50	263.2	131.0	343.10	9.50	50.00	0.080	2.610	4.700	0.110	0.030	0.820	2.20	4.00	203.6	0.000 4	0.019
	D3124-1-4	0.80	43.50	11.90	12.50	61.9	139.7	28.10	22.60	19.90	0.490	0.850	3.400	0.110	0.090	0.870	24.90	2.90	66.50	0.000 1	0.020
	D3124-1-5	20.10	74.90	6.90	15.00	188.5	83.2	46.90	15.70	12.20	0.090	0.440	3.800	0.110	0.110	0.790	5.80	3.30	72.60	0.000 1	0.025
7 个样品平均值		32.43	65.17	16.43	16.94	135.8	107.3	110.90	19.27	22.19	0.464	0.994	6.229	0.087	0.070	0.649	21.53	3.74	90.69	0.000 2	0.034
变质石英安山岩	D3130/2	23.82	54.34	21.29	42.07	58.6	141.2	2.02	94.82	14.47	0.583	0.138	1.691	0.748	1.663	1.719	91.13	23.28	54.29	0.000 3	0.018
强蚀变安山岩	D3129/2	95.11	227.50	20.94	17.73	643.7	483.7	143.60	214.40	28.44	4.240	1.532	25.200	0.744	8.371	1.760	23.89	23.79	77.79	0.002 7	0.041
强蚀变玄武岩	D1401/6	34.71	74.19	28.41	67.68	349.8	112.9	8.98	94.20	12.35	2.276	0.239	0.772	0.883	47.18	1.875	38.75	29.55	91.83	0.000 5	0.016
	D1401/2	31.10	158.00	19.56	43.35	28.6	121.0	7.90	71.34	8.47	0.468	0.055	1.105	0.550	4.765	2.154	32.25	16.50	51.71	0.000 1	0.008
火山角砾岩	D1409/1	66.09	132.60	29.60	33.37	238.8	172.6	101.90	203.50	32.40	0.334	1.060	15.800	1.098	0.937	2.546	54.21	34.57	70.99	0.001 5	0.055
	D1409/3	39.22	98.83	22.02	32.27	213.7	122.4	18.76	169.10	32.84	2.532	0.471	4.511	0.727	2.666	1.653	33.74	21.73	103.80	0.000 9	0.053
5 个样品平均值		48.34	124.20	23.64	39.41	255.5	192.3	47.19	141.20	21.50	1.739	0.583	8.180	0.792	10.930	1.951	45.66	24.9	75.07	0.0010	0.032
强蚀变粗玄岩	D3132/1	81.83	176.20	39.92	39.63	131.0	187.8	7.569	201.40	52.79	1.059	0.321	0.773	1.335	1.943	1.667	46.00	24.52	107.00	0.000 6	0.080
	D3132/2	44.53	41.87	36.66	44.59	154.8	173.2	12.81	159.30	49.68	1.742	0.367	1.102	1.256	8.507	1.901	33.40	27.22	98.58	0.000 8	0.076
	D3132/3	53.40	128.30	28.10	29.80	100.6	199.9	12.50	25.00	8.10	1.200	0.080	0.400	0.120	0.080	1.020	31.50	3.60	89.60	—	0.026
	D3132/4	37.10	39.70	28.00	26.10	48.7	252.9	13.30	21.80	10.70	1.120	0.190	0.900	0.120	0.070	0.860	70.30	3.40	86.20	—	0.022
4 个样品平均值		54.20	96.50	33.20	35.00	108.8	203.6	11.60	101.90	30.30	1.280	0.240	0.800	0.710	2.650	1.360	33.80	14.70	95.40	0.000 3	0.051
晶屑凝灰岩	D1068/4	24.74	32.44	17.24	20.59	148.5	482.0	178.90	98.43	24.24	1.291	1.114	9.061	0.547	0.432	2.421	34.50	26.47	79.11	0.001 3	0.032
地壳克拉克值		58.00	83.00	18.00	10.00	650.0	340.0	150.00	170.00	20.00	1.000	2.500	13.000	0.009	0.500	1.700	47.00	16.00	83.00	4.300 0	0.070

注：其中最后一个样品 D1068/4 为托库孜达坂岩群中的火山岩

续表 3-36

岩石名称	样品号	Ni	Cr	Co	Sc	Ba	Sr	Rb	Zr	Nb	Hf	Ta	Th	Bi	Sb	As	Cu	Pb	Zn	Au	Ag
强蚀变玄武岩	D3120/1-1	34.60	29.9	17.10	18.10	360.3	154.8	35.20	12.7	13.70	0.340	0.700	3.700	0.030	0.070	0.410	21.60	5.70	107.5	0.000 1	0.026
	D3120/1-2	71.60	349.8	32.90	29.90	125.70	159.3	21.90	23.6	9.40	0.880	0.360	2.500	0.040	0.090	0.560	42.20	6.10	119.3	0.000 1	0.020
	D3120/1-3	71.90	190.0	38.40	30.40	87.40	184.8	24.20	15.3	9.80	0.750	0.380	1.200	0.040	0.060	0.460	57.40	6.40	143.9	0.000 1	0.024
	D3120/1-4	60.40	74.5	43.40	32.30	44.00	129.2	13.40	14.0	10.50	0.720	0.460	1.200	0.050	0.110	0.460	50.60	6.10	160.9	0.000 1	0.037
	D3120/1-5	87.30	213.4	35.50	30.40	63.10	131.5	13.30	25.5	9.20	0.900	0.220	0.700	0.030	0.100	0.280	48.60	5.60	98.90	0.000 1	0.024
	D3120/1-6	93.90	299.3	32.00	33.70	101.50	177.3	23.00	18.2	8.70	0.700	0.190	0.700	0.030	0.060	0.310	28.50	5.50	112.0	0.000 1	0.028
	D3120/1-7	62.10	80.2	40.70	30.40	71.00	157.8	16.30	18.4	6.60	0.780	0.250	0.800	0.040	0.060	0.420	54.50	6.10	108.7	0.000 1	0.020
绿泥阳起石岩	D683/1	59.72	122.9	32.53	36.27	134.50	159.1	218.1	357.5	46.28	1.130	1.074	25.90	1.204	5.127	2.219	67.46	27.19	338.1	0.001 4	0.079
透闪绿帘石岩	D1009/3	54.30	216.1	19.78	33.18	93.97	234.2	4.209	80.1	19.93	0.357	0.065	0.503	0.596	0.381	2.174	46.42	20.63	59.40	—	0.021
帘石质碎裂岩	D3125/2	131.50	330.0	28.45	22.38	510.00	175.3	62.44	107.8	33.93	0.742	0.963	2.350	0.824	3.782	1.123	37.24	18.78	98.67	0.001 4	0.054
	D3125/3	102.50	228.8	38.27	36.56	113.80	203.8	13.16	172.9	57.56	2.440	1.174	1.108	1.028	5.312	1.328	46.86	20.43	81.6	0.001 7	0.089
蚀变玄武岩	D3125/4	87.88	229.7	25.8	30.65	19.93	271.6	5.503	169.8	31.88	1.815	0.570	0.716	0.758	3.821	1.373	54.11	19.80	66.99	0.003 7	0.046
蚀变玄武岩	D3125/9	125.40	293.3	28.82	29.94	89.30	299.4	8.437	140.1	33.54	1.239	0.336	0.957	0.799	2.743	2.042	40.76	27.23	50.95	0.000 6	0.043
绿帘透闪片岩	D3127/1	70.20	152.9	38.10	45.54	87.03	345.7	3.949	203.9	46.76	1.273	0.275	1.139	1.152	7.774	1.957	66.57	28.24	81.85	0.000 5	0.066
钠长绿泥片岩	D3128/1	87.96	307.8	38.96	31.75	355.70	42.7	5.686	158.0	48.24	1.285	0.765	2.816	1.071	4.255	1.340	29.13	20.09	88.76	0.001 3	0.080
平均数		80.08	207.9	32.71	31.43	150.50	188.4	31.25	101.2	25.74	1.023	0.519	3.086	0.513	2.25	1.097	46.13	14.93	114.5	0.000 76	0.044
蚀变英安岩	D3125/7	14.06	31.01	21.90	45.85	252.80	63.7	28.83	104.7	17.05	0.571	0.077	0.186	0.722	3.221	2.007	11.89	27.10	62.75	0.000 8	0.024
	D3126/2-1	57.10	68.90	50.70	14.80	84.90	211.2	15.50	26.10	12.60	0.740	0.27	0.500	0.110	0.090	0.720	12.40	7.70	44.80	—	0.018
	D3126/3-1	9.30	50.30	55.90	8.80	252.20	95.0	33.20	19.10	10.50	0.380	0.28	2.200	0.120	0.190	0.980	10.50	3.10	48.10	0.000 1	0.025
平均数		26.82	50.07	42.83	23.15	196.60	123.4	25.84	49.97	13.38	0.564	0.209	0.962	0.317	1.167	1.236	11.60	12.63	51.88	0.000 3	0.022
地壳克拉克值		58.00	83.00	18.00	10.00	650.00	340.0	150.0	170.0	20.00	1.000	2.500	13.00	0.009	0.500	1.700	47.00	16.00	83.00	4.300 0	0.070

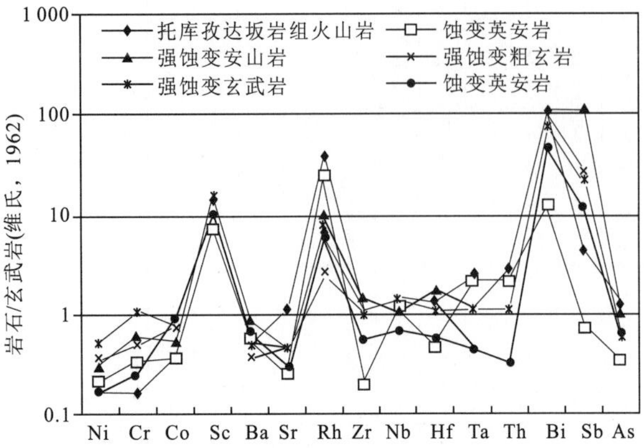

图 3-61　晚古生代火山岩微量元素蛛网图

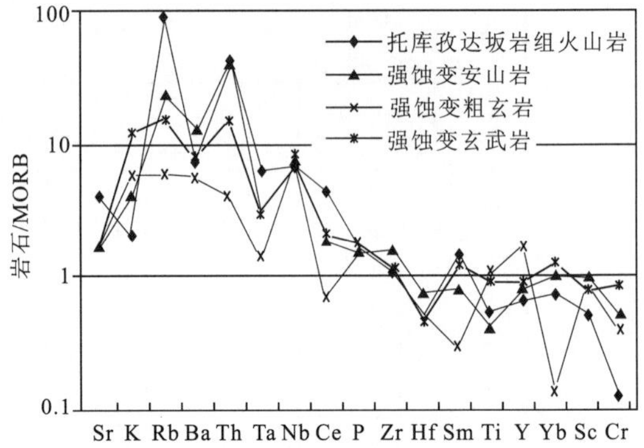

图 3-62　晚古生代火山岩微量元素 MORB 标准化形式图

——阿羌火山岩组下岩段　——阿羌火山岩组上岩段

形式为典型的板内拉斑玄武岩，上段的偏酸性的安山岩分配形式中明显亏损 Hf、Sm、Ta，形成了较为特征的“三弧”隆起形态，为压性环境下火山弧产物；上段中偏基性的粗玄岩则形态复杂，反映其岩浆可经历了较复杂的演化。

在 Zr/4-Nb×2-Y 图解(图 3-64)中，阿羌火山岩样品几乎全部集中于板内碱性玄武岩范围之内，托库孜达坂岩组火山岩亦落在了板内玄武岩区。

利用 Th-Hf/3-Ta 图解(图 3-65)判别，阿羌火山岩样品较为分散，可能受到后期蚀变变质的不同程度的改造结果，但总体仍然集中于板内玄武岩区及火山弧区附近，并且有晚期向火山弧方向演化的趋势，反映了裂谷演化后期构造体制由伸展向挤压的转换。托库孜达坂岩组中火山岩亦落在了火山弧区附近。

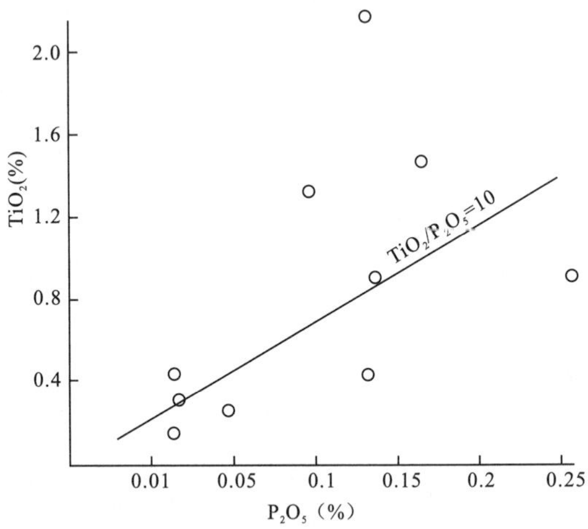

图 3-63　$TiO_2-P_2O_5$ 图解

表 3-37　普鲁火山岩 Al/Fe、Al/Ti、Ti/Sr 参数表

岩段划分	样品号	Al_2O_3	Fe_2O_3	FeO	TiO_2	Al	Fe	Ti	Sr	Al/Fe	Al/Ti	Ti/Sr
上段	D3132/2	13.22	2.87	8.20	1.54	7.00	8.41	0.92	1.73	0.83	7.61	53
	D3130/2	13.48	1.89	7.47	0.28	7.14	7.15	0.17	1.41	1.00	42.00	12
	D1409/1	11.42	3.18	5.15	0.99	6.10	6.25	0.59	1.72	0.98	10.34	34
下段	D3128/1	14.40	2.18	5.60	1.04	7.60	5.90	0.62	0.43	1.29	12.26	144
	D3127/2	13.00	1.07	8.04	2.61	6.89	7.02	1.57	0.80	0.98	4.39	196
	D683/1	13.56	2.79	7.30	1.31	7.19	7.64	0.79	1.59	0.94	9.10	50
	D1009/3	13.23	2.34	5.72	0.48	7.01	6.10	0.29	2.34	1.15	24.17	34
	D1010/2	9.75	0.91	6.56	0.32	5.17	5.76	0.19	1.57	0.90	27.2	12

注：表中 Sr 元素含量单位为$\times 10^{-4}$，其他元素含量单位为%

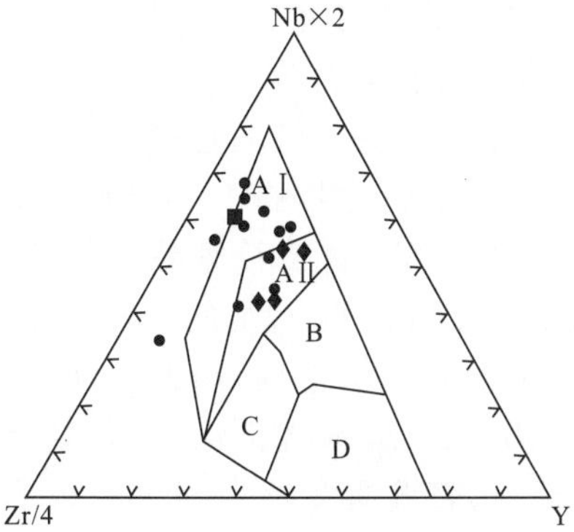

图 3-64　Zr/4-Nb×2-Y 构造环境判别图
(据 Meschede,1986)
AⅠ+AⅡ为板内碱性玄武岩;B. 富集型洋中脊玄武岩;图中:
●阿羌火山岩下段;◆阿羌火山岩上段;■托库孜达坂火山岩

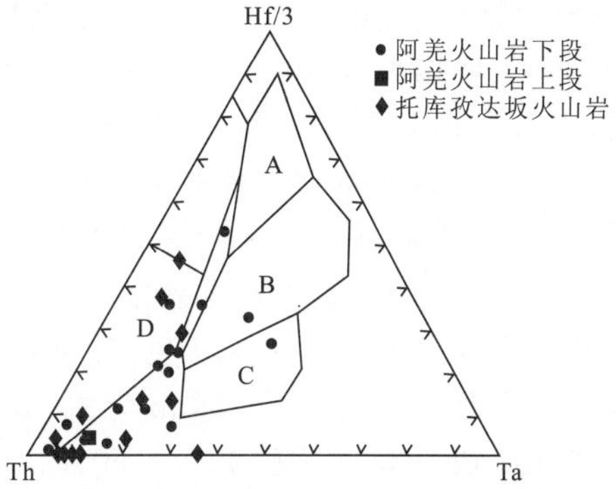

图 3-65　Th-Hf/3-Ta 构造判别图
(据伍德,1980)
A. 洋中脊玄武岩;B. 洋中脊或板内玄武岩;C. 板内玄武岩;
D. 火山弧玄武岩(钙碱性)。样品注解同图 3-62

小结:阿羌火山岩主体为一套钙碱性系列基性—中酸性火山岩为主,并有少量的沉积岩,主要为泥质岩、硅质岩。火山岩的岩石地球化学研究表明,其主要来源于地幔,以部分熔融方式形成岩浆,形成于大陆边缘的裂谷环境,晚期转换为火山弧(弧后盆地)环境。托库孜达坂岩组在区域上以长石石英砂岩、粉砂岩、泥灰岩为主,夹安山岩、安山质岩屑晶屑凝灰岩、英安岩。火山岩属于碱性玄武岩系列中基性岩石。岩石地球化学研究表明,其与阿羌火山岩中酸性岩具有相似的岩浆来源及演化历程,形成于大陆边缘压性岛弧环境。

三、新生代火山岩

测区内新生代火山岩出露于于田县西南 80km 处,西昆仑北坡的普鲁村以东或以北的克里雅代牙侧旁。区内可见 6 个自然露头。据野外产出特征及岩石特征大致判断,普鲁村东 3 个露头为一期火山作用形成,而普鲁村北 3 个露头则为另一期火山作用形成。露头多为黄土状粉砂覆盖,火山岩夹于早更新世康苏拉克组冲、洪积砾石层中。上游仅见一层火山熔岩。露头延伸超过 4km,可能延伸大于 10km,单层厚度约 20m。主要组成岩石有杏仁状辉石安山岩、辉石玄武安山岩。下游火山岩前人作了较为详细的研究(邓万明等),该处火山岩夹于克里雅河Ⅳ级阶地的河床砾石层之间,上层熔岩厚 10～15m,下层熔岩厚 5～7m,中间夹有 2～4m 厚的砾石层,与熔岩接触的砾岩被烘烤成砖红色,岩石类型比较单调,主要是深灰色的橄榄安粗岩和钾玄岩,岩层顶部气孔发育(1～2.5m),下部呈致密块状,底部(1～1.5m)见冷凝边。普鲁火山岩较一致的年龄结果是 1.43～1.21Ma(K/Ar)(刘嘉麟等,1990);1.4～1.1Ma(刘从强,1989),时代为早更新世。

(一)岩石学特征

新生代火山岩岩石特征基本相同,单层中下部气孔不发育,呈深灰色致密块状;上部气孔发育,呈灰黑色。岩石新鲜无蚀变。上游火山岩镜下定名为辉石玄武安山岩、杏仁状辉石安山岩;下游为辉石安山岩。具体特征分述如下。

辉石安山岩　呈深灰色,致密块状,具斑状结构,基质交织结构,斑晶长径 0.6～3mm,个别达 4mm,基质 0.1～0.2mm;斑晶成分有斜长石 10%、单斜辉石 2%～3%、斜方辉石 1%,基质成分有斜长石 70%、单斜辉石 10%～15%、黑云母 1%～2%;斑晶中斜长石呈自形柱状,洁净,聚片状,双晶发育,An=50—52;单斜辉石呈自形短柱状,斜方辉石呈自形柱状;基质中斜长石微晶呈平行或微平行排列，其间夹有微晶粒状辉石和白云母，斜方辉石为紫苏辉石。该岩石为熔岩层下部主体岩石的代表。

杏仁状辉石安山岩　岩石呈灰黑色，气孔发育，约占岩石表面积的10%～30%，受岩浆流动多呈顺层压扁拉长状，镜下呈云朵状、长条状、杏仁状。充填物为次生石英，边缘一圈为纤维状辉石微晶，岩石总体具斑状结构，基质具玻晶交织结构，气孔及杏仁构造。斑晶粒径 0.5～3mm，基质 0.02～0.15mm，斑晶成分有斜长石 8%～15%、单斜辉石 5%～8%、橄榄石 1%，基质成分有玻璃质 40%～45%、斜长石 25%～30%、单斜辉石 10%、橄榄石小于 1%。斜长石斑晶双晶结合面平直，An=48—50，基质中斜长石微晶略呈定向排列。该岩石可能为岩层顶部、边部的代表，具流动构造。

辉石玄武安山岩　深灰色，致密块状，斑状结构，基质玻晶交织结构，局部具间隐结构，气孔状构造。斑晶大小以 0.6～2mm 为主，成分有斜长石 5%～8%、单斜辉石 3%～5%；基质粒径 0.06～0.15mm，成分有斜长石 45%～50%、单斜辉石 10%～15%、玻璃质 25%～30%。岩石中气孔发育，呈圆形和椭圆形，大小 0.5～2mm，少数 3mm，未见充填。该岩石是岩层中上部之代表。

（二）化学特征及岩石化学定量分类

普鲁火山岩岩石化学成分含量见表 3－38。从表中数据可看出，SiO_2最高 56.40%，最低 52.61%，属中基性火山岩；Na_2O+K_2O 含量较高，最低 7.32%，最高 8.75%，K_2O 略高于 Na_2O；其中 D301/1 号样具有高 TiO_2、Al_2O_3、Fe_2O_3的特征。

表 3－38　早更新世普鲁火山岩岩石化学成分含量及指数表

岩石名称	样品号	氧化物含量(%)									
		SiO_2	TiO_2	Al_2O_3	Fe_2O_3	FeO	CaO	MgO	K_2O	Na_2O	MnO
钾玄岩	Kp－23－1	52.61	1.75	13.34	2.26	5.97	0.11	8.80	5.17	3.89	3.43
钾玄岩	Kp－23－2	53.23	2.34	15.77	3.09	5.38	0.13	4.20	6.00	3.44	4.06
钾玄岩	Kp－23－3	54.86	2.01	15.51	1.62	6.40	0.12	4.25	5.97	3.30	4.07
钾玄岩	Kp－23－4	53.74	2.13	15.75	1.74	6.30	0.12	3.95	6.19	3.80	3.25
粗安岩	XJ－16	56.40	1.65	15.77	4.06	3.48	0.12	4.17	5.23	3.65	3.91
粗安岩	D301/1	52.81	2.72	16.85	8.44	1.00	0.11	2.34	4.30	4.35	4.40

岩石名称	样品号	氧化物含量(%)			特征参数值					
		P_2O_5	LOI	Σ	σ	t	AR	SI	A/CNK	W
钾玄岩	Kp－23－1	0.82	1.40	99.55	8.541	5.400	5.128	33.73	1.094	0.275
钾玄岩	Kp－23－2	1.20	0.05	98.89	8.711	5.269	3.923	19.00	1.273	0.365
钾玄岩	Kp－23－3	0.97	0.04	99.12	7.546	6.075	3.915	19.73	1.281	0.202
钾玄岩	Kp－23－4	1.07	0.04	99.08	9.292	5.610	4.398	17.97	1.196	0.216
粗安岩	XJ－16	0.79	0.46	99.69	5.885	7.345	3.543	20.25	1.328	0.538
粗安岩	D301/1	0.98	1.17	99.47	7.627	4.596	3.082	11.45	1.403	0.894

利用 Maitre 的全碱-氧化硅(TAS)图解(图 3－66)判断，普鲁火山岩有 5 个样品落入玄武安山岩区，1 个样品落入粗面安山岩区。

普鲁火山岩岩石化学显示主体为一套中基性碱性玄武岩，投影点较为集中，岩性稳定，较为集中的岩性为玄武粗面安山岩。

（三）火山岩碱度及岩石系列

里特曼指数计算结果见表 3－38，普鲁火山岩石 $5.885<\sigma>9.292$，变化于 3.3～9 之间，属碱性玄武岩系列。

在 SiO_2 - K_2O 图解(图 3 - 67)中,普鲁火山岩有 5 个样品集中于钾玄岩区内,1 个样品分布于钾玄岩和橄榄安粗岩界线附近,属钾玄岩系列。

总结以上岩石化学特征,普鲁火山岩为碱性岩石,属碱性玄武岩系列或钾玄岩系列。

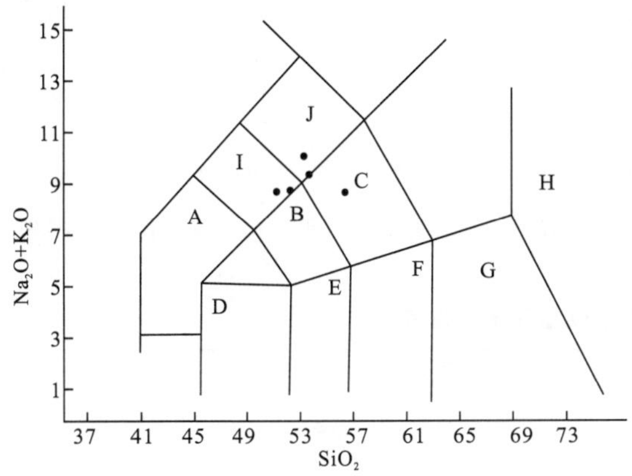

图 3 - 66 普鲁火山岩 TAS 图解

(据 Le Maitre,1989)

A. 碱玄岩、碧玄岩;B. 玄武粗面安山岩;C. 粗面安山岩;D. 玄武岩;E. 玄武安山岩;F. 安山岩;G. 英安岩;H. 流纹岩;I. 响岩质碱玄岩;J. 碱玄质响岩

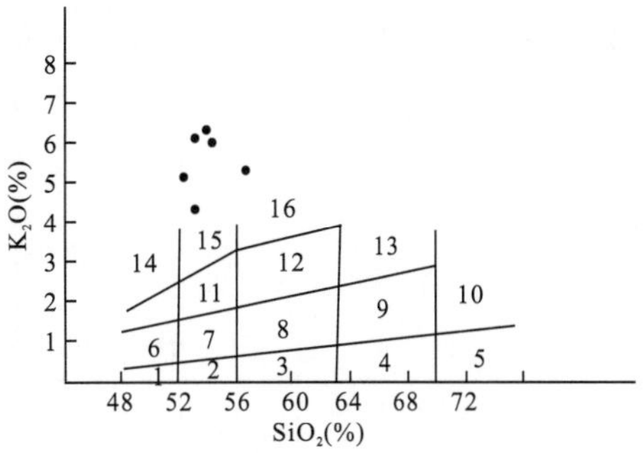

图 3 - 67 普鲁火山岩 SiO_2 - K_2O 图解

(据 Peccerillo,Taylor,1976)

1. 低钾拉斑玄武岩;2. 低钾玄武安山岩;3. 低钾安山岩;4. 低钾英安岩;5. 低钾流纹岩;6. 玄武岩;7. 玄武安山岩;8. 安山岩;9. 英安岩;10. 流纹岩;11. 高钾玄武安山岩;12. 高钾安山岩;13. 高钾英安岩;14. 橄辉粗玄岩;15. 钾玄岩;16. 橄榄安粗岩

(四)稀土元素特征

稀土元素含量及特征参数见表 3 - 39,配分曲线图见图 3 - 68。普鲁北(下游)火山岩的 $\sum$REE $=(501.33\sim755.36)\times10^{-6}$,稀土总量较高。$(La/Yb)_N=25.23\sim40.46$,轻稀土强烈富集,$(La/Sm)_N=5.72\sim5.87$,$(Gd/Yb)_N=2.23\sim3.16$,轻稀土分馏明显,重稀土亦有较明显的分馏。$\delta Eu=0.81\sim0.87$,显示较弱的负铕异常。

表 3 - 39 更新世普鲁火山岩稀土含量及特征参数表

样品号	稀土元素含量($\times10^{-6}$)									
	La	Ce	Pr	Nd	Sm	Eu	Gd	Tb	Dy	Ho
Kp - 23 - 1	119.0	228	24.10	89.90	13.00	3.10	10.20	1.50	5.3	1.00
Kp - 23 - 2	184.0	352	36.20	130.00	19.60	4.20	13.90	2.00	5.9	1.20
D301/1	16.9	36	6.14	27.77	7.89	2.91	9.68	1.63	10.8	2.51

样品号	稀土元素含量($\times10^{-6}$)					特征参数值				
	Er	Tm	Yb	Lu	$\sum$REE	δEu	δCe	$(La/Yb)_N$	$(La/Sm)_N$	$(Gd/Yb)_N$
Kp - 23 - 1	2.40	0.43	2.80	0.60	501.33	0.87	0.847	25.23	5.72	2.23
Kp - 23 - 2	2.40	0.42	2.70	0.84	755.36	0.81	0.854	40.46	5.87	3.16
D301/1	6.94	1.30	7.24	1.36	139.07	1.13	0.737	1.39	1.34	0.82

配分曲线为向右陡的斜线(图 3 - 68),为轻稀土富集型。上游普鲁东火山岩稀土总量明显较低 $\sum REE=139.07\times10^{-6}$,$(La/Yb)_N=1.39$,轻稀土强烈富集,$(La/Sm)_N=1.34$,$(Gd/Yb)_N=0.82$,

轻稀土分馏明显，重稀土亦有较明显的分馏。δEu＝1.13，显示较弱的负铕异常。配分曲线为近于水平的一条平滑曲线(图 3－68)。

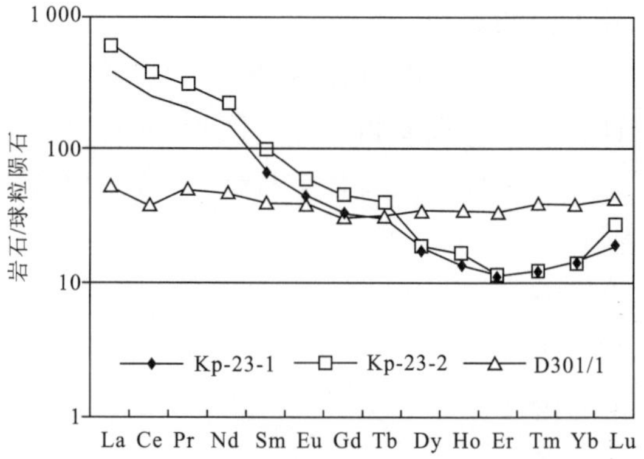

图 3－68　更新世普鲁火山岩稀土配分模式图

(五)微量元素特征

微量元素含量见表 3－40。与维氏(1962)玄武岩相比较，普鲁火山岩高场强元素含量大体相当或略有富集，亲石元素则高出其 2～20 倍，表现出明显的富集特征。亲铁元素仅有其 30%～50%，显示出一定的亏损。

表 3－40　更新世普鲁火山岩微量元素含量表　($\times10^{-6}$)

样品号	Zr	Y	Nb	Rb	Sr	Ba	V	Cr	Ni	Co	Cu	Zn
Kp－23－1	364.0	21.20	26.80	88.9	904	1 455	109.0	46.20	284.0	45.50	17.40	106.0
Kp－23－2	507.0	20.00	39.30	105.0	1 279	1 713	85.0	38.40	37.1	35.10	19.10	113.0
Kp－23－3	432.0	25.10	43.90	113.0	1 039	1 568	119.0	79.50	42.7	32.20	20.10	118.0
Kp－23－4	415.0	24.10	30.50	95.5	1 096	1 569	117.0	49.10	36.7	28.20	56.40	114.0
D2043/1	1 432	54.69	74.81	157.8	1 375	258	155.0	72.57	38.0	30.92	39.87	117.5
D2043/2	2 067	53.11	76.31	180.6	1 254	2 579	159.0	67.51	36.5	31.26	32.36	161.0
D301/1	100.0	20.00	20.00	4.5	440	300	200.0	200.00	160.0	45.00	100.00	130.0

注：其中 Kp 字头的样品来自于邓万明《青藏高原北部新生代板内火山岩》，1998

在 MORB 标准化图(图 3－69)上，普鲁北和普鲁东火山岩表现出不同的地球化学特征，普鲁北除 Sc 和 Cr 亏损外，其他大多数元素表现出强烈富集特征，呈大隆起状，表现出板内玄武岩的典型特征。相比之下，普鲁东火山岩则亲石元素富集不及北侧强烈，其形态特征接近于拉斑质-碱性板内玄武岩(格雷戈里裂谷)的曲线特征。

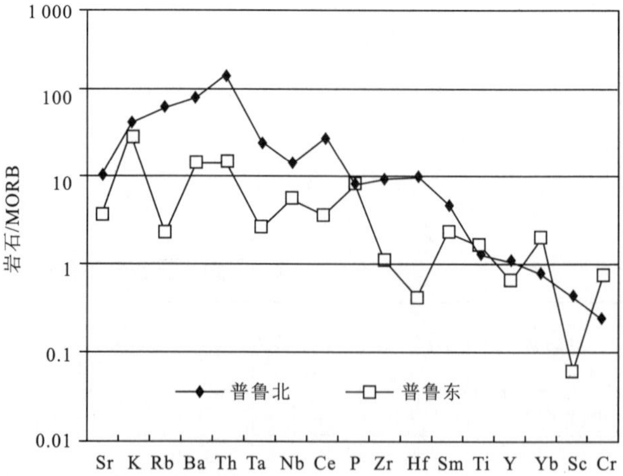

图 3－69　更新世普鲁火山岩微量元素 MORB 标准化图

(六)同位素地球化学特征

普鲁火山岩同位素组成见表 3－41 表中数据显示，各个样品偏差不大，$^{87}Sr/^{86}Sr$＝0.708，为中等到锶玄武岩，εNd 平均－7.2，具有较大的负值。这些特征表明，普鲁火山岩岩浆中有大量地壳物质的加入。

(七)岩浆来源、构造环境分析

1. 构造环境

从产出特征、火山岩的年龄并结合区域地质演化可以断定，普鲁火山岩发育在大陆板内环境。

表 3-41　普鲁火山岩同位素含量表

序号	岩石名称	样品号	$^{87}Sr/^{86}Sr$	$^{143}Nd/^{144}Nd$	εNd	εSr
1	钾玄岩	Kp-23-2	0.708 849	0.512 287	−6.8	141.1
2	橄榄粗玄岩	XJB_1-1	0.708 705	0.512 284	−6.9	139.0
3	橄榄粗玄岩	XJB_1-2	0.708 807	0.512 252	−7.5	126.1
4	安粗岩	XJB_2-1	0.708 721	0.512 195	−8.4	139.2
5	安粗岩	XJB_2-4	0.708 992	0.512 258	−7.4	143.1
6	橄榄粗玄岩	XJB_2-5	0.708 661	0.512 308	−6.4	138.4
7	钾玄岩	Kp-23-3	0.708 686	—	—	138.7

注:其中 Sr 同位素未作年代校正,是实际测定值,由于火山岩非常年轻,由未校正而引起的误差很小,差值在分析误差范围之内

从大地构造来看,新生代以来,青藏高原处在几个古老板块(北侧塔里木、南侧印度板块、东侧扬子板块)的围限之中,由于印度板块的持续向北挤压形成了以南北向的构造压应力为主,同时受到几个方向阻挡的构造格局,这种格局不但对新生代的板内岩浆活动起着控制作用,而且对高原岩石圈的演化和隆升有非常重要的意义。

目前用地球物理学方法所控测到的高原地壳中的低阻层被多数学者解释为孤立的、大小不一的岩浆囊。它们是造成高原地热活动和高热流的重要热源。控制火山喷发的主要构造有初始板内裂谷、大型的走滑断层(如阿尔金断层),区域性的剪切拉张带最有利于熔体的喷发。普鲁火山岩正是在这种构造背景下形成的。

2. 岩浆来源

在同位素地球化学研究中,Sr 和 Nd 两种同位素的结合使用,以比蛛网图的形式能直观地表达岩石中成因的大量信息。普鲁火山岩 Sr、Nd 同位素成分投影在图 3-70 中,投影点均落入 EMⅡ 的范围之内,其源区应属于轻稀土元素富集的一种壳-幔混合地幔。EMⅡ 普遍地被认为是俯冲和再循环的大陆壳物与地幔岩发生混合作用的产物。由于三叠纪以来,印度板块持续不断地向北挤压,南侧巴颜喀拉海槽被动向南、向北双向俯冲,将大量富水的海槽沉积物及洋壳板片带入上地幔,从而引发较为广泛的熔融事件的发生,这一地质事实使得大陆壳物质和地幔岩发生混合成为可能。

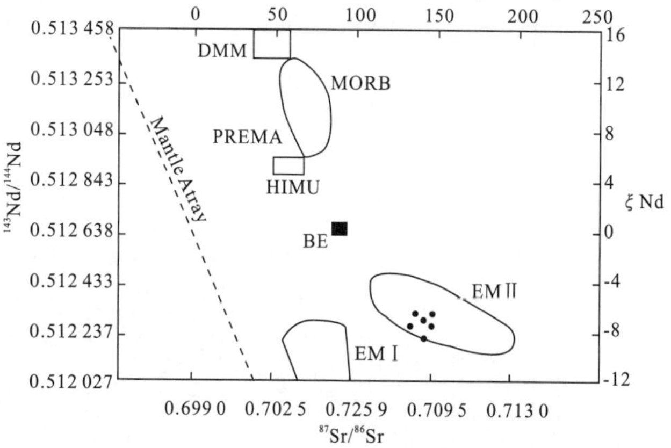

图 3-70　普鲁第四纪火山岩 Sr-Nd 同位素成分投影图

另据亚东-格尔木地学大断面的人工地震测深结果资料,在青藏高原,尤其是藏北和周边地区,壳-幔混合层普遍存在,埋深为50~55km,厚度变化较大,平均为 20~30km(李廷栋,1988;李光岑等,1988)。

第三节　蛇绿岩

于田县幅(J44C004003)发育两条蛇绿混杂岩，一是出露于靠近昆仑山山前的震旦纪—早古生代其曼于特蛇绿岩，二是跨越于田县幅南部和伯力克幅北部的晚古生代苏巴什蛇绿岩。另外，蓟县系阿拉玛斯岩群第Ⅲ岩组斜长角闪岩也具有蛇绿岩特点，但其变质较深，出露局限，是否为蛇绿岩尚难确定，故在此不作论述。

一、早古生代其曼于特蛇绿岩

(一)其曼于特蛇绿岩带地质特征

本项目2000年度工作中发现并命名的其曼于特蛇绿混杂岩带，出露于靠近山前的昆仑山北坡，呈狭窄的带状平行昆仑山脉展布，带内主要是蛇绿岩，蛇绿岩岩性单元比较齐全，夹少量相关的深水沉积岩和混入的两侧陆块块体。西段出露较为完整，东段被晚古生代裂谷海槽彻底改造破坏。

图3-71为于田县普鲁村-流水南蛇绿混杂岩带及两侧地质略图，蛇绿岩及两侧地质体构造面均稳定南倾。蛇绿混杂岩带出露宽度不大，混入的外来块体也极少，蛇绿岩套下部单元出露于两侧，玄武岩和相关的深水灰岩、硅质岩等分布于中部，各单元间均以韧性剪切带接触。此处超基性岩石不发育，仅见橄榄辉石岩，在铁克萨依沟附近前人资料上有3个小型超基性岩体，也见其转石，岩性为蛇纹岩，但未见露头。东部的大龙沟见有蚀变橄榄辉石岩。

图3-72为铁克萨依(沟)其曼于特蛇绿岩命名点蛇绿混杂岩带(2—10层)剖面图，蛇绿岩以巨

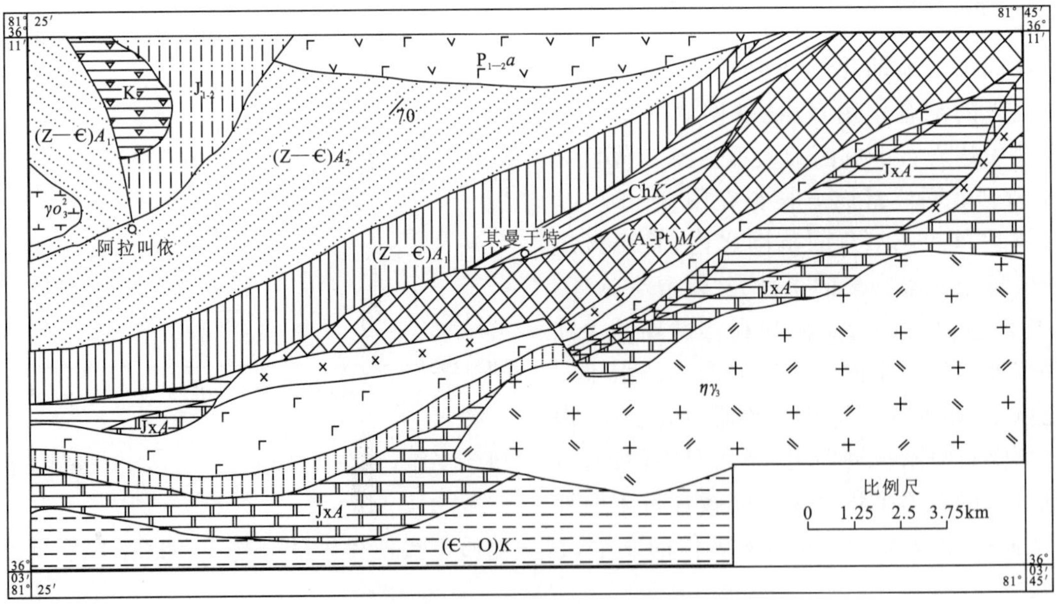

图3-71　于田县普鲁南地质图

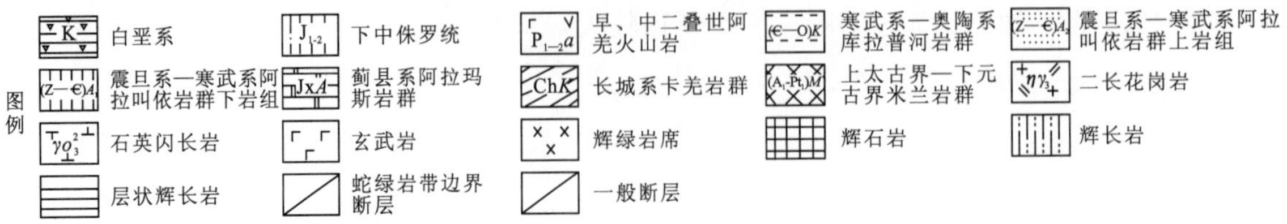

大的两条南倾逆冲糜棱岩带夹于北侧昆北地块米兰岩群(11层)和南侧昆南地块阿拉玛斯岩群第1层深变质结晶地层之间。由北向南依次为辉绿岩席—辉绿岩席夹块状玄武岩和薄层细晶灰岩(并有较多斜长花岗岩脉侵入其中)—块状玄武岩、杏仁状玄武岩、玄武质凝灰岩夹薄层和透镜状紫红色、深灰色硅质岩—枕状玄武岩—薄板状微晶灰岩—橄榄辉石岩。由于强烈的构造变形,原始接触关系已不存在,从其岩石组合规律看,此处蛇绿岩产状向南倾为正常,该剖面以大量出露辉绿岩席为特征。

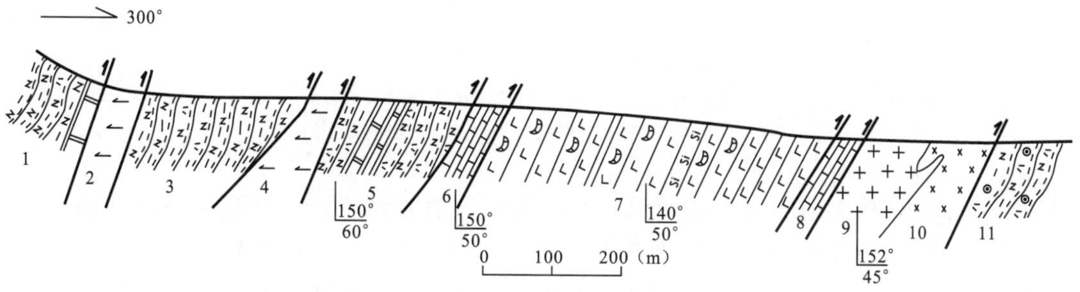

图3-72　于田县普鲁南铁克萨依其曼于特蛇绿混杂岩带剖面图

昆仑地块:1.阿拉玛斯岩群(Jx)黑云斜长片麻岩夹白云质大理岩;其曼于特蛇绿混杂岩带;2、4.橄榄辉石岩;3、5.阿拉玛斯岩群混入块体;6、8.灰白色薄板状灰岩;7.枕状玄武岩、块状玄武岩、玄武质凝灰岩夹紫红色、深灰色硅质岩;9.强片理化细粒花岗岩、细粒花岗质糜棱岩;10.辉绿岩席;塔里木板块;11.米兰岩群(Pt_1)石榴黑云角闪斜长片麻岩、斜长角闪岩

图3-73为库拉甫河其曼于特蛇绿混杂岩带剖面图,该剖面蛇绿岩混杂岩带(第2—11层)宽度较大,以玄武岩大量出露为特点。

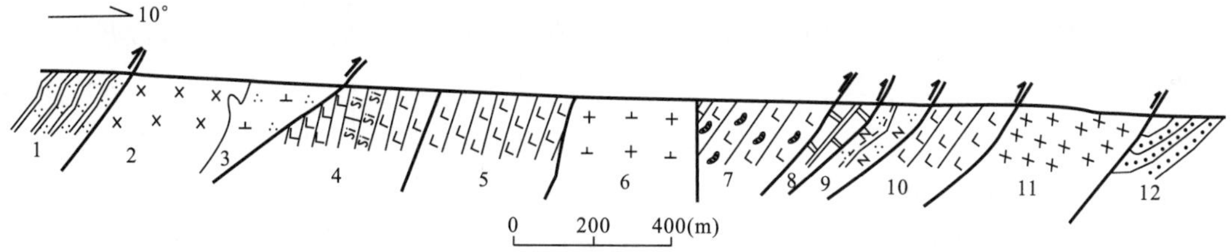

图3-73　于田县普鲁南库拉甫河其曼于特蛇绿混杂岩带剖面图

1.阿拉玛斯岩群(JxA)粗粒石英岩;2.辉长岩;3.石英闪长岩;4.玄武质凝灰岩夹玄武岩、硅质灰岩、硅质岩;5.块状、杏仁状玄武岩;6.花岗闪长岩;7.枕状玄武岩;8.阿拉玛斯岩群块体、白云石大理岩;9.阿拉玛斯岩群块体长英质片麻岩;10.块状玄武岩;11.层状辉长岩;12.阿拉叫依岩群(Z—∈)A变质长石石英砂岩

图3-74为工作区西邻图区大龙沟该蛇绿混杂岩带(第2—6层)剖面图,与铁克萨依(沟)剖面相似,出露窄,以辉长岩为主,见蛇纹岩,玄武岩不甚发育,北侧被晚古生代火山海槽所截。

(二)其曼于特蛇绿岩及相关沉积岩的岩石学特征

其曼于特蛇绿岩的岩石单元比较齐全,超基性岩体、基性杂岩体、酸性岩脉和基性火山岩等都有不同程度出露,但因构造破坏未见完整的蛇绿岩剖面,相关的沉积岩有硅质岩和灰岩。

1. 超基性岩体

其曼于特蛇绿岩中超基性岩体有蛇纹岩(蚀变二辉橄榄岩)和(蚀变)橄榄辉石岩、辉石岩。

蛇纹岩(蚀变二辉橄榄岩)　仅在大龙沟见及,宽20m至近100m,块状,与两侧辉长岩为韧

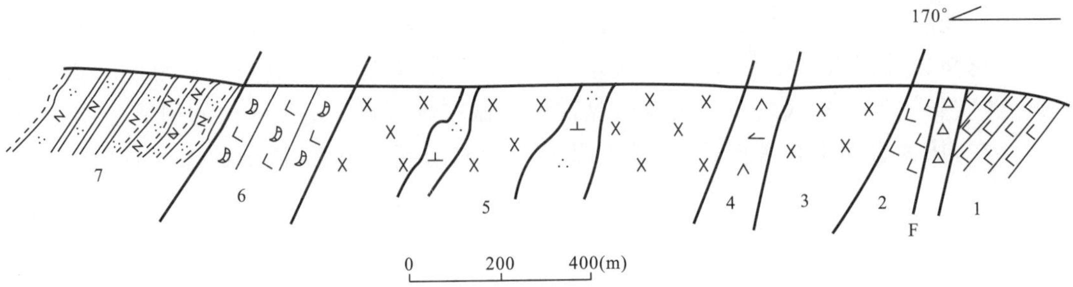

图 3-74　策勒县大龙沟其曼于特蛇绿混杂岩带剖面图

1.石炭纪阿羌火山岩;2.绿片岩(变玄武岩);3.辉长岩;4.蛇纹岩(变橄榄岩);5.石英闪长岩;6.绿片岩(变枕状玄武岩);7.阿拉玛斯岩群(JxA)块体;F.断层角砾岩带

性剪切带接触,黑色,放大镜下显美丽的翠绿色。蛇纹石含量约 90%,粒度细小,其他矿物有绢石 2%~3%、磁铁矿 2%~3%、铬尖晶石小于 1%、铬铁矿 1%~2%,少量菱铁矿。原岩为橄榄岩,蛇纹石化过程中析出少量粉尘状磁铁矿呈网环状分布于橄榄石周围,并反映了橄榄石晶体形态,且以此为主,少量蛇纹石聚集形态显示其原矿物为单斜辉石,被绢石和菱铁矿代替的可能是斜方辉石。

橄榄辉石岩和辉石岩　块状,构造强处为片状,已成绿片岩。黑色及深绿色,中粒结构和包含结构,块状构造。蚀变较弱处有单斜辉石大于 50%~55%、角闪石 20%~25%、斜方辉石大于 10%~15%、橄榄石大于 5%~8%,另有少量黑云母、磁铁矿、黄铁矿,次生矿物有蛇纹石、滑石、纤闪石。矿物粒度 2~7mm 不等。蚀变强处原生暗色矿物几乎全部发生纤闪石化,个别残留单斜辉石,但多数保存辉石假象,粒间有 10%~15%的已强绢云母化斜长石。矿物粒度 2~4mm。

2. 基性岩体

基性杂岩体是其曼于特蛇绿岩的主要岩石单元,有辉长岩、层状辉长岩和辉绿岩席 3 种。

辉长岩　深灰、灰黑色。块状,辉长结构,辉石含量 20%~70%不等,大多已次闪石化和纤闪石化,粒度 2~3mm,斜长石 50%~75%,强钠黝帘石化和绢云母化,蚀变弱处 An=68—70,粒度 4~5mm,次要矿物有石英、磷灰石、磁铁矿、锆石等。

层状辉长岩　有两种,层状构造清楚者具明显的黑白相间的层状特征,蚀变和动力变形也较强,镜下矿物分布很不均匀,暗色矿物粗大,为角闪石,具次闪石化,可能为辉石自变质的产物。另一种层状辉长岩粒度细小,与辉绿岩相似,层状构造不清楚,野外观察大致显层。

辉绿岩(席)　似层状,厚 10~50cm,边界清晰,两侧冷凝边宽 1~5cm,内部有条带状流动构造,相互间呈"整合"状构成较为宽大的岩体(图版Ⅱ-2),与玄武岩间可见为过渡关系(图 3-75)。主要矿物为角闪石和斜长石,角闪石大于 50%、斜长石 20%~25%、透辉石 15%~20%。比较特殊的是有些辉绿岩席含石英和钾长石,局部达 10%~15%,成分上已经成为中性岩类,可能说明地幔岩浆发生了较充分的分异(图版Ⅱ-4)。另外,角闪石大部分取代辉石,镜下可见比较清楚的变质结构,可能是后续岩浆侵入的热作用结果。

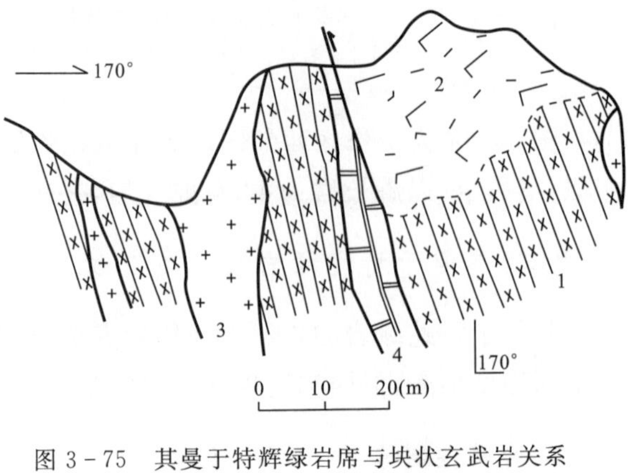

图 3-75　其曼于特辉绿岩席与块状玄武岩关系

1. 辉绿岩席;2. 块状玄武岩;3. 花岗质脉岩;4. 大理岩

3. 酸性岩脉

酸性岩脉不甚发育，侵入辉绿岩席并紧密共生，浅灰色，细粒，常强韧性变形形成糜棱结构，条纹状构造，残余斑状结构(图版Ⅳ-4 至图版Ⅳ-6)。与辉绿岩席相似，该带中的这种酸性岩脉不是典型的斜长花岗岩，主要成分有斜长石、钾长石、石英，含量变化很大，石英含量多小于 20%，次要矿物有黑云母、(绢)白云母、黝帘石、锆石等。

4. 基性火山岩

绿色，层状，有块状、杏仁状和枕状几种，枕状玄武岩岩枕有椭球状和不规则椭球状(图版Ⅱ-1)。多数已强蚀变，矿物成分和含量变化很大，主要矿物有斜长石、绿帘石、阳起石、绿泥石、方解石。变形强处呈片状，实质已是基性糜棱岩、构造片岩。

5. 硅质岩

有紫红色和深灰色两种，透镜状及薄层状夹于玄武岩、绿片岩和灰岩之中(图版Ⅱ-3)。

6. 灰岩

有灰白色和灰色两种，灰白色者为薄层或薄板状，有时含大量沉积和构造混入的玄武岩碎块。灰色者为中层及中厚层状，多含硅质，成硅质灰岩并夹较多深灰及灰黑色硅岩。

综上所述，并与青藏高原其他蛇绿岩对比，我们可以看出其曼于特蛇绿岩规模不大，但“五脏俱全”，除未见纯橄岩外，其他岩石单元都有出露。相关沉积岩中未见属于深水泥岩的变质岩石，库拉甫河剖面出露的玄武岩中所夹灰岩和硅质灰岩为层理很不明显的块状，与蛇绿岩有“格格不入”之感，可能是混入的大陆边缘地体。

(三)其曼于特蛇绿岩的岩石化学和地球化学特征

其曼于特蛇绿岩中蛇纹岩、辉石岩、辉绿岩、玄武岩岩石化学分析结果见表 3-42，稀土元素分析结果见表 3-43，微量元素分析结果见表 3-44。岩石化学成分以低钛为特征，除个别具典型洋脊型特点外，多数显示岛弧特点，Al_2O_3 和 CaO 含量变化较大，FeO 普遍大于 Fe_2O，MgO 明显与基性程度有关，$Na_2O>K_2O$，用 $TiO_2-MnO-P_2O_5$(图 3-76)和 $FeO^*-MgO-Al_2O_3$(图 3-77)三角投影很显散乱，既有 MORB 型，也有洋岛型蛇绿岩，甚至还有大陆边缘钙碱性火山岩，其他投影结果也是如此，显示了真正的“大混杂”特点。

其曼于特蛇绿岩的稀土元素总量 ΣREE 高且变化很大，仅少数层状辉长岩、枕状玄武岩和角闪英闪岩和稀土元素总量小，轻、重稀土元素分异不明显，模式图呈近水平状，铕具弱正异常，具典型 MORB 蛇绿岩特征。其他样品，包括超基性岩石稀土元素总量较高，轻稀土元素 LREE 富集，重稀土元素 HREE 基本无分异，在模式图上(图 3-78 和图 3-79)，前者缓右倾，后者为水平状，铕具弱负异常，野外常共生的辉绿岩席和酸性岩脉角闪英闪岩显示明显的特殊性，辉绿岩稀土总量很高，但轻、重稀土元素无分异，模式图除在 Pr 和 Tb 处弱富集外，总体为右倾状，角闪英闪岩为重稀土富集型，模式图上轻稀土为水平状而重稀土为左倾状，铕强亏损。

其曼于特蛇绿岩的微量元素分析结果见表 3-44，特征与同时代相关的边缘建造和花岗质侵入岩极为相似，反映了它们之间在成因上具相关性，由 Ba、Rb、Sr、Zr、Nb、Th、Hf、Ta、U、Ti 十种元素以 N-MORB 为标准勾绘的蛛网图(图 3-80 和图 3-81)最显著的特点是明显低 Hf，但 Ba、Rb、Sr 等大离子亲石元素与高强场元素 Zr、Nb、Th 等相对略显富集，除辉绿岩和角闪英闪岩具低 Sr 外，总体含量变化不大，反映其成因较为复杂。

表 3-42　其曼于特蛇绿岩岩石化学分析结果表

(%)

岩石名称	样品号	SiO_2	TiO_2	Al_2O_3	$Fe_2O_3^*$	Fe_2O_3	FeO	CaO	MgO	K_2O	Na_2O	MnO	P_2O_5	LOI	Σ
蛇纹岩	D011/1	40.96	0.025	0.87	7.75	5.44	2.08	1.00	37.49	0.03	0.04	0.06	0.04	11.57	107.36
橄榄辉石岩	D607/1	46.25	0.590	6.18	11.42	2.29	8.22	11.70	18.98	0.25	0.60	0.19	0.04	3.70	110.41
辉石岩	D607/2	47.85	1.170	15.15	10.38	2.18	7.38	10.30	9.42	1.24	1.74	0.19	0.14	2.93	110.07
层状辉长岩	D1018/1	51.79	0.800	14.34	8.35	1.42	6.24	11.80	8.30	0.25	3.05	0.14	0.12	0.62	107.22
	D2019/4	49.59	0.200	17.52	6.30	1.33	4.47	13.25	8.91	0.40	1.56	0.11	0.01	2.46	106.11
	D2020/1	49.68	0.350	14.99	7.40	1.27	5.52	12.80	9.78	0.09	2.26	0.13	0.01	1.90	106.18
辉长岩	D1019/2	51.43	0.650	19.68	6.82	1.85	4.47	8.15	4.85	1.97	3.70	0.12	0.13	2.42	106.24
	D313/1	53.44	0.440	5.78	6.25	0.36	5.30	14.65	14.10	1.36	0.42	0.14	0.03	2.84	105.11
辉绿岩	D2005/7	53.47	1.650	12.70	14.72	4.83	8.90	9.20	3.88	0.94	1.31	0.19	0.19	1.91	113.89
角闪英闪岩	D1018/4	74.12	0.310	10.40	6.25	1.96	3.86	3.55	0.61	0.14	3.45	0.09	0.07	0.29	105.10
杏仁状玄武岩	D1018/2	57.44	0.430	14.18	11.15	1.82	8.40	5.70	4.89	0.50	3.55	0.03	0.03	1.66	109.78
枕状玄武岩	D2005/1	51.02	0.750	16.46	13.15	6.68	5.82	9.00	3.16	0.32	2.17	0.20	0.07	3.55	112.35

表 3-43　其曼于特蛇绿岩稀土元素分析结果表

岩石名称	样品号	稀土元素含量($\times 10^{-6}$)																	特征参数值
		La	Ce	Pr	Nd	Sm	Eu	Gd	Tb	Dy	Ho	Er	Tm	Yb	Lu	ΣREE	ΣLREE	ΣHREE	δEu
蛇纹岩	D011/1	17.54	33.63	4.08	13.05	2.16	0.51	2.14	0.35	2.09	0.54	1.45	0.28	2.20	0.37	80.39	70.46	9.93	0.717
橄辉岩	D607/1	13.93	31.70	4.27	15.98	3.88	0.82	4.21	0.70	5.28	1.34	3.28	0.62	4.44	0.65	91.10	69.26	21.34	0.617
辉石岩	D607/2	28.58	48.38	7.49	34.04	6.75	1.72	7.72	0.99	5.99	1.33	3.51	0.58	3.15	0.57	150.80	125.24	25.56	0.726
层状辉长岩	D2019/4	15.73	25.64	3.39	13.37	3.34	0.70	2.93	0.45	2.78	0.63	1.69	0.29	1.61	0.30	72.85	61.47	11.38	0.670
	D2020/1	3.65	6.86	1.11	5.13	1.25	0.49	1.43	0.30	2.28	0.52	1.56	0.29	2.04	0.31	27.22	18.00	9.22	1.117
	D1018/1	40.26	67.99	6.94	25.43	4.93	0.98	3.43	0.52	2.55	0.47	1.22	0.19	1.03	0.18	156.12	145.55	10.57	0.692
辉长岩	D1019/2	32.29	50.52	6.04	22.38	4.41	1.39	3.99	0.63	3.74	0.82	2.16	0.39	2.24	0.42	131.42	115.64	15.78	0.995
	D313/1	12.81	26.03	3.75	18.53	3.65	0.88	3.52	0.58	4.64	1.14	3.00	0.54	3.76	0.56	83.39	64.77	18.62	0.741
辉绿岩	D2005/7	257.84	398.14	42.66	135.98	24.89	6.03	16.89	2.08	9.14	1.61	4.22	0.61	3.37	0.57	904.03	859.51	44.52	0.889
角闪英闪岩	D1018/4	1.68	8.51	0.98	4.87	1.77	0.60	1.99	0.43	2.93	0.71	1.98	0.37	2.11	0.38	29.31	17.81	11.50	0.947
玄武岩	D1018/2	1.78	8.16	1.02	4.29	1.35	0.55	1.56	0.33	2.88	0.54	1.56	0.28	1.60	0.31	26.21	16.60	9.61	1.155
	D2005/1	55.57	90.26	9.74	37.71	6.40	1.69	5.83	0.69	3.40	0.62	1.55	0.25	1.40	0.23	215.34	199.68	15.66	0.830

表 3-44 其曼于特蛇绿岩微量元素分析结果表

(×10⁻⁶)

样品号	Ba	Rb	Sr	Y	Zr	Nb	Th	Pb	Ga	Zn	Cu	Ni	V	Cr	Hf	Sc	Ta
D011/1	5.27	6.405	17.7	2.24	61.28	4.41	2.028	7.13	1.51	56.7	4.02	1 484	41.2	2 057	0.178	1.809	0.540
D1018/1	54.36	5.757	145.3	11.93	92.99	20.74	2.102	37.94	13.93	494.3	25.26	47.35	187.7	97.89	0.654	25.65	0.184
D1018/2	645.55	5.216	135.4	15.35	6.169	20.31	1.535	30.57	15.83	206.2	38.83	64.35	270.9	88.04	0.567	29.75	0.127
D1019/2	467.70	43.026	279.3	13.95	96.62	22.31	3.422	22.07	16.87	90.3	25.88	216.40	223.4	466.30	1.159	23.48	0.389
D1414/1	352.90	36.545	311.8	20.70	70.99	2.99	2.965	20.08	15.32	30.6	11.57	13.22	112.5	25.95	1.169	16.82	0.580
D1414/2	531.10	36.967	311.8	20.35	139.50	42.70	3.646	23.65	30.22	108.7	22.60	204.70	204.7	93.40	1.915	31.12	1.485
D1414/3	296.30	16.239	296.3	25.18	100.00	34.76	2.292	18.95	24.42	105.4	15.35	22.17	147.3	87.60	1.611	21.26	0.872
D1414/8	32.81	4.757	134.0	56.54	117.30	49.24	1.900	22.57	38.72	134.9	54.09	27.95	334.8	47.90	1.478	39.46	0.291
D1414/9	55.55	5.332	55.6	9.31	62.35	11.37	1.411	19.74	5.51	109.7	12.91	94.26	162.2	317.00	0.482	41.52	0.082
D1414/10	54.16	9.402	54.2	18.17	88.27	19.69	0.650	24.19	11.88	82.1	32.87	34.80	257.3	72.90	0.614	50.47	0.119
D1414/11	262.70	32.388	130.9	12.30	80.25	14.14	0.337	20.40	8.04	110.9	160.70	45.87	242.4	172.00	0.659	43.97	0.092
D2005/1	2 040	26.669	1 309	28.10	2 033	54.34	9.714	23.54	42.20	83.7	45.59	27.06	143.6	46.92	0.511	13.35	0.376
D2005/7	2 040	4.674	0.16	26.86	31.40	8.973	1.164	14.44	6.64	125.5	7.09	6.38	25.7	12.45	0.724	15.76	0.158
D2019/4	91.56	10.725	141.5	10.53	94.80	17.09	1.693	22.54	9.20	186.2	24.64	123.10	123.0	665.10	0.938	24.93	0.158
D313/1	84.02	21.807	73.5	17.35	127.00	19.28	4.228	14.32	9.08	71.2	76.55	151.40	125.6	913.00	1.788	45.56	0.261
D607/2	31.98	110.240	452.2	27.33	203.50	37.06	45.316	32.85	28.90	138.0	34.19	43.29	220.0	106.00	0.340	31.92	0.490
D851/2	87.06	8.471	125.6	40.99	191.80	27.52	2.115	34.64	19.28	122.3	35.68	21.24	311.1	27.63	2.591	53.29	0.186

样品号	Co	Li	Ba	U	W	Sn	Mo	Au	Ti	Ag	As	In	Cd	Bi	Sb	Te	Hg
D011/1	48.88	9.646	2.057	0.153	0.195	3.351	0.311	0.000 05	139.87	0.014	0.502	0.062	0.117	0.959	1.293	0.004	0.002
D1018/1	27.76	7.365	3.040	0.538	0.908	2.116	0.630	0.000 30	4 476.00	0.022	1.523	0.067	0.278	0.614	7.782	0.032	0.004 1
D1018/2	30.14	1.925	3.856	0.476	1.024	4.268	0.797	0.000 28	2 405.80	0.027	1.973	0.084	0.168	0.890	47.250	0.036	0.002 3
D1019/2	22.33	10.259	3.131	1.086	0.978	3.051	0.763	0.000 62	3 636.70	0.031	2.084	0.051	0.156	0.416	1.157	0.229	0.002 6
D1414/1	13.54	13.221	2.348	0.728	1.171	2.607	0.762	0.000 85	—	0.029	1.688	0.033	0.028	0.494	1.393	0.189	0.002 4
D1414/2	24.24	14.907	3.920	1.560	1.290	1.575	0.898	0.002 40	—	0.06	1.831	0.062	0.066	0.801	0.624	0.270	0.001 7
D1414/3	20.31	13.898	3.375	0.602	1.043	2.341	0.730	0.001 46	—	0.048	1.494	0.049	0.048	0.699	1.034	0.154	0.001 8
D1414/8	32.81	12.462	5.424	0.690	1.135	1.740	0.855	0.000 56	—	0.076	1.588	0.084	0.095	1.082	1.496	0.037	0.002 2
D1414/9	22.83	15.964	3.455	0.439	1.089	1.585	0.802	0.000 65	—	0.010	1.533	0.058	0.065	0.778	1.116	0.031	0.001 4
D1414/10	23.87	7.852	4.568	0.436	1.309	1.130	0.923	0.000 22	—	0.020	1.900	0.071	0.074	0.761	0.000 2	0.036	0.001 3
D1414/11	23.27	14.048	4.197	0.519	1.062	1.008	0.755	0.000 27	—	0.014	1.517	0.065	0.074	0.757	1.372	0.152	0.001 5
D2005/1	24.77	19.045	2.648	3.418	1.072	2.799	0.768	0.000 49	4 196.20	0.085	1.932	0.068	0.094	0.667	0.774	0.281	0.002 4
D2005/7	5.10	16.671	2.074	0.712	0.671	4.515	0.471	0.000 60	9 231.70	0.010	3.339	0.022	0.309	0.144	0.535	0.054	0.002 5
D2019/4	18.87	12.662	1.893	0.653	1.126	11.229	0.791	0.000 41	—	0.015	2.235	0.040	0.094	0.607	0.932	0.055	0.002 7
D313/1	34.89	24.246	2.803	1.735	0.602	3.656	0.553	0.000 49	2 461.80	0.023	0.888	0.067	0.113	1.049	1.086	0.040	0.002 8
D607/2	31.98	11.481	4.158	3.618	1.347	2.088	1.003	0.000 77	6 546.10	0.003	2.421	0.097	0.156	1.162	7.134	0.042	0.001 2
D851/2	25.17	17.725	5.054	0.983	1.763	1.633	1.307	0.036 00	—	0.037	2.711	0.098	0.114	1.089	7.134	0.042	0.001 2

注：表中除 Ag、Au 元素单元为 $\times 10^{-9}$，其他元素含量单位为 $\times 10^{-6}$

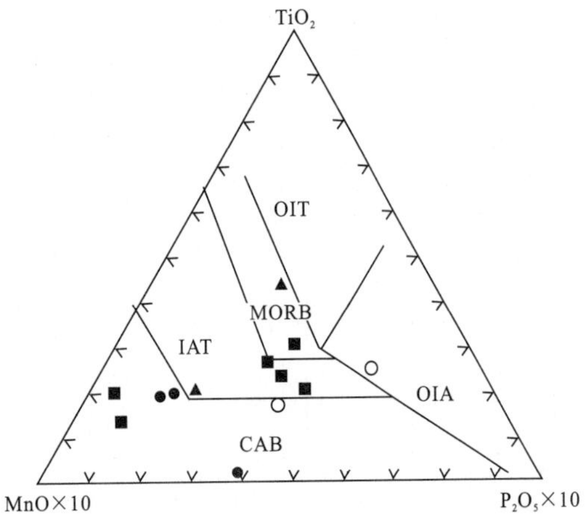

图 3－76　$TiO_2-MnO-P_2O_5$ 图解

OIT. 洋岛拉斑玄武岩；OIA. 洋岛碱性玄武岩；CAB. 钙碱性玄武岩；IAT. 岛弧拉斑玄武岩；MORB. 岛弧、活动大陆边缘玄武岩

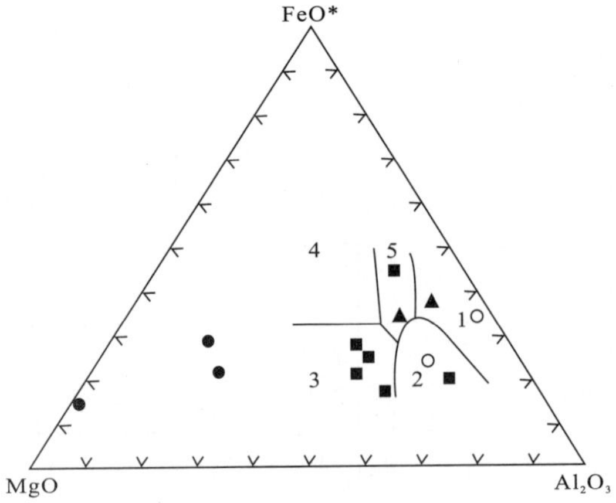

图 3－77　$FeO^{*}-MgO-Al_2O_3$ 图解

1. 扩张中心岛弧玄武岩；2. 岛弧、活动大陆边缘玄武岩；3. 洋中脊玄武岩；4. 洋岛玄武岩；5. 板内玄武岩

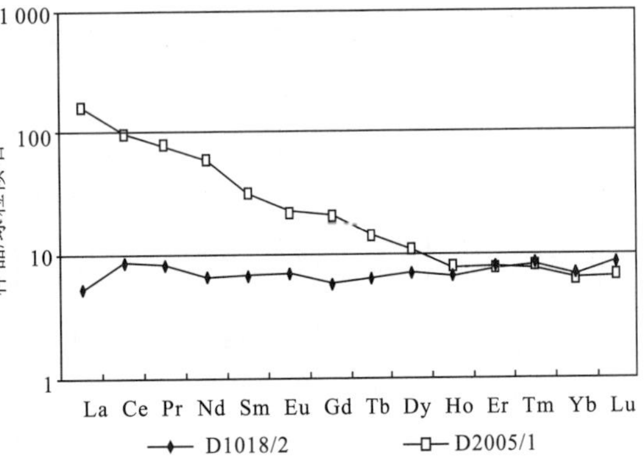

图 3－78　其曼于特蛇绿岩中玄武岩稀土元素配分（对数）模式图

（样品编号及岩性同表 2－1 和表 2－2）

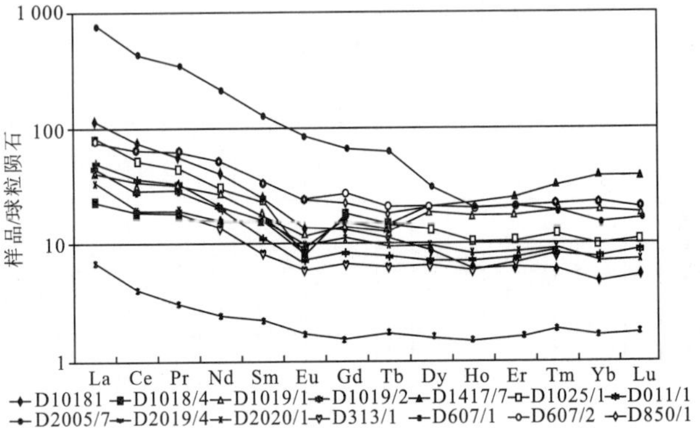

图 3－79　其曼于特蛇绿岩岩体稀土元素配分（对数）模式图

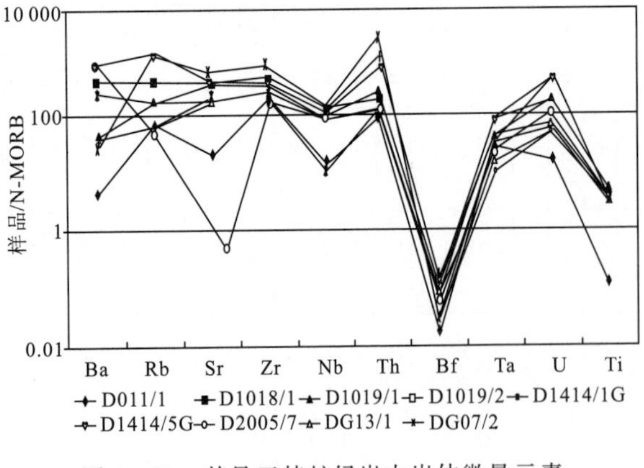

图 3－80　其曼于特蛇绿岩中岩体微量元素（对数）蛛网图

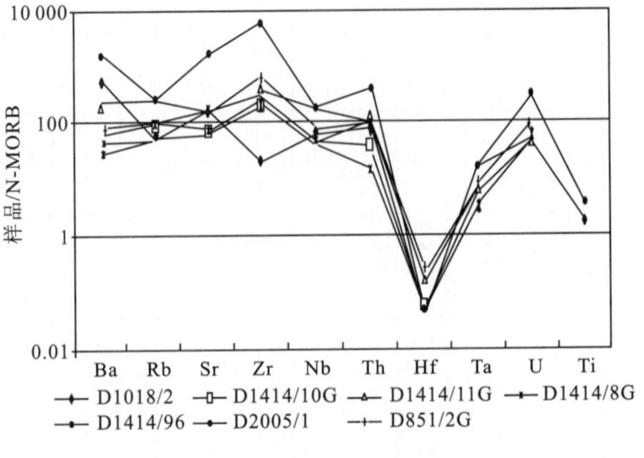

图 3－81　其曼于特蛇绿岩中玄武岩微量元素（对数）蛛网图

D1018/2 杏仁状玄武岩；D1414/8G 块状玄武岩；D1414/96 块状玄武岩；D1414/10G 块状玄武岩；D1414/11G 块状玄武岩；D2005/1 枕状玄武岩；D851/2G 玄武质糜棱岩

复杂的岩石化学和地球化学特征反映该蛇绿岩主体可能是俯冲过程形成的弧前(SZZ)型,少部分为洋脊(MORB)型和洋岛(OIB)型。洋-陆俯冲及陆-陆碰撞、俯冲作用也混入了一些陆缘火山岩,但野外不易区分,当然,陆-陆俯冲过程上升的流体也可能混入了较多下伏陆壳物质。蛇绿岩是大陆碰撞造山带中古洋壳的残片已成共识,现在比较普遍的认识是,蛇绿岩并不产于正常的大洋中脊,而是在大陆边缘-岛弧环境。其曼于特蛇绿混杂岩带两侧陆块前震旦纪基底地层(体)的地层和地球化学特征相似(见第二章),蛇绿岩地质特征和岩石、岩石化学、地球化学特征完全支持这种观点,它所代表的洋盆规模不大,属于陆缘小洋盆。高稀土元素总量,轻稀土元素明显富集则反映该蛇绿岩属 N - MORB 型,其成因与富集地幔有关,即与地幔柱作用有关(张旗,1996)。

(四)其曼于特蛇绿岩的时代

由于洋壳的俯冲消减和强烈的构造破坏,准确确定一个蛇绿岩的时代几乎是不可能的,其曼于特蛇绿混杂岩中相关的硅质岩和灰岩均已不同程度地重结晶及变形,未发现微体古生物化石。但在流水南细库考勒沟塅具不明显层状构造的细粒辉长岩中获 3 个锆石 U - Pb 年龄值,1~4 号点所确定的上交点年龄值为(971±33)Ma(青白口纪),代表了地幔分异年龄,下交点年龄值为(432±15)Ma(早志留世),代表了蛇绿岩构造就位年龄,落于谐和线上的 5 号点 $^{206}Pb/^{238}U$ 表面年龄值为(526±1.0)Ma(早寒武世),代表了岩体结晶年龄,分析结果见表 3 - 45,谐和图见图 3 - 82。获年龄值为(608±3.1)Ma,时代为晚震旦世,分析结果见表 3 - 46,一致线图见图 3 - 83。结合与该带配套的俯冲型花岗岩的时代为晚寒武世到早、中奥陶世,碰撞型花岗岩的时代为晚奥陶世到志留纪(详见后)分析,这两个年龄值是可信的。另外,在调查区东段,其曼于特蛇绿岩被含放射虫化石的石炭纪—二叠纪裂谷型火山岩完全截切破坏,也说明了该蛇绿岩带形成于早古生代。

表 3 - 45 U - Pb 同位素地质年龄测定结果报告单

样品情况			浓度(μg/g)		普通铅含量(μg)	同位素原子比率				表面年龄(Ma)			
点号	锆石特征	重量(μg)	U	Pb	0.034	$^{206}Pb/^{204}Pb$	$^{208}Pb/^{206}Pb$	$^{206}Pb/^{238}Pb$	$^{207}Pb/^{235}Pb$	$^{207}Pb/^{206}Pb$	$^{206}Pb/^{204}Pb$	$^{206}Pb/^{204}Pb$	$^{206}Pb/^{204}Pb$
1	近无色透明半自形柱状晶体	15	857	99	0.008	1 654	0.033 83	0.117 5 (3)	1.084 (13)	0.066 9 (74)	716.2	745.5	834.7
2	浅紫红色透明半自形柱状晶体	16	497	57	0.050	4 612	0.072 21	0.116 5 (3)	1.073 (12)	0.066 83 (67)	710.2	740.3	832.3
3	浅紫红色透明半自形近等轴状晶体	18	360	31	0.039	380	0.137 20	0.072 87 (3)	0.571 9 (222)	0.056 92 (209)	453.4	459.3	488.6
4	浅紫红色透明半自形近等轴状晶体	18	682	51	0.043	854	0.078 56	0.070 63 (11)	0.545 6 (66)	0.056 03 (64)	439.9	442.1	453.7
5	浅紫红色透明半自形柱状晶体	18	1 660	138	—	2 288	0.045 27	0.085 07 (77)	0.684 2 (77)	0.058 34 (64)	526.3	529.3	54 204
备注	$^{206}Pb/^{204}Pb$ 已对实验空白(Pb=0.05μg,U=0.002μg)及稀释剂作了校正,其他比率中的铅同位素均为放射性成因;铅同位素括号内的数字为 2σ 绝对误差,例如:0.117 5(3)表示为 1 750.000 3(2σ) 1~4 号点:上交点年龄值:(971±33)Ma,下交点年龄值:(432±15)Ma,5 号点 $^{206}Pb/^{238}U$ 表面年龄值:(526±1.0)Ma												

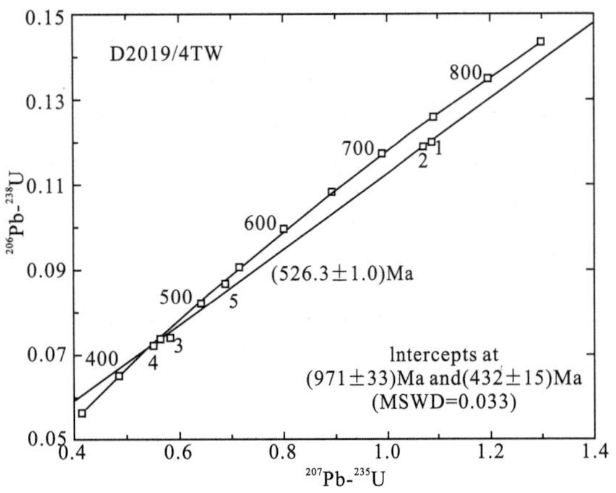

图 3-82　D2091/4TW 号样品皓石 U-Pb 同位素年龄测定结果谐和图

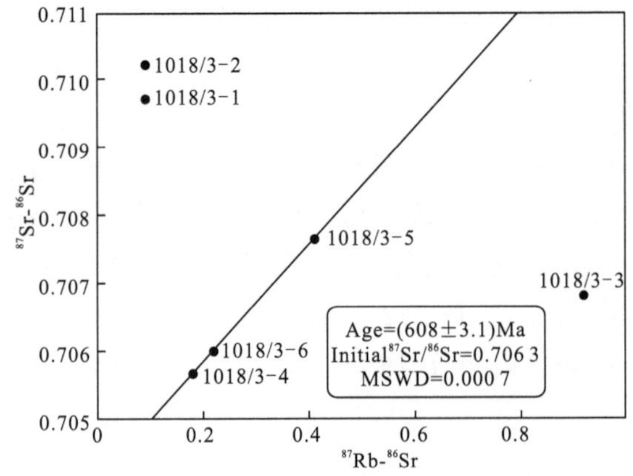

图 3-83　杏仁状玄武岩 Rb-Sr 等时线图

表 3-46　库拉甫河杏仁状玄武岩全岩 Rb-Sr 年龄样分析结果表　($\times10^{-6}$)

样品号	Rb	Sr	$^{87}Rb-^{86}Sr$	$^{87}Sr/^{86}Sr$	2σ
1018/3-1	3.833	123.80	0.089 44	0.709 683	13
1018/3-2	2.159	93.54	0.066 63	0.710 563	17
1018/3-3	34.520	108.20	0.921 10	0.706 771	20
1018/3-4	7.713	122.50	0.181 70	0.705 659	20
1018/3-5	16.250	114.80	0.408 70	0.707 627	20
1018/3-6	15.480	204.50	0.218 70	0.705 981	53

二、晚古生代苏巴什蛇绿岩

新疆地质局和田大队(1960)、第二地质大队(1966)、新疆第一区域地质调查队(1971)先后进入该区工作,发现了零星出露的超基性岩体,并将其时代定为海西晚期。20 世纪 80 年代初,西藏地质局区调队开展日土幅 1∶100 万区域地质调查,在其《区域地质调查报告》(1987)中首次提出这些超基性岩体的出露可能代表了一个蛇绿岩带,命名为玉龙喀什-阿克苏蛇绿岩带,并认为系青海阿尼玛卿、新疆阿其克库湖蛇绿岩带的西延。姜春发等在《昆仑开合构造》(1992)一书中,认为它属西昆北蛇绿岩带,时代为石炭纪。潘裕生等在《喀喇昆仑山-昆仑山地区地质演化》一书中首次提出了苏巴什蛇绿岩的名称,也认为它属昆仑山最北的一条蛇绿岩带,与库地、盖孜蛇绿岩对比连接,构成青藏高原第五缝合带,时代则划归加里东期(震旦纪至奥陶纪)。由于自然条件所限,前人对苏巴什蛇绿岩没有投入更多的实际工作,本次区调首次对其在组成、结构、时代、演化等方面进行了全面且较深入的研究。

苏巴什蛇绿岩的主体在伯力克幅,本书着重描述其地质特征,而岩石化学、地球化学特征及时代详见《伯力克幅地质报告》。

(一)地质特征

苏巴什蛇绿岩主体出露于南侧的伯力克幅,于田县幅东南部有部分出露。以蛇绿岩为标志的苏巴什蛇绿混杂岩带是一个罕见的十分复杂的构造混杂岩带(缝合带,详见第五章),与现在昆仑山山脉平行,呈东西向到北东向横贯测区并延出区外,南北宽达 15～40km,但其主体被蛇绿岩、蛇绿混杂岩所环绕、镶嵌的大型陆壳型碎块(大混杂带),工作区内可分出北、中、南3个蛇绿混杂岩带(向东、西两侧区外似汇聚成一个带),但于田县幅仅出露北带东段。在蛇绿混杂岩带中又可进一步分出较小规模的片岩、片麻岩古老块体、台地相灰岩块体、复理石增生楔块体(构成小混杂带)。除去所有这些外来块体,便是蛇绿岩,蛇绿岩占混杂带总面积的10%～15%。

苏巴什蛇绿混杂岩带(大混杂岩带)中的南、中两个蛇绿岩带(小混杂岩带)均倾向南,而北带则向北陡倾,这可能是后期与青藏高原隆升有关的阿尔金断裂沿此带重新活动改造的结果,在此仅对出露于于田县幅的北带蛇绿岩特征进行描述。与其他两个蛇绿岩带相同,蛇绿岩各岩性单元和相关深水沉积岩石比较齐全,但均被强烈肢解破坏,未见一个层序完整的剖面,不同单元的出露也有一定的方向性和规律性,但不非常明显,超基性岩石的出现常紧邻片岩、片麻岩块体,层状堆晶岩不甚发育。

图3-84为黄羊滩北蛇绿岩带剖面图,南侧被黄羊滩盆地第四纪冲、洪积物覆盖,北侧为较大的古老片岩块体,总出露宽约5km,夹大量片岩小块体,蛇绿岩仅见超基性岩和辉绿岩,相关的沉积岩仅见深灰色灰岩。

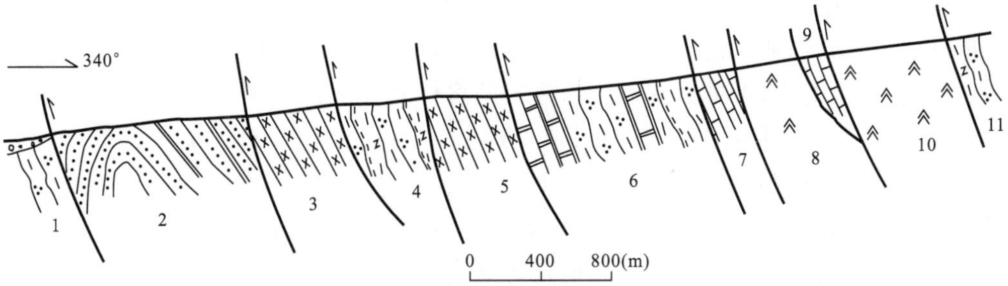

图3-84 黄羊滩北蛇绿混杂岩带剖面图

1.第四纪、洪积层;2.二叠系硫磺达坂砂岩(复理石增生楔块体);3.辉绿岩(已自变质成斜长角闪岩);4.古元古代双雁山片岩块体-二云石英片岩;5.辉绿岩(已自变质成斜长角闪岩);6.古元古代双雁山片岩块体-二云石英片岩夹少量白云石大理岩;7.深灰色中薄层状灰岩;8.蛇纹岩(蚀变辉石橄榄岩);9.深灰色中薄层状灰岩;10.蛇纹岩(蚀变辉石橄榄岩);11.古元古代双雁山片岩-二云石英片岩

由该剖面向西约10km,蛇绿岩带南侧的复理石增生楔和超基性岩消失,代之出现大量玄武岩。再向西,在克里雅河西侧,该蛇绿岩带为图3-85所示形态。进一步向西,在伯力克幅苏巴什东侧则大量出露辉长岩,共生辉绿岩、玄武岩,未见相关沉积岩,该辉长岩体具有很清楚的分异和成层

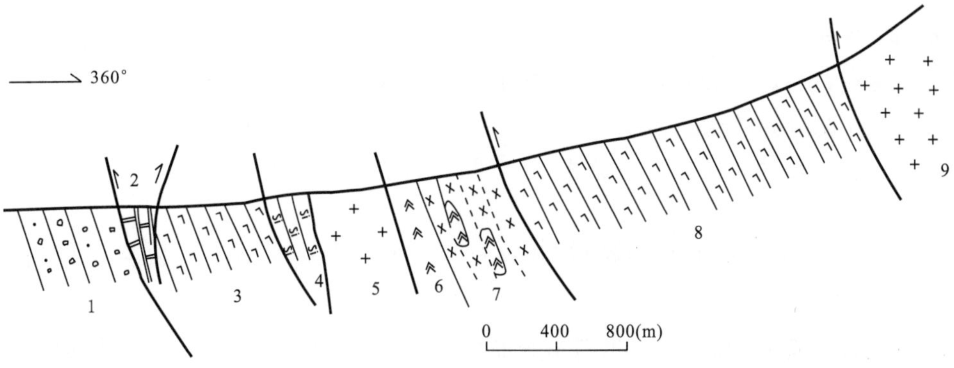

图3-85 克里雅河西蛇绿混杂岩带剖面图

1.三叠系阿塔木帕下组紫红色砾岩;2.古远古代双雁山片岩块体;3.变玄武岩;4.深灰色、紫红色硅质岩;5.花岗岩;6.蛇纹石化橄榄辉岩;7.层状辉长岩含橄榄石辉石岩异离体;8.玄武岩;9.石炭纪二长花岗岩

性，岩体倾向北，由南向北从含橄榄辉石岩析离体的深色辉长岩依次渐变为中色辉长岩、浅色辉长岩、闪长岩、石英闪长岩、英云闪长岩(斜长花岗岩)，它们之间没有明显界线，但岩性的总体变化清楚，石英闪长岩和英云闪长岩有时呈厚约 50～100 cm“夹互层状”，并有“顺层定向构造”，似为一破碎了的岩浆房。该岩体之北的辉绿岩席发生了角闪岩相自变质作用，辉绿岩席单层厚一般小于 10～30cm，“层状”产出，两边的冷凝边和内部的流动构造常很清楚。

(二)蛇绿岩和相关沉积岩的岩石学特征

1. 超基性岩类

1)纯橄岩

仅见于阿什库勒盆地东部阿克苏河南侧，多在深绿色蛇纹岩中呈数米大小和块体，块状，粗粒，浅黄绿色，橄榄石含量大于 98%。

2)蛇纹岩

为苏巴什蛇绿岩中超基性岩石的主要类型，已发现不同规模的蛇纹岩块体有 10 余处，均呈致密块状及角砾状，墨绿色，放大镜下显示很美的翠绿色，矿物成分以蚀变矿物蛇纹石为主，纤维状变晶结构，原岩主要为橄榄岩，根据蚀变程度即原岩的可恢复程度分为如下几种：

蛇纹岩　岩石强烈蚀变，原岩特征已消失殆尽，蚀变矿物蛇纹石含量大于 95%，其余为蚀变过程析出的磁铁矿和少量菱镁矿。

滑石蛇纹岩　蛇纹石含量 55%～60%，滑石大于 25%，可见含量小于 15%的菱镁矿及少量残留矿物辉石、析出矿物磁铁矿，其原岩可能是辉橄岩。

蚀变斜辉辉橄岩　蛇纹石含量 60%～80%不等，其次为绢石 20%～25%，残留矿物磁铁矿物 2%～3%，铬尖晶石少量，根据蛇纹石蚀变过程析出的磁铁矿为假六边形和纺锤形，原矿物为橄榄石；叶蛇纹石则保存了辉石的柱状外形，并残留辉石解理，一个叶蛇纹石代替一个斜方辉石，即成绢石。

二辉橄榄岩　蛇纹石 60%～70%，析出矿物磁铁矿沿原矿物边缘呈网格状分布，说明原矿物为橄榄石，绢石 10%～15%，粗大单晶，原矿物为斜方辉石，仍保留斜方辉石的晶形特点，单斜辉石 10%～15%，磁铁矿 3%～5%，为蚀变过程的析出矿物，铬尖晶石少量。

蚀变(橄榄)辉岩　黑色，纤状变晶结构。透闪石(纤状)65%～70%、白云石 20%～25%、绿泥石 5%～8%、蛇纹石 2%～3%。

3)蚀变(橄)辉岩

灰黑及深绿色，块状，碎裂状，经蚀变矿物成分变化较大，有以下几种：

蛇纹岩　碎裂构造，纤状变晶结构，粒径 3～5mm，蛇纹石(纤维状)65%～70%、磁铁矿2%～3%，从其蚀变过程析出的磁铁矿形态分析，原矿物为单斜辉石，绢石 20%～30%，原矿物为斜方辉石，原岩为二辉岩。

透闪岩　纤状变晶结构，透闪石(纤状)65%～70%、白云石 20%～25%、绿泥石 5%～8%、蛇纹石 2%～3%，原岩为辉石岩。

强纤闪石化含长辉岩、辉岩　半自形粒状结构，40%矿物粒径 2～3mm，其余 1～1.5mm，纤闪石 70%～85%、单斜辉石 5%～8%，无色，斜消光，大部分残留于纤闪石内部，斜长石 0～15%，半自形短柱状，帘石化，个别可见复合双晶，可能为培长石，其他矿物有绿泥石 2%～3%，黑云母、磁铁矿、磷灰石、黄铁矿、孔雀石少量。

2. 基性杂岩类

1)辉长岩

深灰、灰黑色,块状,辉长结构及碎裂结构,矿物粒度0.3～2mm不等,矿物成分主要为斜长石40%～50%,纤闪石(大于20%)近于无色,为辉石的蚀变矿物,次要矿物有绿帘石、黝帘石、绿泥石等,均为蚀变矿物,常含磷灰石、榍石等副矿物,有时含30%～35%原生的棕色普通角闪石,岩性变为角闪辉长岩,偶见少量石英。

2)辉绿辉长岩

深灰及灰绿色,块状,中粒辉绿辉长结构,粒度2～5mm,斜长石比辉石自形程度高,斜长石45%～50%,半自形柱状,少数近等轴状,钠长石律双晶清楚,An=66—68,纤闪石(原为单斜辉石)35%～40%,基本保留单斜辉石外形特点。次要矿物有单斜辉石5%～8%,无色,部分有角闪石反应边,黑云母3%～5%、石英2%～3%,角闪石、磁铁矿、褐铁矿、锆石、磷灰石等少量。

3)辉绿岩(席)

是苏巴什蛇绿岩基性岩石的主要类型,深灰及灰绿色,野外产状主要为似层状,即辉绿岩脉紧密共生,平行产出,单脉宽度一般小于20～30mm,两侧冷凝边宽度小于1～5mm,内部流动构造清楚,也有少量呈单脉状,侵入于玄武岩和相关沉积岩。辉绿岩多发生了同期自变质作用,形成斜长角闪岩。根据变质、蚀变程度可分为如下几种:

蚀变辉绿岩　灰绿色,块状构造,辉绿结构,矿物粒度0.6～1mm,少数1.5mm,斜长石60%～70%、纤闪石或次闪石25%～30%,斜长石为板柱状,钠黝帘石化、泥化明显,少数可见双晶,三角形排列,之间充填辉石的蚀变矿物纤闪石。

斜长角闪岩　深灰色,平行(变余流动)构造,粒状纤柱状变晶结构,粒度0.15～0.5mm,斜长石和角闪石占矿物总量的85%以上,但二者相对含量变化很大,另有少量绿泥石、石英、方解石、榍石、磁铁矿等。

辉绿玢岩　斑状结构,斑晶3～4mm,成分为单斜辉石3%～5%、斜长石2%～3%,晶体残缺不全。基质为辉绿结构,粒度0.6～1mm,蚀变斜长石55%～60%、单斜辉石15%～20%、纤闪石10%～15%,方解石、榍石、磁铁矿少量,个别粗大辉石中包含斜长石形成包含结构。

3. 基性火山岩

苏巴什蛇绿岩的基性火山岩单元较发育,有3种岩石类型:

蚀变玄武岩　斑状结构,斑晶主要为斜长石5%～8%,个别见透辉石5%～8%,粒度1～2mm,斜长石为自形柱状,干净,聚片双晶,个别为环带状,透辉石为自形短柱状,无色,斜消光。基质为粗玄结构和交织结构,粒度0.05～0.1mm,成分主要是斜长石60%～65%,呈板条状微晶平行排列或杂乱分布,透辉石20%～25%,夹于斜长石间,而辉石常蚀变成纤闪石、绿泥石、阳起石等矿物,磁铁矿少量。

蚀变粗玄岩　绿色、灰绿色及深绿色,块状构造,粗玄结构,粒度0.1～0.3mm,主要矿物为斜长石50%～60%,暗色矿物有纤闪石(或次闪石)、绿泥石、绿帘石等,另有少量磁铁矿和次生方解石。少数具斑状结构,斑晶为斜长石5%～8%,半自形柱状,因蚀变而显混浊,隐约显示钠长石律双晶,个别为卡氏巴双晶,基质具间隐结构。

枕状玄武岩　深绿色,枕状构造,残余斑状结构,斑晶0.3～1mm,5%为蛇绿石化橄榄石保留假象,半自形粒状。基质为帚状交织结构,微晶斜长石呈帚状和放射状,间填/夹玻璃质和绿泥石。见有方解石充填的杏仁体,直径0.5mm。

4. 相关沉积岩

与苏巴什蛇绿岩相关的深水沉积岩石较发育，有以下几种：

含放射虫硅质岩　透镜状及薄层状，多夹于石英千枚岩及玄武岩中，少数呈独立的构造块体，紫红色及灰黑色。块状构造，隐晶结构，隐晶石英 75%～80%，方解石 5%～8%，石英 1%～2%，放射虫 3%～5%，生物碎屑 1%～2%，泥质 3%～5%。

含硅质泥板岩　深灰色，泥质结构，粒度小于 0.001mm，成分主要是泥质 80%，次为隐晶石英 15%～20%，石英少量。

绢云石英千枚岩和绿泥石英千枚岩　灰及浅绿灰色，野外显示强烈的构造变形，千枚状构造，显微鳞片粒状变晶结构，粒度 0.03～0.1mm，绿泥石和绢云母总量约45%～50%，石英 45%～50%，长石 3%～5%，铁质少量。为硅泥质岩石强烈构造条件下的浅变质岩，泥质变成了绿泥石和绢云母，硅质结晶生成细、微晶石英。

灰岩　深灰色，中薄层状，单层厚 10～30cm，块状构造，粉晶结构，粒度 0.02～0.05mm，方解石大于 97%，石英和泥质少量。

第四章　变质岩

图区变质岩分布较广泛，除第四系各类沉积层未变质和白垩系克孜勒苏群、侏罗系叶尔羌群、三叠系阿他木帕下组、二叠系苏克塔亚克组及泥盆系奇自拉夫组轻微变质外，其余地层均为变质地层，出露面积约 2 650km^2。主要岩石类型为区域变质岩，其次为动力变质岩和少量接触变质岩。区域变质岩主要分布在昆北地层分区的米兰岩群、卡羌岩组、流水岩组、丝路岩组、皮什盖萨依组、阿羌火山岩和古老变质侵入体内；昆南地层分区的阿拉玛斯岩群、库拉甫河岩群、托库孜达坂岩组内；苏巴什地层分区的双雁山片岩及塔斯坎萨依组内。动力变质岩主要分布在其曼于特缝合带、苏巴什缝合带和各类断层带中，接触变质分布局限，主要分布在昆南地层分区阿拉玛斯岩群大理岩外接触带内。

变质岩分类命名、变质相、变质相系划分依据原地质矿产部直管局(1991)《变质岩区 1∶5 万区域地质填图方法指南》和贺东兴等(1980)《变质岩石学》提出的方案进行。

第一节　区域变质岩

图区区域变质岩包括变质沉积岩、变质火山岩和变质侵入岩三大类，依据变质变形程度可划分为低级变质岩和中、高级变质岩两类，进一步根据主要岩石结构构造和矿物特征划分岩石类型，其岩石学、岩石地球化学特征和原岩建造等方面各具特色。其中低级变质岩类依据原岩不同可划分为两类，即泥质-长英质岩类和钙镁质碳酸盐岩类。它们主要分布在昆北地层分区的丝路岩组、阿拉叫依岩群、皮什盖萨依组中；昆南地层分区的库拉甫河岩群、托库孜达坂岩组中有少量分布；苏巴什地层分区的双雁山片岩及塔斯坎萨依组中。岩石大部分变形较弱，变质达低绿片岩相的片岩、千枚岩、板岩、变砂岩及细晶灰岩等。中、高级变质岩类依据原岩建造不同可划分为 3 类，即①泥质-长英质岩类；②基性岩(侵入岩)类；③钙镁质碳酸盐岩类。主要分布在昆北地层分区的米兰岩群、卡羌岩组、流水岩组及变质侵入体中，昆南地层分区的阿拉玛斯岩群及库拉甫河岩群中。岩石变形较强烈，变质达高绿片岩相-高角闪岩相的片麻岩、粒岩类、片岩、斜长角闪岩及大理岩类。

本节除岩石类型及变质作用类型进行论述外，还对其原岩恢复、形成构造环境进行了分析探讨。

一、低级变质岩类

低级变质岩的原岩特征一般保存较好，结合共生岩石组合，能较准确地恢复其原岩。根据原岩特征性，低级变质岩可分正变质火山岩类和副变质岩类，变质火山岩的岩石学特征和原岩恢复见第三章第二节，在此仅对副变质岩类进行描述。

主要岩石类型及岩石学特征如下。

(一)泥质—长英质岩类

该岩石类型主要包括片岩、千枚岩、板岩、变砂岩等。昆北、昆南、苏巴什 3 个地层分区均有不同程度的出露。

1. 片岩类

该岩石类型主要分布在昆北地层分区阿拉叫依岩群下岩组，卡羌岩组有少量分布；昆南地层分区托库孜达坂岩组和苏巴什地层分区的双雁山片岩中有少量分布。现将各类岩石学特征列述如下：

绿泥白云石英片岩　岩石为灰绿色，鳞片粒状变晶结构，片状构造，主要矿物：石英50%～55%、白云母25%、绿泥石10%～15%，次要矿物：绢云母5%～8%。副矿物主要有锆石。石英呈重结晶加大粒状，粒经为0.6～1mm，显示平行定向排列；白云母、绿泥石呈鳞片状分布。

长石黑云母片岩　岩石为灰色，粒状鳞片变晶结构，片状构造。主要矿物：黑云母45%～50%、斜长石25%～30%、石英15%，次要矿物：白云母5%～10%。副矿物主要有榍石、磷灰石。主要云母呈鳞片状平行定向排列，形成片状构造。

二云母长英质片岩　岩石为浅灰色，显微鳞片粒状变晶结构，微片状构造。主要矿物：斜长石40%～45%、石英25%～30%，次要矿物：钾长石10%～15%、白云母10%～15%、黑云母2%～3%。副矿物主要有磷灰石等。长石、石英发生重结晶加大，粒径为0.3～1mm，白云母、黑云母呈鳞片状富集，平行相间分布。

黑云石英片岩　岩石为灰色，鳞片粒状变晶结构，片状构造。主要矿物：石英60%～65%、黑云母25%，次要矿物：斜长石8%～10%。副矿物主要有磁铁矿等。石英呈明显变晶粒状，粒径为0.2～0.3mm；黑云母呈鳞片状相间聚集平行排列，形成片状构造。

含砾斜长透闪片岩　岩石为灰绿色，粒状、纤柱状变晶结构，片状构造。主要矿物：透闪石20%～25%、阳起石10%～15%、斜长石20%左右、石英10%～15%、黑云母5%～8%，次要矿物：白云石＋方解石20%～15%，砾石：石英岩屑5%～10%。副矿物主要有磷灰石等。石英、斜长石呈变晶粒状；白云石、方解石已递进变为透闪石、阳起石呈纤柱状晶形；黑云母呈晶片状平行定向排列，形成片状构造。

含钙阳起黑云片岩　岩石为浅灰色，纤柱状鳞片变晶结构，微片状构造。主要矿物：黑云母40%～45%、阳起石25%～30%、方解石10%～15%，次要矿物：石英10%～15%、斜长石1%～2%、绿泥石1%左右。副矿物主要有少量电气石、锆石、榍石、磷灰石等。黑云母呈鳞片状，多数晶片粗大，可达0.3～0.6mm；阳起石呈纤柱状和它形粒状；长石、石英呈变晶粒状，大小为0.1～0.12mm，分布于暗色矿物之间。

钙质石英透闪片岩　岩石为浅灰色，纤柱不等粒状变晶结构，片状构造。主要矿物：方解石30%～35%、透闪石＋阳起石25%～30%、斜长石5%～10%、石英20%～25%，次要矿物：黑云母1%～2%、绿泥石5%～10%。副矿物主要有电气石、褐铁矿、金红石，少量榍石等。新生矿物透闪石、阳起石呈纤柱状、针状，个别为放射状；绿泥石呈细片状；方解石呈变晶粒状，大小不等，多为0.15～0.3mm；长石、石英呈变晶粒状，大小为0.15～0.2mm。

斜长阳起片岩　岩石为灰绿色，粒状、纤柱状变晶结构，显微片状构造。主要矿物：阳起石45%～50%、钠更长石30%～35%，次要矿物：石英5%左右、黑云母5%～7%、方解石5%～8%。副矿物主要有榍石，少量电气石、金红石、锆石等。新生矿物阳起石呈纤柱状、放射状；钠更长石呈它形粒状，大小为0.1～0.15mm；石英呈它形粒状；黑云母呈鳞片状不均匀分布；方解石呈不规则粒状，杂乱分布。

黑云阳起片岩　岩石为浅灰色，鳞片纤柱状变晶结构，条带状构造、显微片状构造。主要矿物：阳起石＋透闪石30%～35%、黑云母30%左右，次要矿物：石英10%～15%、白云石5%左右、钠更长石5%～10%、绿泥石10%左右、方解石2%～3%。副矿物主要有褐铁矿，榍石、锆石少量。

黑云母为鳞片状，分布不均匀；阳起石和透闪石均呈纤柱状和针状、放射状，平行分布形成片状构造；石英、白云石和透闪石等相互混合密集相间平行分布，即构成了条带状构造。

千枚状石英云母片岩　岩石为灰色，显微粒状鳞片变晶结构，千枚状构造、显微状构造。主要矿物：黑云母 30%～35%、绢云母 20%左右、石英 40%～45%，次要矿物：斜长石 3%左右。副矿物主要有褐铁矿、电气石、锆石等。黑云母、绢云母呈鳞片状，石英粉砂也显著重结晶，呈均粒状，大小为 0.03～0.1mm，平行定向排列。

千枚状黑云白云石片岩　岩石为灰色，显微粒状鳞片变晶结构，千枚状构造、微片状构造。主要矿物：黑云母 30%～35%、白云石 30%～35%、石英 15%～20%，次要矿物：斜长石 5%左右、方解石 5%～10%、绢云母 3%～5%。副矿物主要有褐铁矿，少量锆石等。石英、斜长石呈变晶富集成团块状；黑云母呈鳞片状，多色性为红褐色；白云石呈变晶粒状，大小为 0.15～0.2mm。

千枚状石英黑云片岩　岩石为深灰色，显微粒状鳞片变晶结构，千枚状构造、微片状构造。主要矿物：黑云母 45%～55%、石英 40%～45%，次要矿物：绢云母 3%～5%、绿泥石 1%～2%。副矿物主要有少量锆石等。黑云母呈鳞片状，但晶片细小；石英呈变晶粒状，大小为 0.03～0.1mm，分布不均匀。

二云石英片岩　岩石为浅灰色，显微鳞片粒状变晶结构，显微片状构造。主要矿物：石英 65%～70%、白云母 15%、黑云母 10%～15%。副矿物主要有磁铁矿、锆石、磷灰石等。石英呈变晶粒状，大小为 0.1～0.15mm，新生矿物白云母、黑云母呈鳞片状，定向排列。

绢云钠长白云质片岩　岩石为浅灰色，显微鳞片粒状变晶结构，片状构造。主要矿物：白云石 40%～45%、绢云母＋绿泥石 20%～25%、钠长石 20%～25%，次要矿物：石英 10%～15%。副矿物主要有褐铁矿，少量磷灰石等。白云石呈变晶粒状，大小为 0.1～15mm，并显示压扁现象；钠长石呈细小粒状，大小为 0.021～0.1mm；绢云母、绿泥石呈鳞片状，平行相间分布；石英呈它形粒状，多数粒径 0.06～0.1mm，少数粒径为 0.2～0.3mm 。

云母钠长片岩　岩石为灰色，显微鳞片粒状变晶结构，显微片状构造。主要矿物：斜长石 30%左右、石英 25%～30%、钾长石 15%～20%，次要矿物：绢云母 15%左右、黑云母 10%左右。副矿物主要有锆石、磁铁矿，少量磷灰石等。长英质矿物粒度大小不等，粒径为 0.4～1mm 占多数，少数可达 1.5～2mm，绢云母、黑云母呈鳞片条纹聚集平行分布。

2. 千枚岩、板岩类

该岩石类型在图区分布较少，主要分布于昆北地层分区的阿拉叫依岩群上岩组、皮什盖萨依组、阿羌火山岩，丝路岩组有少量分布；昆南地层分区的托库孜达坂组有少量分布；苏巴什地层分区的塔斯坎萨依组中有分布，现将岩石学特征列述如下：

绢云石英千枚岩　岩石为浅褐灰色，显微鳞片粒状变晶结构，千枚状构造。主要矿物：石英 65%～70%、绢云母 25%～30%，次要矿物：碳质成分 1%～2%、黑云母 1%～2%。副矿物主要有黄铁矿、褐铁矿、电气石、锆石等。石英粉砂呈变晶粒状，大小为 0.05～0.1mm；绢云母为鳞片状，定向排列，构成千枚状构造。

石英绢云千枚岩　岩石为浅灰色，显微鳞片粒状变晶结构，千枚状构造。主要矿物：绢云母 60%～70%、石英 25%～30%，次要矿物：绿泥石 2%～3%、长石 1%～2%、碳质 1%。副矿物主要有电气石、磁铁矿等。新生矿物绢云母呈鳞片状，均匀分布；石英粉砂呈变晶粒状，大小为 0.05～0.1mm。

石英绢云千枚岩　岩石为浅灰色，显微鳞片变晶结构，千枚状构造。主要矿物：绢云母 80%～85%、石英 10%～15%，次要矿物：绿泥石 2%～3%、硬绿泥石 1%。副矿物主要有锆石等。新生矿物绢云母呈细小鳞片，定向排列；石英粉砂呈变晶粒状，大小为 0.03～0.06mm 。

含黄铁矿石英绢云千枚岩 岩石为灰色，粒状显微鳞片变晶结构，千枚状构造。主要矿物：绢云母55%～60%、石英20%～25%，次要矿物：绿泥石5%～8%、方解石3%～5%、白云母3%～5%。副矿物主要有黄铁矿、褐铁矿等。新生矿物绢云母呈鳞片状；石英呈变晶粒状，大小为0.12～0.6mm；方解石、白云石呈变晶粒状，分布不均匀；黄铁矿呈自形粒状，大小为0.2～0.3mm，晶体形态较完整。

含长英质云母千枚岩 岩石为灰色，显微粒状鳞片变晶结构，千枚状构造。主要矿物：绢云母＋黑云母60%～65%、石英10%～15%，次要矿物：绿帘石10%～15%。副矿物主要有榍石、褐帘石，少量锆石等。新生矿物绢云母和黑云母呈鳞片状混合体，平行定向排列；绿帘石呈细小晶体；石英、长石呈粒状变晶，大小为0.03～0.1mm，均匀分布。

石英云母千枚岩 岩石为深灰色，显微粒状鳞片变晶结构，千枚状构造。主要矿物：石英40%～45%、黑云母25%～30%、绢云母20%～25%，次要矿物：绿泥石2%～3%、长石1%～2%。副矿物主要有锆石，少量磷灰石等。石英呈变晶均粒状，大小为0.03～0.08mm，分布极不均匀；新生矿物绢云母呈细小鳞片状，均匀定向分布；黑云母呈较大的鳞片状分布。

含粉砂绢云板岩 岩石为灰色，变余粉砂显微鳞片变晶结构，板状构造。主要矿物：绢云母60%～65%、绿泥石15%～20%，次要矿物：石英10%～15%、长石3%～5%、白云石2%～3%。副矿物主要有电气石、锆石、磁铁矿等。新生矿物绢云母、绿泥石呈细小鳞片状混合在一起平行排列；石英、长石粉屑大小为0.02～0.03mm。

粉砂质云母白云石板岩 岩石为显微鳞片砂质粉状变晶结构，板状构造。主要矿物：白云石40%～50%、绿泥石＋绢云母15%～20%、石英15%左右，次要矿物：黑云母10%～15%、斜长石＋钾长石5%～8%。副矿物主要有电气石、锆石、磷灰石等。白云石呈变晶粉晶状，大小为0.03～0.05mm，少数为0.06～0.1mm；石英、长石砂屑大小为0.04～0.1mm，分布极不均匀；新生矿物绿泥石、黑云母、绢云母呈鳞片状定向分布。

碳质绢云母板岩 岩石为深灰色，变余显微质点鳞片变晶结构，板状构造。主要矿物：绢云母65%～70%、碳质25%～30%，次要矿物：石英3%～5%。新生矿物绢云母呈细小鳞片状；碳质呈细小的质点与绢云母混合在一起平行定向分布。

含粉砂绢云绿泥板岩 岩石为灰绿色，显微鳞片变晶结构，板状构造。主要矿物：绿泥石＋绢云母75%～80%，次要矿物：碳质5%～8%、石英10%～15%。副矿物主要有少量锆石等。新生矿物绿泥石、绢云母呈鳞片状混合在一起，平行定向排列；石英粉砂呈粒状，大小为0.05～0.1mm。

绢云母板岩 岩石为深灰色，显微鳞片变晶结构，板状构造。主要矿物：绢云母＋粘土矿物85%左右，次要矿物：隐晶石英＋石英10%左右。副矿物主要有黄铁矿、褐铁矿等。新生矿物绢云母呈细小晶片与粘土矿物混杂在一起；石英呈隐晶粒状，大小为0.02～0.3mm。

钠长绢云板岩 岩石为浅灰色，显微粒状鳞片变晶结构，板状构造。主要矿物：绢云母＋绿泥石40%～45%、隐晶钠长石35%～40%，次要矿物：石英10%～15%、透闪石1%左右。副矿物主要有褐铁矿、磷灰石等。新生矿物绢云母和少量绿泥石呈鳞片状；钠长石呈隐晶，与石英混合在一起，粒径为0.01～0.03mm。

含粉砂质绿泥绢云板岩 岩石为浅灰色，变余粉砂显微鳞片变晶结构，板状构造。主要矿物：绢云母40%～45%、绿泥石25%～30%、石英15%～20%，次要矿物：斜长石1%～2%、方解石5%～8%。副矿物主要有电气石、锆石、褐铁矿、黄铁矿等。新生矿物绢云母、绿泥石呈鳞片状，平行定向排列；石英粉砂呈变晶粒状，大小为0.05～0.1mm。

含粉砂白云质板岩 岩石为灰色，变余粉砂显微鳞片粒状变晶结构，板状构造。主要矿物：白云石55%～65%、绢云母25%～30%，次要矿物：石英5%～8%、绿泥石1%～2%。副矿物主要有电气石等。新生矿物绢云母呈鳞片状，白云石呈变晶粒状与石英粉砂粒径相似，大小为0.03～

0.05mm 。

3. 变砂岩类

该岩石类型主要分布在昆北地层分区阿拉叫依岩群上岩组和奇自拉夫组，在苏巴什地层分区的塔斯坎萨依组中有少量分布，现将各类岩石学列述如下：

变中细粒长石石英砂岩 岩石为浅灰色，中细粒砂状结构，块状构造。碎屑成分：石英75%左右、斜长石＋钾长石5%～8%、白云母1%～2%。填隙物成分：粘土矿物＋极小碎屑10%～15%。副矿物主要有电气石、锆石等。砂屑成分以石英为主，粒径可分细粒级0.1～0.25mm及中粒级0.25～0.5mm 。

变粗粒长石杂砂岩 岩石为灰色，变余粗粒砂状结构，块状构造。碎屑成分：斜长石40%～45%、石英15%～20%、花岗岩屑3%～5%、石榴子石5%、黑云母5%～10%，填隙物成分：绿泥石＋绢云母＋铁质15%～20%。副矿物有少量电气石等。斜长石呈次棱角—次圆状，粒径为0.5～0.7mm，少数可达1～3mm 。

变细粒石英杂砂岩 岩石为灰色，变余细砂状结构，层状构造、条带状构造。碎屑成分：石英50%～55%、白云母1%左右，填隙物成分：绢云母＋绿泥石35%～40%、粘土矿物5%左右。副矿物主要有电气石、锆石、磁铁矿、磷灰石、褐铁矿等。碎屑以石英为主，粒径大小为0.12～0.25mm；多数粘土矿物已变质生成绢云母及绿泥石鳞片。

变质复成分砾岩 岩石为灰绿色，变余砾状结构，块状构造。砾石成分：变石英粉砂岩屑35%～40%、硅质岩屑5%左右、铁泥质粉砂岩屑10%左右。填隙物成分：石英岩屑2%～3%、石英5%～10%、斜长石3%左右、绢云母＋粘土矿物5%～10%、绿泥石5%～10%。副矿物主要有褐铁矿，少量电气石、榍石等。砾石粒径大小不等，多为2～10mm，少数为15～20mm 。

变细粒白云质长石石英杂砂岩 岩石为灰色，变余细粒砂状结构，变余层状构造。碎屑成分：石英30%～35%、钾长石＋斜长石20%左右、白云母1%左右。填隙物成分：白云石30%～35%、方解石10%左右、黑云母1%～2%。副矿物主要有锆石等。石英、长石变晶粒状，大小为0.15～2mm；填隙物成分为白云石、方解石等胶结。

变细粒石英砂岩 岩石为灰色，变余细砂状结构，块状构造。砂屑成分：石英85%左右、斜长石3%左右、白云母1%左右，填隙物成分：绢云母＋黑云母10%左右。石英呈变晶粒状，粒径为0.1～12mm；新生矿物绢云母、黑云母呈细小鳞片状。

变中细粒石英砂岩 岩石为浅灰色，变余中细粒砂状结构，块状构造。碎屑成分；石英80%左右、斜长石3%～7%、白云母1%左右，填隙物成分：绢云母10%～15%。副矿物主要有少量电气石。石英呈变晶粒状，粒径大小为0.1～0.2mm；斜长石晶形次生加大不明显，多呈棱角状；填隙物多呈绢云母细小鳞片状。

变石英粉砂岩 岩石为深灰色，变余粉砂状结构、显微鳞片变晶结构，层状构造。主要矿物：石英65%～70%，次要矿物：黑云母10%左右、绢云母＋绿泥石15%左右、方解石5%～7%。副矿物主要有电气石、锆石等。石英呈变晶粒状，大小为0.03～0.06mm；填隙物中粘土矿物已变质结晶生成黑云母、绿泥石及绢云母等鳞片状矿物。

变质黑云长石石英粉砂岩 岩石为深灰色，变余粉砂状结构、显微鳞片变晶结构，变余层状构造。主要矿物：石英50%～60%、黑云母15%左右、斜长石15%～20%，次要矿物：白云母1%～2%、绢云母3%～5%、绿帘石＋黝帘石3%～5%、方解石1%～2%。副矿物主要有电气石、锆石等。石英、长石仅发生轻微重结晶，多数呈变余粉砂特点；斜长石重结晶加大不明显，隐约可见钠氏双晶；白云母呈细片状，系原碎屑中成分。

变绢云石英粉砂岩 岩石为浅灰绿色，变余粉砂状结构，层状构造。主要矿物：石英70%～

75%、长石 1%～2%，次要矿物：绢云母＋粘土矿物 20%～25%。副矿物主要有电气石、锆石等。石英以粉砂为主，呈变晶粉砂粒状，大小为 0.06～0.1mm，少数为 0.15mm 。

(二)变质碳酸盐岩类

该岩石类型在图区分布较少，主要分布在昆北地层分区丝路岩组、皮什盖萨依组中，阿拉叫依岩群上岩组和阿羌火山岩中有少量分布。现将岩石学特征简介如下：

黑云透辉大理岩　岩石为浅灰色，中粒变晶结构，条纹状构造。主要矿物：方解石 45%～50%、透辉石 15%～20%、黑云母 15%左右，次要矿物：钠长石 3%～5%、透闪石 1%～2%、黝帘石 1%～2%、石英 10%～15%。方解石呈变晶中粒半自形，大小为 0.25～0.3mm。条带构造由新生矿物黑云母鳞片集中分布组成。

细晶大理岩　岩石为灰白色，细粒变晶结构，块状构造、条纹状构造。主要矿物：方解石 99%左右，次要矿物：石英 1%左右、白云母 1%左右。副矿物主要有黄铁矿。方解石变晶粒状，大小为 0.15～0.25mm 。

基性火山岩类岩石学特征及原岩恢复见第三章第二节火山岩。

二、中、高级变质岩类

图区中、高级变质岩类主要分布在昆北地层分区的米兰岩群、卡羌岩组、流水岩组及变质古侵入体中，昆南地层分区的阿拉玛斯岩群中。受变质地层主要岩石类型有片麻岩、粒岩类、片岩、斜长角闪岩及大理岩等。其岩石类型、原岩恢复及形成构造环境特征如下。

(一)主要岩石类型及岩石学特征

1. 富铅—长英质岩石

1)片麻岩类

该岩石类型主要分布昆北地层分区的米兰岩群、卡羌岩组和昆南地层分区的阿拉玛斯岩群中。岩石变质程度较深，变质达高绿片岩相-高角闪岩相。现将岩石类型列述如下：

角闪斜长片麻岩　岩石为灰绿色，纤柱状粒状变晶结构，微片麻状构造。主要矿物：斜长石 50%～55%、角闪石 35%～40%，次要矿物：石英 10%左右。副矿物主要有少量磷灰石等。斜长石呈它形变晶粒状，大小为 0.3～0.4mm，聚片双晶一般不甚清楚，显示环形消光；角闪石呈半自形纤柱状，长轴直径 0.5～0.6mm 居多，少数达 1mm，为浅色角闪石类；石英呈它形粒状。

黑云角闪斜长片麻岩　岩石为灰绿色，片柱状、粒状变晶结构，片麻状构造。主要矿物：斜长石 35%左右、石英 25%～30%、角闪石 20%左右、黑云母 10%～15%，次要矿物：钾长石 2%～3%、黝帘石小于 1%。副矿物主要有榍石、锆石、磷灰石等。斜长石呈半自形粒状，大小为 0.3～1mm，双晶不清；角闪石呈半自形粒状晶形；黑云母呈鳞片状，多色性为褐色；石英呈变形粒状。

石榴角闪斜长片麻岩　岩石为浅灰色，纤柱状、粒状变晶结构，斑状变晶结构，显微片麻状构造。主要矿物：斜长石＋钾长石 35%～40%、石英 35%～40%、角闪石 15%～20%，次要矿物：石榴子石 3%～5%、黑云母 1%～2%、绿帘石＋黝帘石 1%～2%。副矿物主要有磁铁矿，少量榍石、锆石、磷灰石等。长石和石英呈压扁拉长粒状，长轴粒径 0.3～0.6mm，个别 0.8～1mm，部分显示波状消光；角闪石呈半自形细粒状；石榴子石变斑晶呈半自形—自形粒状，大小为 1.5～2mm，为铁铝榴石。

含黑云母角闪斜长片麻岩　岩石为灰色，纤柱状、粒状变晶结构，片麻状构造。主要矿物：斜长石45%～50%、角闪石30%左右，次要矿物：石英15%左右、黑云母5%～10%。副矿物主要有少量磷灰石等。斜长石、石英呈变晶粒状，大小为0.3～0.6mm，少数可达1mm；角闪石自形—半自形粒状和细柱状；黑云母为构造期后形成，呈自形—半自形叶片状，多色性为棕色，代表了两期构造变质变形。

黑云斜长片麻岩　岩石为灰色，鳞片粒状变晶结构，片麻状构造。主要矿物：石英40%～45%、斜长石40%左右，次要矿物：黑云母15%左右、白云母1%左右。副矿物主要有锆石、磷灰石等。石英、斜长石呈变晶粒状，大小为0.6～1mm，少数可达1.2～1.5mm；黑云母呈鳞片状，粒径一般为0.3～0.5mm，多色性为红褐色。

角闪黑云二长片麻岩　岩石为灰色，鳞片粒状变晶结构，片麻状构造。主要矿物：斜长石20%～25%、钾长石15%～20%、石英25%～30%，次要矿物：黑云母15%左右、角闪石10%～15%、绿帘石＋黝帘石2%～3%。副矿物主要有榍石、褐帘石、锆石及磷灰石等。长石呈变晶等粒状，粒径大小为0.3～1mm，斜长石十分洁净，钠长石律双晶清晰；钾长石格子双晶清晰；石英呈变晶粒状；黑云母呈鳞片状；角闪石呈半自形粒状。

含矽线石石榴黑云二长片麻岩　岩石为灰色，鳞片粒状变晶结构，片麻状构造。主要矿物：斜长石35%左右、钾长石30%左右、石英15%～20%，次要矿物：黑云母15%～20%、白云岩1%、石榴子石3%～5%、矽线石1%～2%。副矿物主要有锆石、磷灰石、磁铁矿等。斜长石、钾长石呈变晶粒状，大小为0.25～0.5mm，钾长石呈格子双晶，斜长石聚片双晶不清；石英呈结晶粒状；黑云母呈鳞片状；石榴子石呈自形—半自形粒状，大小为0.3～0.5mm。

含矽线石石榴黑云斜长片麻岩　岩石为灰色，鳞片粒状变晶结构，片麻状构造。主要矿物：斜长石35%～45%、石英20%～25%、钾长石10%左右、黑云母15%～20%，次要矿物：石榴子石3%～5%、矽线石1%～2%。副矿物主要有少量锆石、磷灰石等。长石和石英呈变晶粒状，粒径大小为0.25～0.3mm；黑云母呈鳞片状；石榴子石呈自形粒状晶体，大小为0.3～0.5mm不等。

2)粒岩类

该岩石类型分布较广，主要分布于昆北地层分区的米兰岩群、卡羌岩组、流水岩组及阿拉叫依岩群下岩组中；昆南地层分区的阿拉玛斯岩群和库拉甫河岩群中；苏巴什地层分区的双雁山片岩有少量分布。岩石变质程度较深，变质达高绿片岩相-低角闪岩相。现将各岩石类型特征列述如下：

角闪二长变粒岩　岩石为灰色，纤柱均粒状变晶结构，定向构造、块状构造。主要矿物：钾长石25%～30%、斜长石25%左右、角闪石25%～30%，次要矿物：石英3%～5%、白云母3%～5%、绿帘石1%～2%、绿泥石1%左右、黑云母5%～10%。副矿物主要有褐铁矿，少量磷灰石等。长石呈变晶等轴粒状，大小为0.1～0.2mm，均匀分布；角闪石呈半自形—它形粒状和纤状，大小为0.25～0.5mm，平行定向排列。

石榴角闪二长变粒岩　岩石为灰色，均粒状变晶结构，块状构造。主要矿物：石英40%～45%、斜长石＋钾长石35%～40%，次要矿物：角闪石10%～15%、石榴子石3%～5%。副矿物主要有磁铁矿，少量锆石等。长石和石英呈均粒变晶它形晶体，大小为0.2～0.3mm，均匀分布；特征变质矿物石榴子石呈自形粒状，大小为0.15～0.2mm，个别可达0.5mm，为铁铝榴石；角闪石呈半自形粒状，多色性为浅绿色。

角闪斜长变粒岩　岩石为深灰色，柱状、粒状变晶结构，块状构造。主要矿物：斜长石35%～40%、石英20%～25%、角闪石30%～35%，次要矿物：黑云母3%～5%、绿泥石3%左右。副矿物主要有磁铁矿，少量锆石、磷灰石等。斜长石呈变晶粒状，多呈它形晶体，大小为0.1～0.2mm不等；石英呈它形粒状；角闪石呈半自形细长柱状，长轴多为1～3mm，晶体中包裹有长石矿物包体；黑云母呈它形片状。

黑云角闪斜长变粒岩　岩石为灰色，均粒状变晶结构、筛状变晶结构，块状构造。主要矿物：角闪石30%～35%、斜长石25%～30%，次要矿物：黑云母5%～8%、方解石10%左右。副矿物主要有磁铁矿，少量锆石、磷灰石等。斜长石呈等粒变晶，大小均匀为0.1～0.15mm；石英呈它形粒状，与长石均匀分布；角闪石呈粗大变斑晶状，大小为1～3mm不等，晶体中长石、石英包体，形成筛状变晶结构；黑云母呈它形片状，吸收性为褐红色。

透闪角闪斜长变粒岩　岩石为灰色，柱粒状变晶结构，块状构造。主要矿物：斜长石50%～55%、角闪石20%、透辉石15%～20%，次要矿物：钾长石3%～5%、石英1%～2%、方解石1%左右、黝帘石＋绿泥石3%左右。副矿物主要有榍石，少量锆石、磷灰石等。斜长石呈近等轴变晶粒状，大小为0.3～0.5mm；角闪石呈半自形柱状，均匀分布；透辉石呈自形—半自形短柱状。

黑云斜长变粒岩　岩石为灰色，鳞片粒状变晶结构，块状构造。主要矿物：黑云母3%～25%、石英10%～15%、斜长石50%～55%，次要矿物：白云母3%～5%。副矿物主要有磷灰石，少量锆石等。斜长石、石英呈明显变晶粒状，大小为0.3～0.6mm；新生矿物黑云母、白云母呈鳞片状，多色性为红褐色。

钙质角闪斜长变粒岩　岩石为绿灰色，纤柱状、粒状变晶结构，定向构造。主要矿物：石英25%～30%、斜长石20%～25%、角闪石20%、方解石20%～25%，次要矿物：黑云母1%、钾长石3%～5%、硅质岩屑1%。副矿物主要锆石、磁铁矿及少量磷灰石等。石英和长石呈压扁拉长现象，粒径为0.15～0.25mm，少数达0.3～0.4mm；新生矿物角闪石呈纤柱状，长轴为0.2～0.4mm；方解石呈变晶粒状，大小为0.2～0.3mm 。

含钙黑云阳起二长变粒岩　岩石为灰色，鳞片纤柱状、粒状变晶结构，定向构造。主要矿物：石英10%～20%、钾长石25%～30%、斜长石15%～20%、阳起石10%～15%、黑云母10%左右，次要矿物：方解石10%左右、绿泥石3%～5%、石英岩屑1%～2%、变粒岩屑1%左右、中性火山岩屑1%～2%。副矿物主要有磁铁矿、锆石及少量磷灰石等。长石和石英呈变晶粒状，大小为0.15～0.3mm，新生矿物阳起石、黑云母、绿泥石呈纤柱状、鳞片状，黑云母吸收性为红褐色，方解石呈粒状，岩石中残余岩屑和个别长石、石英粗大晶体，可能为原岩中的砾石成分。

含石榴子石黑云斜长变粒岩　岩石为灰色，鳞片粒状变晶结构，块状构造。主要矿物：斜长石50%左右、黑云母15%～20%、石英25%～30%，次要矿物：石榴子石1%～2%。副矿物主要有少量锆石等。斜长石和石英呈变晶粒状，大小为0.3～1mm；新生矿物黑云母呈鳞片，多色性为褐红色；石榴子石呈它形粒状。

二云斜长变粒岩　岩石为灰色，鳞片粒状变晶结构，块状构造。主要矿物：石英50%左右、斜长石30%～35%，次要矿物：黑云母10%～15%、白云母2%～3%。副矿物主要有磷灰石、锆石等。石英、斜长石呈变晶等轴粒状，大小为0.3～0.5mm，均匀分布；新生矿物黑云母和少量白云母呈鳞片状均匀分布。

云母石英粒岩　岩石为浅灰色，显微鳞片粒状变晶结构，定向构造。主要矿物：石英55%～60%、绢云母＋白云母20%～25%，次要矿物：黑云母5%～10%、长石5%～8%、绿帘石3%～5%。副矿物主要有磁铁矿、褐铁矿、锆石等。石英呈变晶粒状，大小为0.03～0.05mm，分布均匀；早期形成绢云母和黑云母呈细小鳞片；构造期后形成的白云母，晶片较大0.6～1mm，晶片延伸方向与岩石中早期变质矿物明显斜交，代表两期构造变质作用。

含矽线石石榴黑云石英粒岩　岩石为灰色，鳞片粒状变晶结构，定向构造。主要矿物：石英55%～60%、黑云母15%～20%，次要矿物：斜长石10%～15%、白云母5%左右、石榴子石3%～5%、矽线石1%左右。副矿物主要有磷灰石、锆石等。长英质矿物呈变晶粒状；从新生矿物的穿插关系分析，可显示两期变质作用，同构造期（早期）形成的变质矿物为黑云母、石榴子石，前者呈鳞片状，多色性为褐红色，后者呈自形粒状，大小为0.1～0.15mm，长英质矿物粒径为0.3～0.6mm。构造期后(晚期)形成的白云母呈自形，明显斜切黑云母。

长石石英岩　岩石为浅灰色，粒状变晶结构，平行构造。主要矿物：石英70%～75%、斜长石15%～20%，次要矿物：白云母3%～5%、绿泥石1%～2%。石英和长石呈均粒等轴状，大小为0.3～1mm，均匀分布，岩石中残留有层状构造。

含硬绿泥浅粒岩　岩石为浅灰色，粒状变晶结构，平行构造。主要矿物：石英55%～60%、斜长石25%～30%，次要矿物：硬绿泥石15%左右。副矿物主要有磷灰石及少量锆石等。石英呈变晶粒状，斜长石已蚀变为绢云母鳞片，并生成硬绿泥石，呈细柱状和放射状。

斜长浅粒岩　岩石为浅灰色，鳞片粒状变晶结构，块状构造。主要矿物：斜长石45%～50%、钾长石10%～15%、石英30%～35%，次要矿物：白云母5%～7%。副矿物主要有榍石及少量锆石等。长英质矿物呈等轴变晶粒状，大小为0.3～0.6mm；石英呈变晶粒状。

二长浅粒岩　岩石为浅灰色，粒状变晶结构，块状构造。主要矿物：斜长石40%左右、钾长石30%～35%、石英20%～25%，次要矿物：白云母3%～5%。副矿物主要有榍石、磷灰石、锆石等。斜长石、钾长石和石英均呈变晶粒状，大小为0.6～1mm。

含钙黑云斜长变粒岩　岩石为浅灰色，鳞片粒状变晶结构，块状构造。主要矿物：斜长石60%～65%、方解石10%～15%，次要矿物：石英2%～3%、黑云母15%～20%。副矿物主要有榍石、锆石、磷灰石等。斜长石呈变晶粒状，粒径大小为0.3～1mm；黑云母呈片状，吸收性为褐红色；方解石呈变晶中粒晶体。

黑云长英质变粒岩　岩石为灰色，显微鳞片均粒变晶结构，定向构造。主要矿物：石英50%左右、长石20%～25%、黑云母15%～20%，次要矿物：绿泥石5%～7%、方解石1%～2%。副矿物主要有磁铁矿、锆石、磷灰石等。石英、长石均呈等轴粒状，大小为0.03～0.06mm，为钠更长石类；新生矿物黑云母、绿泥石呈鳞片状。

石英粒岩　岩石为浅灰色，粒状变晶结构，块状构造。主要矿物：石英80%～85%、长石3%～5%，次要矿物：白云母3%～5%、黑云母3%左右、绿泥石1%～2%、碳质2%～3%。副矿物主要有电气石、锆石等。石英和长石呈变晶粒状，大小为0.05～0.6mm；新生矿物白云母、黑云母呈细小鳞片，杂乱分布。

片理化石英岩　岩石为灰色，均粒变晶结构，层状构造、显微片状构造。主要矿物：石英80%左右，次要矿物：黑云母+绿泥石10%左右、白云母1%～2%、方解石2%～3%、长石3%～5%。副矿物主要有磁铁矿及少量锆石、褐铁矿等。石英呈均粒变晶，大小为0.1～0.15mm，分布均匀；黑云母、绿泥石呈鳞片层纹富集，岩石中残留有层状构造。

含电气石石英岩　岩石为灰白色，中粒变晶结构，定向构造。主要矿物：石英80%～85%、斜长石5%～10%，次要矿物：白云母2%～3%、黑云母2%左右、电气石2%～3%。副矿物主要有锆石、磷灰石等。石英明显被压扁拉长，且波状消光十分清楚，粒径为2～5mm，个别可达6mm。

细粒石英岩　岩石为灰色，等轴变晶结构，块状构造。主要矿物：石英85%左右，次要矿物：绿帘石+黝帘石3%～5%、绢云母2%～3%、碳质1%～2%。副矿物主要有磁铁矿等。石英呈变晶粒状，大小为0.1～0.15mm，均匀分布。

碎裂石英岩　岩石为灰白色，粒状变晶结构、碎裂状结构，块状构造。主要矿物：石英97%左右，次要矿物：斜长石1%～2%、绢云母1%左右。副矿物主要有少量锆石等。原生石英呈变晶粒状，大小为0.6～3mm，后期受动力挤压破碎，具有明显波状消光。

3)片岩类

该岩石类型分布较少，主要分布在昆北地层分区的卡羌岩组、流水岩组中，阿拉叫依岩群下岩组中有少量分布，昆南地层分区的库拉甫河岩群中也有少量分布。现将各类岩石学特征介绍如下：

角闪黑云母片岩 岩石为浅绿灰色，粒状鳞片变晶结构，片状构造、显微褶皱构造。主要矿物：黑云母 35%左右、钾长石+斜长石 20%～25%、角闪石 20%～25%，次要矿物：石英 15%左右、方解石 2%～3%。副矿物主要有榍石、褐铁矿，少量锆石、磷灰石等。黑云母鳞片呈它形—半自形晶片；长石、石英呈变晶压扁状，大小为 0.1～0.15mm，与黑云母平行密集分布，构成了片状构造；新生矿物角闪石呈初晶特征。

钙质黑云角闪片岩 岩石为灰绿色，粒状、纤柱状变晶结构，显微片状构造。主要矿物：角闪石 35%左右、黑云母 15%左右、方解石 15%～20%。次要矿物：斜长石 15%左右、石英 15%～20%、绿帘石 1%左右、绿泥石 1%左右。副矿物主要有榍石，少量磁铁矿、锆石、磷灰石等。角闪石呈纤柱状它形晶体，大小为 0.2～0.3mm，呈条带状聚集相间连续排列分布，形成微片状构造。

含石榴子石二云石英片岩 岩石为灰色，鳞片粒状变晶结构，片状构造。主要矿物：黑云母 30%左右、白云母 20%～25%、石英 40%～45%，次要矿物：石榴子石 1%～2%。副矿物主要有磁铁矿，少量锆石、磷灰石等。石英呈变晶粒状，粒径为 0.3～0.6mm，平行定向排列；黑云母、白云母呈它形鳞片状，与石英显示相间聚集平行分布，即形成片状构造。

石榴矽线黑云长英质片岩 岩石为灰色，斑状变晶结构、鳞片粒状变晶结构，褶皱片状构造。变斑晶成分：石榴子石 3%左右，基质成分：黑云母 35%～40%、石英 40%～45%、斜长石 5%～10%、白云母 1%～2%、矽线石 5%左右。副矿物主要有少量锆石等。黑云母呈鳞片状，多色性：Ng 为红褐色、Np 为浅褐黄色，反映形成温度较高；石榴子石为变斑晶，大小为 2mm，呈半自形粒状。

矽线石榴白云石英片岩 岩石为浅灰色，斑状变晶结构、鳞片粒状变晶结构、筛状变晶结构，片状构造。主要矿物：石英 45%～50%、白云母 15%～20%、石榴子石 15%～20%，次要矿物：矽线石 10%～15%、绢云母 2%～3%。副矿物主要有磁铁矿、锆石、磷灰石等。石英呈不规则粒状，大小不等为 0.3～1mm，呈层聚集；石榴子石为变斑晶，大小为 3～8mm，呈自形—半自形粒状；矽线石呈细柱状、针状，呈带状富集，平行相间排列；白云母呈片状，与石英平行定向分布，形成片状构造。

绿泥石化石榴长英质片岩 岩石为浅灰色，鳞片粒状变晶结构，片状构造。主要矿物：石英 35%～40%、斜长石 20%～30%，次要矿物：绿帘石 25%～30%、黑云母 3%～5%、石榴子石 3%～5%、白云母 1%～2%。副矿物主要有锆石、磷灰石等。长石、石英重结晶呈粒状，大小为 0.6～1mm；黑云母多已退变为绿泥石，仅残余个别晶片；斜长石也强蚀变，具有明显的退变质作用。

角闪绿泥片岩 岩石为灰绿色，粒状鳞片变晶结构，片状构造。主要矿物：绿泥石 30%～35%、斜长石(强蚀变)25%左右，次要矿物：角闪石 10%～15%、石英 15%～20%、方解石 5%～10%。副矿物主要有黄铁矿、磁铁矿、磷灰石、锆石等。绿泥石呈鳞片状平行定向分布；斜长石变晶呈粒状，大小为 0.15～0.2mm，蚀变较强，均已变为黝帘石和绢云母集合体；角闪石呈纤柱状；石英呈变晶不规则粒状。

石榴二云石英片岩 岩石为灰黄色，斑状变晶结构、鳞片粒状变晶结构，片状构造。变斑晶成分：石榴子石 3%～5%，基质成分：石英 65%～70%、黑云母 10%左右、白云母 10%左右、斜长石 5%左右。副矿物主要有锆石等。石英呈粒状变晶，大小为 0.15～0.2mm；新生矿物黑云母、白云母呈鳞片状相间聚集平行排列形成片状构造。

矽线石榴二云石英片岩 岩石为灰色，变斑晶状结构、显微鳞片粒状变晶结构，片状构造。主要矿物：石英 45%～50%、黑云母 10%～15%、白云母 15%左右、斜长石 3%～5%，次要矿物：石榴子石 10%左右、十字石 5%左右、蓝晶石 2%左右、矽线石 1%～2%、绿泥石 2%左右。副矿物主要有锆石、磁铁矿等。石英呈变晶粒状，大小为 0.15～0.2mm，定向排列形成片状构造。

从特征变质矿物的接触穿插关系分析，可能为不同期构造变质变晶作用形成不同世代的矿物组合，于构造期后又一期变质作用，即变质形成较粗大的绿泥石晶片，延伸方向斜切片理矿物。

石榴黑云石英片岩　岩石为浅灰色，粒状变晶结构，定向构造、微片状构造。主要矿物：石英60%～65%、黑云母20%左右，次要矿物：石榴子石5%～10%、斜长石5%～10%、白云母1%～2%。副矿物主要有少量锆石、磷灰石等。石英呈变晶粒状，大小为0.1～0.15mm，稍显定向排列；黑云母呈片状定向分布，构成微片状构造；石榴子石呈自形粒状富集成条纹。

黑云角闪长英质片岩　岩石为浅灰色，纤柱状、粒状变晶结构，显微片状构造。主要矿物：石英20%～25%、斜长石＋钾长石35%～40%、角闪石10%～15%、白云母10%～15%，次要矿物：黑云母10%～15%。副矿物主要有磁铁矿、锆石、磷灰石等。长石、石英呈变晶粒状，大小以0.15～0.3mm为主，少数为0.5～1mm；白云石呈变斑晶粒状；新生矿物角闪石呈半自形—它形纤柱状、纤状晶体；黑云母呈鳞片状。

斜长黑云石英片岩　岩石为深灰色，显微粒状鳞片变晶结构、斑状变晶结构，片状构造。变斑晶成分：斜长石5%左右、黑云母1%左右，基质成分：石英35%～40%、斜长石15%～20%、黑云母＋绿泥石30%～35%、角闪石2%～5%。副矿物主要有磁铁矿、锆石等。石英、长石呈变晶等粒状，大小为0.15～0.2mm，少数为0.3mm，分布均匀；新生矿物黑云母呈鳞片状，多色性为褐色，显示条纹聚集相间排列，即形成片状构造；同构造期生成的少量斜长石、黑云母变斑晶，粒径大小为1.2～2.3mm，斜长石变斑晶中具有残缕结构，包体为石英、黑云母定向排列，代表早期变质形成的片理方向。早期微片理与主变质期片理斜交，说明有两期构造变质作用。

黑云角闪斜长片岩　岩石为灰色，纤柱状、粒状变晶结构，显微片状或定向构造。主要矿物：斜长石45%～50%、石英20%～25%，次要矿物：角闪石10%～15%、黑云母10%左右、绿帘石5%～8%。副矿物主要有锆石等。长石、石英呈变晶粒状，粒径大小为0.1～0.15mm；新生矿物角闪石呈细小纤柱状；黑云母呈细小叶片状；绿帘石呈粒状；矿物平行定向排列，并显示成条纹聚集特点。

2. 铁镁质岩石

1)片麻岩类

该岩石类型分布局限，仅分布在昆北地层分区的卡羌岩组及昆南地层分区的阿拉玛斯岩群中，其岩石学特征如下：

黑云角闪斜长片麻岩　岩石为灰色，纤柱状、粒状变晶结构，微片麻状构造。主要矿物：斜长石45%～50%、角闪石20%～25%、黑云母15%～20%，次要矿物：石英5%～10%。副矿物主要有榍石及少量锆石、磷灰石等。斜长石呈它形等轴粒状，少数呈短柱状晶形，大小为0.3～0.4mm，部分具有环形消光；角闪石呈半自形纤柱，直径为0.3～0.5mm，多色性为绿黄色；黑云母呈半自形叶片状。

黑云二长片麻岩　岩石为浅灰色，鳞片粒状变晶结构，微片麻状构造。主要矿物：微斜长石30%～35%、石英30%～35%、斜长石15%～20%，次要矿物：黑云母10%～15%、白云母2%～3%。副矿物主要有锆石、磷灰石等。钾长石和斜长石呈变晶粒状，大小为0.3～0.6mm占多数，少数为1～2mm，个别可达3mm，呈似斑晶状，钾长石具有格子双晶，少数具条纹双晶，为微斜长石和条纹长石；斜长石聚片双晶清晰；石英呈它形粒状，多为条带状分布；新生矿物黑云母、白云母呈细小晶片状断续平行间分布。

2)斜长角闪岩类

该类岩石分布局限，主要分布于昆北地层分区的米兰岩群、卡羌岩组中；昆南地层分区的阿拉玛斯岩群、库拉甫河岩群中；苏巴什地层分区的双雁山片岩中有少量分布。

条带状透辉斜长角闪岩　岩石为灰绿色，粒状、纤柱状变晶结构，条带状构造、定向构造。主要矿物:角闪石40%左右、斜长石35%～40%,次要矿物:透辉石10%～15%、石英5%～10%、绿帘石1%～2%。副矿物主要有少量锆石、磷灰石等。斜长石和石英呈等轴变晶它形粒状,大小以0.15～0.2mm为主,少数可达0.3～0.4mm;新生矿物角闪石呈自形—半自形纤柱状,吸收性为浅绿蓝色;透辉石呈半自形短柱状,大小为0.3～0.4mm,与斜长石呈条带状聚集平行分布,形成了条带状构造。

透辉斜长角闪岩 岩石为灰绿色,粒状、纤柱状变晶结构,定向构造。主要矿物:角闪石35%左右、绿帘石+黝帘石20%～25%、斜长石+钾长石20%～25%。次要矿物:石英10%～15%、透辉石5%～10%。副矿物主要有磁铁矿,少量榍石、锆石等。角闪石呈半自形纤柱状;长石和石英呈变晶粒状,大小为0.1～0.15mm,长石具有聚片双晶和格子双晶,透辉石呈初晶形态,大者为0.3～1mm。

斜长角闪岩 岩石为灰绿—黑绿色,纤柱状、粒状变晶结构,平行构造。主要矿物:角闪石70%～75%、斜长石10%～15%,次要矿物:石英10%左右。副矿物主要有磁铁矿等。角闪石呈自形—半自形纤柱状;斜长石和石英呈变晶粒状,大小为0.3～0.8mm。

细粒斜长角闪岩 岩石为灰绿色,粒状、纤柱状变晶结构,定向构造。主要矿物:角闪石40%～45%、斜长石35%～40%,次要矿物:绿帘石1%～2%、石英1%左右、阳起石5%～8%、透闪石2%～3%。副矿物主要有磁铁矿、磷灰石等。新生矿物角闪石呈半自形柱状、粒状,吸收性为淡绿色;斜长石呈它形—半自形粒状,大小为0.1～0.15mm。

3. 镁质碳酸盐岩类

该岩石类型分布较少,主要分布昆北地层分区的卡羌岩组、流水岩组和昆南地层分区的阿拉玛斯岩群中。其岩石学特征如下:

粗晶大理岩 岩石为浅灰色,粗晶结构,块状构造。主要矿物:方解石93%左右,次要矿物:白云母3%～5%、白云石1%～2%。方解石呈半自形粗晶粒状,大小为0.6～1mm,个别为1.2mm,含有少量白云母鳞片。

含钙白云质大理岩 岩石为灰白色,中粒变晶结构,块状构造。主要矿物:白云石80%左右,次要矿物:方解石15%左右、透闪石3%～5%、黑云母1%左右。副矿物主要有磁铁矿等。白云石呈变晶粒状,多呈半自形—自形晶,大小为0.6～1.5mm;新生矿物透闪石,大小为0.15～0.25mm。白云石交代方解石残余特点清晰。

条纹状含白云质石英大理岩 岩石为灰白色,细粒变晶结构,条纹状构造。主要矿物:方解石80%～85%,次要矿物:白云石5%～10%、石英10%左右。方解石显示变晶粒状,大小为0.1～0.2mm;白云石为后期交代方解石形成,晶体较大,为0.25～0.3mm。

白云石化大理岩 岩石为灰白色,细晶变晶结构,块状构造。主要矿物:方解石50%～60%、白云石40%～45%,次要矿物:石英1%左右。方解石呈变晶它形粒状,少量为半自形粒状,大小为0.06～0.12mm,白云石自形程度好,多呈半自形,少数为菱形晶体,大小为0.1～0.2mm。白云石交代方解石清楚。

(二)原岩恢复及形成环境探讨

1. 米兰岩群

组成米兰岩群的中、高级变质岩主要有角闪斜长片麻岩、石榴角闪斜长片麻岩、黑云斜长片麻岩、石榴角闪二长变粒岩、角闪斜长变粒岩、含石榴子石黑云斜长变粒岩及透辉斜长角闪岩等。现将其原岩恢复及形成环境探讨分述如下。

1)原岩恢复

根据野外产状,岩石中局部残留有层状特征,结合岩石化学特征,其原岩主要为一套沉积碎屑岩夹少量基性火山岩建造。进一步进行岩石化学计算,利用[(al+fm)-(c+alk)]- Si 图解(图 4-1)恢复原岩,米兰岩群变质碎屑岩均投影到砂质沉积岩区,利用(Al+Fe+Ti)-(Ca+Mg)图解(图4-2)

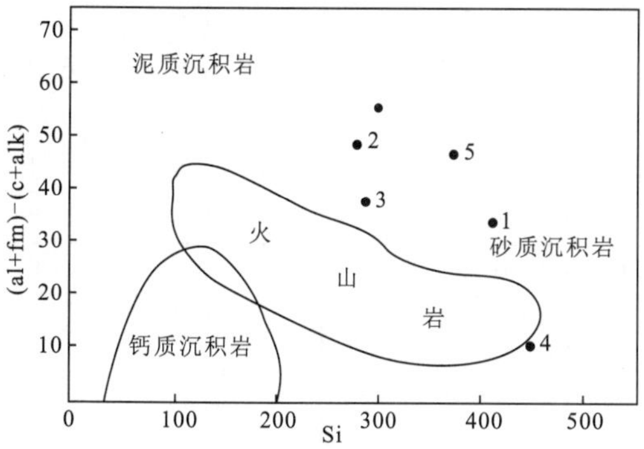

图 4-1 米兰岩群(al+fm)-(c+alk)
(据 Simonen,1953)

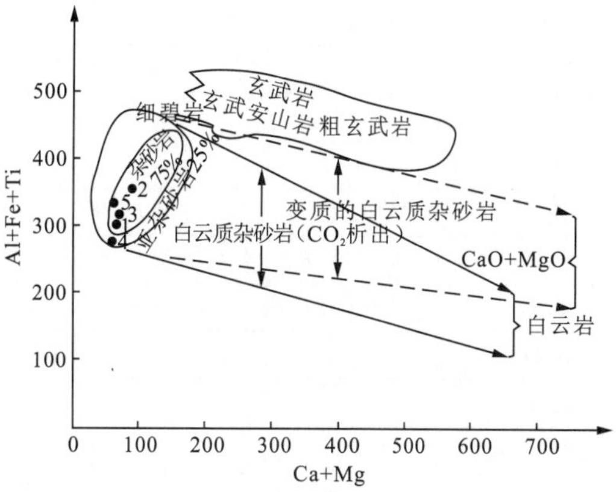

图 4-2 米兰岩群(Al+Fe+Ti)-(Ca+Mg)图解
(据 Moine 等,1968)

恢复原岩,亚杂砂岩类,进一步利用 Log(Na_2O/K_2O)-Log(SiO_2/Al_2O_3)图解(图 4-3)判别岩石类型,均投影到杂砂岩类。由上可见,米兰岩群变质碎屑岩原岩主体为一套杂砂岩类。米兰岩群中的透辉斜长角闪岩,依据岩石产状及岩石学特征,结合岩石微量元素分析,其原岩为一套基性玄武岩。

综合分析,米兰岩群原岩主体为一套杂砂岩类夹少量基性玄武岩。

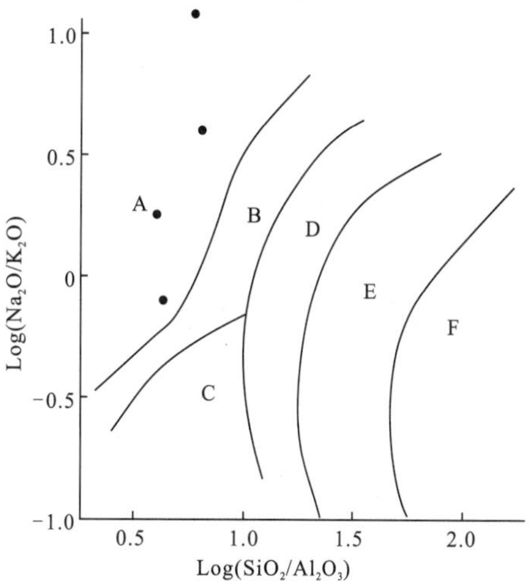

图 4-3 米兰岩群变质碎屑岩
Log(Na_2O/K_2O)- Log(SiO_2/Al_2O_3)图解
(据 Pettijohn,1972)
A. 杂砂岩;B. 岩屑砂屑岩;C. 长石砂岩;D. 亚长石砂岩;E. 亚岩屑砂屑岩;F. 石英砂屑岩

2)形成环境探讨

米兰岩群变质碎屑岩的岩石化学成分平均值与太古宙和元古宙变质碎屑沉积岩相比,则介于太古宙与元古宙之间,但主体与元古代特征相近(表 4-1),与 Bhatia(1985)的不同构造环境沉积盆地中的杂砂岩平均值比较,则显示比较复杂,介于大陆岛弧与活动陆缘之间,以活动陆缘型为主。

利用($Fe_2O_3^*$ + MgO)- TiO_2,($Fe_2O_3^*$ + MgO)-Al_2O_3/SiO_2图解(图 4-4)判别不同构造环境,变质碎屑岩均投影到活动陆缘与大陆岛弧附近。利用 K_2O/Na_2O - SiO_2图解(图 4-5)判别环境,均投影到活动陆缘区。

米兰岩群变质碎屑岩微量元素平均值与 Bhatia(1985)的不同构造环境沉积盆地中的杂砂岩平均值相比较(表 4-2),则显示比较复杂,介于大陆岛弧与活动陆缘之间,主体为活动陆缘型。

由上可见,米兰岩群变质碎屑岩形成的构造环境比较复杂,介于活动陆缘与大陆岛弧之间,主体属活动陆缘型。同时也反映了物源区类型的复杂性,而这种复杂性反映出这些变质碎屑沉积岩不可能来自单一物源区,而可能来源于多个成因复杂的物源区。

表 4-1　米兰岩群变质碎屑岩平均化学成分与 Bhatia(1985)太古宙、元古宙碎屑沉积岩及不同构造环境杂砂岩对比表

(%)

类型	太古宙(n=11)	元古宙(n=7)	大洋岛弧(n=7)	大陆岛弧(n=9)	活动陆缘(n=7)	被动陆缘(n=7)	米兰岩群(n=5)
SiO_2	65.7±2.2	70.0±3.4	58.83±1.6	70.69±2.6	73.86±4.0	81.95±6.2	72.22
TiO_2	0.6±0.1	0.6±0.1	1.06±0.2	0.64±0.1	0.46±0.1	0.49±0.2	0.44
Al_2O_3	14.9±1.3	14.5±1.7	17.1±1.7	14.04±1.1	12.89±2.1	8.41±2.2	12.85
Fe_2O_3			1.95±0.5	1.43±0.5	1.30±0.5	1.32±1.6	1.55
FeO	6.4±1.5	5.5±1.9	5.52±2.1	3.05±0.4	1.58±0.9	1.76±1.2	2.61
MnO			0.15	0.10	0.10	0.05	0.07
MgO	3.6±1.0	2.1±0.5	3.65±0.7	1.97±0.5	1.23±0.5	1.39±0.8	1.89
CaO	3.3±1.1	1.7±0.7	5.83±1.3	2.68±0.9	2.48±1.0	1.89±2.3	2.16
Na_2O	2.9±0.5	1.8±0.6	4.10±0.8	3.12±0.4	2.77±0.7	1.07±2.6	1.82
K_2O	2.2±0.3	3.5±0.6	1.60±0.6	1.89±0.5	2.90±0.5	1.71±0.6	3.09
P_2O_5			0.26±0.1	0.16±0.1	0.09	0.12	0.11
$Fe_2O_3^* + MgO$			11.73	6.79	4.63	2.89	6.31
Al_2O_3/SiO_2	0.23	0.21	0.29	0.20	0.18	0.10	0.18
K_2O/Na_2O	0.76	0.18	0.39	0.61	0.99	1.60	1.70
$Al_2O_3/(CaO+Na_2O)$	2.40	4.14	1.72	2.42	2.56	4.15	3.23

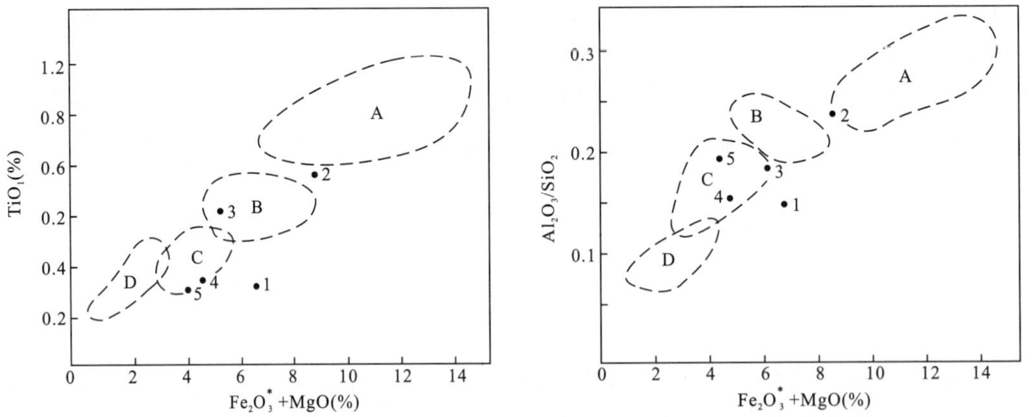

图 4-4　米兰岩群变质杂砂岩常量元素构造环境判别图

A. 大洋岛弧；B. 大陆岛弧；C. 活动陆缘；D. 被动边缘

2. 卡羌岩组

组成卡羌岩组的中、高级变质岩主要有片麻岩、粒岩类、片岩、斜长角闪岩及大理岩等。现将其原岩恢复及形成环境探讨列述如下。

1)原岩恢复

组成卡羌岩组副变质的片麻岩和粒岩类主要有黑云斜长片麻岩、角闪黑云二长片麻岩、黑云斜长变粒岩、透辉角闪斜长变粒岩、含钙黑云斜长变粒岩、长石石英岩、石榴黑云石英粒岩、含硬绿泥石浅粒岩、斜长浅粒岩及石英岩等。

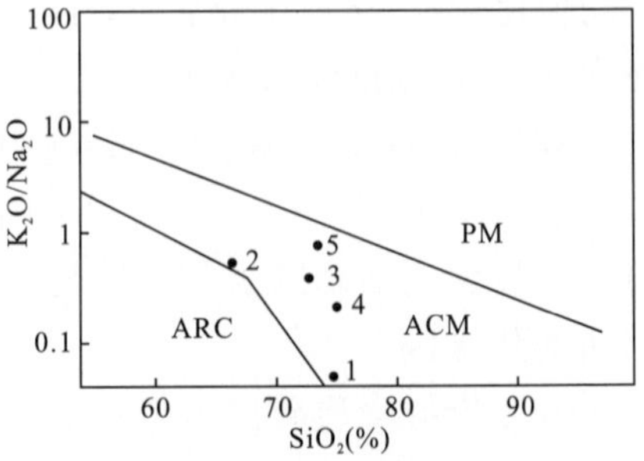

图 4-5　米兰岩群变质杂砂岩构造环境 K_2O/Na_2O-SiO_2 判别图解

(据 Roser, 1986)

ARC：大洋岛弧边缘；ACM：活动陆缘(大陆岛弧)；PM：被动陆缘

表 4－2　米兰岩群、卡羌岩组变质碎屑岩与 Bhatia(1985)不同构造环境杂砂岩的微量元素特征对比表

类型	大洋岛弧	大陆岛弧	活动陆缘	被动陆缘	米兰岩群	卡羌岩组
K/Rb	578±92	219±28	189±20	178±20	190.8	220.5
Rb/Sr	0.05±0.05	0.65±0.33	0.89±0.24	1.19±0.40	0.57	0.31
Ba/Rb	21.3±5.0	7.5±1.3	4.5±0.8	4.7±1.1	3.87	4.97
Ba/Sr	0.95±0.6	3.55±1.4	3.8±0.7	4.7±1.3	2.19	1.55
Th($\times10^{-6}$)	2.27±0.7	1.11±1.1	18.8±3.0	16.7±3.65	28.15	20.54
U($\times10^{-6}$)	1.09±0.21	2.53±0.24	3.90±0.5	3.20±0.8	2.09	3.35
Zr($\times10^{-6}$)	96±20	229±27	179±33	298±80	67.85	85.02
Nb($\times10^{-6}$)	2.0±0.4	8.5±0.8	10.7±1.4	7.9±1.9	17.13	27.41
Y($\times10^{-6}$)	19.5±5.6	24.2±2.2	24.9±3.6	27.3±5.3	25.36	26.74
Th/U	2.1±0.78	4.6±0.45	4.8±0.38	5.6±0.67	13.43	6.13
Zr/Th	48.0±13.4	21.5±2.4	9.5±0.7	19.1±5.8	2.41	4.14
Zr/Y	5.67±1.94	9.6±0.8	7.2±0.4	12.4±4.0	2.68	3.18
Nb/Y	0.11±0.03	0.36±0.04	0.43±0.04	0.30±0.06	0.68	1.03
La($\times10^{-6}$)	8.72±2.5	24.4±2.3	33.0±4.5	33.5±5.8	34.94	24.54
Ce($\times10^{-6}$)	22.53±5.9	50.5±4.3	72.7±9.8	71.9±11.5	58.79	45.96
Nd($\times10^{-6}$)	11.36±2.9	20.8±1.6	25.4±3.4	29.0±5.03	29.60	24.46
Ti(%)	0.48±0.12	0.39±0.06	0.26±0.02	0.22±0.06	0.25	0.35
Ti/Zr	56.8±21.4	19.7±4.3	15.3±2.4	6.74±0.9	36.85	41.17
Sc($\times10^{-6}$)	19.5±5.2	14.8±1.7	8.0±1.1	6.0±1.4	20.51	16.10
V($\times10^{-6}$)	131±40	89±13.7	48±5.9	31±9.9	61.77	111.30
Cr($\times10^{-6}$)	37±13	51±6.5	26±4.9	39±8.5	98.58	92.71
Co($\times10^{-6}$)	18±6.3	12±2.7	10±1.7	5±2.4	12.02	18.43
Ni($\times10^{-6}$)	11±5.1	13±2.0	10±2.5	8±4.4	34.14	54.63
Ga($\times10^{-6}$)	17±1.9	13±1.3	14±1.5	8±1.6	12.09	17.53
Ni/Co	0.62±0.16	1.22±0.25	1.04±0.19	1.42±0.41	2.84	2.96
Sc/Cr	0.57±0.16	0.32±0.06	0.30±0.02	0.6±0.02	0.21	0.17

根据野外产状，岩石中局部残留有层状构造、条纹状构造，结合岩石学特征，其原岩为一套变质碎屑岩的砂岩类、粉砂岩类。进一步进行岩石化学计算，利用[(al＋fm)-(c＋alk)]- Si 图解(图 4－6)恢复原岩，卡羌岩组变质碎屑岩均投影到砂质沉积岩区，但靠近火山岩区，利用(Al＋Fe＋Ti)-(Ca＋Mg)图解(图 4－7)恢复原岩，变质碎屑岩均投影到杂砂岩类，进一步利用 Log(Na_2O/K_2O)-Log(SiO_2/Al_2O_3)图解(图 4－8)判别岩石类型，均投影到杂砂岩类。由上可见，卡羌岩组变质碎屑岩原岩主要为一套杂砂岩类。

卡羌岩组中的片岩类主要有角闪黑云片岩、钙质黑云角闪片岩、含石榴子石二云石英片岩、石榴矽线黑云长英质片岩、矽线石榴白云石英片岩、绿泥石化石榴长英质片岩、角闪绿泥片岩及斜长黑云石英片岩(图版Ⅴ－4 至图版Ⅴ－6)等。

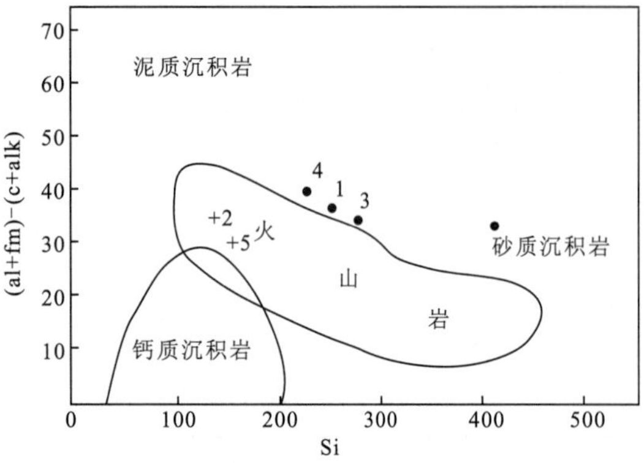

图 4-6　卡羌岩组[(al+fm)-(c+alk)]-Si 图解
(据 Simonen,1953)
•长英质片岩　+铁镁质变质岩

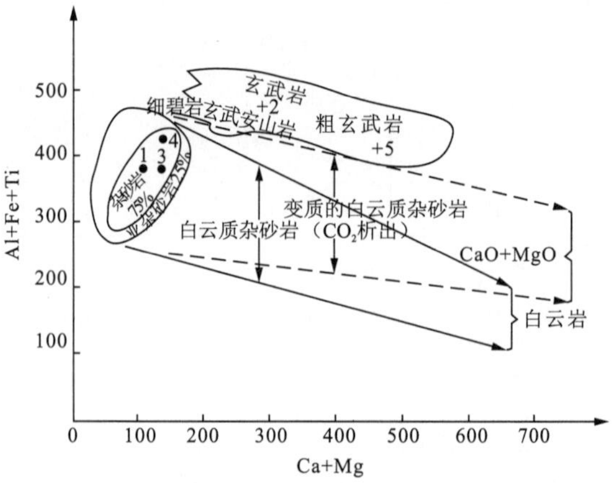

图 4-7　卡羌岩组(Al+Fe+Ti)-(Ca+Mg)图解
(据 Moine 等,1968)
•长英质片岩　+铁镁质变质岩

根据野外产状，岩石中残留有层状构造特征，结合岩石组合及岩石学特征，卡羌岩组的片岩类原岩主要为一套沉积砂岩类、钙质粉砂岩类。

卡羌岩组中的正变质岩主要有黑云角闪斜长片麻岩和斜长角闪岩类，依据野外产状及岩石学特征，其原岩为一套基性火山岩。

进一步利用[(al+fm)-(c+alk)]-Si 图解(图 4-6)恢复原岩，卡羌岩组变质基性火山岩均投影到火山岩区，利用(Al+Fe+Ti)-(Ca+Mg)图解(4-7)恢复原岩，变质基性火山岩均投影到玄武岩区。

卡羌岩组中夹的大理岩类主要有粗晶大理岩和含钙白云质大理岩等，依据野外产状特征，结合岩石化学成分及岩石学特征分析，其原岩为一套灰岩沉积。

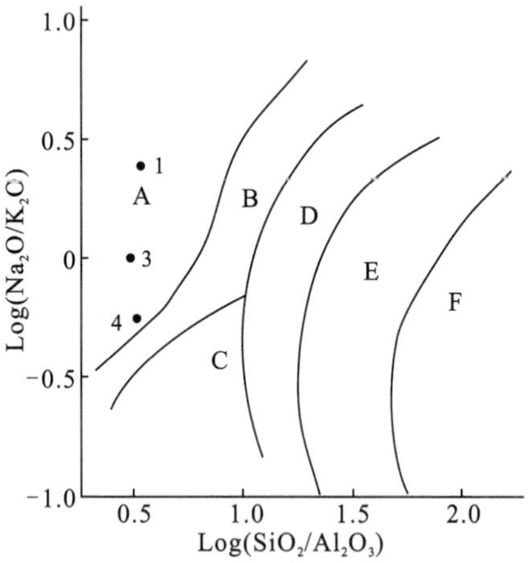

图 4-8　卡羌岩组 $Log(Na_2O/K_2O)$-$Log(SiO_2/Al_2O_3)$图解
(据 Pettijohn,1972)
A. 杂砂岩；B. 岩屑砂屑岩；C. 长石砂岩；D. 亚长石砂岩；E. 亚岩屑砂屑岩；F. 石英砂屑岩

2)形成构造环境探讨

卡羌岩组变质碎屑岩的岩石化学成分平均值与 Bhatia(1985)的不同构造环境沉积盆地中杂砂岩平均值相比较(表 4-3)，则显示比较复杂，总体上介于大陆岛弧与大洋岛弧型杂砂岩之间，有些化学成分特征则显示与活动陆缘类似，反映其构造环境比较复杂。

利用常量元素杂砂岩的($Fe_2O_3^*$+MgO)-TiO_2,($Fe_2O_3^*$+MgO)-Al_2O_3/SiO_2图解(图 4-9)判别不同构造环境，变质碎屑岩多数投影到大洋岛弧型附近，少数投影到大陆岛弧区，进一步利用 K_2O/Na_2O-SiO_2图解(图 4-10)判别环境，多数投影到活动陆缘(大陆岛弧)区，少数投影到大洋岛弧边缘区。

卡羌岩组变质碎屑岩微量元素特征与 Bhatia(1985)的不同构造环境杂砂岩微量元素特征对比(见表 4-2)，则显示比较复杂，总体上介于大洋岛弧与大陆岛弧型之间，少数微量元素与活动陆缘和被动陆缘型相似，反映其物源比较复杂，具有不同岩石类型的物源区。

由上可见，卡羌岩组变质碎屑岩其形成构造环境比较复杂，介于大洋岛弧与大陆岛弧型之间，主体属于大洋岛弧型，但兼具大陆岛弧(活动陆缘)型的特征。

表 4-3　卡羌岩组、阿拉玛斯岩群变质碎屑岩平均化学成分与 Bhatia(1985)元古宙碎屑沉积岩及不同构造环境杂砂岩对比表　(%)

类型	元古宙	大洋岛弧	大陆岛弧	活动陆缘	被动陆缘	卡羌岩组	阿拉玛斯岩群
SiO_2	70.0±3.4	58.83±1.6	70.69±2.6	73.86±4.0	81.95±6.2	64.08	66.38
TiO_2	0.6±0.1	1.06±0.2	0.64±0.1	0.46±0.1	0.49±0.2	0.97	0.69
Al_2O_3	14.5±1.7	17.1±1.7	14.04±1.1	12.89±2.1	8.41±2.2	15.21	15.24
Fe_2O_3		1.95±0.5	1.43±0.5	1.30±0.5	1.32±1.6	1.28	1.76
FeO	5.5±1.9	5.52±2.1	3.05±0.4	1.58±0.9	1.76±1.2	4.82	4.21
MnO		0.15	0.10	0.10	0.05	0.09	0.08
MgO	2.1±0.5	3.65±0.7	1.97±0.5	1.23±0.5	1.39±0.8	2.87	2.39
CaO	1.7±0.7	5.83±1.3	2.68±0.9	2.48±1.0	1.89±2.3	2.93	2.76
Na_2O	1.8±0.6	4.10±0.8	3.12±0.4	2.77±0.7	1.07±2.6	3.25	2.03
K_2O	3.5±0.6	1.60±0.6	1.89±0.5	2.90±0.5	1.71±0.6	3.3	2.62
P_2O_5		0.26±0.1	0.16±0.1	0.09	0.12	0.59	0.11
$Fe_2O_3^* + MgO$		11.73	6.79	4.63	2.89	9.45	8.78
Al_2O_3/SiO_2	0.21	0.29	0.20	0.18	0.10	0.24	0.23
K_2O/Na_2O	0.18	0.39	0.61	0.99	1.60	1.02	1.29
$Al_2O_3/(CaO+Na_2O)$	4.14	1.72	2.42	2.56	4.15	2.46	3.18

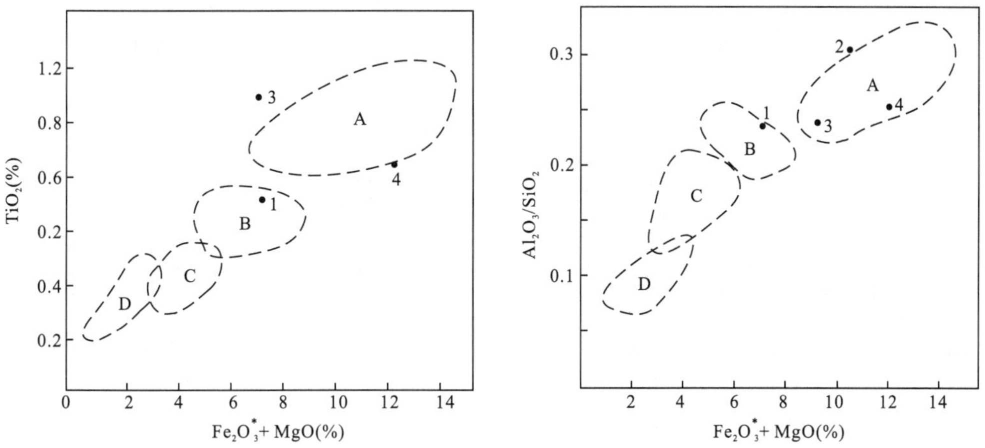

图 4-9　卡羌岩组变质杂砂岩常量元素构造环境判别图解

(据 Bhatia,1985)

A. 大洋岛弧;B. 大陆岛弧;C. 活动陆缘;D. 被动边缘

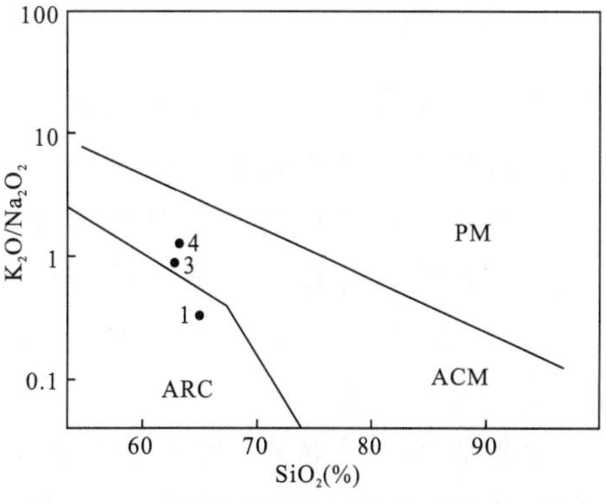

图 4-10　卡羌岩组变质杂砂岩构造环境 K_2O/Na_2O-SiO_2 判别图解

(据 Poser,1986)

ARC. 大洋岛弧边缘;ACM. 活动陆缘(大陆岛弧);PM. 被动陆缘

卡羌岩组中变质基性火山岩,<FeO>含量为 10.5%~11.72%,<FeO>/MgO 值为 1.71~2.01;TiO_2 含量较高 0.4%~1.90%,平均为 1.97%,均大于 1.25%,表明不属于岛弧拉斑玄武岩,而明显与大陆和大洋拉斑玄武岩的 TiO_2 相近(Pearce,1982;Condie,1989);MgO 含量为 6.15%~5.83%,平均为 5.99%;CaO 含量为 7.35%~9.33%。进一步进行岩石化学计算,利用 $FeO^*-MgO-Al_2O_3$ 图解(图 4-11)判别环境,变质基性火山岩均投影到洋岛玄武岩(OIB)区,利用 $FeO^*/MgO-TiO_2$ 图解(图 4-12)判别环境均投影到洋岛玄武岩与洋脊玄武岩的交汇处。进一步利用微量元素特征值判别环境,选用 Zr/Y-Zr 图解(图 4-13),Ti-Cr 图解(图4-14)和 $Zr-TiO_2$ 图解(图 4-15)判别环境,变质基性火山岩多数投影到洋脊玄武岩(MORB)区，少数投影到岛弧玄武岩(VAB)区。由上可见，卡羌岩组变质基性火山岩其形成构造环境比较复杂，主体介于洋脊玄武岩与洋岛弧玄武岩之间，兼具二者构造环境的特性。

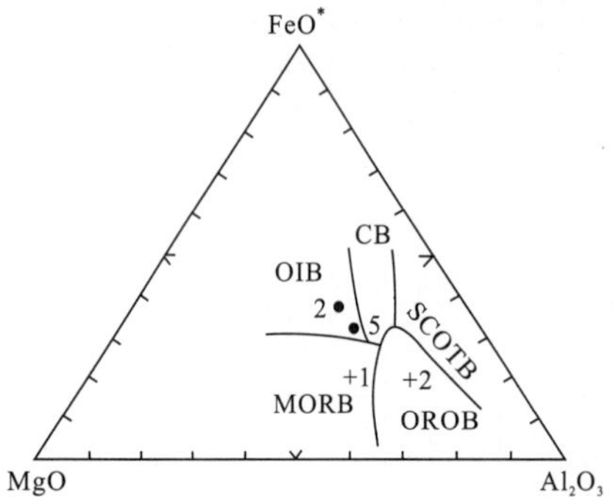

图 4-11　$FeO^*-MgO-Al_2O_3$ 图解

(据 Pearce，1977)

MORB. 洋脊和洋底玄武岩；OIB. 洋岛玄武岩；CB. 大陆玄武岩；OROB. 造山玄武岩(岛弧或活动陆缘)；SCOTB. 扩张中心洋岛玄武岩石

●卡羌岩组变质基性火山岩

＋双雁山片岩变质基性火山岩

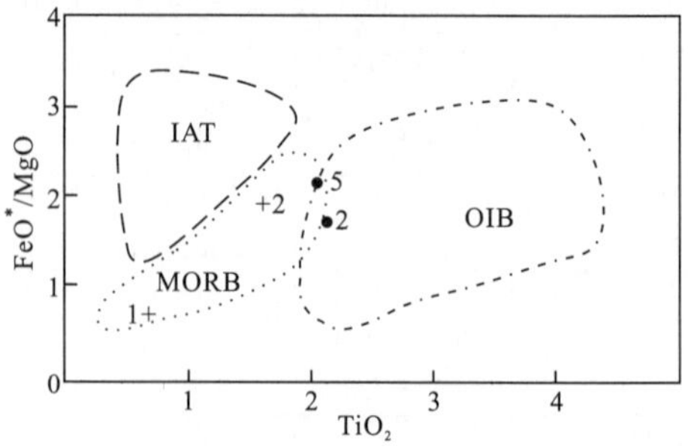

图 4-12　$FeO^*/MgO-TiO_2$ 图解

(据 Glassiey，1974)

IAT. 岛弧拉斑玄武岩；OIB. 洋岛玄武岩；MORB. 洋脊拉斑玄武岩

●卡羌岩组变质基性火山岩

＋双雁山片岩变质基性火山岩

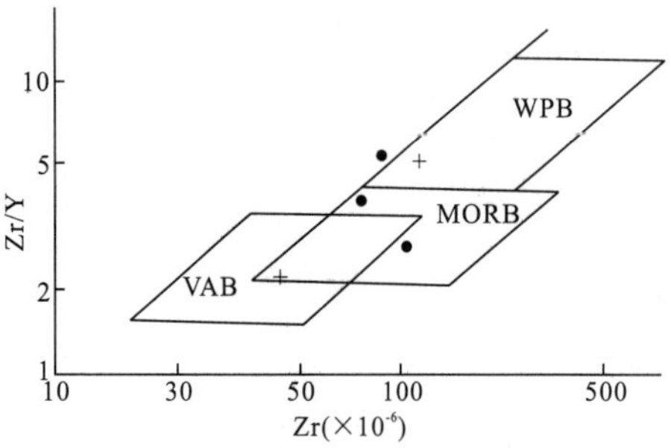

图 4-13　Zr/Y-Zr 图解

(据 Pearce，1982)

WPB. 板内玄武岩；MORB. 洋脊玄武岩；VAB. 岛弧玄武岩

●卡羌岩组变质基性火山岩

＋双雁山片岩变质基性火山岩

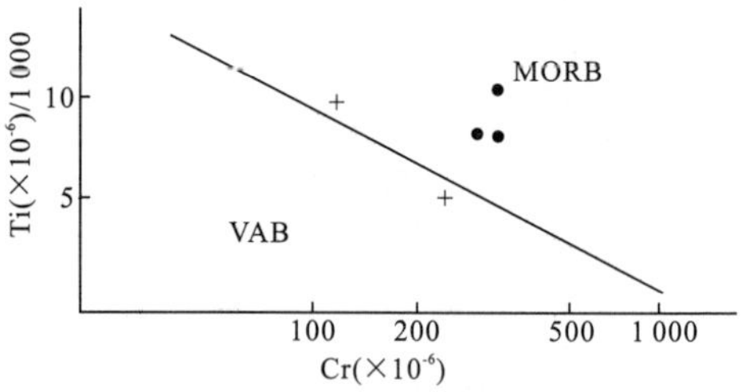

图 4-14　Ti-Cr 图解

(据 Pearce，1982)

MORB. 洋脊玄武岩；VAB. 岛弧玄武岩

●卡羌岩组变质基性火山岩

＋双雁山片岩变质基性火山岩

3. 流水岩组

组成流水岩组的中、高级变质岩主要有粒岩类、片岩类及大理岩等。现将各类岩石原岩恢复叙述如下。

流水岩组中的粒岩类主要有角闪斜长变粒岩、黑云角闪斜长变粒岩和片理化石英岩等，片岩类主要有石榴二云石英片岩、石榴白云石英片岩、矽线石榴二云石英片岩及石榴黑云石英片岩等。

根据野外产状特征，岩石中局部残留有层状构造、条纹状构造，结合岩石组合及岩石学特征，其原岩主要为一套沉积砂岩类和泥质粉砂岩类。

流水岩组中夹的大理岩类主要有含白云质石英大理岩和白云石化大理岩，根据岩石化学及岩石学特征，其原

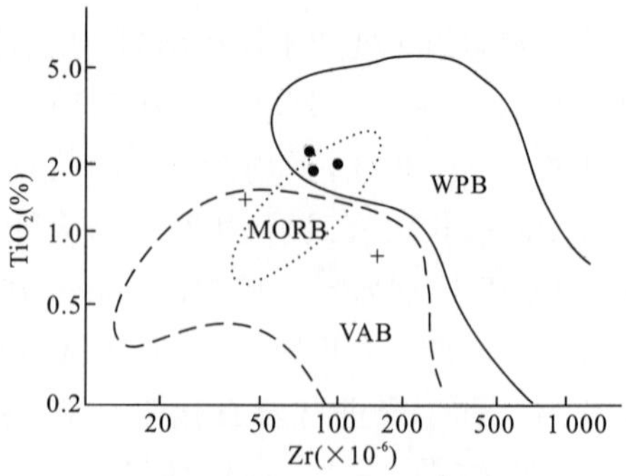

图 4-15　$Zr-TiO_2$ 图解

(据 Pearce，1982)

WPB. 板内玄武岩；MORB. 洋脊玄武岩；VAB. 火山弧玄武岩

●卡羌岩组变质基性火山岩

＋双雁山片岩变质基性火山岩

岩为一套砂质灰岩或纯灰岩。

4. 双雁山片岩

组成双雁山片岩的中、高级变质岩主要有二云斜长变粒岩、石英粒岩、石榴二云石英片岩及斜长角闪岩等。现将各类岩石原岩恢复及形成构造环境探讨分述如下。

1)原岩恢复

双雁山片岩中的粒岩类和片岩类，根据野外产状特征，岩石中残余有层状构造特征，结合岩石组合及岩石学特征综合分析，其原岩主要为一套沉积长石石英砂岩类、石英粉砂岩类。

双雁山片岩中的斜长角闪岩，根据野外产状及岩石学特征，其原岩为基性火山岩。依据岩石化学计算，利用(Al＋Fe＋Ti)-(Ca＋Mg)图解(图 4－16)恢复原岩，均投影到玄武岩(粗玄岩)区。

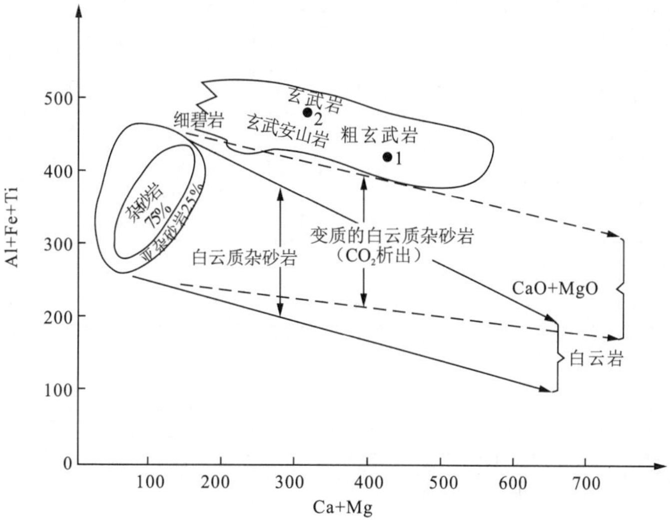

图 4－16 双雁山片岩变质基性火山岩

(Al＋Fe＋Ti)-(Ca＋Mg)图解

(据 Moine 等，1968)

2)形成构造环境探讨

双雁山片岩中的变质碎屑岩微量元素平均值与 Bhatia(1985)的不同构造环境杂砂岩微量元素特征值相比较(表 4－4)，则显示比较复杂，总体介于活动陆缘与大陆岛弧型之间，少数微量元素值与被动陆缘型杂砂岩相似，综合分析其构造环境主体属于活动陆缘型。同时，反映了本区变质沉积岩的微量元素含量变化较大，而这种变化受控物源区的岩石性质和沉积盆地的构造环境，其物源区可能主要是长英质岩石。

双雁山片岩中的变质基性火山岩，在 A－F－M 三角图解上，显示为拉斑玄武岩系列。岩石中 FeO 含量为 6.19％～11.42％，FeO^*/MgO 值为 0.67～1.96；TiO_2含量较高 0.78％～1.60％，平均为 1.19％，接近 1.25％，表明其具有洋脊玄武岩的特征(Pearce，1982；Condie，1989)。

通过进行岩石化学计算，利用 FeO^*－MgO－Al_2O_3图解(图 4－11)判别环境，变质基性火山岩均投影到洋岛玄武岩 OIB 区，利用 FeO^*/MgO－TiO_2图解(4－12)判别环境，其变质基性火山岩多数投影到洋脊玄武岩区，少数投影到岛弧或活动陆缘区。

表 4-4　双雁山片岩、阿拉玛斯岩群变质碎屑岩与 Bhatia(1985)不同构造环境杂砂岩的微量元素特征对比表

类型	大洋岛弧	大陆岛弧	活动陆缘	被动陆缘	双雁山片岩	阿拉玛斯岩群
K/Rb	578±92	219±28	189±20	178±20	190.50	225.60
Rb/Sr	0.05±0.05	0.65±0.33	0.89±0.24	1.19±0.40	0.87	0.34
Ba/Rb	21.3±5.0	7.5±1.3	4.5±0.8	4.7±1.1	4.90	9.12
Ba/Sr	0.95±0.6	3.55±1.4	3.8±0.7	4.7±1.3	4.19	3.07
Th($\times10^{-6}$)	2.27±0.7	1.11±1.1	18.8±3.0	16.7±3.65	11.97	25.36
U($\times10^{-6}$)	1.09±0.21	2.53±0.24	3.90±0.5	3.20±0.8	1.67	2.22
Zr($\times10^{-6}$)	96±20	229±27	179±33	298±80	41.04	61.15
Nb($\times10^{-6}$)	2.0±0.4	8.5±0.8	10.7±1.4	7.9±1.9	9.60	23.80
Y($\times10^{-6}$)	19.5±5.6	24.2±2.2	24.9±3.6	27.3±5.3	24.94	27.67
Th/U	2.1±0.78	4.6±0.45	4.8±0.38	5.6±0.67	7.17	11.42
Zr/Th	48.0±13.4	21.5±2.4	9.5±0.7	19.1±5.8	3.43	2.41
Zr/Y	5.67±1.94	9.6±0.8	7.2±0.4	12.4±4.0	1.65	2.21
Nb/Y	0.11±0.03	0.36±0.04	0.43±0.04	0.30±0.06	0.39	0.86
La($\times10^{-6}$)	8.72±2.5	24.4±2.3	33.0±4.5	33.5±5.8	30.60	24.65
Ce($\times10^{-6}$)	22.53±5.9	50.5±4.3	72.7±9.8	71.9±11.5	70.20	49.56
Nd($\times10^{-6}$)	11.36±2.9	20.8±1.6	25.4±3.4	29.0±5.03	24.50	19.86
Ti(%)	0.48±0.12	0.39±0.06	0.26±0.02	0.22±0.06	0.35	0.41
Ti/Zr	56.8±21.4	19.7±4.3	15.3±2.4	6.74±0.9	90.0	61.40
Sc($\times10^{-6}$)	19.5±5.2	14.8±1.7	8.0±1.1	6.0±1.4	16.95	16.48
V($\times10^{-6}$)	131±40	89±13.7	48±5.9	31±9.9	138.9	114.83
Cr($\times10^{-6}$)	37±13	51±6.5	26±4.9	39±8.5	198.77	72.83
Co($\times10^{-6}$)	18±6.3	12±2.7	10±1.7	5±2.4	41.01	16.20
Ni($\times10^{-6}$)	11±5.1	13±2.0	10±2.5	8±4.4	96.51	31.68
Ga($\times10^{-6}$)	17±1.9	13±1.3	14±1.5	8±1.6	50.17	19.00
Ni/Co	0.62±0.16	1.22±0.25	1.04±0.19	1.42±0.41	2.35	1.96
Sc/Cr	0.57±0.16	0.32±0.06	0.30±0.02	0.6±0.02	0.09	0.23

进一步利用微量元素特征值判别环境，选用 Zr/Y-Zr 图解(图 4-13)、Ti-Cr 图解(图 4-14)和 Zr-TiO_2图解(图 4-15)判别环境，变质基性火山岩多数投影到洋脊玄武岩(MOBR)和岛弧玄武岩(VAB)区，个别投影到板内玄武岩(WPB)区。

由上可见，双雁山片岩变质基性火山岩其形成构造环境比较复杂，总体介于洋脊玄武岩与岛弧玄武岩之间，主体属于洋脊(洋岛)拉斑玄武岩，但兼具岛弧玄武岩的特性。

5. 阿拉玛斯岩群

组成阿拉玛斯岩群的中、高级变质岩主要有片麻岩、粒岩类、斜长角闪岩及大理岩等。现将各类岩石原岩恢复及形成构造环境探讨分述如下。

1)原岩恢复

阿拉玛斯岩群中的片麻岩类主要有黑云角闪斜长片麻岩、黑云斜长片麻岩、石榴黑云斜长片麻岩、石榴黑云二长片麻岩等。

根据野外产状特征，片麻岩中残留有沉积纹层构造，结合岩石组合及岩石学特征，其原岩为一

套沉积碎屑岩。

通过岩石化学计算，利用[(al+fm)-(c+alk)]- Si 图解(图 4 - 17)恢复原岩，阿拉玛斯岩群变质碎屑岩均投影到砂质和泥质沉积岩区，利用(Al+Fe+Ti)-(Ca+Mg)图解(图 4 - 18)恢复原岩，变质碎屑岩均投影到杂砂岩和亚杂砂岩类，进一步利用 Log(Na_2O/K_2O)- Log(SiO_2/Al_2O_3)图解(图 4 - 19)判别岩石类型，变质碎屑岩均投影到杂砂岩和岩屑砂岩类。由上可见，阿拉玛斯岩群中的片麻岩原岩主要为一套杂砂岩或岩屑砂岩类。

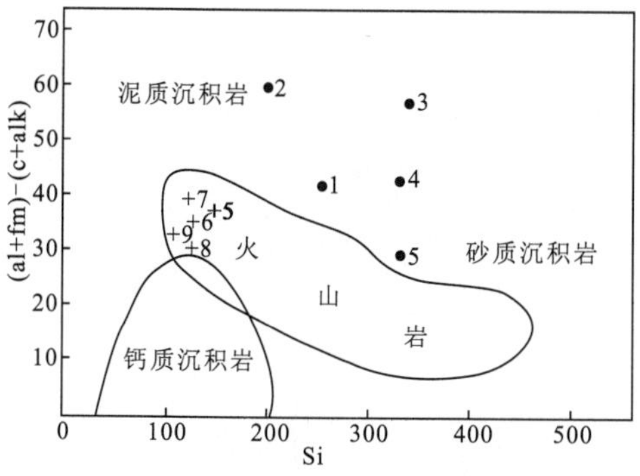

图 4 - 17　阿拉玛斯岩群[(al+fm)-(c+alk)]- Si 图解
(据 Simonen,1953)
●变质碎屑岩　+变质基性火山岩

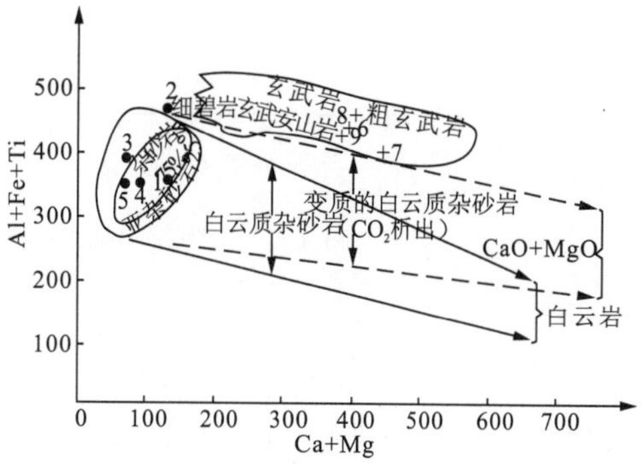

图 4 - 18　阿拉玛斯岩群(Al+Fe+Ti)-(Ca+Mg)图解
(据 Moinc 等,1968)
●变质碎屑岩　+变质基性火山岩

阿拉玛斯岩群中的粒岩类主要有黑云斜长变粒岩、石榴角闪斜长变粒岩、二长浅粒岩及石英岩等。根据野外产状特征，结合岩石组合及岩石学特征，其原岩主要为一套沉积砂岩类和泥质粉砂岩类，少量石英岩原岩为硅质岩。

阿拉玛斯岩群中的斜长角闪岩，依据岩石学特征，其原岩为一套基性火山岩。通过岩石化学计算，利用[(al+fm)-(c+alk)]- Si 图解(图 4 - 17)恢复原岩，阿拉玛斯岩群变质基性火山岩均投影到火山岩区，利用(Al+Fe+Ti)-(Ca+Mg)图解(4 - 18)恢复原岩，变质基性火山岩均投影到玄武岩(粗玄岩)区。由此可见，阿拉玛斯岩群中的斜长角闪岩原岩为一套玄武岩或粗玄岩。

阿拉玛斯岩群中夹的大理岩，根据岩石学及岩石化学特征，其原岩为一套沉积纯灰岩。

综上所述，阿拉玛斯岩群原岩为一套变质碎屑岩、碳酸盐岩夹基性火山岩建造。

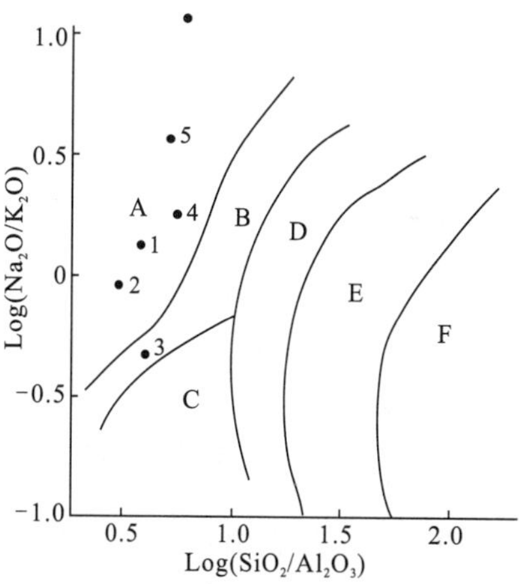

图 4 - 19　阿拉玛斯岩群 Log(Na_2O/K_2O)- Log(SiO_2/Al_2O_3)图解
(据 Pettijohn,1972)
A. 杂砂岩；B. 岩屑砂屑岩；C. 长石砂岩；D. 亚长石砂岩；E. 亚岩屑砂屑岩；F. 石英砂屑岩

2)形成构造环境探讨

阿拉玛斯岩群变质碎屑岩的岩石化学成分平均值与 Bhatia(1985)的不同构造环境杂砂岩平均值相比较(表 4 - 3)，则显示比较复杂，主体介于大陆岛弧与大洋岛弧之间，少量常量元素与活动陆缘型相似，反映其物源区也比较复杂，具有不同的岩石类型。

通过岩石化学计算，利用常量元素杂砂岩的($Fe_2O_3^*$ +MgO)- TiO_2 和($Fe_2O_3^*$ +MgO)- Al_2O_3/SiO_2 图解(图 4 - 20)判别不同构造环境，其变质碎屑岩均投影到大陆岛弧和大洋岛弧型区间，进一步利用 K_2O/Na_2O - SiO_2 图解(图 4 - 21)判别环境，多数投影到大陆岛弧区，少数投影到大洋岛弧区。

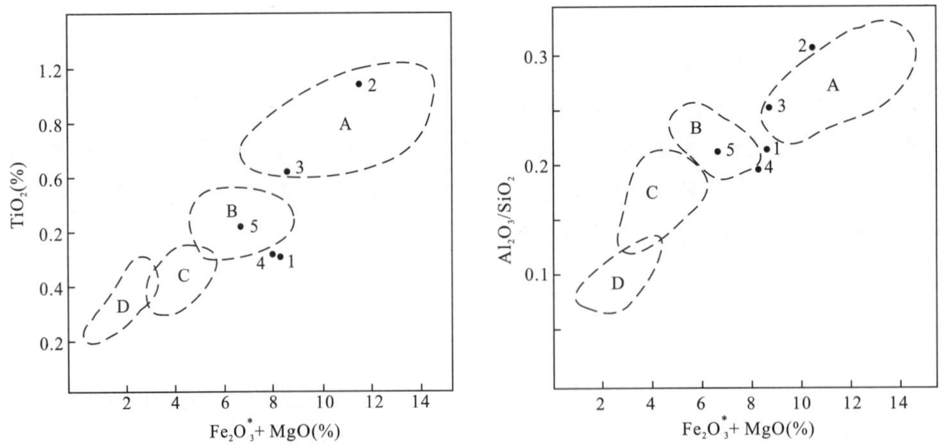

图 4-20　阿拉玛斯岩群变质杂砂岩常量元素构造环境判别图解

（据 Bhatia，1985）

A. 大洋岛弧；B. 大陆岛弧；C. 活动陆缘；D. 被动边缘

阿拉玛斯岩群变质碎屑岩微量元素平均值与 Bhatia(1985)的不同构造环境杂砂岩平均值相比较(表 4-4)，显示比较复杂，总体介于大陆岛弧与大洋岛弧型之间，少量微量元素特征与活动陆缘相似，反映其物源比较复杂。

由上可见，阿拉玛斯岩群变质碎屑岩其构造环境主体为大陆岛弧型，兼具大洋岛弧型的特性。阿拉玛斯岩群中的变质基性火山岩，在 A-F-M 三角图解上(图 4-22)，均显示为拉斑玄武岩系列。

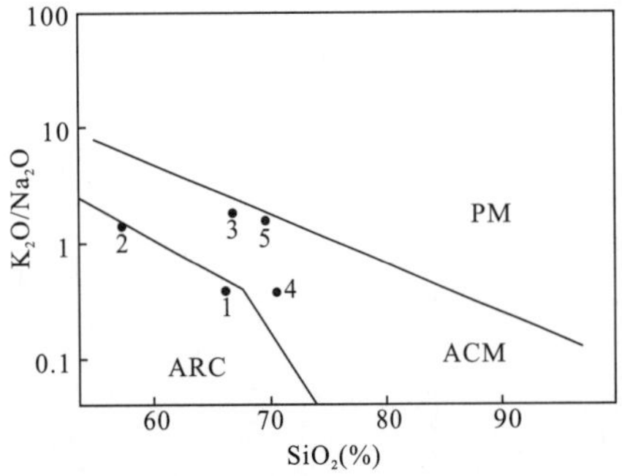

图 4-21　阿拉玛斯岩群变质杂砂岩构造环境 K_2O/Na_2O-SiO_2 判别图解

（据 Roser，1986）

ARC. 大洋岛弧边缘；ACM. 活动陆缘(大陆岛弧)；PM. 被动陆缘

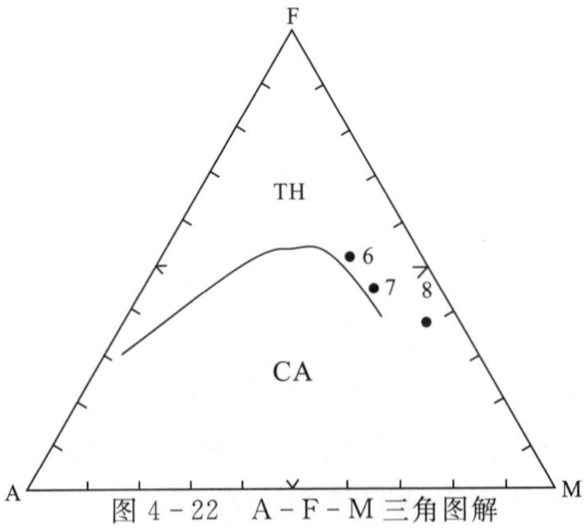

图 4-22　A-F-M 三角图解

（据 Irvine，1977）

TH. 拉斑玄武岩系列；CA. 钙碱性系列

岩石中 FeO 含量为 7.06%～11.69%，FeO/MgO 值为 0.87～1.41；TiO_2 含量为 0.45%～1.37%，平均为 0.94%，接近于 1.25%，表明不属于岛弧拉斑玄武岩，而与洋脊玄武岩或洋岛玄武岩的特征相近(Pearce，1982；Condie，1989)。进一步利用 $FeO^*-MgO-Al_2O_3$ 图解(图 4-23)判别环境，变质基性火山岩部分投影到洋脊玄武岩(MORB)区，部分投影到洋岛玄武岩(OIB)区，利用 $(FeO^*/MgO)-TiO_2$ 图解(图 4-24)判别环境，其变质基性火山岩均投影到洋脊拉斑玄武岩(MORB)区。进一步利用微量元素特征值进行环境分析，选用 Zr/Y-Zr 图解(图 4-25)，Ti-Cr 图解(图 4-26)和 Zr-TiO_2 图解(图 4-27)判别环境，变质基性火山岩多数投影到洋脊玄武岩(MORB)区，少数投影到岛弧玄武岩(VAB)或板内玄武岩(WPB)区。

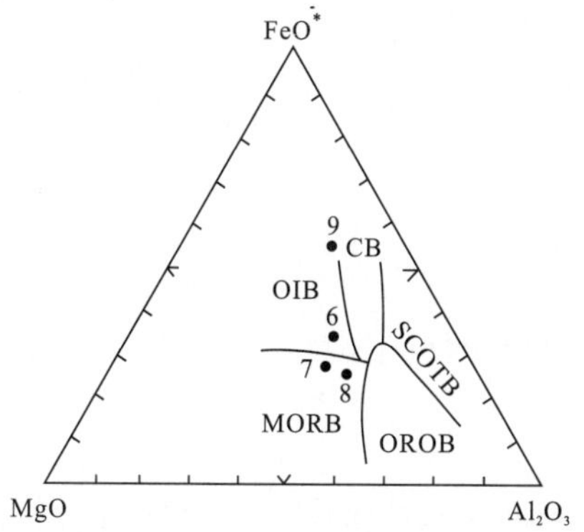

图 4-23　FeO^*-MgO-Al_2O_3 图解

(据 Pearce,1977)

MORB. 洋脊和洋底玄武岩;OIB. 洋岛玄武岩;
CB. 大陆玄武岩;OROB. 造山玄武岩(岛弧或活动陆缘);
SCOTB. 扩张中心洋岛玄武岩

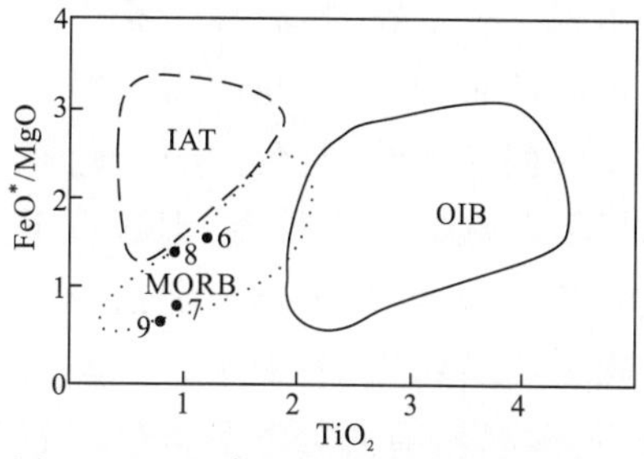

图 4-24　阿拉玛斯岩群变质基性火山岩
(FeO^*/MgO)-TiO_2 图解

(据 Glassiey,1974)

IAT. 岛弧拉斑玄武岩;OIB. 洋岛玄武岩;
MORB. 洋脊拉斑玄武岩

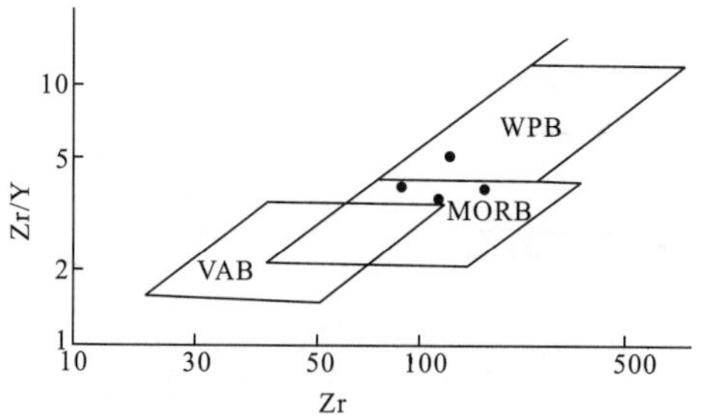

图 4-25　Zr/Y-Zr 图解

(据 Pearce,1982)

WPB. 板内玄武岩;MORB. 洋脊玄武岩;VAB. 岛弧玄武岩

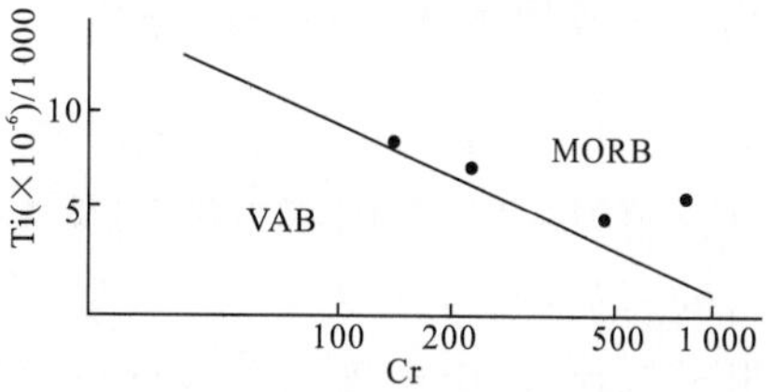

图 4-26　Ti-Cr 图解

(据 Pearce,1982)

MORB. 洋脊玄武岩;VAB. 岛弧玄武岩

由上可见,阿拉玛斯岩群变质基性火山岩形成的构造环境比较复杂,主体应属于洋脊拉斑玄武岩,兼具岛弧玄武岩的特性。

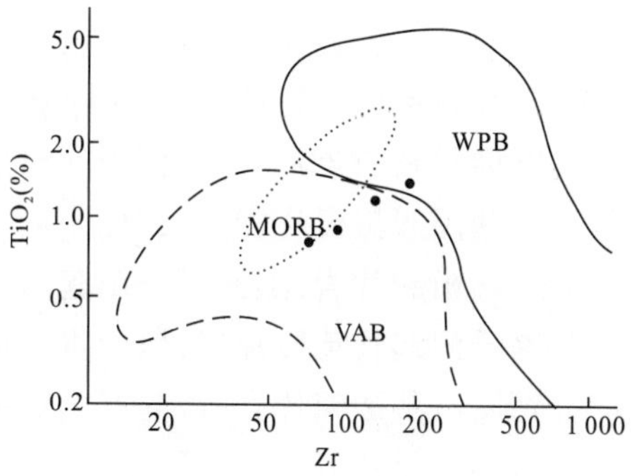

图 4-27　Zr-TiO_2 图解

(据 Pearce,1982)

WPB. 板内玄武岩;MORB. 洋脊玄武岩;
VAB. 火山弧玄武岩

三、变质带、变质相系和变质作用

(一)变质矿物组合

图区各类变质岩矿物组合比较复杂,既有副变质沉积岩,也有正变质火山岩。其变质岩典型岩石矿物组合如下。

1. 泥质—长英质变质岩——片麻岩类

黑云角闪斜长片麻岩:角闪石+黑云母+斜长石+绿帘石+石英

石榴角闪斜长片麻岩:石榴子石+角闪石+黑云母+斜长石+石英

角闪黑云二长片麻岩:角闪石+黑云母+斜长石+绿帘石

石榴黑云二长片麻岩:石榴子石+黑云母+矽线石+钾长石+斜长石+石英

石榴黑云斜长片麻岩：石榴子石＋黑云母＋矽线石＋斜长石＋钾长石＋石英

2. 泥质—长英质变质岩——粒岩类

石榴角闪二长变粒岩：石榴子石＋角闪石＋斜长石＋石英
黑云角闪斜长变粒岩：角闪石＋黑云母＋斜长石＋石英
透辉角闪斜长变粒岩：角闪石＋透辉石＋斜长石＋黝帘石
含钙黑云阳起二长变粒岩：阳起石＋黑云母＋绿泥石＋斜长石
二云斜长变粒岩：白云母＋黑云母＋斜长石＋石英
石榴黑云石英粒岩：石榴子石＋黑云母＋斜长石＋石英
云母石英粒岩：绢云母＋黑云母＋石英＋绿帘石
长石石英岩：白云母＋绿泥石＋斜长石＋石英
斜长浅粒岩：白云母＋斜长石＋钾长石＋石英
含钙黑云斜长变粒岩：黑云母＋方解石＋斜长石＋石英
黑云长英质变粒岩：黑云母＋斜长石＋石英＋绿泥石
石英粒岩：黑云母＋白云母＋长石＋石英
片理化石英岩：黑云母＋绿泥石＋石英＋长石

3. 泥质—长英质变质岩——片岩类

角闪黑云母片岩：角闪石＋黑云母＋斜长石＋石英
钙质黑云角闪片岩：角闪石＋黑云母＋斜长石＋绿帘石＋方解石
绿泥白云石英片岩：绿泥石＋白云母＋石英
长石黑云母片岩：黑云母＋白云母＋斜长石＋石英
石榴二云石英片岩：石榴子石＋黑云母＋白云母＋斜长石＋石英
矽线石榴白云石英片岩：石榴子石＋白云母＋石英
石榴矽线黑云长英质片岩：石榴子石＋黑云母＋白云母＋斜长石＋石英
石榴长英质片岩：石榴子石＋黑云母＋白云母＋斜长石
二云母长英质片岩：黑云母＋白云母＋斜长石＋石英
石榴白云石英片岩：石榴子石＋白云母＋绿泥石＋石英
矽线石榴二云石英片岩：十字石＋蓝晶石＋石榴子石＋黑云母＋白云母
石榴黑云石英片岩：石榴子石＋黑云母＋白云母＋斜长石
含钙阳起黑云片岩：黑云母＋阳起石＋斜长石＋石英
斜长阳起片岩：黑云母＋阳起石＋斜长石＋石英
黑云阳起长英质片岩：黑云母＋阳起石＋方解石＋绿帘石＋斜长石
钙质石英透闪片岩：阳起石＋透闪石＋绿泥石＋方解石＋石英
石英云母片岩：绢云母＋黑云母＋石英
黑云角闪长英质片岩：黑云母＋角闪石＋斜长石＋石英
石英黑云片岩：绢云母＋黑云母＋石英＋绿泥石
黑云角闪斜长片岩：角闪石＋黑云母＋绿帘石＋斜长石
二云石英片岩：黑云母＋白云母＋石英

4. 泥质—长英质变质岩——千枚岩、板岩类

绢云石英千枚岩：绢云母＋黑云母＋石英

石英绢云母千枚岩:绢云母+绿泥石+石英
石英云母千枚岩:绢云母+黑云母+石英+绿泥石
含粉砂质绢云绿泥板岩:绢云母+绿泥石+石英
含粉砂质绢云母板岩:绢云母+绿泥石+石英
砂质绢云母白云石板岩:绢云母+绿泥石+石英+白云石
含粉砂绢云绿泥板岩:绢云母+绿泥石+石英
含粉砂白云质板岩:绢云母+绿泥石+石英+白云石

5. 古侵入体变质岩——片麻岩类

黑云角闪片麻岩:角闪石+黑云母+斜长石+绿帘石
黑云二长片麻岩:黑云母+白云母+斜长石+钾长石+绿帘石+石英
斜长角闪片麻岩:角闪石+黑云母+斜长石+绿帘石+石英

6. 基性变质岩——斜长角闪岩类

条带状透辉斜长角闪岩:角闪石+透辉石+斜长石+石英
透辉斜长角闪岩:角闪石+透辉石+斜长石+绿帘石
斜长角闪岩:角闪石+斜长石+石英
细粒斜长角闪岩:角闪石+斜长石+阳起石+绿帘石

7. 基性变质岩——绿片岩类

阳起石片岩:阳起石+绿泥石+透闪石
透闪阳起片岩:阳起石+透闪石+黑云母
钠长绿帘石岩:绿泥石+绿帘石+黝帘石+钠长石
阳起绿帘石岩:绿泥石+绿帘石+阳起石+钠更长石
绿帘透闪片岩:绿泥石+绿帘石+透闪石+斜长石
斜长阳起石岩:绿泥石+绿帘石+阳起石+斜长石
钙质钠长绿泥片岩:绿泥石+绿帘石+方解石+钠长石
绿泥黑云钠长片岩:绿泥石+绿帘石+钠长石+黑云母
绿泥斜长片岩:绿泥石+绿帘石+方解石+斜长石
钙质透闪片岩:绿泥石+绿帘石+阳起石+透闪石+方解石
透闪绿帘石岩:绿泥石+绿帘石+透闪石+黝帘石+阳起石
钙质绿泥斜长片岩:绿泥石+斜长石+方解石
绿泥钙质片岩:绿泥石+绿帘石+斜长石+方解石

(二)变质带、变质相系划分

依据不同变质岩石发育的不同构造环境、埋深环境,在区域热流动力作用的环境中,形成了具有代表性的特征变质矿物和矿物组合面貌。现将各变质地层中典型变质矿物组合及变质带、变质相系划分见表4-5。

表 4-5　变质矿物组合及变质相系列表

变质岩类	典型岩石	特征矿物组合	变质带	变质相	相系
泥质—长英质变质岩	石榴黑云二长片麻岩 石榴黑云斜长片麻岩	石榴子石+黑云母(棕红色)+钾长石+矽线石+斜长石+石英	石榴子石带	高角闪岩相	低压相系
	矽线石榴二云石英片岩	十字石+蓝晶石+石榴子石+黑云母+白云母	石榴子石带	低角闪岩相	中压相系
	石榴角闪斜长片麻岩 石榴角闪二长变粒岩	石榴子石+角闪石+黑云母+斜长石+石英	石榴子石带	低角闪岩相	低压相系
	黑云角闪斜长变粒岩	角闪石+黑云母+斜长石+绿帘石+石英	角闪石+斜长石带		
	透辉角闪斜长变粒岩	角闪石+透辉石+斜长石+黝帘石			
变质古侵入岩	黑云角闪斜长片麻岩	角闪石+黑云母+斜长石+绿帘石	角闪石+斜长石带	高绿片岩相	低-中压相系
	斜长角闪片麻岩	角闪石+黑云母+斜长石+绿帘石+石英			
	黑云二长片麻岩	黑云母+白云母+斜长石+钾长石+绿帘石+石英			
泥质—长英质变质岩	石榴黑云石英粒岩	石榴子石+黑云母+斜长石+石英	石榴子石带		
	石榴二云石英片岩	石榴子石+黑云母+白云母+斜长石+石英			
	矽线石榴白云石英片岩	石榴子石+黑云母+白云母+斜长石+石英			
	矽线石榴白云石英片岩	石榴子石+白云母+石英			
	石榴白云石英片岩	石榴子石+白云母+石英+绿泥石			
	角闪黑云片岩	角闪石+黑云母+斜长石+石英	角闪石+斜长石带		
	钙质黑云角闪片岩	角闪石+黑云母+斜长石+绿帘石+方解石			
	黑云角闪斜长片岩	角闪石+黑云母+斜长石+绿帘石			
	含石榴子石黑云石英千枚岩	石榴子石+黑云母+白云母+石英	石榴子石带		
	二云斜长变粒岩	黑云母+白云母+斜长石+石英	黑云母带	低绿片岩相	低-中压相系
	云母石英粒岩	绢云母+黑云母+石英+绿帘石			
	黑云长英质变粒岩	黑云母+斜长石+石英+绿泥石			
	片理化石英岩	黑云母+石英+绿泥石+长石+石英			
	长石石英粒岩	白云母+斜长石+石英+绿泥石			
	二云石英片岩	黑云母+白云母+石英			
	黑云阳起长英质片岩	黑云母+阳起石+方解石+绿帘石+斜长石			
	石英黑云片岩	黑云母+石英+绢云母+绿泥石			
	绢云石英千枚岩	黑云母+绢云母+石英			
	石英绢云千枚岩	绢云母+绿泥石+石英	绿泥石带	低绿片岩相	中-低压相系
	含粉砂质绢云板岩 含粉砂质白云质板岩	绢云母+绿泥石+石英+绿泥石			
基性—中基性变质岩	透辉斜长角闪岩	角闪石+透辉石+斜长石+石英	角闪石+斜长石带	低角闪岩相	低相系
	斜长角闪岩	角闪石+斜长石+石英			
	细粒斜长角闪岩	角闪石+斜长石+阳起石+绿泥石		高绿片岩相	中-低压相系
	透闪阳起片岩	黑云母+阳起石+透闪石	黑云母带	低绿片岩相	低-中压相系
	绿泥黑云钠长片岩	黑云母+绿泥石+绿帘石+钠长石			
	阳起石片岩	绿泥石+阳起石+透闪石	绿泥石带		
	钠长绿帘石岩	绿泥石+绿帘石+黝帘石+钠长石			
	阳起绿帘石片岩	绿泥石+绿帘石+阳起石+钠长石			
	绿帘透闪片岩	绿泥石+绿帘石+透闪石+斜长石			
	钙质钠长绿泥片岩	绿泥石+绿帘石+钠长石+方解石			
	钙质透闪片岩	绿泥石+绿帘石+透闪石+方解石			
	钙质绿泥斜长片岩	绿泥石+斜长石+方解石			

根据不同变质矿物组合及特征变质矿物的产出和分布，图区变质地质体主要属区域动力热流变质。

（三）变质作用特征

图区昆北和昆南地层分区出露的变质地质体，根据不同时代、不同构造层次及变质变形的差异，将其划分为 3 个不同时代的构造层次，即：下元古界结晶基底、中—上元古界过渡性基底、震旦系—二叠系沉积地层。现将不同构造层次地质体变质作用分述如下。

1. 结晶基底——米兰岩群及变质侵入体

根据其岩石矿物粒度结晶较粗，岩石中残留有早期变形痕迹，结合矿物共生组合及岩石学特征，其镜下可见有多期构造形成的不同矿物穿插关系，综合分析，米兰岩群及变质侵入体主要经历了 3 期变质作用，即①古元古代末期区域变质；②晋宁期为主变质的区域动力热流变质；③印支期动力热流变质。其中古元古代末期发生的低绿片岩相变质，使其米兰岩群沉积地层中杂砂岩类发生浅变质，其中夹基性火山岩变质为绿片岩。该期变质作用的温压条件均较低。晋宁期主变质的温压条件，依据矿物共生组合，结合区域资料综合分析，初步确定形成温度在 575～700℃区间，压力为 300～1 000MPa。变质相达高角闪岩相-低角闪岩相。

2. 过渡性基底——卡羌岩组、流水岩组和阿拉玛斯岩群

图区出露的过渡性基底地质体多处于构造强变形带，因而区域变质及动力变质均很强烈，且经常交织在一起，很难将它们明确区分开来。根据显微镜下矿物共生组合及交代残留关系，结合区域资料综合分析，将过渡性基底变质作用大体分为两期。

1）第一期低角闪岩相-高绿片岩相区域变质作用

根据其岩石变质变形及矿物共生组合，结合岩石学资料，从镜下特征变质矿物的接触穿插关系，可见有两期构造形成的不同世代的矿物组合，同时可见有新生矿物的穿插关系显示有明显两期构造变质作用的存在。综合分析，卡羌岩组、流水岩组和阿拉玛斯岩群主要经历了两期变质作用，即晋宁期主变质区域动力热流变质和印支期动力热流变质作用。其中主变质期的温压条件，依据特征矿物和矿物共生组合，结合区域资料综合分析，初步确定形成温度在 550～640℃区间，压力为 200～800MPa。变质相达低角闪岩相-高绿片岩相。

由上可见，过渡性基底变质程度明显低于结晶基底变质。

2）第二期低绿片岩相变质作用

该期变质作用沿狭长地带展布，分布不均匀，由于后期构造变形强烈，对其变质地质体发生了动力热流退变质作用，主体形成于印支期。其岩石学特征表现在镜下可见变质岩中角闪石边部有细粒绿帘石、黑云母，为角闪石的退变质产物，斜长石也有强烈绢云母化。其典型矿物组合为绿泥石＋黑云母＋绢云母＋石英。形成的温压条件较第一期均有明显降低。

过渡性基底中的丝路岩组，由于出露极少，且呈构造透镜体产出，其全貌不清。该地层变质较浅，为一套低绿片岩相变质，其原因可能也是由于发生了第二期退变质作用，致使岩石外貌表现为浅变质。

3. 震旦纪—二叠纪变质地层

图区出露的震旦纪—二叠纪变质地层主要有阿拉叫依岩群、库拉甫河岩群、阿羌火山岩、皮什盖萨依组、托库孜达坂岩组等地层单位。根据岩石矿物组合及产出特征，结合岩石学资料综合分析，其中阿拉叫依岩群下岩组和库拉甫河岩群经历了两期变质作用，而其余地层均经历了一期变质作用。

1)第一期低绿片岩相变质作用

该期受变质地层为震旦纪—二叠纪沉积地层，变质作用在地层中表现比较强烈，发生于印支期板块碰撞造山的区域动力热流变质作用。其泥质岩变质矿物组合主要为绿泥石＋绢云母＋石英，黑云母＋绢云母＋石英；基性岩变质矿物组合主要为绿泥石＋绿帘石＋阳起石＋钠长石，黑云母＋阳起石＋透闪石。

根据矿物共生组合，结合区域资料分析，初步确定其变质作用温度为300～500℃，压力为200～500MPa。属于低绿片岩相变质作用。

2)第二期动力热流叠加变质作用

该期受变质地层主要为阿拉叫依岩群下岩组和库拉甫河岩群，多呈带状分布，由于该变质地层分别沿其曼于特和苏巴什缝合带北侧分布，岩石变形非常强烈，受后期构造动力热流变质作用的叠加，发生了递进变质作用，使其变质地层发生了由低绿片岩相的绿泥石带递变为黑云母带，部分已变质达高绿片岩相。该期变质作用主要发生于印支期碰撞造山作用之后。变质矿物组合主要有角闪石＋黑云母＋斜长石＋绿帘石，黑云母＋白云母＋斜长石＋石英，黑云母＋阳起石＋方解石＋绿帘石＋斜长石。

根据矿物共生组合，结合区域资料分析，初步确定其变质作用温度为300～570℃，压力为200～600MPa。属于低绿片岩相-高绿片岩相变质作用。

由此可见，震旦纪—二叠纪变质地层属于低-中压相系高绿片岩相-低绿片岩相区域变质作用。

4. 苏巴什地层分区变质地层

图区苏巴什地层分区出露的变质地层主要有双雁山片岩和塔斯坎萨依组，该地层变质变形均较弱，根据岩石学及矿物组合特征，初步确定为一期主变质作用，发生于印支期板块碰撞造山作用的区域热流变质。其典型矿物组合双雁山片岩为石榴子石＋黑云母＋白云母＋石英，黑云母＋白云母＋石英＋绿帘石。塔斯坎萨依组为绢云母＋绿泥石＋石英，绢云母＋绿泥石＋石英＋方解石。

根据矿物共生组合关系，结合区域资料综合分析，其双雁山片岩变质作用形成的温度为350～570℃，压力为200～600MPa。变质相属于高绿片岩相-低绿片岩相。

塔斯坎萨依组变质作用形成的温度为350～500℃，压力为200～300MPa。变质相属于低绿片岩相。

第二节　动力变质岩

图区动力变质岩比较发育，主要分布在昆北和昆南地层分区及其边界断裂带中。依据岩石类型可划分为碎裂岩系列和糜棱岩系列，现将其岩石类型及动力变质作用列述如下。

一、岩石类型及岩石学特征

(一)碎裂岩系列

图区主要分布在晚期脆性断裂带中，岩石类型主要有长英质碎裂岩、花岗质碎裂岩、断层角砾岩等。其主要岩石学特征见表4-6。

表 4-6　碎裂岩系列岩石学特征表

岩石名称	颜色	结构构造	主要矿物成分
花岗质碎裂岩	深灰色	碎裂结构，块状构造	钾长石 45%～50%，石英 10%～15%，斜长石 10%～15%，黑云母＋白云母 15%～20%，方解石 3%～5%，绿帘石 1%左右
长英质碎裂岩	灰白色	碎裂结构，块状构造	斜长石 25%～30%，钾长石 20%～25%，石英 30%～35%，绿帘石 10%～15%
石英质碎裂岩	灰白色	碎裂结构，块状构造	石英 90%左右，斜长石 3%～4%，白云母 2%～3%，黑云母 1%左右，电气石 1%左右
石英闪长质碎裂岩	灰白色	碎裂结构，块状构造	斜长石 50%～55%，石英 10%左右，钾长石 2%～3%，绿泥石＋铁质 20%～25%，绿帘石 10%左右
石榴长英质碎裂岩	浅灰色	碎裂结构，定向构造	石英 50%～55%，斜长石 25%～30%，石榴子石 5%～10%，黑云母 5%～7%，白云母 2%～3%
绿泥斜长碎粒岩	灰绿色	碎粒残斑结构，定向构造	斜长石 40%～50%，绿泥石 30%～35%，绿帘石 10%～15%，白云石 5%左右，方解石 2%～3%
石英二长质碎裂岩	浅粉红色	碎裂结构，块状构造	钾长石 25%～30%，斜长石 25%左右，石英 10%左右，黑云母＋绿泥石 15%左右，绿帘石 15%左右
石英闪长质碎粒岩	灰绿色	碎裂（碎斑）结构，块状构造	斜长石 50%～60%，角闪石 15%～20%，石英 10%～15%，绿帘石＋黝帘石 5%～10%，绿泥石 3%～5%，钾长石 1%～2%
石英闪长质碎斑岩	灰绿色	碎斑结构，块状构造	斜长石 65%～70%，角闪石 5%左右，绿泥石 3%～5%，石英 10%～15%，绿帘石 1%～2%，钾长石 3%～5%
构造角砾岩	灰绿色	角砾状结构，定向构造	斜长石 45%～50%，绿泥石 25%～30%，绿帘石 20%～25%
白云质断层角砾岩	灰色	角砾状结构，块状构造	角砾成分：白云岩屑 70%～75%，填隙物成分：白云石 20%～25%，泥质 1%～2%，石英 1%左右

碎裂岩系列中岩石普遍遭受动力挤压破碎作用明显，使原岩中的主要矿物遭受强烈的破碎和脆性破裂，致使矿物破碎成大小不等碎块，一般粒径为 0.3～1mm，少数可达 3～4mm 不等，个别呈残斑状。常见有斜长石双晶弯曲、折断及角闪石晶体弯曲等现象。

（二）糜棱岩系列

图区分布较广泛，主要分布在其曼于特和苏巴什蛇绿混杂岩带以及地质体的边界断裂带中，少数分布在卡羌岩组、流水岩组及库拉甫河岩群中。根据岩石类型不同可划分为 3 类：①糜棱岩化岩石类；②初糜棱岩类；③糜棱岩类。现将各岩石类型及岩石学特征分述如下。

1. 糜棱岩化岩石类

主要岩石类型有糜棱岩化白云石大理岩、糜棱岩化黑云透闪白云岩、糜棱岩化细粒黑云二长花岗岩、糜棱岩化英云闪长岩、糜棱岩化石英岩、糜棱岩化硅质岩、糜棱岩化黑云斜长片麻岩等。其主要岩石学特征见表 4-7。

糜棱岩化岩石中普遍遭受动力韧性剪切变形作用，岩石均具有糜棱岩化，表现为岩石中所有石英、长石矿物被细粒化重结晶，形成不规则拔丝构造及拉长线理构造，细小物质绕碎斑显示流动或充填于碎斑的张裂隙中，可见角闪石、黑云母晶片呈“S”形变形及波状消光，常见长石晶形有弯曲折断现象。

表 4－7 糜棱岩化岩石类岩石学特征表

岩石名称	颜色	结构构造	主要矿物成分
糜棱岩化白云石大理岩	灰白色	粗晶结构、糜棱结构，块状构造、条纹状构造	白云石 87%左右，石英 5%～10%，方解石 1%～2%，白云母 1%左右
糜棱岩化中粒英云闪长岩	浅灰色	残余中粒半自形粒状结构、糜棱结构，条纹状构造、块状构造	斜长石 60%～65%，石英 20%～25%，钾长石 3%～5%，黑云母(变绿泥石)5%～10%
糜棱岩化黑云透闪白云岩	浅灰色	残余粉晶粒状变晶结构、糜棱结构，条纹状构造	白云石 60%左右，透闪石 15%～20%，黑云母 10%～15%，石英 5%～10%
糜棱岩化细粒黑云二长花岗岩	浅灰色	细粒花岗结构、轻糜棱结构，块状构造	斜长石 35%～40%，钾长石 30%左右，石英 20%～25%，黑云母 5%左右
糜棱岩化细粒花岗闪长岩	浅灰色	细粒花岗结构、轻糜棱结构，块状构造	斜长石 35%～40%，钾长石 10%～15%，石英 25%～30%，黑云母 3%～5%
糜棱岩化细粒英云闪长岩	灰色	残余细粒花岗结构、初糜棱结构，定向构造	斜长石 45%～50%，石英 25%～30%，钾长石 5%～10%，透闪石 5%左右，绿帘石 5%～7%
糜棱岩化石英岩	浅灰色	压扁拉长变晶结构、齿状变晶结构，平行定向及条纹构造	石英 90%左右，白云母＋绿泥石 3%左右，黑云母 2%～3%，方解石 3%～5%
糜棱岩化硅质岩	浅灰色	显微齿状变晶结构，平行定向构造	石英 98%左右，绢云母 1%左右，方解石 1%左右
糜棱岩化透闪斜长片岩	灰色	柱状、粒状变晶结构，轻糜棱结构；片状构造	斜长石 50%～55%，石英 15%左右，透闪石 15%～20%，钾长石 5%左右，白云母 1%左右，绿帘石＋黝帘石 5%～8%
糜棱岩化黑云斜长片麻岩	灰色	鳞片不等粒变晶结构、微糜棱结构，片麻状构造	斜长石 40%～45%，黑云母 15%～20%，石英 25%左右，钾长石 3%～5%，绿帘石＋黝帘石 10%左右
糜棱岩化黑云二长片麻岩	浅灰色	鳞片粒状变晶结构、轻糜棱结构，微片麻状构造	斜长石 30%～35%，微斜长石 25%～30%，石英 10%～15%，黑云母 15%～20%，角闪石 3%～5%，黝帘石 3%～5%

2. 初糜棱岩类

主要岩石类型有石英二长质初糜棱岩、长英质初糜棱岩、石英闪长质初糜棱岩及花岗质初糜棱岩等。现将其各类岩石学特征列述如下：

石英二长质初糜棱岩 岩石为浅灰白色，具初糜棱结构，眼球纹理构造。碎斑粒径一般为 1～3mm 不等，基质粒径为 0.01～0.1mm 不等。主要矿物：斜长石 20%～30%、微斜长石 35%～40%、石英 25%～30%，次要矿物：绢云母大于 5%、白云母 1%左右、绿帘石＋黝帘石 3%左右。副矿物主要有少量锆石、磷灰石等。岩石中出现大量的碎斑，少数由于韧性变形旋转形成眼球状特点，绕眼球体为碎粉重结晶的长英质成分和绢云母鳞片混合形成似流动的纹理构造；粉碎的长英物质含量约占 15%～20%，故称初糜棱特征，发生动态重结晶，形成矿物拉长线理和条带；钾长石、斜长石形成碎斑系，未见石英，前两种长石明显具波状消光、扭折、边缘粒化和个别核幔构造等动态重结晶明显，石英全为亚颗粒，形成镶嵌构造；个别白云母已变形为“S”形和折断，偶见钾长石晶体中的条纹弯曲和剪切破裂与错开。

长英质初糜棱岩 岩石为浅灰色，具初糜棱结构，微定向构造。碎斑粒径一般为 0.6～1.5mm，个别可达 2mm，基质粒径为 0.01～0.15mm 不等。主要矿物：微斜长石 30%～35%、石英

25%～30%、斜长石(绢云母化)25%左右,次要矿物:绢云母 5%左右、白云母 1%左右、黑云母 1%左右、绿帘石+黝帘石 5%左右。副矿物主要有锆石及鳞灰石等。岩石中碎斑成分约占 70%左右,以微斜长石为主,偶见斜长石,未见石英。钾长石碎斑的变形除表现为以晶内破碎为主的脆性变形外,尚具有较强的塑性变形特征,表现为波状消光、扭折、变形双晶、亚晶化和动态重结晶;斜长石多粉碎粒化;石英碎粒化发生动态重结晶,形成镶嵌结构,以不规则透镜形态出现,尚未形成拉长线理。

石英闪长质初糜棱岩　岩石为灰绿色,残余中粒半自形粒状结构、粗糜棱结构,眼球状纹理构造。碎斑粒径一般为 1.5～3mm 不等,基质粒径为 0.06～0.1mm。碎斑成分:斜长石 55%～60%、角闪石 5%左右、钾长石 1%左右,碎基成分:石英 10%左右、斜长石 5%左右、绿泥石+绢云母 10%～15%、角闪石 2%～3%、绿帘石 5%～8%。副矿物主要有磷灰石等。岩石中形成大量的斜长石和少量角闪石等残碎斑晶,因剪切变形旋转,部分碎斑形成眼球状,少部分仍呈碎块状和角闪石被压扁拉长且碎斑矿物均在晶体内的斜列面错开,斜长石晶体内除脆性破裂外,还有塑性变形特征,表现波状消光、扭折、双晶弯曲等现象。碎基成分较少,主要受应力剪切挤压形成的绿泥石、绢云母、绿帘石、角闪石,及碎粒化的长石、石英,其中石英碎粒化和压扁拉长明显,局部动态重结晶,这些碎基聚集绕碎斑形成纹理,即糜棱面理(C 面理),岩石中碎斑呈“σ”形碎斑系,形成 S－C 组构。

石英斜长质初糜棱岩　岩石为褐灰色,具初糜棱结构,眼球状纹理构造。碎斑粒径一般为 0.6～1.5mm 不等,个别可达 2mm,碎基粒径为 0.1～0.05mm 不等。碎斑成分:斜长石 15%～20%、石英 15%～20%、黑云母 15%～20%、钾长石 3%～5%、方解石 2%～3%、绿帘石 1%～2%。副矿物主要有锆石等。岩石中形成大量的斜长石碎斑,少部分碎斑已变形旋转成眼球状构造,个别钾长石和斜长石集合体形成眼球;碎斑中未见石英,而石英全部碎粒化发生动态重结晶,形成石英分异的条带并和其他粉碎物质围绕碎斑而形成流动构造及拉伸线理等;原岩中的黑云母全变为矿物拉长线理和石英相间形成 S－C 组构;个别斜长石碎斑具剥皮构造,矿物波状消光明显,少数晶体折断和双晶弯曲等现象。

花岗质初糜棱岩　岩石为浅灰色,具初糜棱结构、齿状变晶结构,眼球状构造、平行条纹状构造。碎斑粒径一般为 1.5～4mm 不等,碎基粒径为 0.1～1mm 不等。碎斑成分:微斜长石 15%左右、斜长石 1%～2%、石英 1%～2%。副矿物主要有榍石、锆石、磷灰石及褐帘石等。岩石中的残碎斑晶主要为微斜长石,含个别斜长石和石英,因应力发生变形旋转形成眼球状构造。碎斑矿物的变形除了晶内破裂为主的脆性变形和边缘粒化外,还具有塑性变形等特征,表现为波状消光、扭折、双晶弯曲、亚晶化和动态重结晶,最典型的是石英形成齿状变晶结构,石英分异的条带和变晶形成的绢云母、绿帘石即相间分布,且形成平行条纹的纹理特点。

钾长花岗质初糜棱岩　岩石为浅灰色,具初糜棱结构,眼球状纹理构造。碎斑粒径一般为 2～5mm不等,碎基粒径为 0.03～1.5mm 不等。碎斑成分:微斜长石 30%～35%、斜长石 5%～8%,碎基成分:微斜长石 25%～30%、斜长石 5%～8%、黑云母+铁质 5%～10%。副矿物主要有锆石等。岩石发生明显韧性剪切破碎特征,具明显的粗大粒径碎斑,主要矿物为微斜长石和个别斜长石,因应力发生旋转变形构成眼球状构造。除单晶矿物外,还有钾长石、石英、斜长石聚集在一起形成的眼球体,碎斑矿物除晶体内脆性破裂变形外,还具明显的塑性变形特征,表现波状消光、扭折、弯曲、边缘细粒化、亚颗粒等动态重结晶。碎基成分为长石、石英和黑云母等,被粉碎后又发生动态重结晶,形成镶嵌变晶和齿状变晶结构,石英形成分异条带和云母、帘石形成纹理构造,二者平行定向分布,即为 S－C 组构。

3. 糜棱岩类

主要岩石类型有角闪二长糜棱岩、变晶长英质糜棱岩、英闪质糜棱岩、云母长英质糜棱岩、长英质糜棱岩、石英钾质糜棱岩、石英二长质糜棱岩、角闪长英质糜棱岩等。其各类岩石学特征如下：

角闪二长糜棱岩 岩石为灰色，具糜棱结构，眼球状纹理构造。碎斑粒径一般为1～3mm不等，碎基粒径为0.03～0.6mm不等。碎斑成分：钾长石15%左右、角闪石5%左右、斜长石3%～5%，碎基成分：斜长石25%左右、石英10%～15%、钾长石20%～25%、角闪石3%～5%、黝帘石＋绿帘石5%～8%、黑云母2%～3%。副矿物主要有榍石、磷灰石、锆石等。岩石发生明显的韧性变形，主要表现为长英质矿物碎粒化且又重结晶，出现以钾长石为主，少数角闪石、钾长石的残碎斑晶，因应力旋转形成眼球状构造，碎斑周边粒化及晶内破裂的脆性变形外，还具有塑性变形特征，表现为波状消光、双晶弯曲和动态重结晶等。

变晶长英质糜棱岩 岩石为灰色，具糜棱变晶结构，平行纹理构造。碎斑粒径一般为0.3～1mm，个别可达1.5mm，碎基粒径为0.06～0.12mm。碎斑成分：钾长石15%左右、斜长石5%～10%、褐帘石1%左右，碎基成分：石英45%～50%、钾长石＋斜长石20%左右、黑云母5%左右、绿帘石1%左右、氧化铁2%～3%。岩石中的矿物发生韧性破碎后，又发生明显的重结晶作用。碎斑主要为长石和个别褐帘石，因应力作用全聚成条带平行相间分布，主要变形以晶内破裂为主的脆性变形为主，同时也具有较强的塑性变形特征，表现为波状消光、扭折和变形双晶等。原生黑云母粉碎成鳞片状，已挤压形成条纹状矿物拉伸线理特征。

英闪质糜棱岩 岩石为灰色，具糜棱结构，眼球状纹理构造。碎斑粒径一般为0.6～1.5mm，少数可达2～3mm不等，碎基粒径为0.05～0.3mm不等。碎斑成分：斜长石40%～45%，碎基成分：石英25%～30%、斜长石15%～20%、绢云母＋黑云母5%～8%、黝帘石3%左右、钾长石2%～1%。副矿物主要有锆石等。岩石中斜长石变成碎斑，且因应力变形旋转形成眼球状构造；粒化后碎基成分主要为动态重结晶的石英，发生分异所形成的条纹绕碎斑形成纹理构造；压碎变质形成的云母鳞片与粒化动态重结晶的石英条纹相间平行排列，形成S－C组构；个别斜长石碎斑出现双晶弯曲、折断和剥皮构造等特征。

云母长英质糜棱岩 岩石为浅灰色，具糜棱结构，平行纹理构造。碎斑粒径一般为0.3～1mm不等，基质粒径为0.01～0.15mm不等。主要矿物：石英35%～40%、绢云母20%左右、长石30%左右，次要矿物：绿帘石5%～8%、白云母3%～5%、黑云母1%左右。副矿物主要有锆石及黄铁矿等。岩石在强压应力作用下，使原岩中的矿物石英和长石发生碎粒化，又将粉碎的糜棱物质发生动态重结晶，形成长英矿物的拉长线理，同时还有一部分成分发生分异生成绢云母鳞片，平行定向呈纹层分布，即形成了S－C组构，残余的小碎斑为石英，已呈小透镜状和眼球状，较大的白云母晶片明显扭折弯曲形成“云母鱼”，石英和云母的波状消光十分明显。

长英质糜棱岩 岩石为浅灰色，显微鳞片变晶结构、显微齿状变晶结构，平行条带状构造、眼球纹理状构造。碎斑粒径一般为1.5～3mm不等，基质粒径为0.02～0.1mm不等。主要矿物：石英35%～40%、钾长石5%～7%、斜长石10%～15%、绢云母20%～25%、黑云母5%～10%，次要矿物：绿帘石＋黝帘石10%～15%。副矿物主要有锆石、磁铁矿等。岩石具有明显的S－C组构和碎斑的变形旋转形成眼球纹理构造，由变质变晶作用形成的云母鳞片和碎粒化的石英发生塑性变形和动态重结晶，形成齿状变晶结构，这两种不同的物质成分大致不规则地平行相间出现，即形成条带和S－C组构。眼球体为长石碎斑，且明显边缘粒化又重结晶显示流动特点，有的被压碎弯曲、折断、双晶错断等现象，且波状消光明显。黑云母晶片沿C面理显示“S”形弯曲；石英亚晶化和动态重结晶后形成明显的分异条带和矿物拉伸线理等特征。

石英钾长质糜棱岩 岩石为灰色，具糜棱结构，眼球纹理构造。碎斑粒径一般为1～3mm为主，基质粒径为0.02～0.3mm不等。主要矿物：钾长石35%～40%、石英20%～25%、绢云母20%～25%，次要矿物：斜长石10%左右、白云母2%～3%、绿帘石3%～5%。副矿物主要有磷灰石、锆石等。岩石明显变形，具有特征的S－C组构和钾长石为主的碎斑变形旋转形成的眼球状构造，周围的糜棱物质重结晶绕眼球体形成纹理和流动构造；碎斑含量约占 20%～25%，主要为条纹长石，个别为斜长石，未见石英。钾长石碎斑的变形除了表现以晶内破裂的脆性变形外，同时具较强的塑性变形特征，表现波状消光、扭折、亚晶化、核幔构造和动态重结晶；粉碎的石英多动态重结晶形成石英分异的条纹或矿物拉伸线理。

石英二长闪长质糜棱岩　岩石为灰绿色，具糜棱结构，片麻状构造、眼球状构造。碎斑粒一般为 0.6～3mm 不等，个别可达 5mm，碎基粒径为 0.02～0.2mm 不等。碎斑成分：斜长石 30%～35%、钾长石 10%～15%、石英 3%～5%，碎基成分：斜长石＋钾长石 20%～30%、石英 15%左右、黑云母＋绢云母 10%～15%、绿帘石 3%左右。副矿物主要有锆石、磷灰石等。岩石中碎斑成分主要为长石和个别石英组成，粒径大小不等，由于变形旋转形成眼球状构造。碎斑多数为单晶，少数为集合体组成，单晶内以脆性破裂外，还具有较强的塑性变形特征，表现为波状消光、双晶弯曲、扭折、亚晶化和动态重结晶等。碎基成分主要为碎粒化的长石和动态重结晶的石英及云母类矿物沿剪切面定向相间分布，即形成特征的 S-C 组构和片麻状特征构造。

石英斜长糜棱岩　岩石为灰色，具糜棱结构，眼球状纹理构造。碎斑粒径一般为 1～2mm 不等，碎基粒径为 0.02～0.15mm。碎斑成分：斜长石 25%～30%，碎基成分：斜长石 25%～30%、石英 25%～30%、黑云母(绿泥石化)5%左右、绢云母 3%～5%、绿帘石 5%～10%。副矿物主要有榍石、锆石、磷灰石等。岩石中碎斑成分为斜长石，由于应力旋转造成斜长石碎斑变形呈眼球状构造，因强绢云母表面布满了次生矿物，故塑性变形特征被掩盖，碎基成分中石英全部碎粒化，发生动态重结晶而形成分异的石英条带，与韧性挤压聚集的云母条纹相间平行分布，即形成纹理构造。

石英二长质糜棱岩　岩石为浅灰色，具糜棱结构，眼球状纹理构造。碎斑粒径一般为 0.3～1mm 不等，碎基粒径为 0.02～0.15mm 不等。碎斑成分：钾长石 15%～20%、斜长石 5%～10%，碎基成分：石英 20%～25%、斜长石 10%左右、钾长石 20%～25%、绢云母＋黑云母 15%～20%、白云母 1%～2%。副矿物主要有锆石、磷灰石、褐帘石等。岩石中的碎斑成分为钾长石和斜长石，由于应力作用发生旋转形成眼球状构造，个别长石碎斑显曲颈状形态，普遍具波状消光和个别出现扭折及变形双晶等；碎基中的石英矿物表现明显的塑性变形，被碎化发生动态重结晶和分异形成条纹平行分布，形成纹理构造，绕碎斑显示流动构造和 S-C 组构。

白云质石英糜棱岩　岩石为浅灰色，具糜棱结构，条带状构造。基质粒径一般为 0.01～0.03mm，少数可达 0.15mm。主要矿物：石英 55%～60%、白云石 30%～35%，次要矿物：白云母 1%左右、方解石 5%～8%。副矿物主要有黄铁矿等。岩石中表现有明显的脆性，石英已全部碎粒化，且发生动态重结晶而形成分异的条带，即石英拉伸线理构造。石英的亚颗粒化也明显，岩石中的白云石变形也较明显，解理弯曲、粒化和晶体压扁拉长、波状消光等均较明显。

角闪长英质糜棱岩　岩石为浅灰色，具糜棱结构，平行定向构造，局部眼球状构造。碎斑粒径一般为 0.2～0.3mm，少数可达 1～1.2mm，基质粒径为 0.01～0.1mm。主要矿物：石英 40%～45%、角闪石 5%左右、绢云母 25%左右，次要矿物：钾长石 10%～15%、绿帘石＋黝帘石 5%左右、斜长石 1%～2%左右。岩石中具特征的 S-C 组构和局部碎斑变形旋转形成的眼球状构造。眼球体主要为钾长石、角闪石和少数石英、钾长石集合体；基质主要由动态重结晶的细小石英、长石和蚀变的绢云母鳞片及粉碎的角闪石等组成；石英碎斑大部分已发生动态重结晶，形成分异的条纹和矿物的拉长线理；钾长石碎斑具明显的塑性变形特征，表现为波状消光、扭折、亚晶化和动态重结晶；角闪石普遍变形呈透镜状和扁豆状、波状消光明显，少数晶体已变形为拖尾构造。

石英长英质糜棱岩　岩石为浅灰色，具糜棱结构，平行定向构造。碎斑粒径为 1～1.5mm，基质粒径一般为 0.01～0.15mm 不等。主要矿物：钾长石 40%～50%、石英 15%左右、斜长石30%～35%，次要矿物：绢云母 2%～3%、黑云母 1%左右、绿帘石＋黝帘石 2%～3%、白云母 1%左右。副矿物主要有锆石等。岩石中碎斑较少，约占 20%～25%，被粉碎的长英质物质约占 80%。碎斑系中未见石英，主要为钾长石边碎粒化和波状消光、扭折、条纹弯曲、核幔构造等塑性变形的动态重结晶现象，斜长石个别呈碎斑，多数被碎粒化呈粉碎的细小颗粒，又发生动态重结晶等；钾长石出现有曲颈状塑性变形特征。

二、动力变质作用

（一）碎裂岩系列

变质作用发生于浅表层次，在脆性剪切拉张、挤压等应力变形作用下，岩石发生脆性破碎，局部发生碎粒化，形成碎裂岩系列的构造岩石。

（二）糜棱岩系列

1. 糜棱岩化岩石和初糜棱岩

变质作用主要发生于中浅构造层次，是在以脆性剪切应力为主的作用下，岩石发生变形，变形机制以细粒化为特征。

2. 糜棱岩

变质作用发生于中深构造层次，是在韧性剪切应力作用下发生变形，变质机制以固态塑性流变为特征。

第三节　接触变质岩

图区由于构造变形强烈，其接触变质岩分布很局限，主要分布在阿拉玛斯岩群中白云石大理岩与石英闪长岩或花岗闪长岩侵入体的外接触带，形成规模较大的透闪石玉石矿——“和田玉”。该矿带东西长约50km，宽约一般1～2km，最宽处可达3～5km，具有潜在的经济效益(详见第七章)。其次，在部分地段侵入岩体外接触带发育角岩类接触变质岩，主要岩石类型有黑云透闪长英质角岩、角闪斜长角岩及矽线黑云石英角岩等。其岩石特征见表4－8。

表4－8　角岩类岩石学特征表

岩石名称	颜色	结构构造	主要矿物成分
黑云透闪长英质角岩	褐灰色	纤状显微粒状变晶结构，块状构造	钠更长石25%～30%，石英25%～30%，透闪石15%～20%，黑云母10%～15%，绿帘石＋黝帘石10%左右，绢云母1%～2%，方解石1%～2%，绿泥石1%左右
角闪斜长角岩	灰色	纤柱等粒状变晶结构，块状构造	斜长石65%～70%，石英5%左右，角闪石20%～25%，黑云母1%～2%
矽线黑云石英角岩	灰色	纤柱状鳞片等粒状变晶结构，定向及斑点状构造	石英45%～50%，黑云母40%左右，矽线石5%～10%，绿泥石3%左右，长石1%～2%

第五章　构　造

第一节　构造单元划分

一、基本构造特征

由于本区所处的特殊构造位置，从以上各章的论述也可以看出，1∶25万于田县幅构造变形甚为复杂、强烈，具多期次、多层次、多机制和多块体拼接的特点，后期构造对前期构造的改造、置换明显。

图区北为塔里木板块，现为中、新生代沉积盆地。南为昆仑造山带，是巨大的秦-祁-昆造山带的西部，与秦-祁-昆造山带地质演化基本一致，震旦纪—三叠纪为板块构造机制演化阶段，以晚古生代为主构造期，早古生代构造仍有较完整的残留，形成了地块拼接、逆冲岩片叠置的造山带基本构造面貌，挤压机制下形成的区域性大型断裂构造和面理置换发育，而褶皱构造不发育或从属于断裂构造，局部保留了伸展构造形迹。前震旦纪构造格局已消失殆尽，只保存了与变质作用相关的面理和小型褶皱、小型断裂。中、新生代为板内构造作用，因图区处于青藏高原的北缘，与高原隆升有关的新构造运动也极为强烈。于田县幅构造纲要图见图5-1。

二、构造单元划分的依据

(1)依据板块构造理论的基本思想，结合大地构造学研究的新进展，按照活动论的观点，重点反映前寒武纪以来的地体动态拼接和盆山耦合过程的基本特征及规律。

(2)地层的发育状况，以及由构成地层的岩石、岩石组合，地层的相互关系等自身特点所反映的大地构造环境和地壳活动性。

(3)侵入岩的发育状况，以及侵入岩岩石、岩石化学和地球化学等自身特点所反映的构造环境和地壳活动性。

(4)地层和岩体的变质，变形程度，性质和时代，层次等特征以及成矿性特征。

(5)依据板块构造学说，充分考虑区域地质构造格架和人们的习惯。

(6)以主期构造为骨干，对主期之前的构造和以后的主要构造给予尽可能地反映。

三、构造单元划分

根据以上所述构造单元划分依据，工作区构造单元可划分为三级，于田县和伯力克两幅构造单元划分见图5-2。根据盆山耦合的一致性，实体建造与构造变形的相关性，构造单元的命名以求能最突出地反映其基本特征和性质。

1. Ⅰ级单元

为板块级单位，区分大陆上相对稳定的大陆板块和活动性很强的造山带(消失了的大洋的残留

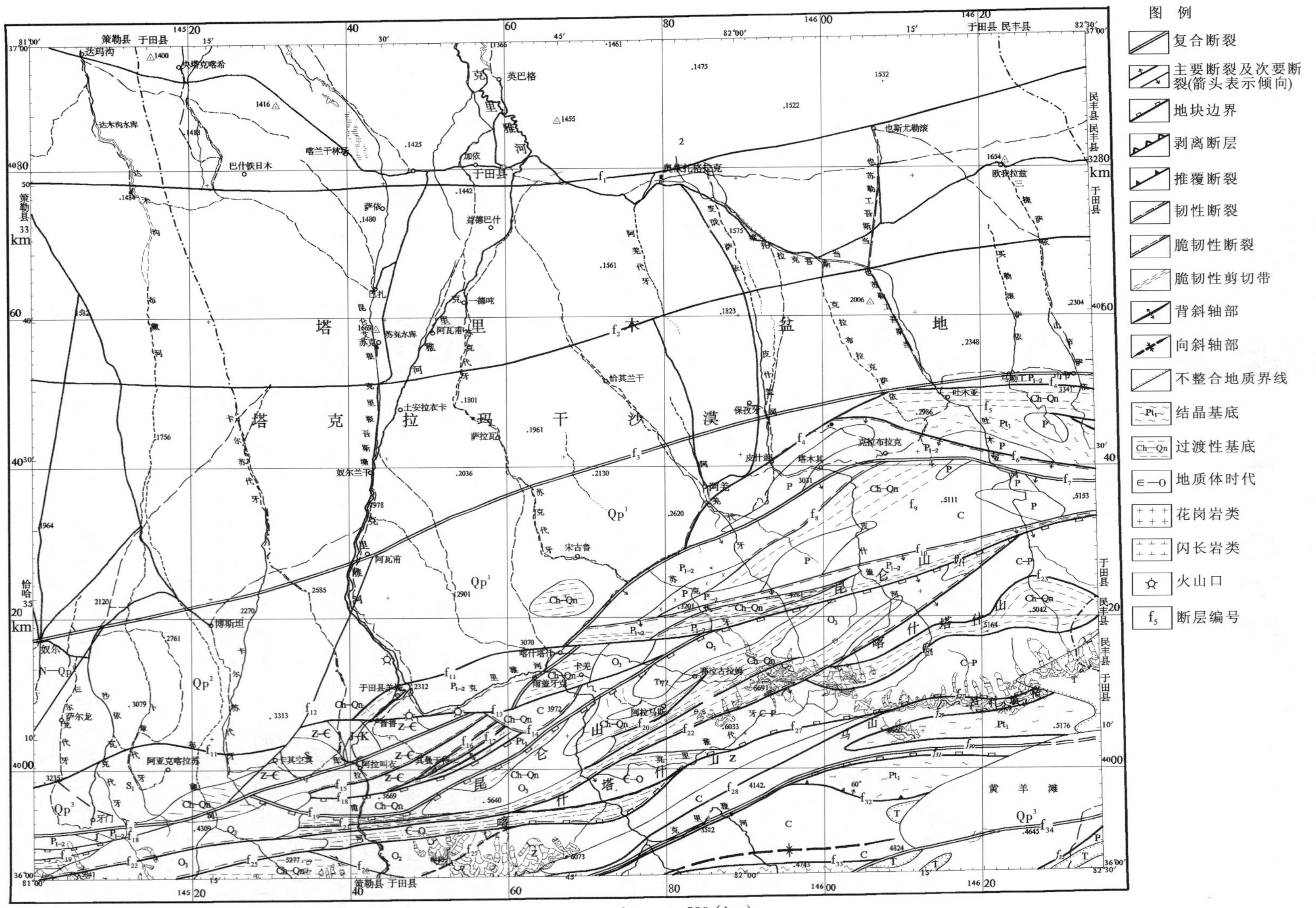

图5-1　构造纲要图

于田县幅(J44C004003)

体,洋/陆强烈作用的大陆边缘)两个性质截然不同的地质单元。于田县幅北部为塔里木板块,南为昆仑造山带,二者的前长城纪结晶基底并无太大的区别,中、晚元古代过渡基底也有相似性,但长城纪和蓟县纪时塔里木板块已逐步趋于稳定,而昆仑造山带仍显示了较大的活动性,在青白口纪二者又趋于一致。最大的不同在震旦纪以后,塔里木板块一直为相对稳定的大陆板块,而昆仑造山带却裂解进入特提斯洋系统,至今仍强烈活动,成为青藏高原的北缘。

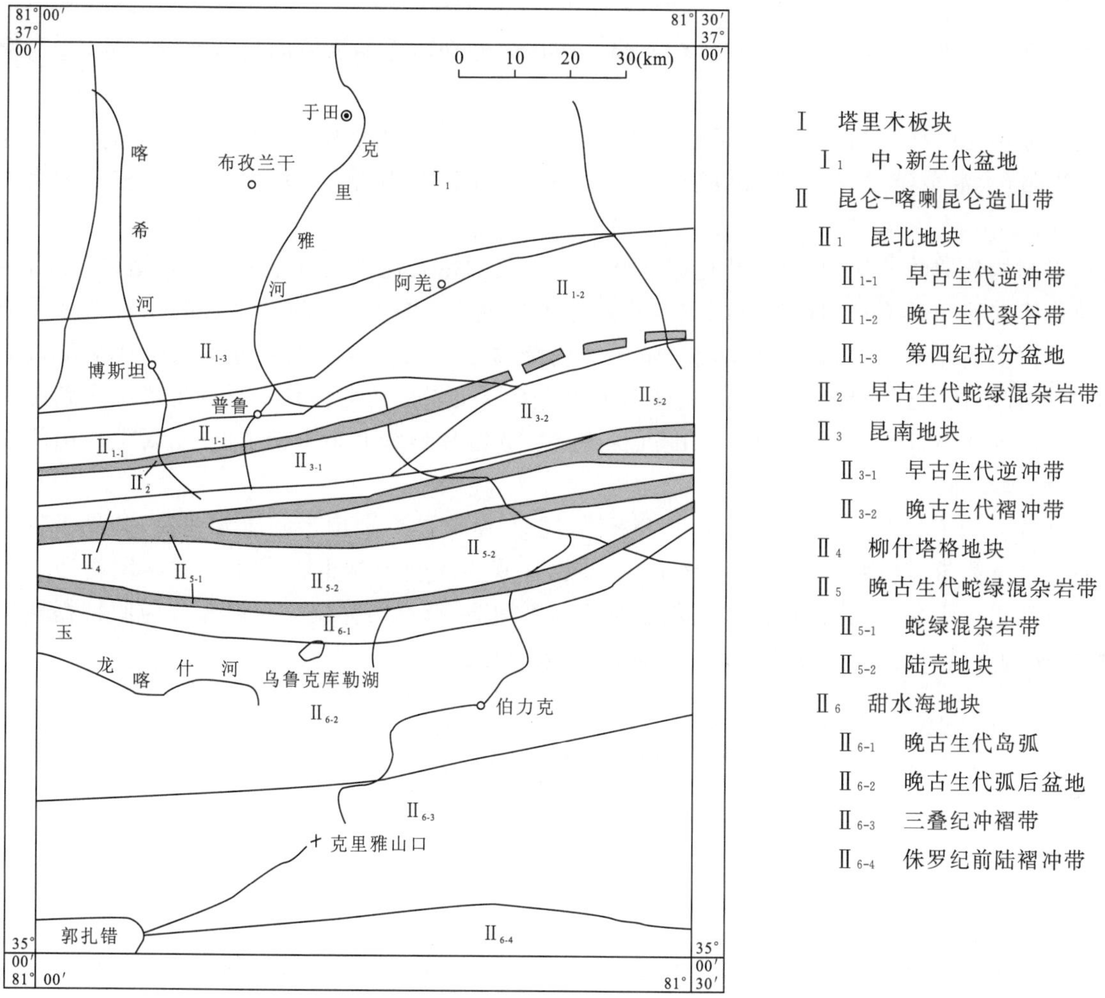

图 5-2 调查区构造单元划分略图

2. Ⅱ级单元

为地块级单位,是Ⅰ级单元内部性质不同的地体,具有区域可对比性。图区内塔里木板块古生代以前的历史已被掩盖,中、新生代以来最明显的是周缘隆起带(如图区以东的铁克里克断隆)和相对于周缘山脉的沉积盆地,图区位置属于后者。

昆仑造山带是一个罕有的复杂构造带,至今仍在剧烈活动。总体上代表了一个消失了的大洋,该大洋从原特提斯、古特提斯到特提斯,既有继承性,又有突变性长期演化,而它的多岛洋(陆壳性质和洋岛性质)特点比较完整地记录了这种复杂演化,清楚地具有自北而南的方向性。多岛洋特点也就决定了造山带内部的蛇绿岩均不可能代表一个完整、巨大的大洋板块。造山带主构造期为晚古生代,晚古生代构造体制对前期构造有显著的破坏,但早期构造的格局仍可识别。全工作区自北向南划分了6个二级构造单元,即:昆北地块、(其曼于特)早古生代蛇绿混杂岩带、昆南地块、柳什塔格地块(早古生代洋岛)、(苏巴什)晚古生代蛇绿混杂岩带、羌塘(甜水海)地块。

从建造性质和变质、变形特征看，昆北地块在中、晚元古代及以后一方面具有很强的活动性，另一方面与塔里木板块又似有一定的可对比性，区域上二者之间目前尚未发现蛇绿岩或其他有典型分隔意义的建造体，本质上昆北地块很可能是塔里木板块的大陆边缘，为与其他项目保持一致，本书仍将其划归昆仑造山带。

3. Ⅲ级单元

基本上是地体级的构造单元，具有比较明确的建造属性和与之相联系的构造变形属性，包括两种类型。

一是Ⅱ级单元内部同构造期不同活动性建造的进一步划分，边界为区域性大型断裂，如苏巴什蛇绿混杂岩带（大混杂带）内部可分蛇绿岩带（小混杂带）、陆壳性质的大型块体、比较完整的增生楔复理石块体。

二是不同构造期的地体，其曼于特蛇绿混杂岩带之北的昆北地块上可分早古生代地体（早古生代的被动边缘建造和碰撞作用产生有厚皮岩片构造体），晚古生代地体（晚古生代的裂谷弧后盆地型建造和冲褶构造体系），中、新生代山前一带的类前陆盆地。昆南地块上可分早古生代活动边缘地体（早古生代的活动边缘建造和俯冲、碰撞作用产生有厚皮岩片构造体系），早古生代已拼到昆南地块上的洋岛地质体，晚古生代活动型火山沉积建造。苏巴什蛇绿混杂岩带中的中、新生代山间盆地火山-沉积建造体。

于田县幅包括了如图 5－2 所示的塔里木板块、昆仑-喀喇昆仑造山带的昆北地块、其曼于特早古生代蛇绿混杂岩带、昆南地块、柳什塔格地块、苏巴什晚古生代蛇绿混杂岩带。对不同构造单元的构造按时间进行划分，可分特提斯洋演化之前的基底构造，特提斯洋演化阶段又分为原特提斯构造，古特提斯构造，特提斯洋关闭之后的中、新生代（板内）构造。

第二节　基底构造

一、结晶基底构造

图区出露的结晶基底非常局限，为下元古界米兰岩群、双雁山片岩及其中的变质侵入体。

米兰岩群变形强烈，变质达低角闪岩相-高角闪岩相，呈构造岩片状产出。米兰岩群及变质侵入体内保留的变形特征反映在其早期的中、深变质作用同期，发生了递进特点的两期变形。

米兰岩群及变质侵入体早期变形形迹由于强烈置换作用而很少保存，主要表现为强烈的面理置换作用，使矿物定向排列，形成微片麻理（S_1）。致使侵入岩由块状向片麻状构造转变，岩石由沉积岩向变质岩开始转变。该期变形是在深部构造层次剪切流变作用下，形成的透入性微片麻理构造。

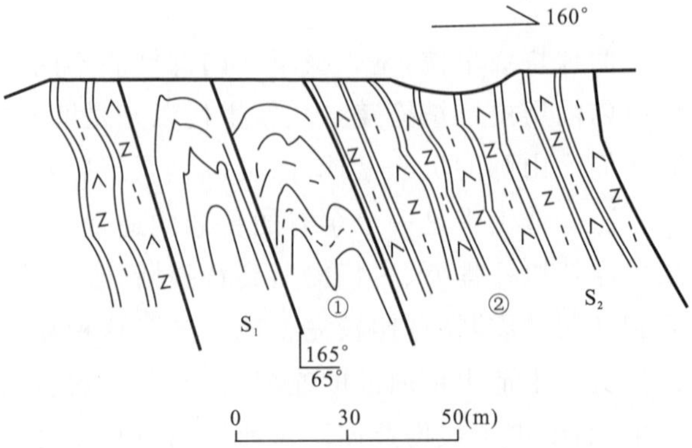

图 5－3　米兰岩群中早期顺层掩卧褶皱素描图
①顺层掩卧褶皱；②黑云角闪斜长片麻岩

第二期变形主要表现为以微片麻理（S_1）或脉体为变形面的紧闭同斜褶皱、无根褶皱、肠状褶皱（图版Ⅲ-4）或顺层掩卧褶皱（图 5－3），并伴有不同程度的面理置换，具有顺层韧性剪切变形特征，使早期形成的基性岩脉发生透镜化(图 5 - 4)，由于后强烈的构造置换，褶皱形迹保存很少。该期变形是在深部构造层次剪切流变褶皱作用下，以微片麻理(S_1)为变形面形成的紧闭同斜褶皱，并伴有深熔长英质条带(混合岩化脉体)产出。伴随该期变形也发育比较强烈的构造置换而产出区域片麻理(S_2)。

双雁山片岩呈岩块出露于图区南部的苏巴什蛇绿混杂岩带中，低角闪岩相变质，地层和侵入其中的花岗岩体同变质过程形成了透入性片理、片麻理，局部韧性剪切使不同矿物成分集成细密的条纹、条带构造。

受晚古生代构造强烈改造，早期同变质构造仅局部保存(见后)。

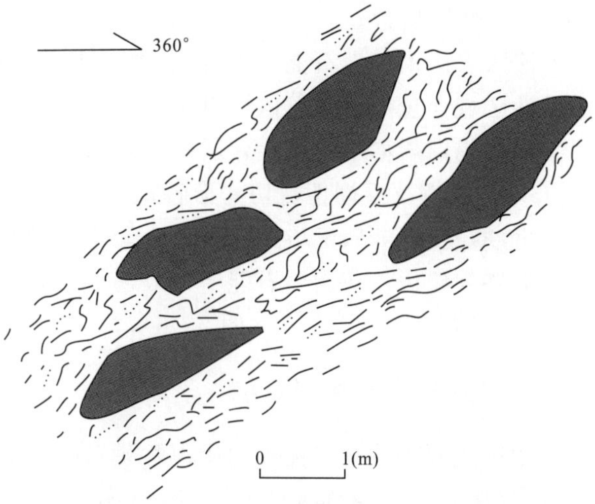

图 5 - 4　米兰岩群早期基性脉体透镜化素描图

二、过渡基底构造

图区过渡性基底包括长城系卡羌岩组，蓟县系流水岩组、阿拉玛斯岩群及青白口系丝路岩组等岩石地层单位。由于构造变形强烈，这些地层体多呈构造岩片状，其内部变形强烈，韧性剪切带发育。

依据变质地层内部残留的变形特征，结合岩相学的资料，根据矿物的穿插关系，可见有两期构造变形形成的不同世代矿物组合。综合分析，可初步划分为两个序次，即主造山期前和主造期变形，其变形具有中深层次的特征。

(一)主造山期前变形(D_1)

卡羌岩组由于地质体中的岩性不同，其能干性差异明显，所形成的变形样式亦不同。其中能干性较弱的灰岩变形表现为以面理(S_0)为变形面，形成的紧闭尖棱同斜褶皱和流变褶皱(f_1)图 5 - 5，并伴有不同程度面理置换及顺层韧性剪切变形特征，由于强烈的构造置换，褶皱形迹保存很少。而能干性较强的砂岩、硅质岩等，其表现为强烈的面理置换，并伴有变质结晶，形成透入性新生面理

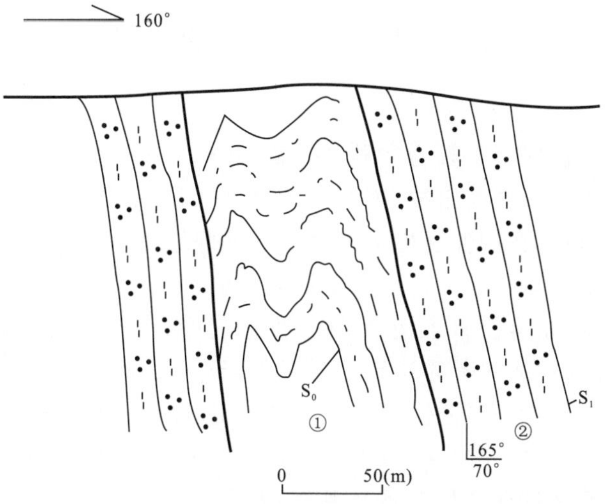

图 5 - 5　卡羌岩组早期同斜褶皱素描图

①顺层掩卧褶皱；②黑云石英片岩

(S_1)及韧性剪切带。

流水岩组由于岩石能干性较强，主要表现为强烈的面理置换，并伴有顺层韧性剪切变形，形成透入性区域面理(S_1)及脆韧性剪切带。

阿拉玛斯岩群中能干性较弱的灰岩变形表现为以面理(S_0)为变形面，形成的紧闭尖棱同斜褶皱(f_1)，并伴有顺层韧性剪切变形特征。而能干性较强的砂岩、硅质岩等，其表现为强烈的面理置换，并伴有变质结晶，形成透入性新生面理(S_1)及韧性剪切带。

丝路岩组由于灰岩岩石能干性较弱，变形表现为以面理(S_0)(藻纹层)为变形面，形成的紧闭尖棱同斜褶皱和流变褶皱(f_1)(图 5-6)，并伴有不同程度的面理置换，具有顺层韧性剪切变形特征。

(二)主造山期变形(D_2)

图区主要表现在卡羌岩组中以片理(S_1)为变形面组成的大型同斜褶皱(f_2)，该褶皱形态比较开阔，规模较大，一般宽约 100～200m(图 5-7)，并伴有强烈自南向北的脆韧性逆冲推覆断裂构造。使其褶皱形态保存较少，构造形态多为南倾的单斜构造。

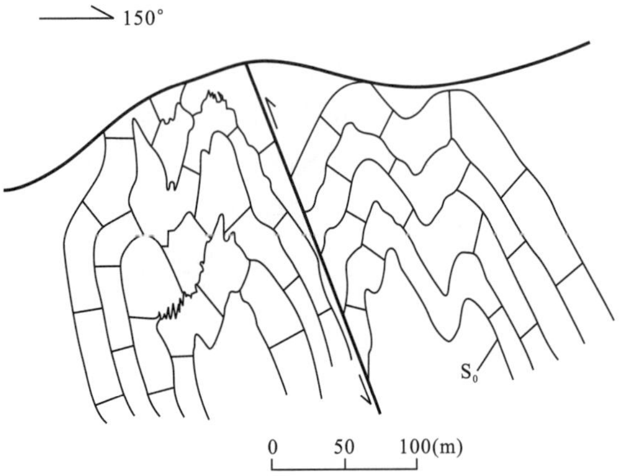

图 5-6 丝路岩组中尖棱同斜褶皱素描图
S_0.面理

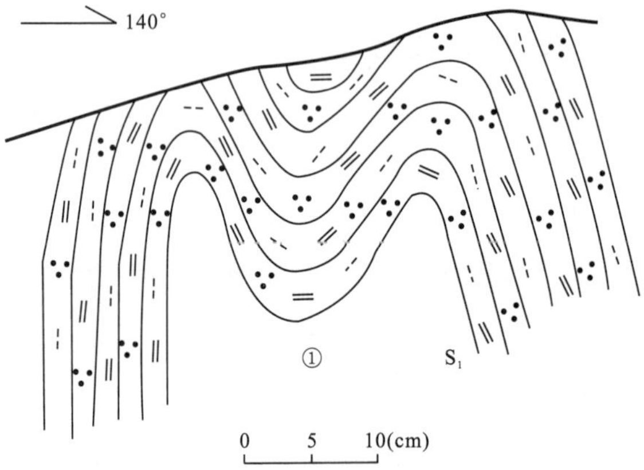

图 5-7 卡羌岩组中大型同斜褶皱(片理)素描图
①二长石英片岩;S_1.片理

第三节 原特提斯构造

在图区昆仑造山带西段保留了较为完整的与震旦纪—早古生代原特提斯洋演化有关的构造，但只是晚期阶段与其曼于特小洋盆俯冲、消减乃至昆北和昆南地块发生碰撞作用所形成的挤压机制下的构造系统，早期应该存在的伸展构造除侵入于基底地层中且已绿片岩相变质的基性岩脉外，其他构造形迹已无法辨认。原特提斯构造属中层次，褶皱构造不发育，构造变形以断裂为主，韧性剪切带、糜棱岩带常宽达十余米至数十余米，构造面倾向南，走向与现在昆仑山脉平行，构造变形形迹有旋转碎斑、S-C 构造、极其细密的构造分异条纹条带，以及这些条纹条带的进一步褶皱、错断和分泌细脉被进一步剪切、断裂和旋转等，均反映构造运动为向南倾的逆冲性质，大量基底地层随逆冲断层出现，说明其为巨大的厚皮逆冲断层，剖面上形成厚皮叠瓦扇构造，平面上则为不同级别的岩片构造。这种岩片叠置构造是以其曼于特蛇绿混杂岩带为中心，形成宽度大于 10km 的南倾强剪切变形带。该变形带内所有卷入的地质体均被强烈改造、置换，产生与糜棱岩带近于一致的区域性构造面理(图版Ⅲ-2)，糜棱面上可见与其走向近于垂直的矿物质生长线理。

一、其曼于特蛇绿混杂岩带构造

其曼于特蛇绿混杂岩带被 f_{18} 和 f_{19} 两条大型韧性断层所挟持，本身就是一个巨大的强韧性剪切变形带，为一组不同级别相组合的网状韧性断裂系统，将不同单元的蛇绿岩和混入岩块分隔成片状、透镜状碎块，已不存在连续完整的蛇绿岩剖面（图 3－72 至图 3－74，图 5－8 至图 5－10）。不同岩性单元的蛇绿岩块体也已不同程度的糜棱岩化。而混入块体不论大小，几乎均成糜棱岩，并显示明显的退变质现象（图版Ⅳ－4 至图版Ⅳ－6）。

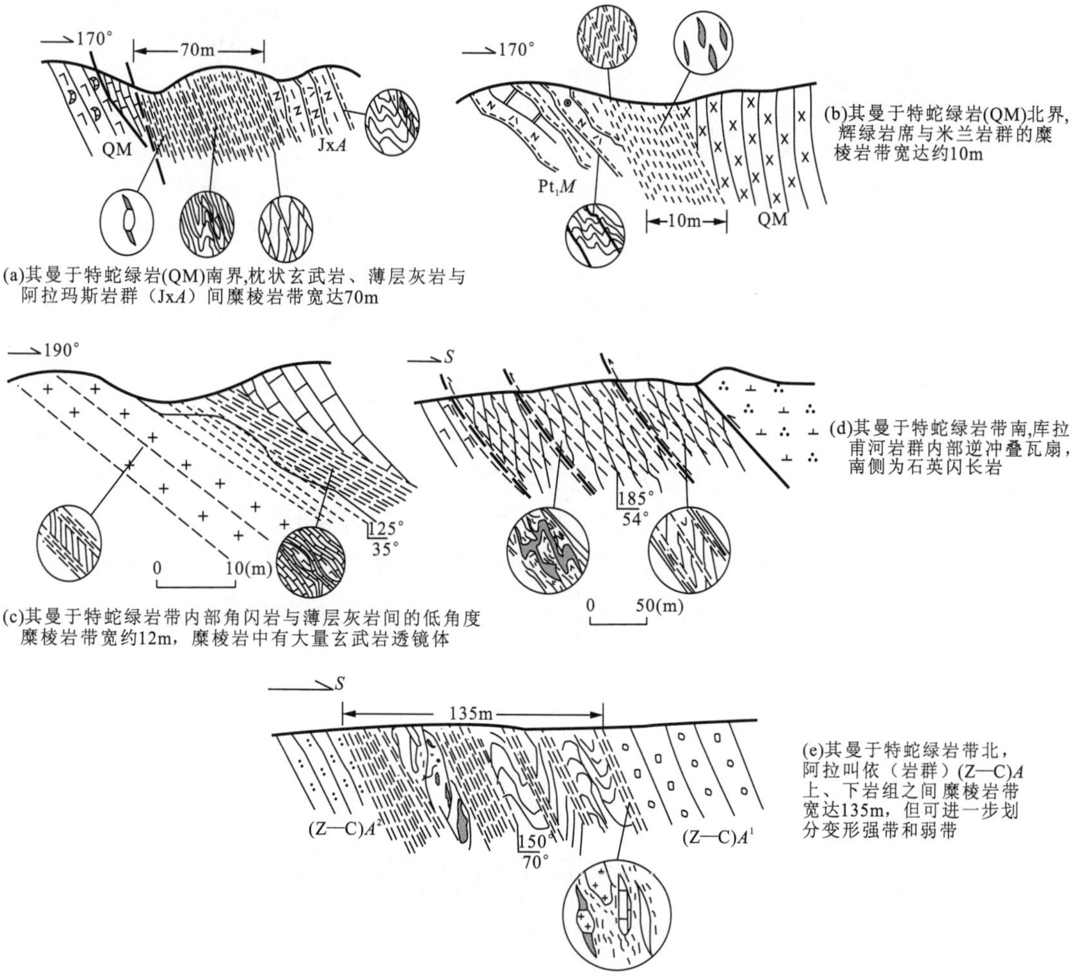

图 5－8　其曼于特蛇绿混杂岩带及两侧地层剪切变形素描图

二、昆北厚皮冲褶带

其曼于特蛇绿混杂岩带之北的昆北地块出露的地层有下元古界米兰岩群、长城系卡羌岩组、震旦系—寒武系阿拉叫依岩群，这些地层及内部各岩组间也为韧性断层分隔（图版Ⅴ－2 至图版Ⅴ－4），断层特征和性质与蛇绿岩带内部及两侧断层相同，使其成叠瓦状由南向北变新，变质程度和变形强度也是向北减弱。主要逆冲断裂特征自北向南描述如下。

1. f_{15} 断裂

位于库拉甫河阿拉叫依南侧，断裂活动于阿拉叫依岩群中，北东东—北东向延伸长仅 30km，西

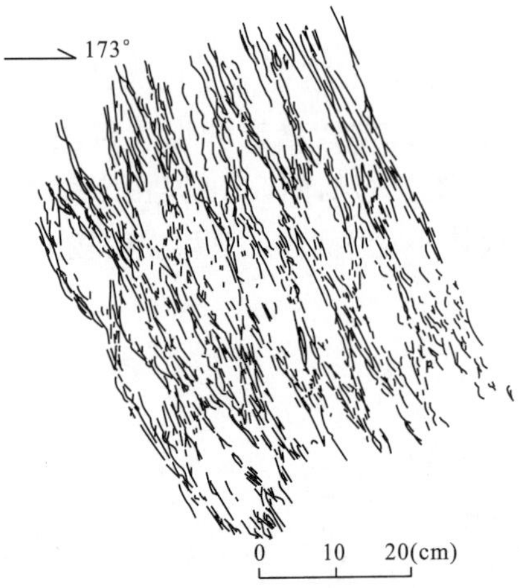

图 5-9　策勒县大龙沟强变形枕状玄武岩

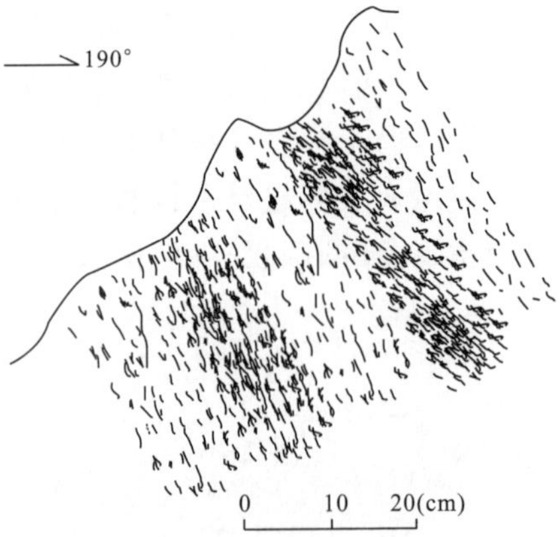

图 5-10　库拉甫河、其曼于特蛇绿混杂岩带中的变形层状辉长岩

侧被晚奥陶世二长花岗岩岩体侵吞，东侧被晚古生代剥离断层切断。西段断裂带宽近 80m，东段宽约 20m，倾向南，倾角 70°～80°。该断裂带构造岩石为变砂岩和砾岩，可分强变形域和弱变形域，强变形域变质重结晶及矿物生长面理、线理等新生构造现象很明了，有大量沿糜陵面理贯入的石英及方解石石英脉，脉体宽一般小于 10～15cm，含量在局部可达 30%～40%，多被进一步剪切成无根褶皱和不对称褶皱。砾质糜棱岩中花岗质和石英脉质砾石一般变形不大，围绕砾石的旋转构造非常发育，灰岩砾石被拉长成长条状，构造形迹显示其具逆冲性质。弱变形域与断裂带外阿拉叫依岩群相似，变质程度虽大部已达绿片岩相黑云母级，但野外露头上矿物粒度细小，变质矿物和构造面理(劈理)不明显，层状构造等原岩特征清楚。图 5-11 为库拉甫河该断裂剖面图。

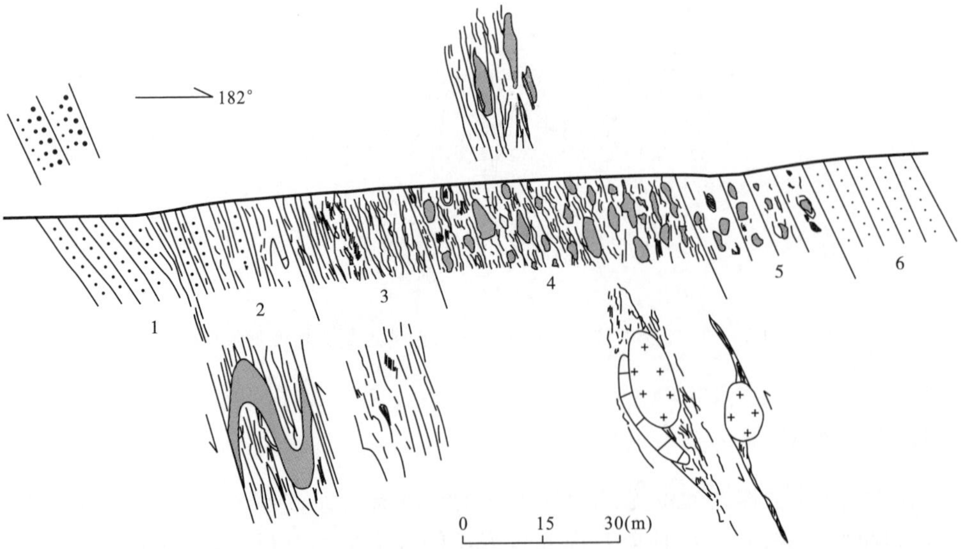

图 5-11　库拉甫河木桥南 f_{15} 断裂剖面图

阿拉叫依岩群上岩组：1. 黑云石英片岩(变砂岩)；2. 云英质糜棱岩、初糜棱岩，有大量弱变形域残块；3. 云英质糜棱岩、条带状糜棱岩、弱变形残块很少，构造分泌脉体极发育。阿拉叫依岩群下岩组：4. 砾质糜棱岩、初糜棱岩，变形强，脉体发育；5. 砾质糜棱岩、初糜棱岩，变形弱，脉体不发育；6. 变砂岩

2. f_{16}断裂

位于铁克萨依代牙阿拉叫依岩群底部位，与其产状、性质相同，使断裂南盘的长城系卡羌岩组逆冲于浅变质的阿拉叫依岩群之上，成一厚皮逆冲推覆体。断裂规模很大，但主要构造变形在其上盘，上盘出露宽 800～1 200m 的卡羌岩组几乎全部发生绿片岩相退变质和强烈的韧性剪切变形，与南侧的铁克萨依代牙 f_{17}断裂已很难分开(图 5－12)，韧性断裂带新生矿物细小，云母等片状矿物和长英质粒状矿物聚集成极细密的条纹状，同变形分泌出较多与条纹平行一致的长英质细脉，另外，S－C构造，早期变质产生的脉体被剪切、错断形成大量的旋转碎斑构造等较为发育，在弱变形的残块中还保留卡羌岩组中、粗粒片状和片麻状中、深变质岩特征。断裂下盘紧邻断裂的阿拉叫依岩群灰绿色含基性火山角砾、凝灰钙质砂岩中的韧性变形也极强烈，糜棱面理极发育，火山质角砾被极度拉长近于薄层状，但外来的石英脉质砾石则变形甚微。

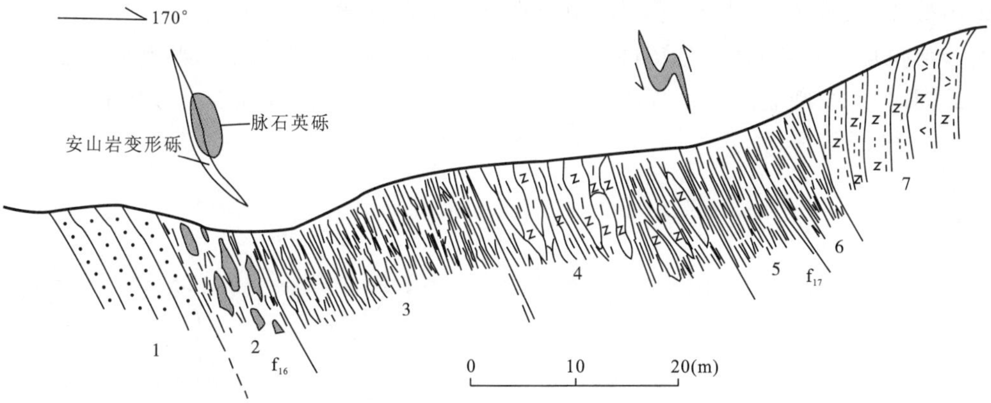

图 5－12 铁克萨依代牙 f_{16}、f_{17}断裂剖面图

阿拉叫依岩群：1. 细粒黑云石英片岩(变砂岩)；2. 含砾凝灰钙质糜棱岩卡羌岩组；3. 片状、条纹状云英糜棱岩(2、3 为 f_{15}断裂带)；4. 糜棱岩化黑云斜长岩、片麻岩；5. 片状、条纹状云英质糜棱岩米兰岩群；6. 片状长英质糜棱岩(5、6 为 f_{17}断裂带)；7. 混合质黑云斜长片麻岩

3. f_{17}断裂

位于铁克萨依代牙卡羌岩组底部，与其产状、性质相同，使断裂南盘的下元古界米兰岩群逆冲于卡羌岩组之上，也是一个厚皮逆冲推覆体，断裂剖面见图 5－12。与阿拉叫依岩群顶部断裂相似，强韧性剪切带全部发生了显著的退变质变形。

三、昆南厚皮冲断带

其曼于特蛇绿混杂岩带南侧的昆南地块早古生代具活动边缘性质，碰撞阶段发生了强烈的厚皮逆冲推覆构造，致使蓟县系深变质的阿拉玛斯岩群大量出露，寒武系—奥陶系库拉甫河岩群仅以狭窄的带状夹于其间。变形程度强于昆北地块，以致路线上糜棱岩比例有时远大于弱变形残块，剪切变形特征与昆北地块相似，但构造面稍陡。于田县普鲁村南库拉甫河剖面(图 5－13)比较清楚地显示了这一特点。

向东，在阿拉玛斯以南，阿拉玛斯岩群出露较宽，变形较库拉甫河一带弱，以 f_{20}和 f_{21}韧性断裂分隔不同的构造岩石组合，在主要的大型糜棱岩带之间又有较多稍小的断裂。这些不同的岩性组合向南变质及混合岩化程度增强，也可能说明其原始层位向南变深，构造推覆抬升量向南变大。在阿拉玛斯岩群中的韧性断裂宽一般小于 50m，走向与其曼于特蛇绿混杂岩带一致，倾角稍陡，多为

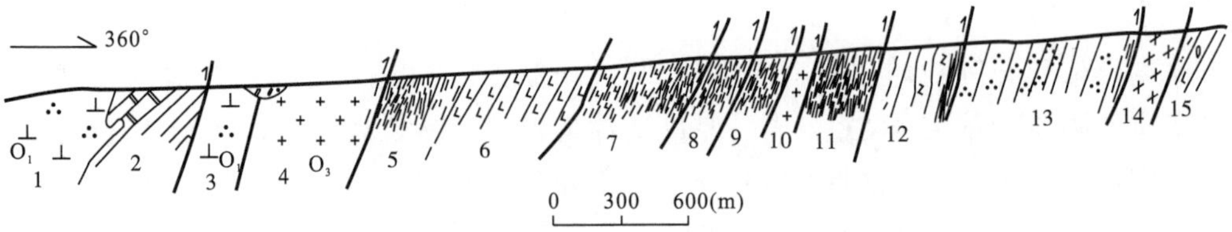

图 5-13　早古生代库拉甫河昆南地块逆冲叠瓦构造剖面图

1、2.早奥陶世石英闪长岩；4、10.晚奥陶世花岗岩。库拉甫河岩群：2.变砂岩、大理岩；5.基性构造片岩、糜棱岩；6.变玄武岩；7.绢云长英质糜棱岩；8.绢云长英质糜棱岩、千糜岩；9.角闪黑云长英质糜棱岩；11.二云长英质糜棱岩。阿拉玛斯岩群：12.黑云斜长片麻岩、混合岩、混合质糜棱岩；13.石英岩、糜棱岩化石英岩。其曼于特蛇绿混杂岩带：14.辉长岩；15.枕状玄武岩

70°～80°，构造特征有明显退变质，细粒化，强片理（糜棱面理）化，S－C 构造，早期混合岩化脉体及长石等斑晶被改造、破坏，产生碎斑系等，显示向北的逆冲性质。

侵入于阿拉玛斯岩群和库拉甫河岩群的奥陶纪花岗岩类，其产态受这些断裂控制，岩体侵吞了这些断裂的同时，又被断裂的进一步活动所改造，在岩浆阶段和高温固态阶段形成塑性及脆韧性变形构造（图 5－14、图 5－15）。

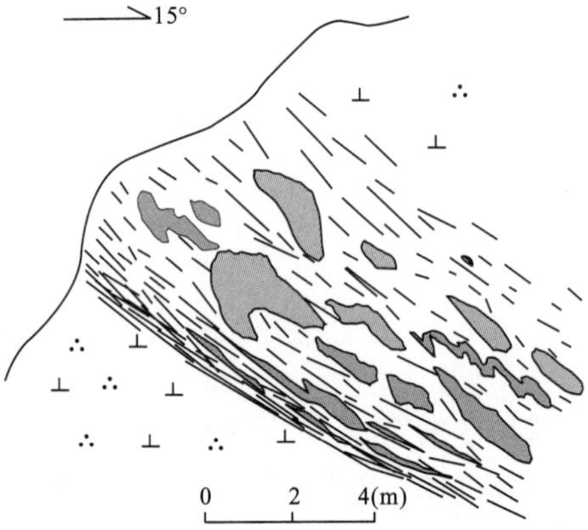

图 5－14　卡也地石英闪长岩中塑态流变形图

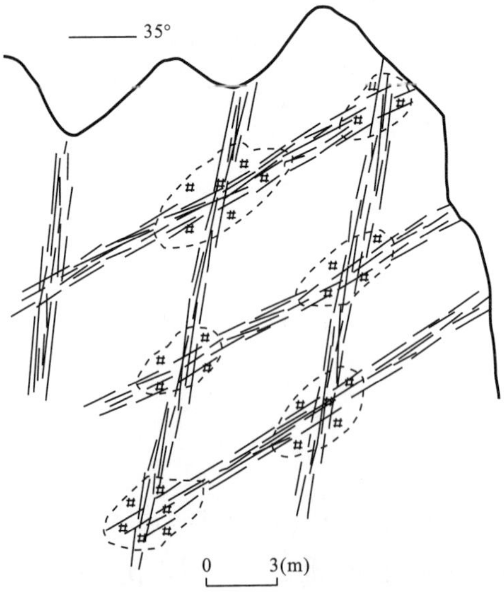

图 5－15　卡也地石英二长岩中高温固态阶段形成两组共轭剪切带交点发生硅质铜矿化图

四、柳什塔格冲断带

柳什塔格玄武岩作为一个震旦纪—寒武纪形成的洋岛性质的独立地块，位于晚古生代苏巴什蛇绿混杂岩带和陆壳性质的昆南地块之间，内部构造并不复杂，主要是一组稳定向北倾斜的片理和局部糜棱面理，二者产状相同。由于其岩性单调，可分性差，仅从枕状玄武岩中岩枕的排列看，面理与层理基本一致，并从岩枕间充填物形态分析，地层北倾为倒转（图 2－16）。上部沉积岩段地层向北陡倾显然是后期构造作用的结果。

第四节 古特提斯构造

晚古生代的古特提斯洋演化是本区地质的主题，古特提斯构造是本图区的主期构造，奠定了本区的基本地质、构造面貌。古特提斯构造可以区分出早期伸展构造和晚期挤压构造，均属中浅层次，除局部地段外，均为韧-脆性变形，变形特点也是以断裂构造为主，褶皱多是露头尺度的小型构造，且多从属于断裂构造。构造面主要是片理和糜棱面理，与原特提斯构造相同，古特提斯构造面也多为南倾。

一、伸展构造(变质核杂岩)

晚古生代早期的伸展构造比较集中地体现于变质核杂岩构造。变质核杂岩主要分布于其曼于特蛇绿混杂岩带以北的昆北地块，呈"孤岛状"，周围被二叠纪阿羌火山岩($P_{1-2}a$)所围限，其上有时分布变质很浅的陆相奇自拉夫组(D_3q)或皮什盖萨依组(Cp)。自东向西，构成这些变质核杂岩变质岩的时代变新，最东部的吐木亚变质核杂岩由核部的米兰岩群和外部的卡羌岩组组成；皮什盖萨依变质核杂岩由卡羌岩组组成；宋古鲁变质核杂岩为流水岩组；普鲁变质核杂岩为丝路岩组。与此变化相一致，变质核杂岩中的侵入岩变少、变小以至缺失。所有这些变质核杂岩均经受了后期强烈的构造改造而不完整。比较典型的是位于最东部的吐木亚变质核杂岩，吐木亚变质核杂岩出露于靠近山前位置，交通条件较好，对其进行了较为深入的研究，故以该变质核杂岩为代表对晚古生代的伸层构造进行总结描述。

(一)吐木亚变质核杂岩的组成及结构

吐木亚变质核杂岩位于图区东部，克拉布拉克萨依以东吐木亚、马勒工、山节以南的昆仑山山前一带，呈近东西向展布，区内出露南北宽约 10km，东西长 30km，向西构造尖灭于克拉布拉克萨依，向东延出区外。该变质核杂岩受后期构造改造破坏而仅出露其北半部，内部产状受到了明显的改造、变位。

吐木亚变质核杂岩由深变质地层和侵入岩两大部分组成，古老变质地层为米兰岩群和卡羌岩组，吐木亚路线剖面结构和组成如图 5-16 所示。

晚古生代裂谷带

3.片理化微粒石英闪长岩

4.片理化细粒石英闪长岩

══════════断 层══════════

变质核杂岩

上部(卡羌岩组)

5.含石榴子石二云石英片岩，γ10%，ρ5%

6.含石榴子石二云石英片岩，γ20%，ρ5%

7.细粒黑云二长花岗岩(γ)

6.黑云斜长变粒岩，γ30%，ρ10%

7.石榴矽线长英质片岩，γ10%，ρ10%

8.细粒黑云二长花岗岩(γ)，ρ5%

9.细粒黑云二长花岗岩(γ)，ρ30%

══════════断 层══════════

下部(米兰岩群)

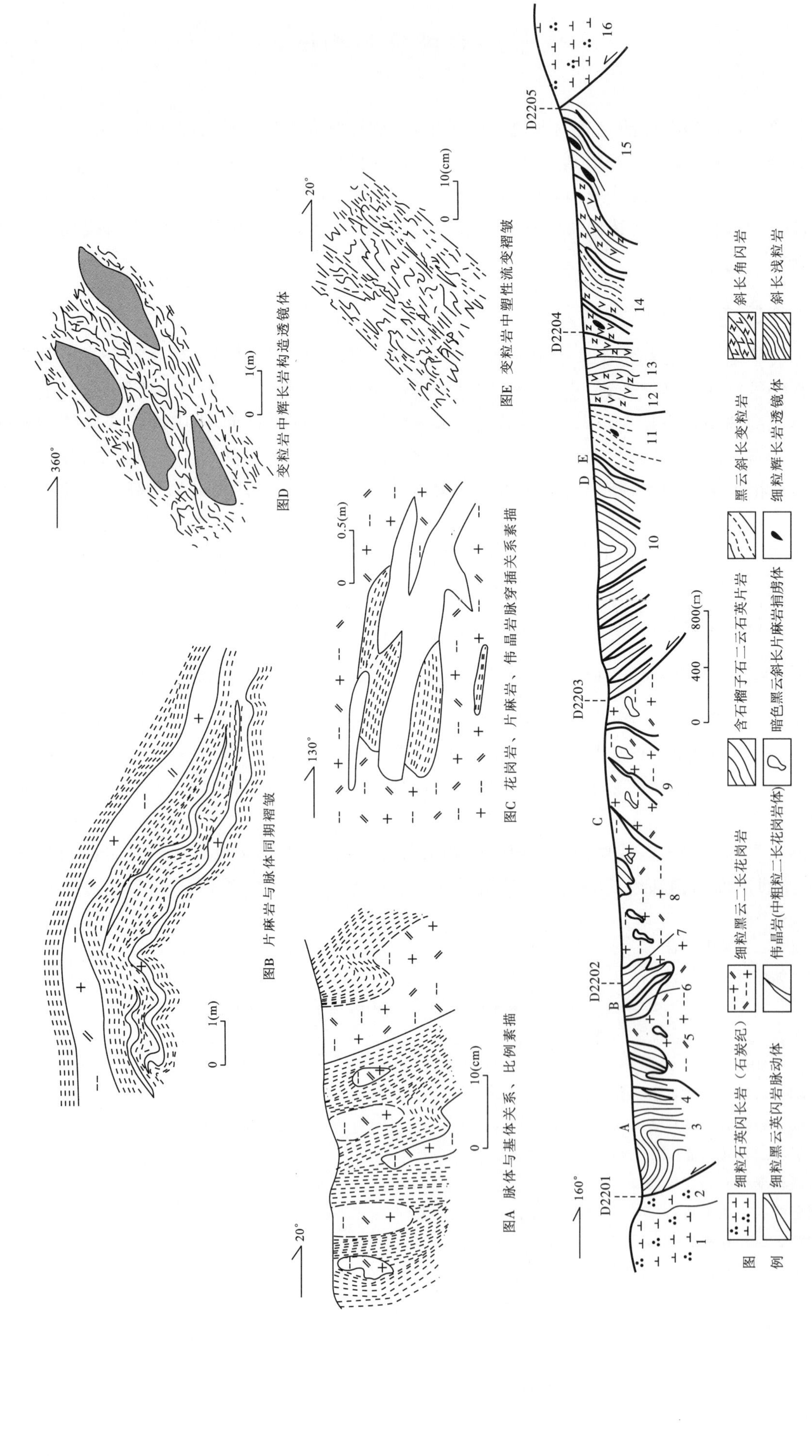

图 5-16 吐木亚路线剖面结构和组成图

10. 黑云斜长变粒岩，γ5％，ρ40％，υ少量
11. 黑云斜长变粒岩，γ5％，ρ20％，υ10％
12. 斜长角闪岩，ρ10％，υ15％
13. 黑云石英变粒岩，γ10％，ρ10％
14. 斜长角闪岩，γ5％，ρ5％，υ30％
15. 斜长浅粒岩，γ20％，ρ10％，υ15％

══════════断 层══════════

晚古生代裂谷

16. 碎裂岩化细粒石英闪长岩

剖面中γ为细粒花岗岩脉及所占含量，ρ为花岗伟晶质岩脉及所占含量，υ为辉长质碎裂岩块及所占含量

受后期南倾逆冲推覆作用改造，该路线变质核杂岩的顶部出露不全，出露部分总体向北缓倾，为一残破变质核杂岩的北半部，进一步可分两段，北段（上部）深变质地层为卡羌岩组，大量出现细粒花岗岩，以第5层花岗岩体为中心，构成一个次级穹隆，该岩体中混有30％～50％的卡羌岩组大型捕虏体，向两侧岩体减少，变质地层增多并逐步显现出地层特征，花岗岩则由多变少，呈与地层片理、片麻理产状近于一致的脉状（图版Ⅲ－3），地层与岩脉呈"夹互层状"产出。南段（下部）深变质地层为米兰岩群，除细粒花岗岩脉外，出现了较多辉长岩。

（二）吐木亚变质核杂岩中的侵入岩体

与普鲁-阿羌裂谷带相关的侵入岩相似，吐木亚变质核杂岩中的岩体只有基性辉长岩、酸性的细粒黑云母花岗岩和花岗伟晶岩，缺少中性岩石。

1. 岩石特征

辉长岩 仅见于下部，而且越靠下部（南部）含量越大，最多可占总体积的30％，这些辉长岩经历了较强的变质变形，均被肢解成规模相差极大的块体，最小的不足1m，最大的长达30m，小的呈成群出现的构造透镜体群（图5－16），小型块体多退变质成斜长角闪岩，局部保存辉长岩原岩特点，大型块体辉长岩原岩特征比较清楚，岩石呈灰黑色，块状，具残留细粒辉长结构，矿物粒径1～1.5mm，少数为2mm，主要矿物成分：斜长石45％～50％、纤闪石45％～50％、石英2％～3％，均呈等轴粒状，具辉长结构，斜长石强黝帘石化，辉石全部纤闪石化。

细粒黑云二长花岗岩 灰白色及浅肉红色，细粒花岗结构，块状构造，局部因变形形成片麻状及条带状构造，多呈脉状，脉体多数宽100cm左右，大致与围岩的片理、片麻理产状一致。局部集中成宽3～5km较完整的岩基。主要矿物成分：斜长石30％～40％、微斜长石30％～40％、石英25％～30％、黑云母3％～8％。矿物粒径1～2mm，微斜长石为它形粒状，洁净，格子双晶清楚。斜长石为半自形粒状，聚片双晶，An＝22—24，属奥长石。石英为它形粒状，新鲜无蚀变。较大的花岗岩体中不仅有大量片岩、片麻岩捕虏体，也有较多不同规模的辉长岩捕虏体，辉长岩捕虏体与花岗岩体界线多数因同化作用而不清楚，小型捕虏体则与花岗岩发生了明显的混染，形成石榴辉岩（非榴辉岩），由粗粒辉石和少量石榴子石组成，常含少量斜长石。

花岗伟晶岩 灰白色，脉状，脉体最大宽5m，最小10cm，截切地层的片理产出，又侵入花岗岩和辉长岩。矿物粒径2～15cm，矿物成分：微斜长石35％～40％，表面洁净，格子双晶清楚；斜长石30％～35％，半自形粒状，双晶不明显；石英25％～30％；黑云母小于3％。

上述地质特征反映辉长岩和花岗岩为同构造侵位，辉长岩早于花岗岩，花岗伟晶岩为构造晚期的产物。

2. 岩石化学和地球化学特征

侵入岩体的硅酸盐岩石化学分析结果见表5-1，特征与普鲁-阿羌裂谷火山岩相关共生的小型岩体相似，也与岩石体的深变质围岩非常相似。酸性岩显著低 TiO_2，相对高 Al_2O_3，$FeO>Fe_2O_3$，K_2O 多数大于 Na_2O，基性岩石含量比较正常，Al_2O_3 变化较大，FeO 远大于 Fe_2O_3，K_2O 接近或大于 Na_2O。

表5-1 吐木亚变质核杂岩中侵入体岩石化学分析结果 (%)

岩石名称	SiO_2	TiO_2	Al_2O_3	Fe_2O_3	FeO	CaO	MgO	K_2O	Na_2O	MnO	P_2O_5	LOI	Σ
中粒二长花岗岩	73.27	0.19	13.69	0.38	1.43	2.18	0.71	5.10	2.53	0.03	0.16	0.48	100.15
糜棱岩化英闪岩	73.37	0.11	13.98	0.38	0.65	1.60	0.36	4.46	3.74	0.02	0.06	0.8	99.53
二云花岗闪长岩	72.09	0.21	14.83	0.56	1.10	2.50	1.08	2.66	3.60	0.05	0.10	0.75	99.53
蚀变细粒辉长岩	49.50	1.37	13.35	2.02	10.40	10.10	7.12	1.56	1.70	0.22	0.14	1.21	98.69
暗色角闪辉长岩	45.94	1.33	18.36	2.81	7.80	9.85	6.97	2.46	0.86	0.22	0.24	2.40	99.24
晚古生代花岗岩	70.65	0.32	14.87	0.55	2.48	4.23	1.07	2.28	3.13	0.06	0.19	0.47	100.29
阿羌火山岩	51.28	0.92	12.74	2.35	6.68	9.12	5.92	1.28	3.28	0.15	0.10	5.06	98.88
黑云斜长变粒岩	62.70	0.81	15.23	0.97	6.84	2.80	3.64	3.91	2.179	0.11	0.21	0.43	99.85

侵入岩体的微量元素分析结果见表5-2，表中也列出了变质核杂岩的深变质岩、与变质核杂岩相关的普鲁-阿羌裂谷带中基性火山岩、基性和酸性侵入岩体微量元素的平均丰度。对酸性岩体以MORB火山岩进行初始化，得图5-17形态的微量元素蛛网图，大离子亲石元素(K、Rb、Ba、Th)明显富集，同时表现出Ce、Nb和Sm的相对正异常，与大离子亲石元素一起构成"三峰"隆起的曲线，表现出大陆钙碱性玄武岩到大陆裂谷玄武岩的过渡类型，与阿羌火山岩极为相似，反映出二者有着共同的岩浆来源。

对基性岩石也以MORB为标准，得图5-18蛛网图，大离子亲石元素(K、Rb、Ba、Th)强烈富集，高场强元素有较弱的亏损。曲线形态表现出大陆钙碱性玄武岩到大洋碱性玄武岩的过渡类型，反映出岩浆主要来自于地幔。曲线形态与深变质的围岩极为相似，说明有大量下地壳物质加入。

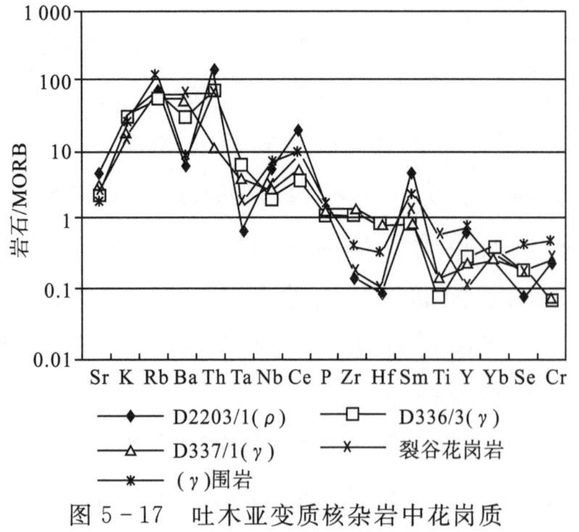

图5-17 吐木亚变质核杂岩中花岗质侵入岩体微量元素蛛网图

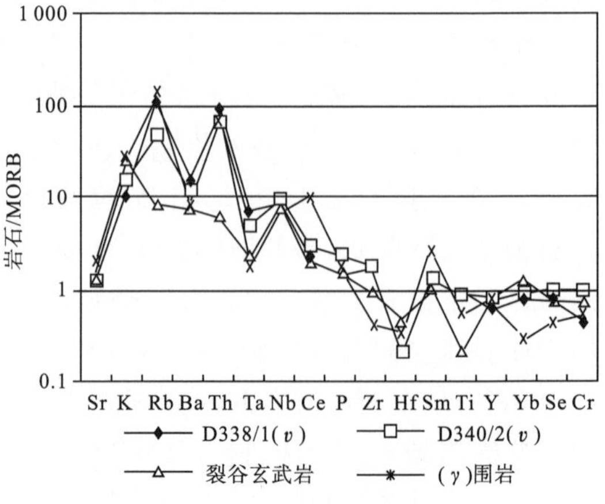

图5-18 吐木亚变质核杂岩中基性侵入岩体微量元素蛛网图

表 5-2 吐木亚变质核杂岩中侵入岩体微量元素丰度

岩石名称	样品号	Sr	K_2O	Rb	Ba	Th	Ta	Nb	Ce	P_2O_5	Zr	Hf	Sm	Ti	Y
中粒二长花岗岩	D2203/1	562.80	5.10	156.000	141.5	29.800	0.130	18.880	195.10	0.16	13.60	0.200	15.75	1 138.1	19.410
中粗粒二长花岗岩	D2202/3	217.50	—	157.400	1 139	19.120	0.430	16.830	80.99	—	35.73	0.440	7.29	—	11.570
细粒二长花岗岩	D2201/4	206.20	—	124.700	691.5	7.670	0.210	15.130	23.76	—	23.87	0.500	1.73	—	14.620
糜棱岩化英闪岩	D336/3	272.10	4.46	113.622	635.5	15.742	1.088	7.449	39.73	0.142	103.90	2.109	3.00	658.9	8.193
二云花岗闪长岩	D337/1	404.10	2.66	118.933	1 123	2.224	0.684	9.817	55.18	0.168	140.10	2.161	2.81	1 257.9	6.948
蚀变细粒辉长岩	D338/1	134.20	1.56	231.083	288.5	17.873	1.221	31.150	20.81	0.167	147.30	0.48	3.07	8 206.3	19.420
暗色角闪辉长岩	D340/2	155.10	2.46	101.234	252.3	13.576	0.898	34.740	29.24	0.274	161.80	0.492	4.12	7 966.7	23.750
裂谷玄武岩		160.87	4.05	16.601	149.0	1.288	0.420	24.652	19.59	0.179	84.34	1.082	3.45	1 904.8	24.059
裂谷花岗岩		354.83	2.28	123.710	1 338.3	13.608	0.271	11.704	90.55	0.193	15.48	0.247	4.74	5 510.8	3.065
(γ)围岩		238.10	3.91	277.572	148.5	14.833	0.314	23.974	101.90	0.213	36.19	0.776	8.41	4 869.9	22.730
中粒二长花岗岩	D2203/1	Yb	Sc	Cr	Li	Be	B	As	Mo	Ag	Cd	Sn	Sb	Te	W
中粗粒二长花岗岩	D2202/3	0.81	2.86	55.37	21.830	1.57	32.19	0.790	1.650	0.020	0.060	3.680	7.040	0.020	0.270
细粒二长花岗岩	D2201/4	1.21	7.02	75.49	41.710	1.50	16.17	0.940	1.280	0.010	0.030	1.580	0.080	0.010	0.380
糜棱岩化英闪岩	D336/3	0.68	7.80	56.85	26.890	1.50	23.90	0.520	0.790	0.010	0.030	1.650	0.260	0.030	0.420
二云花岗闪长岩	D337/1	1.34	7.08	15.78	51.573	1.53	—	2.249	0.754	0.006	0.039	3.337	0.489	0.724	1.072
蚀变细粒辉长岩	D338/1	0.91	7.56	17.96	14.501	1.68	—	2.343	0.765	0.010	0.033	4.427	0.439	0.177	1.177
暗色角闪辉长岩	D340/2	2.69	29.75	106.90	61.528	5.21	—	1.702	0.678	0.048	0.070	4.148	0.533	0.476	0.838
裂谷玄武岩		3.07	39.64	242.80	32.055	5.12	—	2.209	0.884	0.051	0.198	3.538	0.584	0.186	1.358
裂谷花岗岩		4.28	29.26	182.22	—	—	—	—	—	—	—	—	—	—	—
(γ)围岩		1.14	6.67	64.02	—	—	—	—	—	—	—	—	—	—	—
中粒二长花岗岩	D2203/1	Au	Hg	U	Co	Ni	V	Zn	Ga	Cu	Pb	In	Bi		
中粗粒二长花岗岩	D2202/3	0	8.20	2.050	10.22	22.79	138.7	216.4	5.38	9.66	22.01	0.020	0.200		
细粒二长花岗岩	D2201/4	0.10	3.80	2.040	10.02	16.90	22.83	45.18	9.99	18.58	43.39	0.300	0.460		
糜棱岩化英闪岩	D336/3	0	5.00	0.830	9.64	14.54	21.47	40.45	11.06	16.81	37.33	0.230	0.300		
二云花岗闪长岩	D337/1	1.41	3.22	2.056	4.77	6.38	26.01	85.89	4.93	5.24	24.50	0.021	0.183		
蚀变细粒辉长岩	D338/1	1.47	3.42	1.994	5.86	6.96	31.67	131.40	6.61	6.16	24.79	0.031	0.108		
暗色角闪辉长岩	D340/2	1.81	3.83	4.031	33.01	58.94	261.10	175.30	25.91	98.57	20.72	0.094	1.070		
强蚀变玄武岩	裂谷玄武岩	1.69	3.75	2.987	33.29	84.65	286.60	857.70	27.09	39.43	28.82	0.105	1.162		

注：表中 Au、Hg 元素含量单位为 $\times 10^{-9}$，其他元素含量单位为 $\times 10^{-6}$

吐木亚变质核杂岩中稀土元素丰度见表 5-3。酸性岩石稀土总量较高，轻稀土富集，Ce 弱亏损，U 变化较大，轻、重稀土均有明显分馏。以球粒陨石为标准得图 5-19 所示稀土元素配分图，显示为向右的一致倾斜，特征与深变质围岩非常相似。基性岩石稀土总量一般，轻稀土弱富集，弱分馏。Ce 强亏损，U 无明显亏损或富集，重稀土分馏不明显，对其也以球粒陨石为标准得图 5-20 所示稀土元素配分图，图上轻稀土元素缓右倾，重稀土元素则为水平状，与普鲁-裂谷带中的阿羌基性火山岩特征极相似。

表 5-3　吐木亚变质核杂岩侵入岩稀土元素含量表　　（$\times10^{-6}$）

岩石名称	样品号	Y	La	Ce	Pr	Nd	Sm	Eu	Gd	Tb	Dy	Ho	Er	Tm	Yb	Lu	ΣREE
二长花岗岩	D2203/1	19.41	96.98	195.1	20.94	70.27	16.0	2.16	13.9	1.57	5.65	0.69	1.53	0.11	0.81	0.08	445.2
二长花岗岩	D2202/3	11.57	42.44	80.99	9.52	38.97	7.3	1.24	6.97	0.86	3.72	0.58	1.53	0.17	1.21	0.16	207.23
二长花岗岩	D2201/4	14.62	11.86	23.76	3.64	12.64	1.7	0.51	1.72	0.26	1.47	0.30	0.79	0.10	0.68	0.09	74.14
英闪岩	D336/3	8.19	24.6	39.73	4.19	18.29	3.0	0.97	3.10	0.46	2.63	0.55	1.49	0.25	1.34	0.24	109.03
二云花岗闪长岩	D337/1	6.95	39.57	55.18	5.29	19.22	2.8	1.08	2.88	0.32	1.70	0.35	0.93	0.16	0.91	0.16	137.50
细粒辉长岩	D338/1	19.42	12.41	20.81	3.11	11.58	3.1	1.03	4.01	0.69	4.59	1.01	2.79	0.50	2.69	0.48	88.22
角闪辉长岩	D340/2	23.75	15.95	29.24	4.08	15.00	4.1	1.41	4.59	0.71	4.67	1.08	2.99	0.53	3.07	0.59	111.76
裂谷火山岩		—	9.33	18.88	2.74	11.97	3.4	1.06	3.84	0.69	5.32	1.36	3.60	0.69	4.20	0.71	67.74
裂谷花岗岩		3.07	51.55	90.55	9.77	42.15	4.7	1.26	4.92	0.56	2.58	0.45	1.35	0.17	1.14	0.13	214.35
(γ)围岩		22.73	50.07	101.9	12.21	43.72	8.4	1.69	7.86	0.95	4.26	0.57	1.45	0.15	0.94	0.11	257.01

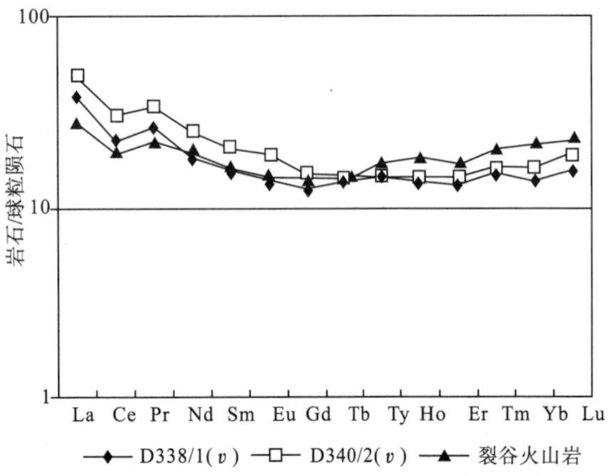

图 5-19　吐木亚变质核杂岩中酸性岩体稀土元素模式图

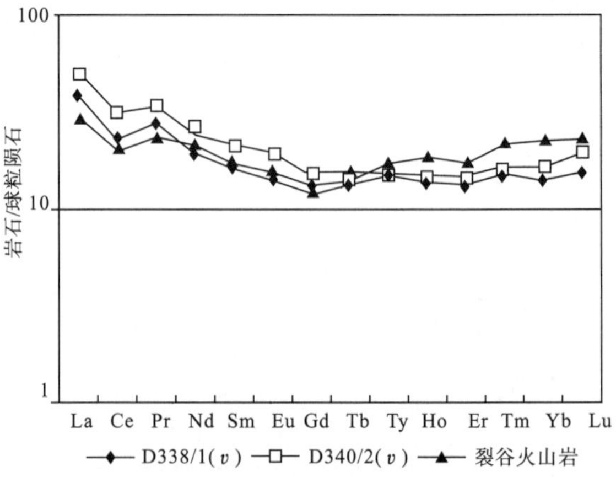

图 5-20　吐木亚变质核杂岩中基性岩体稀土元素模式图

（三）吐木亚变质核杂岩的构造变形及运动方向

野外露头上，深变质岩中显示了较强的构造变形，形成很明显的定向构造，但在显微镜下，该变质核杂岩中的中深层次构造岩却并不发育，这可能是由于同构造期大量花岗岩的侵入，一方面改变了构造介质的力学性质，构造滑动可能主要沿未固结的花岗岩脉发生，在较大的花岗岩脉中形成了与围岩片理、片麻理一致的构造页理（图 5-16）。另一方面，侵入岩所提供的热使变质地层中的构造岩发生动态重结晶，抹去了显微尺度上的构造形迹。从剖面图（图 5-16）所附的几个露头尺度构造形迹素描图分析，吐木亚变质核杂岩的运动方向均表现为上部层位相对于下部层位向南滑脱的特点。

(四)吐木亚变质核杂岩的上覆地层

在其内部,吐木亚变质核杂岩的上覆地层为上泥盆统奇自拉夫组陆相紫红色砂岩、粉砂岩等,该套地层向东在邻区大面积出露,但原始关系已被后期南倾逆冲构造所破坏。变质核杂岩周围出露的地层为二叠纪阿羌火山岩,之间也多为断层接触,在图区最东部的山节一带阿羌火山岩出露其下部层位,岩性以基性火山碎屑沉积岩为主,夹灰岩、玄武岩,地层中夹有与火山岩渐变过渡的基性次火山岩,底部为厚约100余米的含砾砂岩和含砾灰岩,含砾钙质砂岩,砾石成分有花岗岩、片麻岩、脉石英等,顺层的剪切变形形成了与层一致的糜棱面理,并使砾石明显拉长成长透镜状和长条状,最大者长达21cm,部分个体较小的花岗岩和脉石英则基本未变形,磨圆较好。砂砾岩层与下伏靠近接触面的片麻岩中的片麻理产状近于一致,之间虽有小的断层错动,但不存在大的断层,基本可以代表原始关系,亦即,二者之间应为同沉积韧性断层接触。

(五)吐木亚变质核杂岩的形成时代

吐木亚变质核杂岩的同构造沉积盖层为上泥盆统—二叠系,南侧的皮什盖萨依变质核杂岩上覆地层为石炭系皮什盖萨依岩组浅水台地相灰岩和半深水沉积和细碎屑岩夹少量玄武岩。另外,同构造的辉长岩、花岗岩与石炭纪—二叠纪阿羌火山岩及相关的基性、酸性小型侵入岩的地球化学性质一致,这说明吐木亚变质核杂岩和本图区西部出露的其他变质核杂岩形成于晚古生代,它的形成与其周围石炭纪—二叠纪火山岩裂谷盆地的产生相对应,代表晚古生代早期一次重要的伸展构造。

二、挤压构造

晚古生代晚期,构造变形转换为挤压机制,变形形式主要是向南倾的逆冲推覆,形成叠瓦状构造,在不同的构造单元,构造样式有所不同。

(一)普鲁-阿羌冲褶带

本构造带出露的地质体有早、中二叠世阿羌火山岩,被阿羌火山岩所围限的前震旦纪变质核杂岩,覆盖于变质核杂岩之上的晚泥盆世奇自拉夫组和石炭纪皮什盖萨依组,前二者为逆冲叠覆构造,后者主要为褶皱构造。

1. 逆冲叠覆构造

逆冲叠覆构造的逆冲断层走向北东东到近东西向,与现在的山脉走向基本一致,倾向南,倾角50°～60°,韧性到脆韧性,形成糜棱岩、初糜棱岩或强片理化带。构造岩变质程度与阿羌火山岩相当,为低绿片岩相,变质矿物细小,片状、纤状矿物定向清楚,野外和显微镜下早期蚀变产生的绿帘石等脉体被进一步剪切破坏成透镜状,图5-16反映了逆冲叠覆构造对早期变质核杂岩的改造破坏,卡羌岩组向北逆冲在阿羌火山岩之上,米兰岩群又逆冲在卡羌岩组之上。图2-19中米兰岩群向北逆冲于奇自拉夫组之上,两侧地层和侵入于米兰岩群中的细粒花岗岩均糜棱岩化。

早、中二叠世阿羌火山岩中的逆冲断层产状相近(图2-23),形成叠瓦扇状构造,逆冲断层沿地层中的沉积层或沉凝灰层发生,将地层分隔成组合有所不同的四大部分(4个岩段)。火山岩中表现为较为宽大的强片理化带,沉积薄层被剪切成透镜状假砾石,而真正的砾石又明显被拉长,变形弱处硅质岩等沉积薄层成“N”、“M”形剪切褶皱,显示向北逆冲运动,从逆冲断层向上(向南),推覆体中片理化逐步减弱。

2. 褶冲构造

变质核杂岩之上覆盖的晚古生代沉积地层主要显示褶皱变形，断裂构造不甚发育，石炭系皮什盖萨依组构造剖面(图 2-21)，中薄层状灰岩夹少量板岩显示清楚的紧闭褶皱，轴面劈理极弱或不发育，但上、下段之间有一宽约 50m 向南倾的逆冲断层，破碎及强劈理化，侵入于断层中的一宽约 10m 的基性岩脉(应为同构造侵入)也强劈理化蚀变，说明其变形不具透入性。图 2-19 所示的泥盆系奇自拉夫组由于逆冲断层切割，只保留一个南倾倒转翼；另外，地层中发育大致顺层的剪切劈理和向北陡倾的密集的张性节理，沿张性节理充填平直或“S”形弯曲方解石。

(二)喀什塔什冲褶带

图区东部昆南地块中石炭纪—二叠纪托库孜达坂岩组由下部含安山质、英安质火山岩、火山碎屑岩的碎屑沉积岩和上部含碳钙质细碎屑岩夹灰岩两大部分构成，低绿片岩相变质，露头尺度上发育相似褶皱、无根褶皱、不对称的“N”形褶皱及较大的等厚褶皱，轴面劈理清楚，褶皱翼部劈理和岩性层产状一致，但普遍存在滑动变形产生的褶劈理、条带状构造等变形形迹。这套地层的区域性片(劈)理向北或向南陡立(75°～90°)，显示强烈的挤压变形特点。但也发育一系列向南倾，倾角稍缓的逆冲兼左旋韧性断层，从露头上的小型构造样式和地层层序分析，这些断层均沿褶皱的倒转翼或不对称褶皱的较短翼发生，说明逆冲断层是在褶皱构造的基础上发展的。

图 5-21 为该褶冲带北部构造剖面图，基本反映了其总体构造面貌，背斜核部的逆冲断裂将基底地层阿拉玛斯岩群大理岩推覆于托库孜达坂组之上。据此分析，该带总体构造是以出露于喀什塔什山一带的阿拉玛斯岩群为核部的复背斜构造，进一步挤压使区域挤压面理趋于直立并发生向北的左旋逆冲推覆，最主要断层是核部两翼的 f_{23} 和 f_{24} 断层。

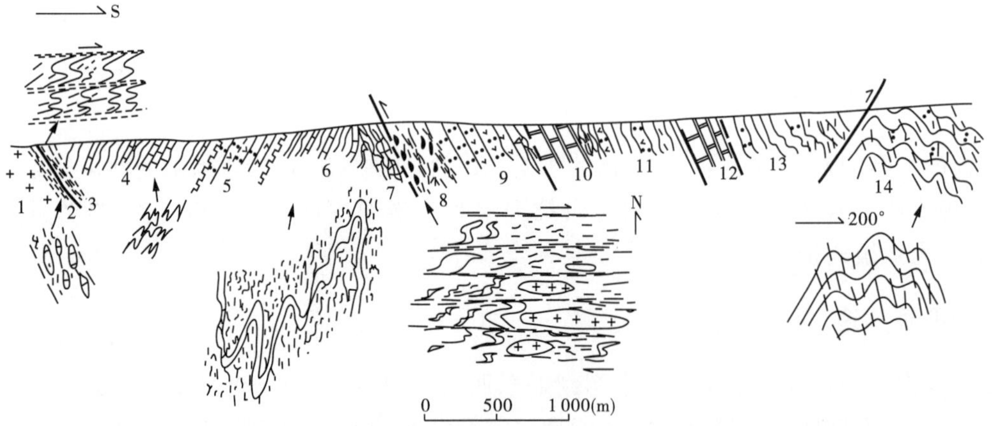

1.二叠纪花岗岩；2.花岗质糜棱岩，有大量花岗岩和辉绿岩构造透镜体；3.含碳绢云钙质糜棱岩；4、6.含碳钙质片岩夹灰岩；5.变英安岩、英安质晶屑凝灰岩；7.含碳钙质糜棱岩、片糜岩；8.砾质糜棱岩、凝灰质糜棱岩；9.变安山质晶屑凝灰岩；10、12.阿拉玛斯岩群粉红色大理岩；11、13、14.钙质片岩夹安山质晶屑凝灰岩

图 5-21　托库孜达坂岩群构造剖面图

(三)蛇绿混杂岩带构造

如第三章第二节所述，宽近 50km 的苏巴什蛇绿混杂岩带(大混杂带)可分两大部分，主体是陆壳型碎块，其次是分隔这些碎块的蛇绿混杂岩带(小混杂带)，(小)蛇绿混杂岩带和陆块上的构造特征完全不同。

1. 混杂岩带构造

蛇绿混杂岩带(小混杂带)的主要构造形式如图 3-84、图 3-85 所示,混杂带内不同岩性单元的蛇绿岩、古老变质块体、台地相沉积块体及增生楔复理石块体以韧性逆冲断层相接触,这些块体规模较大,路线或区域上可以填图,总体上蛇绿岩不同岩性单元的出现有一定方向性规律可循,蛇绿岩自身的变质变形也稍弱。构造应力增强,则形成如图 5-22 所示的“砾岩状”混杂外貌,可以分出各种级别的“砾石”块体和胶结物,图 5-22 中的胶结物在北侧主要是硅质千枚岩(浅变质硅泥质沉积岩),南部则主要是复理石。

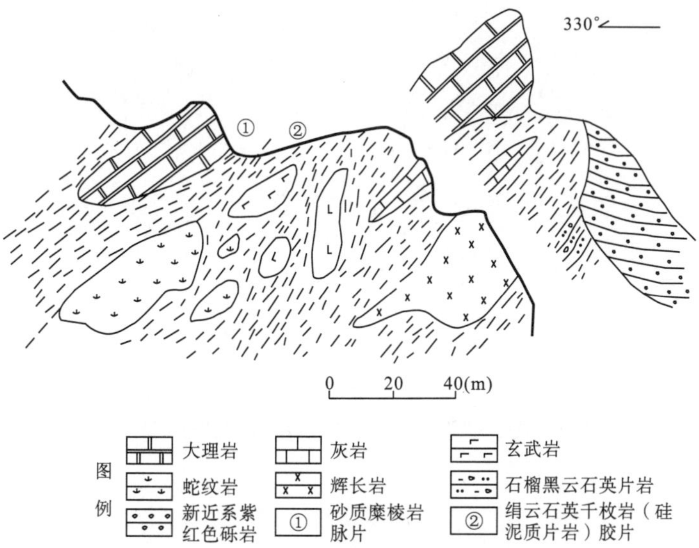

图 5-22　苏巴什蛇绿混杂岩带素描图

2. 陆块区构造

1)基底构造

陆块基底中晚古生代构造变形比较普遍的是片理、片麻理的宽缓褶皱。另外是多在块体边缘发育的与周围蛇绿岩带中逆冲断层基本一致的大型糜棱岩带(图 5-23),糜棱岩带为低绿片岩相退变质作用,细粒化并产生明显的构造分泌条纹条带,长英质脉体产生的旋转碎斑系,早期变斑晶的旋转及退变,S-C 构造等。在大型糜棱岩带的弱变形域早期片岩、片麻岩特征保存尚好。

2)盖层构造

盖层区构造比较简单,主要是褶皱构造,发育不明显的劈理。褶皱的产生与发展显然受逆冲断层控制,如石炭系向斜是由于北部 f_{32} 断层向南逆冲运动,南侧 f_{33} 断层向北逆冲运动,两侧基底双向对冲挤压,使其间的石炭系塔斯坎萨依组和龙门沟组形成向斜褶皱,南侧的推覆较大,褶皱翼部大部分被掩盖。

晚古生代古特提斯构造对早古生代原特提斯构造的改造、破坏是明显的,早期的伸展、剥离使昆北地块上的早古生代地层大量缺失,晚期的挤压及逆冲构造在昆南地块上的表现较强,喀什塔什褶冲带向西在相应位置的下古生界及基底阿拉玛斯岩群中也形成了宽达 10km 的向南陡倾的强劈理化及糜棱岩带。

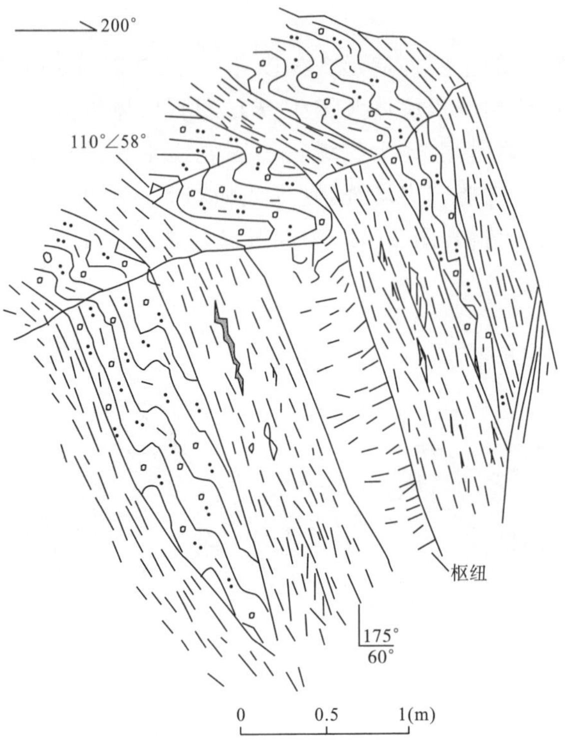

图 5　23　苏巴什南石榴黑云石英片岩被晚期糜棱岩带改造成透镜状图

第五节　中、新生代构造

一、中生代构造

中生代构造活动的主要场所在南部的伯力克幅(详见《伯力克幅区域地质调查报告》),本图区构造活动并不强烈,主要是断裂构造,与南部伯力克幅构造特征相似,断裂构造具右旋压扭性质,产生了两条比较集中的陆相拉分断陷盆地,南部沿苏巴什蛇绿构造混杂岩带的盆地沉积了三叠纪(阿塔木帕下组)山间磨拉石和早、中侏罗世(叶尔羌群)细碎屑含煤建造,二者之间为角度不整合接触。北部沿现在山前一带的盆地主要沉积了早、中侏罗世(叶尔羌群)粗—细碎屑含煤建造,白垩纪的砂砾岩则与昆仑山的隆升有关。

中生代断裂为韧脆性或脆韧性,构造面向北陡倾或近直立,向南逆冲兼右旋走滑运动,水平方向上的右旋运动似更加明显。但是,断裂构造形迹几乎均被强烈的新生代断裂活动所改造,在较大的后期断裂(多为多期活动断层)带的构造透镜块体中可觅其踪迹,如图 5 - 24 为山前一带新生代山前断裂组中断夹块中的早期右旋构造残存,它与晚古生代南倾逆冲样式的构造变形不同,构造变形也表现为韧脆性,可见极密集的构造滑移破裂面。

在昆南地块南部中生代断裂构造保存较好。其中 f_{25} 断层是一个区域性大断层,可能追踪了早期的边界断层,在东部与 f_{27} 断层相合,为昆南地块与苏巴什蛇绿混杂岩带的边界,向西在克里雅河以东为柳什塔格洋岛地块与昆南陆块的边界,在库拉甫河两侧又是昆南地块上早古生代火山沉积地层的南界,进一步向西切割了巨大的花岗岩,该断层在航、卫片上的线状影像特征清楚,明显分隔

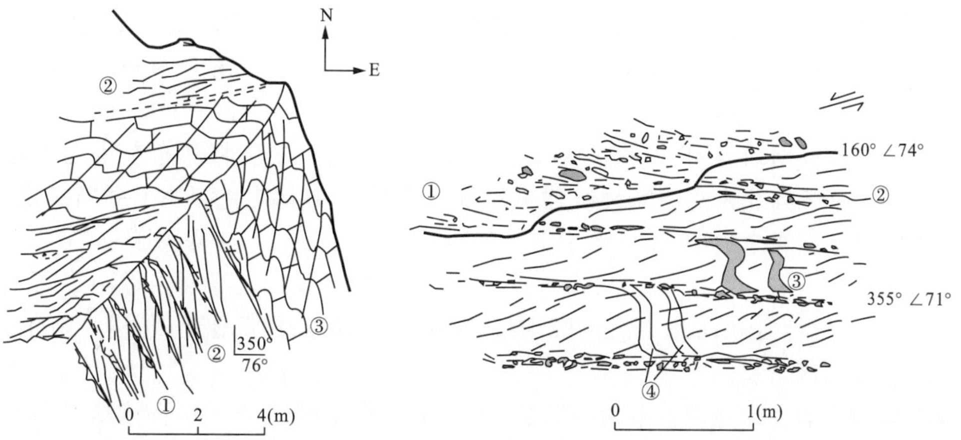

①绿片岩；②凝灰质砂岩；③灰岩 ①新生代脆性断层；②中性代韧脆性断层；③绿帘石脉；④石英脉

图 5-24 普鲁一带中生代右旋断层图

了不同特点的地质体。在库拉甫河该断层宽近100m，北部为玄武质糜棱岩，南部为闪长质糜棱岩(图5-25)，玄武质糜棱岩为页片状片糜岩，闪长质糜棱岩的暗色矿物和浅色矿物分集定向，产生强糜棱面理，产状195°∠75°(受后期断层影响)，但闪长岩粒状外貌仍可识别，标本上可见浅色矿物斜长石发生了密集的破裂错动，暗色矿物均变成长条状绿泥石，片理面上形成矿物拉伸及生长线理，产状：95°∠35°，说明水平方向运动量更大。断层南盘产生一系列向西弧形弯曲的多级派生断层，也具脆韧性特点，其形态和次级断裂面上的擦痕反映其为右旋斜冲运动。

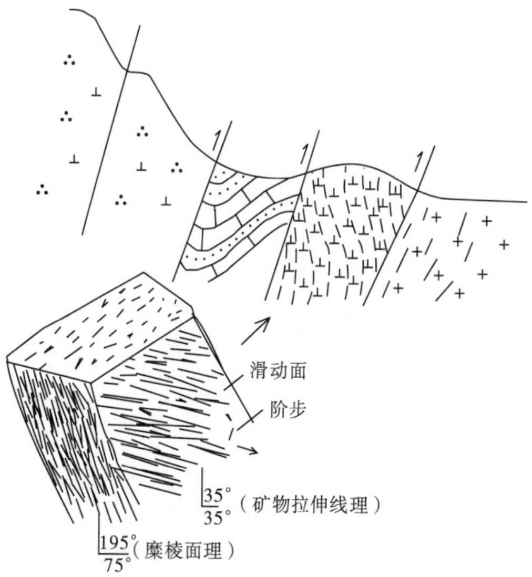

图 5-25 库拉甫河新生代脆性断裂中生代韧脆性剪切带图

f_{26}断层：位于库拉甫河卡也地石英闪长岩南界，与f_{27}断层在库拉甫河东相合，为柳什塔格玄武岩洋岛地块的北界，也切割了北侧的卡也地石英闪长岩和阿拉玛斯岩群的角闪岩组，该断层及其次级断层使阿拉玛斯岩群角闪岩组片理、片麻理发生较大的平面形态为“S”形牵引褶皱，褶皱枢纽近于直立，反映右旋运动。

二、新生代构造

新生代构造运动强烈，构造方式主要是断裂，断裂运动使地体抬升，产生举世闻名的青藏高原，本区为青藏高原的北缘，又是阿尔金断层的南西端，构造变形异常强烈复杂。总体隆升过程中的左旋运动也非常明显，产生拉分盆地，并诱发火山活动。新生代活动的断层主要是追踪早期已有的断层，新生的断层甚少。

(一)阿尔金断裂系

1. 特征

阿尔金断裂是中亚地区最大的一条走滑断裂，有学者将其动力学意义与濒太平洋的郯-庐断裂和美国圣·安德列断裂相媲美，从而备受国内外地学界关注，并成为研究热点。对阿尔金断裂的研究已有较长的历史，目前的研究程度也较高，普遍认为它是青藏高原中段的北界，新生代左行运动量巨大，但对其组成、展布范围、几何学特征、命名等仍有不同认识，最重大的分歧是向两端的延伸及活动历史。

崔军文等(1999)根据动力学、运动学的相关性和方向上的一致性将展布在塔里木地块和祁连地块间近于平行的一系列北东东向断裂统称为阿尔金断裂系，并认为主要由5条断裂组成，由南东向北西依次为阿尔金南缘断裂(ASF)、阿尔金北缘断裂(ANF)、米兰-红柳圆断裂(MHF)、且末-黑尖山断裂(QHF)和罗布庄-星星峡断裂(LXF)。阿尔金南缘断裂和北缘断裂控制了阿尔金山的南北界，都由北东东向线性段和向北突出的弧形段组成，均切割至中下地壳，统称为阿尔金断裂带。之北的3个断裂为隐伏断裂。

阿尔金断裂(系)的主体是阿尔金南缘断裂，多数学者和全国性编图均将该断裂向南西一直延伸到郭扎错，本项目在伯力克幅的填图证明，阿尔金南缘断裂进入昆仑山后，经库牙克近北东向线性断裂段到图区东南部的黄羊滩一带后，主要追踪晚古生代苏巴什蛇绿混杂岩带的北支小混杂岩带发生运动方向和运动性质的转换，方向变为近东西向，进一步经苏巴什向西伸出区外，北西西向延至康西瓦、麻扎一带(图5-26)，航磁异常与野外填图非常吻合(详见《伯力克幅区域地质调查报告》)。从黄羊滩盆地到郭扎错，阿尔金左旋断裂的影响是明显的，使大致沿这一方向的近东西向断裂的运动性质和方向发生改变，形成一系列互不相通的帚状小断层和盆地，但不存在一个完整的可以贯通的断裂，地层的连贯性也较好。

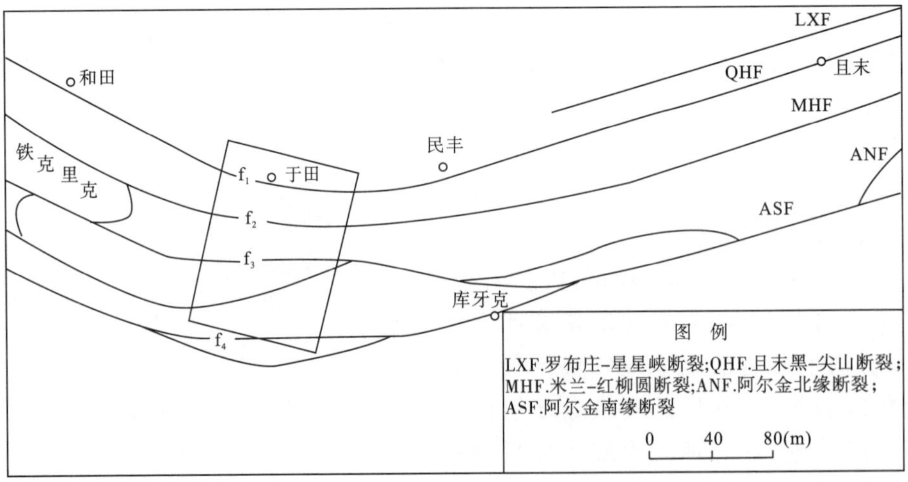

图5-26　阿尔金断裂系平面图及图区所处的位置

在小比例尺的航、卫片上，从若羌以东的北东东向到且末—民丰—于田，然后向北偏转呈北西西向到和田以西，有一条醒目的线状构造带，平行塔里木板块南缘展布，它既是一条控制地质作用的断裂(f_1)，也是一条重要的地理界线(见后)，其位置与且末-黑尖山断裂吻合(图5-26)。亦即：阿尔金南缘断裂及阿尔金断裂系在其中、西段的展布完全与塔里木板块的南界平行一致，是青藏高原的北界，并没有伸入到青藏高原内部。换言之，阿尔金左旋断裂受塔里木板块边界制约。

综上所述，1∶25万于田县幅均在阿尔金断裂系内，新生代构造必然具阿尔金断裂系的普遍特点，但本图幅正好处于构造方向的转变部位，在统一的动力条件下，断裂性质则由左旋走滑转换为左旋斜冲的压扭性质。与阿尔金山一带相似，新生代以来于田县幅以f_3断裂为界，可分塔里木盆地区和昆仑山隆起区。塔里木盆地区绝对高度虽也有显著的抬升，从古近纪末与海平面相当到现在普遍高于 1 000m，但相对于昆仑山区内部构造较为稳定，变动不大。昆仑山区甚至包括喀喇昆仑山区是以 f_{30} 断层为核心的复杂正花状构造，断裂构造使地体渐次隆升，从中心位置向南北两侧扩展（见后），直至现在的形态。阶梯状构造显著地反映于当今的地形和地貌，图 5-27 为包括伯力克幅的新生代构造剖面示意图，f_{30} 断层向北陡倾，该断层以北的断层向南陡倾，逆冲兼左旋走滑，由北向南依次由 f_3、f_4、f_6、f_7、f_8、f_{10}、f_{11}、f_{13}、f_{15} 等断层组成的复杂基岩山前断裂组，f_4、f_7、f_{11}、f_{19}、f_{25} 等主要断层形成依次升高的几个台阶，海拔 2 300～6 000 余米。f_{30} 断层以南的断层（主要在伯力克幅）向北陡倾，逆冲兼左旋走滑，最主要的一个断层是造成了昆仑山主脊（南脊）。

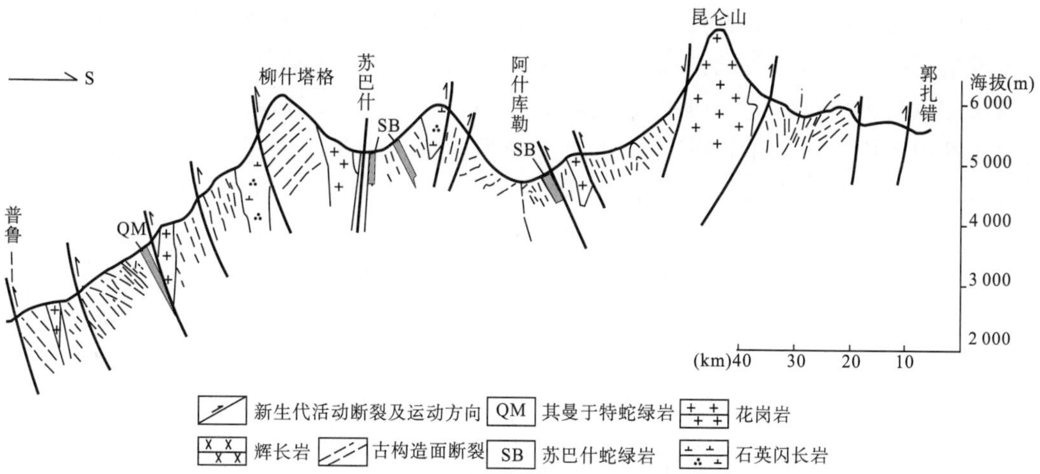

图 5-27 昆仑山新生代正花状构造剖面图

2. 主要断裂系统

新生代以来的主要活动断裂从北向南描述如下：

(1)于田(f_1)断裂：为阿尔金断裂系北的一条主要断裂，为隐伏断裂，西起北纬 36°50′，东西向延至于田县城南约 3km 处阿拉碌，然后北东东向经奥依托格拉克、也斯尤勒滚延出区外。该断裂是一条很清楚的地质、地理地貌及人文历史界线，在航、卫片上显示非常清楚，两侧区别见表 5-4。于田县城西侧 50km 以西沿断裂形成一系列线状排列的上升泉，于田县城一带断裂南侧克里雅河趋于辫状分散，断裂以北再趋汇拢，于田县城以东所有河流沿断裂一线隐伏消失。这些现象似乎说明该断裂最新的活动在于田县城以西北盘下降，于田县城以东北盘上升，因其隐伏，断裂产状不清楚，据区域上在塔里木盆地南缘的地震资料分析，可能为向南陡倾，也具左旋压扭性质。

表 5-4 于田(f_1)断裂两侧特征对比表

地域	地 质	地 理	人文历史及环境
北侧	晚更新世、全新世湖泊、沼泽沉积的细、粉砂、泥、碳泥质沉积	沙漠、湖沼、绿洲、草地，地形向北微倾斜	人口较多，古丝绸之路区域
南侧	晚更新、全新世冲、洪积	戈壁、沙漠，地形向北明显倾斜	基本为无人区

(2)苏克(f_2)断裂：大致平行(f_1)断裂，东侧有所收敛，西起 36°35′北东向延至于田县城南苏克一带后北东东向伸出区外，虽是隐伏断裂，但克里雅河以西现代活动迹象非常清晰。断裂以南克里雅河显著下切，在晚更新世冲洪积层上形成的 3 个侵蚀阶地终止于断裂，断裂北盘地势平缓，克里

雅河开始辫状撒开(于田县发电站修建于断裂处),沿断裂在其北盘堆积了巨厚的现代风成砂。再向西靠近图区边部,断裂南盘显著冲起,致使所有经过断裂的河流河床急剧变窄,卫片上显示为黑色条带。进一步向西在西邻的恰哈幅,该断裂是铁克里克隆起的北界断裂,在恰哈幅东部盆地区,断裂两侧更新世地层已明显褶皱、倾斜,多处新近系红层露于地表。克里雅河以东断裂现象逐渐模糊,断裂两盘均是晚更新世冲洪积层(戈壁),但填图过程中地表仍可看出沿断裂有一南高北低的台阶,北盘沙生植物长势也明显较南盘好。另外,沿断裂水系向北西突然改变方向,河流消失、再现等现象也较普遍。

(3)奴尔-山节(f_3)断裂:西起奴尔,北东东向延至克拉布拉克萨依后变为近北东向,向两侧均延出区外。该断裂是真正的山前断裂,断裂北盘是一望无垠的塔里木盆地戈壁、沙漠,南盘在西端北东东向段抬起的是早、中更新世冲洪积层,形成高差达800m的墚峁状土山,东段的东西向段抬起的是基岩。该断裂在更新世活动强烈,是早、中更新世山前拉分盆地的北界(见后),晚更新世又将这些盆地堆积物抬升到现在的高度,如普鲁北克里雅河侵蚀早更新世含火山岩的冲、洪积层,形成5～6级阶地,最下部的阶地与断层以北大面积的晚更新世新疆群高度基本一致,并被现代河流切割成直立的高达50余米的深切峡谷(图版Ⅰ-1)。最东侧分布的西域砾岩区特征与此相似,而之间分布的中更新世冰碛、冰水及冲积区现代河流呈“V”字形,两侧山坡上极少发育阶地。东部山节一带断层特征见图5-28,可见该断裂为向南陡倾的逆冲断裂。从区域地质特征,特别是西邻恰哈幅情况看,该断裂是铁克里克断隆的南界,可能也是晚古生代火山岩裂谷海槽的北界。铁克里克断隆上的地层与塔里木盆地内部基本一样,其性质应属塔里木板块,与断裂以南的昆仑山区地层不同,所以,该断裂的历史可追溯至早古生代。

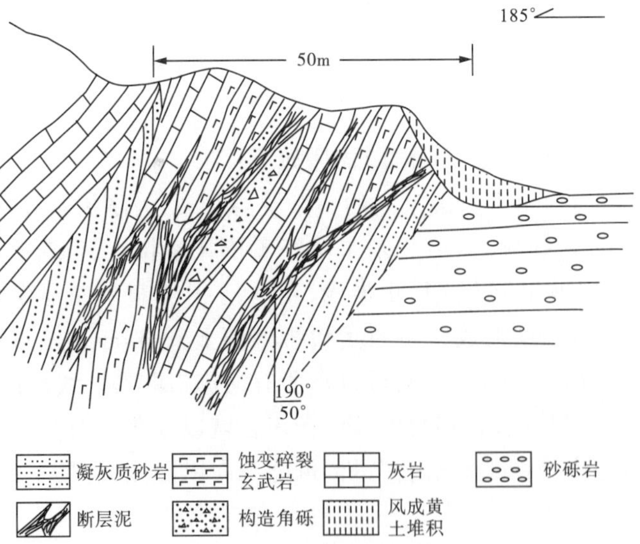

图5-28　山节山前断裂素描图

(4)基岩山前断裂组:是早中更新世冲、洪积、冰碛物与南侧不同时代基岩之间的断裂,总体为北东到北东东向,由3个近东西向断裂在大致相同的方向上向南弯曲、向北弧形突出且相互连接的弧形断裂组成,自西向东依次是f_{11}断裂(与其相连的东西向断裂可能是f_7断裂)、f_7断裂、f_4断裂(该断裂的东西向段与f_3断裂重合或被其截切),这与阿尔金南缘及北缘断裂完全相同(崔军文等,1999),也与受阿尔金南缘断裂影响的伯力克幅黄羊滩—郭扎错一线相似(详见《伯力克幅区域地质调查报告》)。每个弧形断裂段都是由大致平行的一组断裂组组成,均具向南陡倾、向北逆冲兼左旋走滑性质,致使不同时代的基岩逆冲于更新世冲积层之上。图5-29反映了该断裂组特征。

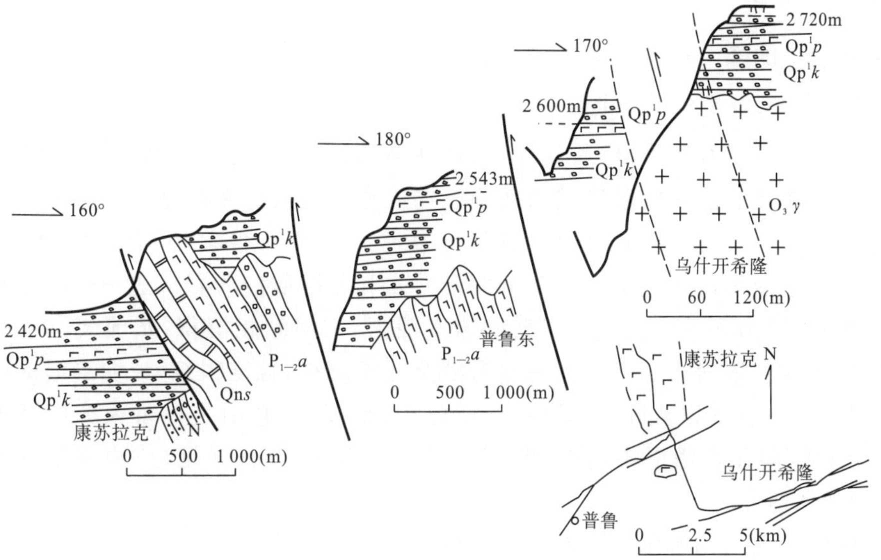

图 5-29 普鲁一带基岩山前断岩组剖面图

Qns. 青白口系紫红色大理岩；$P_{1-2}a$. 阿羌火山岩(绿边岩变玄武岩)；$O_3\gamma$. 晚奥陶世花岗岩；Qp^1k. 早更新世康苏拉克组；Qp^1p. 早更新世普鲁火山岩

(5)f_{25}断裂：追踪早期韧性断裂带活动，产生一组产状相同，向南陡倾的脆性断裂组，单个断裂带宽一般小于 10m，总宽度约 150m，断裂带构造岩主要是构造角砾岩、碎粉岩、断层泥等，逆冲运动。该断裂与主断裂(f_{30})共同形成了突兀高峻的昆仑山北脊，但断裂带本身在昆仑山主脊北侧形成了一条与山脊平行的负地形，克里雅河、库拉甫河的最大支流沿其近东西向延伸。

(6)再依勒克-苏巴什-黄羊滩(f_{30})断裂：是昆仑山正花状构造的主断裂，于昆仑山北脊南侧形成一宽阔的线状负地形，在所有比例尺的航、卫片上都能非常清楚地显示出来。断裂追踪苏巴什蛇绿混杂岩带最北的小混杂岩带活动，将混杂岩带及两侧地体中的早期面理均强烈改造向北陡倾，影响宽度达 2～3km。该断裂具韧脆性特点，在其影响范围内形成了密集的小断裂，局部形成强劈理带，将岩石碎裂成小于 0.5～1cm 的小透镜及薄片。变形较弱处则是普遍的碎裂作用。宽阔、普遍、强烈的变形并与早期变形相混杂，致使在一个露头上各种方向、各种性质的运动标志都存在，总体运动性质却不易确定，从地质体关系到对现代水系和改造变位分析，向南的逆冲是清楚的，水平方向上左行运动虽然明显，但也有右行的标志。

(二)昆仑山的隆升

1. 昆仑山开始隆升时代

关于昆仑山开始隆升的时代，目前还没有其他资料，主要依据地质记录。在整个昆仑山区比较普遍残留有侏罗系叶尔羌群(时代为早—中侏罗世)陆相含煤地层，地层特征相似，与塔里木盆地区的侏罗系也完全可以对比，说明在叶尔羌群沉积时期昆仑山与塔里木盆地的高度至少相差不大。在山区的逆冲推覆体所掩盖的最新地层也是叶尔羌群，可见昆仑山开始隆升时代在中侏罗世之后。

区域上塔里木盆地南缘的白垩系为一套紫红色砂砾岩(在本区仅出露不足 $1km^2$)，砾石的含量和粒度显著大于侏罗系叶尔羌群，向南侧的昆仑山方向，其沉积厚度变大，砾石含量增多，粒度变粗，说明白垩纪时昆仑山已开始隆起，在高度上已显著地突出于塔里木盆地，并由于昆仑山的隆升加载在塔里木板块南缘形成了“类前陆盆地”。

2. 昆仑山隆升过程

测区一带昆仑山的隆升过程可分为 3 个大的阶段。

1)第一阶段(K—E):昆仑山隆起

白垩纪时昆仑山虽已有雏形,但其规模、形态并不清楚,至古近纪时昆仑山沿(f_{30})主断裂一线率先于青藏高原主体隆起的面貌已经较为明确。在伯力克幅阿什库勒盆地周缘残留有已完全固结变形的古近系红层,靠近主断裂的苏巴什南侧,其为河流相,砾石粗大,磨圆甚差,流向向南,砾石成分也是来自于(f_{30})主断裂以北昆南地块上的深变质岩和花岗质侵入岩。进一步向南到盆地南侧的阿克苏河口一带,主要为含砾砂岩、砂岩、粉砂岩及泥岩,为河湖相沉积,水流流向也是向南。现在靠近昆仑山的塔里木盆地南缘古近系为一套海陆交互相沉积,粒度很细,说明当时的昆仑山北界更加靠南,这一现象一直持续到新近纪(见后)。所以古近纪时昆仑山是一条很窄的受阿尔金南缘断裂控制的线状山脉,向北在塔里木盆地,向南在郭扎错断裂以南(详见《伯力克幅区域地质调查报告》),仍不时被海水淹没。

昆仑山的隆起可能与帕米尔一带发生的剧烈碰撞作用有关。

2)第二阶段(N_1):喀喇昆仑隆起

地质上将苏巴什断裂以南、郭扎错断裂以北的区域称喀喇昆仑区,前人资料显示古近纪该区南部有海侵的历史。苏巴什断裂之南的山间盆地中发育近水平的弱固结新近系红层,苏巴什南侧与前述古近系共生的新近系也为一套河流相沉积,切割了已倾斜的古近系(详见《伯力克幅区域地质调查报告》),冲积层砾石最大可达 1m,砾石排列方向反映河流流向向北,砾石成分主要是分布于南侧的石炭系、二叠系灰岩。在阿什库勒盆地南部出露的新近系整合伏于第四纪火山岩之下(详见《伯力克幅区域地质调查报告》),砾石中有较多铜矿化含电气石二长花岗岩,该花岗岩分布于现在的昆仑山主脊一带。这充分说明了新近纪喀喇昆仑区发生了快速隆升,高度超过了其北已经存在的昆仑山。

在西邻的恰哈幅山前一带发育较多已强烈变形、倒转的新近系红层,为一套河湖相砂岩、粉砂岩、砂砾岩等,砾石含量不大于15%,粒度极少大于5cm,磨圆、分选均较好(砾石中有很多未变质的基性火山岩,昆仑山区尚未发现这种火山岩的基岩露头),反映古近纪主要构造作用是喀喇昆仑山的隆起,而昆仑山似乎没有太大变化。

从上新世开始沉积的西域砾岩靠底部已有较厚的风成黄土状粉砂堆积,说明至中新世末,喀喇昆仑山和昆仑山的高度已产生了亚洲季风气候,塔里木盆地趋于干旱,塔克拉玛干沙漠已形成。

喀喇昆仑山的快速隆起与印度板块和欧亚板块的碰撞作用有关。

3)第三阶段(N_2—Q):整体快速降升,昆仑山向北推进

进入上新世以来,青藏高原的隆升明显加速,并向北推进到现在位置,主要表现在以下几个方面:

(1)山前一带(拉分盆地中)巨厚、粗粒冲、洪积性质的磨拉石建造。最下部的西域砾岩角度不整合于新近系之上,西域砾岩也已近于直立,微固结,砾石粒度粗大,分选、磨圆很差,成分已与现代河流冲积层完全相同。说明中新世和上新世之间发生过一次剧烈的构造运动,昆仑山向北推进到了现在的位置,强烈的构造变形只发生于昆仑山向北推进的部位,使前上新世地层发生褶皱及断裂变形,进一步使上新世—早更新世的西域砾岩也发生了强烈变形。但在青藏高原内部只表现于垂向隆升,侧向挤压并不明显。

(2)大面积的火山喷发(西昆仑-玉门火山岩带),前人资料可分 0.3～0.1Ma、0.7～0.5Ma、2.8～1.1Ma 三个时段,多为晚更新世,是青藏高原北部最年轻的火山岩区。地球化学特征反映第四纪火

山岩多数来源于地幔,说明昆仑山的隆升有其深部因素。伯力克幅大量的第四纪火山岩熔岩流沿沟流动,说明昆仑山腹地的地貌形态在古近纪已完全形成,第四纪以来变化不大。

(3)大范围的冰川活动,主要始于中更新世,与火山活动相一致,主期是晚更新世。全新世冰川退缩,目前处于稳定态势。

(4)河流阶地:各地的阶地数不同,说明青藏高原隆升过程的细节很复杂,昆仑山一般可见4～5级,山前一带仅形成于晚更新世的阶地就有5级之多,喀喇昆仑山区仅2～3级。全新世以来形成很窄而陡直的峡谷。

(5)向主河道发展的洪积扇,这种现象全区普遍存在。

3. 昆仑山的隆升速率

综上所述,用以去掉剥蚀量之后的纯抬升量对昆仑山不同阶段的隆升速率作大致的计算。

白垩纪时的昆仑山隆升情况很不清楚,该时期为昆仑山的初始隆升,从地质记录和前人研究情况分析,山体高度可能不大于500m,可见这一阶段的隆升速率极小。

昆仑山的明显隆升始于古近纪,到新近纪中新世末,昆仑山的高度已足以形成亚洲季风性气候,产生塔克拉玛干沙漠。一般认为产生亚洲季风的山脉高度不小于4 000m,时差为49.3Ma,所以这一阶段昆仑山的隆升速度为0.008cm/a。

从上新世到早更新世末的4.52Ma,昆仑山进一步隆升,至中更新世即形成山谷冰川,考虑到气候、降水量等因素,测区所处纬度足以产生冰川的山脉高度不应小于5 500m,昆仑山升高约1 500m,所以这一阶段昆仑山的隆升速度为0.033cm/a。

昆仑山北脊一带中更新世冰蚀阶地与晚更新世冰碛层的高差为1 000m,即晚更新世约63ka的侵蚀下切量为1 000m,大致以下切量代表隆升量,这一期间的隆速率为1.587cm/a。

全新世以来的10 000a,昆仑山北脊一带的最大下切量约为300m,隆升速率为3 cm/a。很明显,到现在昆仑山的隆升一直在加速。

结合区域地质背景分析,昆仑山山前一带风成黄土剖面结构在43.3m处(约500ka)的分界面代表了山前拉分盆地结束并开始抬升,区域构造机制转化的时间,至晚更新世末的490ka,这一带的侵蚀高差为800m,隆升速率仅为0.163cm/a。全新世下切量约为80m,隆升速率为0.8 cm/a,这一方面也反映了昆仑山在加速隆升,另一方面可见昆仑山核部隆升速率远大于山前地带。

以上计算是以塔里木盆地为侵蚀基准面的,而塔里木盆地自身也在隆升,从古新纪曾有海侵(与海平面高度相近),到现在平均高度约为1 000m,故昆仑山相对于海平面的隆升速度将大于以上数值。

4. 昆仑山隆升过程中的山盆耦合及火山活动

也许是本区正处于阿尔金断裂系构造运动方向和性质的转换部位,昆仑山总体隆升过程中的左旋运动形成了沿山前和沿苏巴什断裂的两个拉分盆地系统,控制拉分盆地的断裂深达下地壳和地幔,以致在盆地中有大量基性—中酸性碱质火山喷发。

1)山前拉分盆地

山前拉分盆地北界可能受f_3断裂控制,南界主要受基岩山前断裂控制,是现在地貌上非常醒目的山前一带由上新世—早、中更新世冲、洪积物构成的墚峁状山地地带,现在大部分地区切割深度接近1 000m,仍未见底,可见该盆地与昆仑山的快速隆升相耦合,有人称之为前陆盆地。

拉分盆地活动时代为上新世—早、中更新世,成因上与昆仑山向北的快速推进有关,在形态上大致为锐角在北东和南东的平行四边形,盆地中心位置在不同时期有明显的迁移特点。

上新世—早更新世早期，盆地中堆积了著名的西域砾岩，沉积物特征见第二章，其主体位于西邻的恰哈幅。图区内普鲁村北含火山岩的下更新统直接不整合于新近系之上，说明当时的盆地东界在普鲁以西，西域砾岩中水流方向多数为60°～70°，与现代向北的总体流向不同，反映上新世以来山前一带地形地貌变化极大，现在已难考究其变化过程，与山区特别是青藏高原内部总体地貌格局变化不大的特点形成鲜明对照。

早更新世，盆地中心东移至图区普鲁—阿羌以北，沉积地层为未固结的康苏拉克组，虽有断裂错动，但地层仍为水平状，地层特征详见第二章。普鲁一带康苏拉克组直接不整合在前新近纪不同层位之上，如图2-42所示，接触面起伏、坡度极大，反映早更新世盆地基底是尚在经受快速剥蚀的山区，受左旋拉分作用影响突然沉降形成，这一现象向南可以一直延伸到其曼于特蛇绿混杂岩带南侧，起伏巨大的基岩之上覆盖含巨砾的下更新统，类似于夷平面，山脊的高度变化不大。普鲁一带普鲁火山岩的地球化学特征反映其来源于地幔，可见控制拉分盆地的断裂已切穿了地壳，从火山岩分布分析，火山通道是基岩山前断裂。

中更新世，盆地中心再次西移至普鲁以西的亚其—克其拉克亚一带，位于西域砾岩和康苏拉克组两个沉积盆地中心之间，堆积了含冰碛和冰水沉积的新疆群。中更新世盆地规模较小，盆地的南界就是现在的基岩山前断裂，左旋拉分作用使以东地区向北的河流在基岩山前断裂一带被显著错断位移。

以上3个盆地的形成与演化可能是一个连续过程，从上新世至中更新世中期，盆地中心反复迁移，至500ka B P，区域构造机制可能转化成以挤压为主，左旋拉分盆地作用结束，盆地北缘断裂（f_3）向北逆冲，使盆地中的沉积物统一抬升，遭受下切侵蚀，在盆地沉积物上留下了4～5级侵蚀阶地。没有了山前的拉分盆地，河流一泻而北，在f_3断裂以北广阔平坦的塔里木盆地上沉积了大面积分布的冲、洪积层（有人称戈壁组），这一作用目前仍在继续。

2)黄羊滩盆地

黄羊滩盆地与阿什库勒盆地相似，均受f_{30}主断裂控制，位于其南侧。从沉积的地层分析，盆地是昆仑山隆升过程中左旋走滑作用的产物，与山体隆升基本同步发展，伴有极为强烈的火山活动。著名的阿什库勒盆地位于南部的伯力克幅，详见《伯力克幅区域地质调查报告》。

(三)昆仑山及青藏高原隆升与环境变迁

(1)在紧邻图区的策勒县大龙沟已直立-倾斜的早更新世西域砾岩中有大量风成黄土状粉砂及亚砂土透镜体，半固结，有些厚度可达10余米，与现代山前一带的风成黄土状粉砂完全相同，说明早更新世时期塔克拉玛干沙漠已经存在，而且规模已经很大。认为第四纪以来青藏高原的快速隆升造成亚洲季风性气候，同时致使我国西部干旱、沙漠化的认识有待商榷，可能新近纪时期青藏高原有过一次极速隆升，其高度已足以产生季风性气候。

(2)山前一带早中更新世冲、洪积物颜色为浅褐色和灰色交替，说明第四纪以来塔里木盆地气候环境也可能是相对好、坏交替的，盆地周边大量细石器的发现直接证明了盆地（周缘）很早就适合人类生活。

(3)干旱环境和适度强度的大气环流是沙漠-黄土形成的必需条件，受东北风和西北风的共同影响，测区一带是塔里木盆地周缘山前风成亚砂土堆积最厚的地区，兰州大学地理科学系方小敏等在阿羌乡阿羌河与苏克河之间宽广、平坦、海拔2 900m的分水岭对风成黄土进行了剖面研究，黄土厚81.5m，平行覆于中更新世冲、洪积层之上，连续的古地磁样测试结果深度72m之下为松山反极性世，之上为布容正极性世，以780ka为B/M界限年龄，根据沉积速率推侧黄土底部年龄为883ka，剖面结构在43.3m处（约500ka）分明显两部分：上部以砂黄土和古土壤为主，下部以亚砂土和粗砂黄土为主,夹古土土壤。剖面上古土壤发育甚微,可分9层,碳酸钙平均含量下部变化不大,上部略有增加,平均粒度和粗粒含量下部变化大且粗,上部变化小而且细。

结合区域地质背景,我们认为:①883ka山前一带有一次构造抬升,结束了早更新世康苏拉克拉分盆地的充填,开始接受黄土堆积,而不能认为此时形成了塔克拉玛干沙漠的雏形;②500ka可能也是一次规模较大的构造抬升,高度已使其难以接受粗粒风成物质。山脉的进一步抬升可能也再次改变了盆地大气环流条件;③883ka以来盆地气候条件变化不大,总体一直处于干旱环境;④从风成黄土本身研究环境变化似不灵敏。

(4)昆仑山和喀喇昆仑山区不适合人类生活,塔里木盆地自然条件绝非人力所能改善,科学地巩固和改善现有沙漠绿洲是这一带环境治理的唯一选择。绿洲存在的条件是充足的山区冰雪融水,我们实地调查发现目前昆仑山冰川有进有退,总体处于均衡态势。

中国科学院寒区旱区环境与工程研究所姚檀栋等对昆仑山最大的古里雅冰原采集冰芯进行研究(1992年采集冰芯样309m,位置:35°17′N,81°29′E),高分辨率地研究了过去2 000年以来的气候变化(图5-30):①温度在波动中上升变暖,进入20世纪有加速变暖的趋势;②准确记录了小冰期的3次冷期,但公元初的寒冷程度大于小冰期;③温度和降水量呈相关关系,但在短时间内二者并不同步,降水变化滞后于温度变化50～100a;④古里雅冰芯中$\delta^{18}O$的积累大多与太阳活动有关,表明青藏高原气候变化的主要驱动力可能是太阳活动的变化。

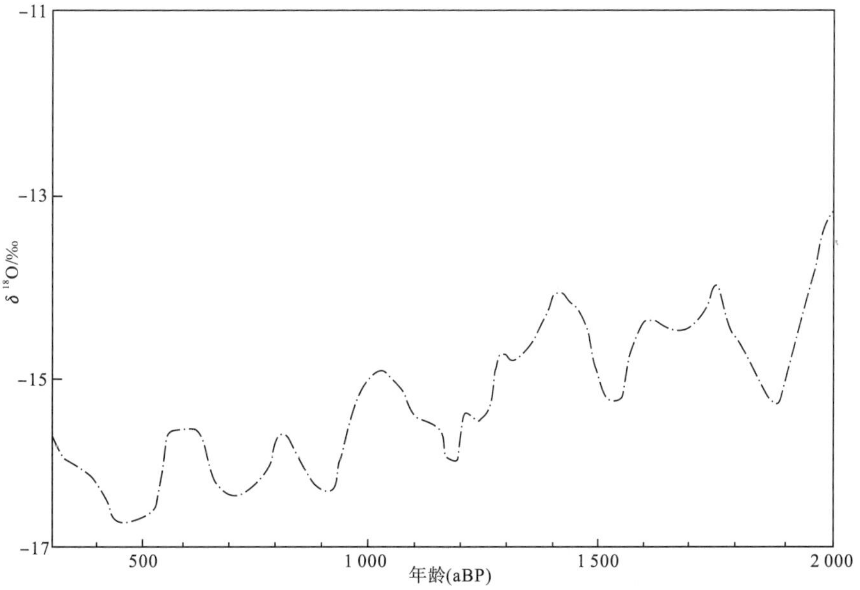

图5-30 过去2 000年以来古里雅冰芯中$\delta^{18}O$记录

初步对比古里雅冰芯所提供的温度变化与西域(主要是南疆)社会和经济活动的兴衰,我们发现:总体上的升温与西部荒漠化加剧相一致;9世纪(唐朝)以前温度最低,西域36国达到空前繁荣,于田古为“拘弥国”,东汉时还算强盛,唐之后人口锐减,由“国”成村,大概与“精绝国”的灭亡同时,政治、军事的因素只是表面,根本的原因可能是水。于田县南侧的大弧形断裂(f_1)是阿尔金断裂系的北部第二条断裂,断裂之北是正在发展中的沙漠区,野外路线调查发现这里曾经历了湖—沼—沙漠过程。于田县西侧到策勒县虽沙化严重,但仍属绿洲及草地,于田县东侧则是一片沙海,在沙丘之间的洼地有长势较好的芦苇和其他沙生草灌,水源为地下水,说明此处沙漠历史不长,地下水位很浅。唐僧前后的西域探险家都提到塔里木盆地的南河、北河(南路、北路),北河即塔里木河,南河在地质上讲是不存在的,从上述地质调查发现可以推测,在唐之前,沿阿尔金断裂系北侧两个断裂之间是一较连贯的绿色长廊，有大片大片基本互通的湖泊，以致唐僧误以为河，精绝（尼雅）便位于此绿带上。之后温度快速升高，大片大片的绿洲消失，进入现代小冰期（明、清时期）自然条件有所好转，绿洲经济再次繁荣。20 世纪以来急速转暖，盆地环境则急剧恶化，这一过程仍在继续。

与总体上升温与荒漠化相一致的现象形成鲜明对比的是，克里雅冰芯所记录的温度变化与中原（内地）的政治、社会状况有极清楚一致的吻合性，即高温期社会繁荣，出现盛世；低温期社会动乱乃至改朝换代。

第六章　地质构造演化

第一节　事实与观点

对1∶25万比例尺的区调图幅所有地质体的形成，地质关系的产生给予合理的解释，并探求其地质构造演化过程的动力学机制，实际已是大地构造学的研究范畴，虽不是区调工作的主要目的，但在空白区开展的此项工作，大量新的地质体、地质关系的发现，大量测试成果的形成，迫使我们必须对此问题有所回答。为了不致一叶障目，本节对基本事实的总结包括了于田县和伯力克南北向纵贯塔里木板块、西昆仑造山带和喀喇昆仑造山带的两个图幅，并尽可能地将视野投向与图区有关的相邻地区。

一、基本事实

对测区取得的大量实际资料进行理性的概括总结，可以得出以下5个方面的基本事实。

(1)西昆仑造山带和东昆仑造山带并一直向东到秦岭造山带是基本一致的，是一个统一的造山带，所以姜春发等(1992,2000)称之为(中国)中央造山带，其典型的板块构造机制演化阶段为早古生代到三叠纪，西昆仑则下延到震旦纪。震旦纪以前的地质过程及构造机制已难说得清楚。三叠纪最终奠定了基本的地质构造格局，侏罗纪进一步发生了大规模的逆冲推覆运动，新生代在板内条件下发生快速隆升，成为目前横亘于中国中部的巨大山系。

(2)人们已经发现了昆仑造山带和秦岭造山带在其板块构造演化阶段具有明显的自北而南演化的方向性(潘裕生，1998,2000；丁道桂，1996；潘桂棠，2000；李继亮，1998,2000)。这一特征在本区调图区反映得更加清楚，北部是以其曼于特蛇绿混杂岩带为代表的早古生代造山带，南部以苏巴什蛇绿混杂岩带为核心的晚古生代造山带，再向南在伯力克幅中南部是以巴颜喀拉山群为代表的三叠纪褶冲带，该带在东邻图区及以东有蛇绿岩发育。古生代的两个造山带均以蛇绿混杂岩带为核心，蛇绿岩带两侧为不同性质的陆块，两侧陆块上有与蛇绿岩配套的边缘沉积及火山岩建造，有俯冲到碰撞型乃至碰撞期后型花岗岩带，也有反映造山作用的磨拉石建造，这些特征反映这种造山属碰撞(软碰撞或硬碰撞)造山作用。自北向南极有规律的方向性演化是我们研究昆仑造山带的基本事实依据和出发点。

(3)长期演化及造山带向南依次推进是昆仑造山带的基本特点，是我们深入研究其大陆动力及机制必须把握的基本点，这一特点说明总体上为一次性开合，但在合的过程中又有阶段性的扩张，如石炭纪大规模扩张对早古生代山带的改造、肢解。震旦纪—早古生代和晚古生代蛇绿岩以及火山岩地球化学特征有较明显的相似性，说明造成阶段性演化自有其不同的但可能是有机联系的深部动力学机制。

(4)其曼于特蛇绿岩及早古生代碰撞造山带与无疑属于冈瓦纳大陆的南羌塘地块上的早古生代造山带相对应，说明我国境内的东特提斯在时、空上也具有二分性，即空间上青藏高原可分北部特提斯和南部特提斯，时间上北部特提斯始于原特提斯，应与 Rodinia 超大陆的裂解有关，完全闭合于三叠纪。南部特提斯则与三叠纪以后冈瓦纳大陆的裂解有关。

前人及邻区工作已经查明阿尔金构造带(造山带)存在早古生代蛇绿岩，而其曼于特蛇绿岩在空间上与阿尔金构造带已非常接近，说明阿尔金断裂东、西两侧的早古生代蛇绿岩通过阿尔金是相连通的，亦即原特提斯的北界至塔里木板块和华北板块，南界为冈瓦纳大陆。阿尔金构造带两侧的多条早古生代蛇绿(混杂)岩带间夹持了许多小型陆块。属晚古生代闭合的康西瓦-苏巴什洋盆的历史也可下延到震旦纪—早古生代，说明从震旦纪—寒武纪打开的原特提斯洋为一多岛洋，洋中漂浮着许多大大小小的陆块，从前震旦纪变质、沉积建造、古生物和地壳结构看，这些陆块具扬子型特点，实际上扬子板块应是该大洋中最大的一个陆块。北羌塘(昌都)地块似更接近于冈瓦纳大陆(任继舜，1997)。

(5)从花岗岩类侵入岩的分布量和构造变形强度分析，北特提斯洋在其漫长而复杂的合的过程中，构造变形强度是逐渐减弱的。

二、前人观点

(1)黄汲清(1987)认为特提斯是大洋，按槽台观点划分为本部和外围，包括了经典特提斯及两侧的海槽、盆地、地块，空间上分为北特提斯和南特提斯，时间上古生代称古特提斯，中生代称中特提斯，新生代称新特提斯。将龙木错-玉树和雅鲁藏布江两个缝合带称为东部特提斯的两个主缝合带，之间的部分称“互换构造域”。

(2)姜春发(1989，1992，2000)首次对包括测区的东、西昆仑，乃至秦岭进行了全面的工作和总结，提出了“开合构造”的观点和机制，认为东、西昆仑的构造基本上是可以对比的，并可东延至秦岭，首先提出“中央造山带”新概念。该造山带的主要活动时期为晚古生代，但可下延至早古生代，结束于三叠纪，分 3 个大的阶段，每个阶段都是一次“手风琴式”开合过程。

(3)肖序常、李廷栋等(1979，1988，1996，1998，2000)主要从青藏高原众多蛇绿岩自身特点出发，认为不存在广阔的特提斯大洋，南北大陆之间是小洋盆、微陆块、海湾相间的构造格局，这一认识得到了比较广泛的关注。

(4)任纪舜等(1997)、张国伟(2000)也持多岛洋观点，但从全球板块构造的演化和动力学过程出发，认为我国境内的所有构造带及其演化均完全受控于全球三大板块动力背景，按其性质和结构将这些陆块划分为北部亲西伯利亚陆块群、南部亲冈瓦纳陆块群和其之间的古中华陆块群，测区一带主要为中华陆块群区域。

(5)潘裕生等(1998，2000)认识到了从昆仑山到喜马拉雅蛇绿岩及地质演化在时空上的方向性，划分出了自北而南的 5 个缝合带，提出了转送带模式的从南侧大陆裂离，向北漂移碰合增生的观点，同时认为弧后盆地的进一步扩张产生新的洋壳盆地，认为巴颜喀拉山群堆积于不再扩张的死洋盆之上。

(6)陈智梁(1994)、潘桂棠(1997)提出了华夏古陆群的观点，潘桂棠(2000)又进一步发展，提出泛华夏大陆群，包括华南、华北、塔里木、羌塘、印支、马来西亚以及太平洋古陆所属的地块，以华夏植物群为特点，是独立于劳亚和冈瓦纳的世界第三大陆群，东古特提斯是包含泛华夏大陆群的广阔大洋。同时认为一个大洋的生成到消亡需要 800～400Ma，特提斯洋当然也不例外。

(7)李继亮等(其最终研究成果尚未出版，但从王宗起、周辉、方爱民、肖文交等的博士论文中已体现出来)提出了弧增生造山带的观点，他们也认为秦-祁-昆是可比对比的，存在一个贯通的大洋，大洋向北俯冲消减，俯冲带不断向南退缩，相应弧前盆地、岩浆弧、弧后盆地等也向南迁移增生。

三、本书观点

前人观点综合起来有“开合”、“剪刀张”、“转送带”、“弧增生”几种模式，都占有着重要的资料和理论依据，无不闪耀着智慧的光芒，都对本项目的工作起到了理论思想上的指导作用。从项目获取的实际资料出发，充分地从这些观点中吸取精华，对测区及相关区域地质演化进行理性的总结归纳。

汪玉珍(1983,1987)、潘裕生(1998,2000)、邓万明(1989,1991)、丁道桂(1996)等在西昆仑新藏公路一线的工作发现并确定存在震旦纪到早古生代蛇绿岩和花岗岩带，从而很明确地重新提出了原特提斯洋问题。本区早古生代其曼于特蛇绿混杂岩带及柳什塔格洋岛玄武岩的发现和确定，使原特提斯洋的面貌更加清楚。

其曼于特蛇绿岩的时代为晚震旦世—早寒武世，而具洋岛性质的柳什塔格玄武岩的时代为晚震旦世晚期到早寒武世早期，可见，原特提斯洋在晚震旦世已完全成型。

测区内，其曼于特蛇绿岩所代表的洋盆规模不大，可能为与塔里木板块有关的大陆边缘小洋盆。目前的资料证明苏巴什蛇绿岩的时代为石炭纪至中二叠世，但在其北侧存在一个规模巨大的震旦纪到早寒武世洋岛性质的柳什塔格玄武岩，在宽达 40km 的苏巴什蛇绿岩带内的小型陆块上发育志留纪具俯冲性质的石英闪长岩和英云闪长岩，这说明苏巴什洋盆的时代可以下延到与其曼于特洋盆同时的晚震旦世，这两个洋盆是同时形成的。向西，其曼于特蛇绿岩与库地蛇绿岩相当，而苏巴什蛇绿岩则与康西瓦构造带可以连接。向东，其曼于特蛇绿岩似经阿尔金构造带中的早古生代蛇绿岩与祁连山及柴北缘的诸条蛇绿岩发生关系。苏巴什蛇绿岩向东与木孜塔格北(也发现了早古生代蛇绿岩)及阿尼玛卿蛇绿岩相连，进一步向东则与秦岭造山带相通。所以，原特提斯洋的总体规模应该很大，但其内部存在大量小型陆块、洋岛和玄武岩台地，这些小型块体的存在使原特提斯洋不可能有完整的、与其规模相适应的统一大洋板块，而是将其分隔成一系列的小洋盆，即原特提斯洋为多岛洋性质。

从原特提斯洋形成的时间分析，它的产生源于 Rodinia 超大陆的裂解。超大陆裂解的动力又是什么呢？其曼于特蛇绿岩和苏巴什蛇绿岩都具有 E－MORB 性质，即与富集地幔有关，柳什塔格玄武岩则更明确地是富集地幔的产物。在秦-祁-昆造山带中的早古生代蛇绿岩多数具有与此相同或相似的特点，故我们认为 Rodinia 超大陆裂解的动力是大型地幔柱的上涌。

但是，普遍认为地幔柱只是一个转送热能和大离子元素的固态性质的能量柱和化学柱，本身的能量并不足以使岩石圈完全破裂，产生新的洋壳，所以可以推测，地幔柱的上涌启动了软流圈的对流，使岩石圈破裂的直接动力是软流圈的对流。地幔柱在中地幔(670km)结构界面处发生显著的横向扩展，并进一步分解、分化成多个幔枝上升，所以在软流圈便产生多个相背对流及扩张中心，致使 Rodinia 超大陆大致同时发生多处裂解，形成原特提斯多岛洋。

其曼于特蛇绿岩所代表的小洋盆可能从晚寒武世开始发生向南的俯冲消减，至晚奥陶世已彻底消失，昆北地块和昆南地块发生碰撞，形成了有规律分布的俯冲型及碰撞型花岗岩带，也发生了强烈的使下地壳冲起的厚皮逆冲叠覆构造，显然在早古生代中晚期发生了一次以其曼于特蛇绿混杂岩带为核心的碰撞造山作用。测区的早古生代(加里东期)碰撞造山作用不是局部现象，在东、西昆仑的北坡和祁连、北秦岭具有普遍性。

从测区资料分析，在早古生代造山带的南侧，苏巴什洋盆的情形与此并不完全一致，俯冲性质的早奥陶世石英闪长岩侵入了柳什塔格(洋岛)玄武岩，说明苏巴什洋壳和其曼于特洋壳大致同时发生了向北的消减俯冲，在早奥陶世，柳什塔格玄武岩洋岛已向北拼接于昆南地块南缘，洋壳的进一步俯冲使其成为岩浆弧。侵入于硫磺达坂—双雁山一线的志留纪石英闪长岩和英云闪长岩则说明俯冲消减作用一直持续到了志留纪。苏巴什洋盆的俯冲、消减作用是明显的，但却没有发现两侧陆壳发生碰撞的任何证据，沿此一线也不存在昆仑北坡广泛发育的作为碰撞造山作用的另一标志——晚泥盆世奇自拉夫组磨拉石建造。

在原特提斯洋南侧的大陆边缘-南羌塘地块上却具有比较明显的早古生代碰撞造山作用。可见，早古生代中晚期原特提斯洋的消减是普遍性的，但碰撞造山作用只发生于外围，在其大洋的中心位置仍有洋壳残留。

如何理解这种现象呢？任何事物都有生长、衰亡的过程，地幔柱当然也不可例外，它的生成过程使岩石圈裂解，产生洋壳，它的衰亡过程则使洋壳俯冲、消减，走向死亡。随地幔柱衰减，外围的幔枝及所控制的软流圈对流也随之消失，中心位置的地幔柱及软流圈对流却仍在继续，在外围大陆板块向洋内运动和中心部位软流圈向外的相向动力作用下，原特提斯洋中靠边部的微陆块之间及微陆块与外围板块之间发生阶段性碰撞造山。

与整个昆仑造山带相似，但似乎更具典型性，晚古生代在原特提斯残留洋的基础上发生了一次非常明显的开与合。开的过程形成了两大套建造，一是在昆北地块上发生大规模的伸展作用，形成变质核杂岩，并进一步扩展成规模较大的普鲁-阿羌裂谷，大量发育双峰式火山岩和基性侵入岩；另一更重要的建造是在苏巴什原特提斯残留洋的基础上再次扩张，形成晚古生代洋盆，同时在已拼接到昆南地块上的柳什塔格玄武岩地块上侵入了狭窄的带状分布的石炭纪壳、幔浆混花岗岩。在苏巴什洋盆与阿羌裂谷之间的昆南地块上则形成了一套相对较浅的托库孜达坂岩组。综合各种资料分析，扩张作用比较明确地始于晚泥盆世，形成了与石炭纪海相火山岩系过渡的陆相红色磨拉石建造，但在相应的构造位置——普鲁一带发育的志留纪石英闪长岩明显具有幔源分异特点，说明使晚古生代发生大规模扩张作用的深部机制在志留纪便已开始。

晚古生代扩张作用结束，转入闭合过程始于二叠纪，这一阶段形成的主要建造是苏巴什洋盆向南北两侧俯冲消减，向南俯冲，在甜水海微陆块上形成了卡拉勒塔什岩浆弧和其南侧的阿克苏弧后盆地建造。向北俯冲使昆南地块再次成为晚古生代岩浆弧，在托库孜达坂岩组中出现较多安山岩、英安岩及火山碎屑岩，使发生于昆北地块上的普鲁-阿羌裂谷转变成弧后盆地性质，出现安山岩和中酸性小型侵入岩。至中二叠世苏巴什洋盆已完全消失，进一步挤压使苏巴什蛇绿混杂岩带和其南侧有的岛弧、弧后盆地发生比较强烈的冲褶变形，并发生隆起，之上堆积了山间盆地性质的三叠系阿塔木帕下组红色磨拉石建造。

原特提斯洋在早古生代中晚期便开始消亡，并形成了规模巨大的碰撞造山带，为什么在晚古生代不进一步将消减作用进行到底，却发生了强烈的再次扩张。而这次扩张的范围更大，在塔里木板块上石炭纪和二叠纪也普遍发生了基性火山喷发。所以，只能认为进入晚古生代后残留的原特提斯洋系统构造体制在继承的同时发生了重大改变：地幔柱进一步衰弱，于中地幔处分化的侧旁小的幔枝全部消失，其能量全部集中于中部，只产生一个大规模的软流圈对流，统一的大规模的软流圈对流在晚古生代早期起主导作用，它使原特提斯残留洋盆再次发生扩张，形成古特提斯洋及边缘海槽。所以苏巴什蛇绿岩也具有 E－MORB 特点，而阿羌火山岩中的大部分却更接近于 N－MORB 特点。地幔柱的能量消减，软流圈的对流也就随之消减，当软流圈对流的能量已不足以使岩石圈板块进一步漂移，向外扩张的动力小于古特提斯洋周缘板块向内的动力，古特提斯洋发生俯冲、消减，边缘海槽关闭。

地幔柱可能完全消失于晚二叠世，软流圈对流随之消失，残留的古特提斯洋不再发生沿洋脊的扩张增生，变成一个“死洋”延续到三叠纪，沉积了东、西昆仑唯一可以对比的巴颜喀拉山群。在周缘板块向内的挤压下，不能被大陆大量容纳的残留洋壳被动向两侧俯冲，残留盆地自西而东逐步关闭，同时发生褶冲成山。

形成原特提斯洋的地幔柱完全消失以后，另一个超级地幔柱继之而生，它使冈瓦纳大陆裂解，一部分向北漂移对残留的古特提斯体系施加影响，这一作用至今仍在继续，形成了现今的青藏高原。

综上所述，本书提出“多机制、多阶段、多岛洋”的观点。

多机制：认为本区所处的特提斯洋的发生、发展、演化乃至消亡，受大型地幔柱上涌、软流圈对流，全球其他板块运动等多种机制影响，而起根本作用的是大型地幔柱上涌。地幔柱上涌启动了软流圈的对流，致使大陆裂解，产生大洋；地幔柱的规模变小、能量衰减，软流圈的对流代之对岩石圈运动起主导作用；地幔柱消失以后，软流圈对流也就失去了能源，也便逐步衰竭、消失，周围其他板块运动的影响便对这一地区的地壳运动起主导作用。

多阶段：受板块运动的动力机制所决定，震旦纪到早古生代为第一阶段，起主要作用的是地幔柱。地幔柱及在中地幔处(670km)分化成多个小型的幔枝，在软流圈产生多个对流系统，产生原特提斯多岛洋。随地幔柱衰减，外围的小幔枝及所控制的软流圈对流也随之消失，微陆块与外围板块及微陆块之间发生碰撞造山。晚古生代为第二阶段，起主要作用的是软流圈对流。地幔柱消减到分化的小地幔柱消失，其能量全部集中于中部，只产生一个较大规模的软流圈对流，使残留的洋盆再次发生扩张，随之发生俯冲、消减。晚二叠世—三叠纪以来为第三阶段，起主导作用的是周围板块运动。晚二叠世软流圈对流完全消失，残留的洋盆不再扩张增生，在周围板块挤压背景下，它一方面发生被动的俯冲，另一方面被陆缘碎屑充填。在周围板块的强烈挤压下，新生代以来发生了剧烈的快速隆升。

以上所述的过程示于图 6 - 1。

多岛洋：多岛洋产生的动力基础是地幔柱在 670km 结构面发生分解，产生影响范围广阔的小幔枝，每个小幔枝又诱发一个小的软流圈对流，以至将原大陆板块裂解成众多的微陆块、微地块。由于这些陆块的存在，整个大洋实际上不可能是一个完整的整体，被分化成众多的小洋盆，在服从整个大洋演化的前提下，每个小洋盆应有其自身的特殊性、独立性。

第二节　前震旦纪地质演化

普遍的观点认为，进入元古宙以后，相对刚性的岩石圈已经形成，地球的表部出现了板块构造机制。测区前震旦纪地质记录虽有部分保存，但很不完整，没有比较充分的资料能够有把握地恢复这一阶段的地质构造演化，但仍可比较清楚地分为古元古代和中新元古代两个阶段。

一、古元古代

古元古代地质演化的根本性贡献是形成了全区可以对比的结晶基底，即原始地壳，如昆北地块上为米兰岩群；苏巴什蛇绿混杂岩带中的小型陆块基底双雁山片岩。它们为一套以沉积岩为主，含少量火山岩的中、深变质地层，岩石结晶程度很高，塑性流变构造变形清楚。其中有较多同期变质的基性和酸性深成岩体——片麻岩套，具大陆地壳结晶基底的基本特征。岩石化学及地球化学特征区别不大，与塔里木板块结晶基底相似。以后各地质时期的壳源型花岗岩的地球化学特征与此非常相似，说明昆仑地块和甜水海地块(乃至昆仑造山带)的下地壳为这套中、深变质岩系。

目前没有资料能够说明这些结晶基底是否已经构成了一个比较完整的古大陆板块，即古西域板块，还是一些互不相连的古陆核。

二、中、新元古代

区域资料显示，中、新元古代测区及昆仑地区可能经历了一次比较完整的威尔逊旋回。最终成为 Rodinia 超大陆的一部分，在此过程中伯力克幅最南部的甜水海微陆块上长城系甜水海(岩)群以陆源碎屑岩为主的沉积岩系，岩石成熟度较高，为稳定环境的产物；蓟县系为含扬子型叠层石的一套基本未变质的碳酸盐岩；缺失青白口系和震旦系。最北部的塔里木板块上的长城系塞拉加兹

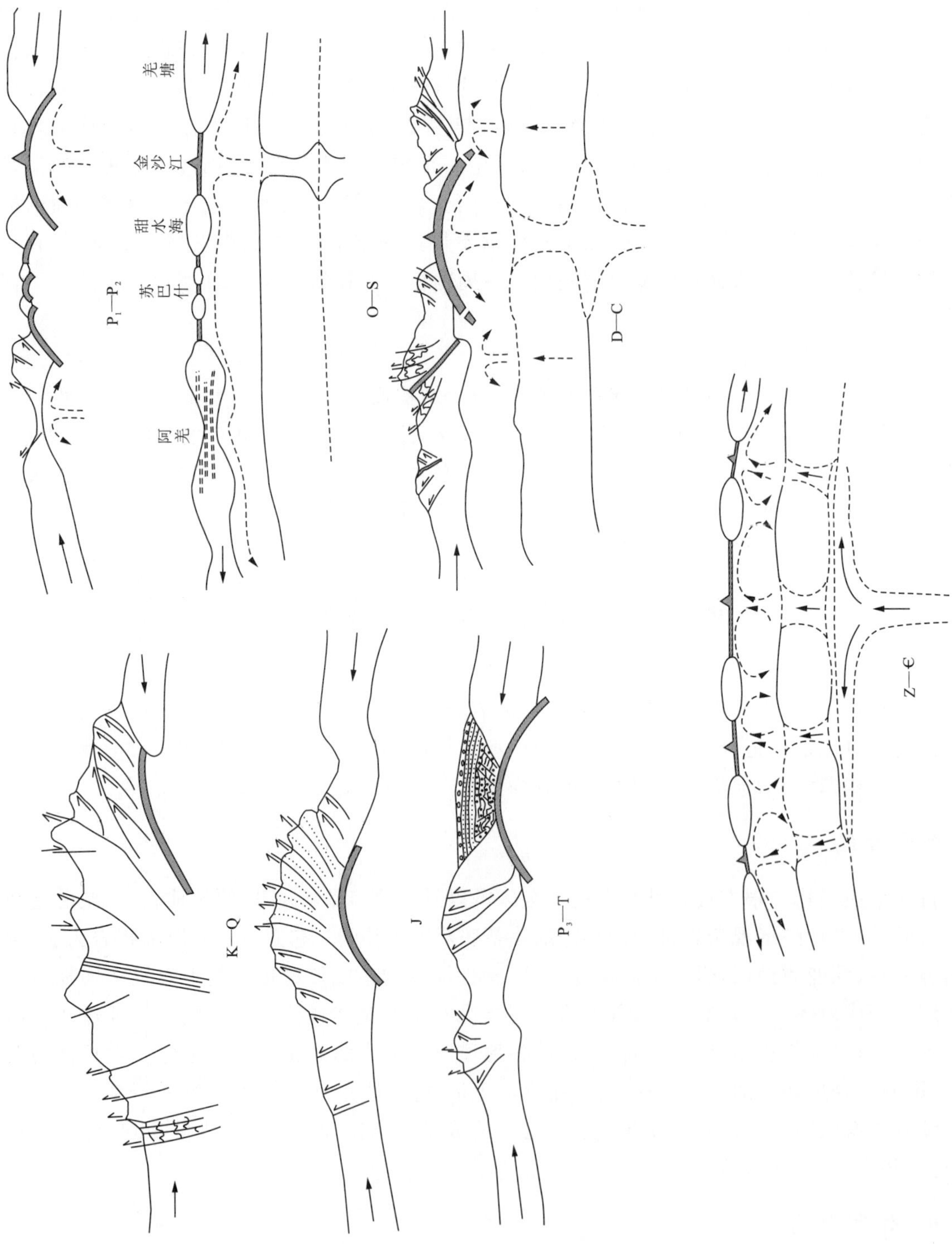

图 6-1　昆仑山-喀喇昆仑造山带演化及动力学过程示意图

塔格(岩)群出现了较多细碧-角斑岩，显示它具有一定的活动性，但变质程度与甜水海岩群相近，仅为低绿片岩相，变形构造也较简单，原始层理保存较好；蓟县系以碎屑岩为主夹碳酸盐岩；青白口系以紫红色碳酸盐岩为主夹碎屑岩和少量火山岩。

塔里木板块和甜水海地块之间的昆北和昆南地块则显示了较大的活动性。昆北地块上的长城系卡羌岩组的原岩反映其为较稳定环境下的砂岩、泥岩和少量灰岩，火山质成分甚少，但其变质程度却达高绿片岩相到低角闪岩相，并发生了混合岩化；青白口系岩石建造以碳酸盐岩为主，但变质达高绿片岩相，变形极强；青白口系与塔里木板块趋于一致。昆南地块上仅见蓟县系阿拉玛斯岩群，主体原岩建造显示为较稳定环境产物，但变质已达高绿片岩相到角闪岩相，构造变形也很强烈。值得重视的是本测区内在阿拉玛斯岩群新发现的一套斜长角闪岩 Sm－Nd 一致曲线年龄为1 012Ma，Nd 初始值为 8.6，说明其直接来源于亏损地幔，具蛇绿岩的特点。另外，区域上在昆南带上发育一期年龄值为 14～11Ga 的花岗岩，这说明：至青白口纪末，测区一带发生过一期碰撞造山作用，使其成为 Rodinia 超大陆的一部分；碰撞缝合位置大致沿昆南带一线。发生碰撞造山及形成超级大陆的另一间接证据是塔里木板块及周缘广泛发育震旦纪冰碛层。

第三节　原特提斯地质演化

震旦纪—早古生代为原特提斯地质演化阶段，在测区具奠基作用。原特提斯地质更多地受大型地幔柱控制，地幔柱的形成、上升，使 Rodinia 超大陆发生裂解，产生原特提斯多岛洋，地幔柱的衰弱使原特提斯洋域靠近边缘的小洋盆俯冲、消减、闭合乃至微陆块间发生阶段性碰撞造山。

一、震旦纪—寒武纪：扩张阶段

(一)震旦世：裂谷阶段

这一阶段的历史并不很清楚。在塔里木板块上与冰碛层共生的一套地层中夹大量大陆溢流性质的玄武岩，应是地幔柱上升早期阶段的产物，为陆相及浅海相。区内只有阿拉叫依岩群可与之对比，含冰水沉积和基性火山成分，但为深水沉积，具被动边缘建造性质，说明塔里木板块南缘在早震旦世已开始裂解。

(二)震旦世—寒武纪：扩张阶段

比较充分的资料说明晚震旦世测区已发生了显著的扩张作用，在北部形成了其曼于特洋盆[基性火山岩 Rb－Sr 年龄值为(608±31)Ma]，在南部形成了苏巴什洋盆[柳什塔格洋岛玄武岩 Rb－Sr 年龄值为(563±31)Ma]，两个洋盆之间被昆南地块分隔。洋盆的扩张可能一直持续到晚寒武世[其曼于特蛇绿岩中层状辉长岩 U－Pb 年龄值为(526±31)Ma]。

二、奥陶纪—志留纪：俯冲-局部碰撞阶段

奥陶纪到志留纪，原特提斯洋发生了强烈的俯冲和局部碰撞，但北部的其曼于特洋盆和南部的苏巴什洋盆的表现却并不一致。

其曼于特洋壳向南俯冲于昆南地块之下，在昆南地块上形成了库拉甫河岩群含基性火山岩的岛弧型建造，同时更主要的是造成俯冲型石英闪长岩、英云闪长岩、二长花岗岩的大规模侵入(早古生代构造岩浆岩带南亚带)，大量 U－Pb 年龄值为早、中奥陶世。被石英闪长岩所肢解的辉长岩和闪长岩时代更早，可能为晚寒武世，即洋壳的俯冲、消减作用可能始于晚寒武世。至晚奥陶世，其曼

于特洋盆已消失，更大规模的碰撞性质的二长花岗岩、花岗闪长岩(早古生代构造岩浆岩带中亚带)侵吞其曼于特蛇绿混杂岩带产出。志留纪进一步发生逆冲叠覆造山，形成后碰撞性质的偏碱性的钾长花岗岩(壳源)、英云闪长岩(幔源)。沿其曼于特一线发生碰撞造山的另一标志是晚泥盆世奇自拉夫组中的红色磨拉石建造。

苏巴什洋盆开始俯冲时代与其曼于特洋盆相当，但保存的物质记录不多。柳什塔格玄武岩被俯冲性质的早奥陶世石英闪长岩所侵入，说明苏巴什洋盆向北俯冲于昆南地块之下，早奥陶世时柳什塔格玄武岩已拼接于昆南地块。发育于苏巴什蛇绿混杂岩带中陆壳碎块上的硫磺达坂——双雁山石英闪长岩、英云闪长岩时代为志留纪，具俯冲性质，说明苏巴什洋盆至志留纪仍在俯冲，两侧陆块没有碰合，沿苏巴什一线也不存在与奇自拉夫组可对比的地层。与苏巴什洋盆俯冲相关的侵入岩规模甚小，可能说明其俯冲量并不大。

第四节 古特提斯地质演化

晚古生代为古特提斯洋地质演化阶段，基本奠定了于田县幅的构造格架。晚古生代在原特提斯残留洋的基础上发生了一次非常明显的开与合。

一、泥盆纪—早二叠世：伸展扩张阶段

早古生代末，测区的地质格局是南部为苏巴什早古生代残留洋盆，北部为塔里木稳定板块，中部，即现在的昆仑山位置为早古生代碰撞造山带。泥盆纪在伸展构造体制下，这种格局便很快发生调整改变。大致以其曼于特蛇绿混杂岩带为界，以北的昆北地块首先发生伸展减薄，产生变质核杂岩构造，至晚泥盆世在伸展产生的盆地中奇自拉夫组沉积了陆相紫红色磨拉石建造。

石炭纪伸展作用加剧，其曼于特蛇绿混杂岩带以南的昆南地块也发生了明显的伸展减薄，南侧的苏巴什洋盆向北发生海侵，堆积了托库孜达坂岩群下部含砾岩层位。而昆北地块在石炭纪也由陆相过渡为海相，可能已发展成为比较成熟的裂谷，在裂谷系的台地上沉积了皮什盖萨依组灰岩、碳质板岩、粉砂岩等。而在裂谷槽内则有大量基性火山喷发(测区以西大量发育，但本区内尚未确定)。

至早二叠世，伸展作用进一步加强，在昆北地块基础上发展而成的普鲁-阿羌裂谷中开始大量堆积双峰式火山岩，同时有规模较大的与火山岩共生甚至过渡的辉长岩、辉绿岩侵入。伸展体制下的苏巴什残留洋盆再次发生扩张，继承性地形成古特提斯洋，在此过程中可能也使早古生代的弧后盆地一起发生扩张，致使古特提斯洋盆中漂浮着较多小型的陆壳型碎块(陆壳性质的小岛)，这些小岛在泥盆纪时露于水面之上，经受剥蚀，石炭纪被海水淹没，早石炭世沉积了塔斯坎萨依组砂岩，晚石炭世沉积了龙门沟组灰岩、生物灰岩和礁灰岩。

扩张作用的另一产物是在已拼接到昆南地块上的柳什塔格玄武岩地块上侵入了狭窄的带状分布的壳、幔浆混花岗岩(苏巴什北石炭纪花岗岩带)。

二、中二叠世：消减挤压阶段

晚古生代扩张作用结束，转入闭合过程始于中二叠世，这一阶段苏巴什洋盆向南、北两侧俯冲消减，在南侧的甜水海微陆块上形成了卡拉勒塔什岩浆弧和其南侧的阿克苏弧后盆地建造(分布于伯力克幅)，挤压体制下的洋盆内部诸多小型陆岛发生剧烈的起伏动荡，沉积了早二叠世到中二叠世茅口期再依勒克木组交互产出的礁灰岩、灰岩与河流相砂、砾岩，砂、砾岩对灰岩有急剧的侵蚀切

割。向北俯冲消减,使昆南地块再度成为岩浆弧,堆积了托库孜达坂岩组含安山岩、英安岩及其凝灰岩的层位。这一时期的普鲁-阿羌裂谷则转化成弧后盆地性质,堆积了大量安山质火山岩(阿羌火山岩的上部层位),也有大量酸性小型岩体侵入,形成晚古生代最重要的构造岩浆岩带。与苏巴什洋盆的封闭时代相当,中二叠世晚期以后该弧后盆地也逐步褶冲变形并关闭,在残留海盆中沉积了晚二叠世苏克塔亚克组砾岩、砂岩及灰岩。

至中二叠世末期,苏巴什洋盆进一步缩小,残余的洋壳向陆岛之下俯冲,陆岛变成岛弧性质,并由于向下俯冲力的作用,这些陆岛深伏水下,沉积了深水相含安山岩的卡拉孔木组。晚二叠世苏巴什洋盆已完全消失,进一步挤压使苏巴什蛇绿混杂岩带和其南侧的岛弧、弧后盆地发生比较强烈的褶冲变形,并发生隆起,之上堆积了山间盆地性质的三叠系阿塔木帕下组红色磨拉石建造。

第五节　特提斯地质演化

中生代为特提斯演化阶段。晚二叠世以后,测区一带的特提斯系统构造体制再次发生重大转变,残留的洋盆(主体位于东昆仑甘孜、理塘至南侧伯力克幅郭扎错北一带)不再产生新的洋壳,变成了一个"死洋",残留盆地在被陆源碎屑逐步充填的同时受冈瓦纳大陆裂解而来,向北漂移的板块挤压作用再次发生被动的向两侧的陆内俯冲和右旋斜冲性质的褶冲变形,三叠纪末盆地完全消失。挤压作用持续进行,侏罗纪时向北影响本图区,早中侏罗世主要沿普鲁-阿羌和苏巴什两个晚古生代活动带形成拉分盆地,沉积了含煤的叶尔羌群。晚侏罗世以后发生向南的逆冲推覆构造。

白垩纪昆仑山开始缓慢隆起。

第六节　昆仑山的隆升

调查区内昆仑山及喀喇昆仑山的隆升细节在第五章已作了详细叙述,但是探讨昆仑山和喀喇昆仑山的隆升机理必须从青藏高原的总体去把握,所以我们应该重视以下几点:

(1)昆仑山及喀喇昆仑山在印度板块与欧亚大陆碰撞之前便已隆起。

(2)昆仑山及喀喇昆仑山现在的高度总体高于内部。

(3)深部断面资料显示印度板块向高原之下俯冲的范围不超过雅鲁藏布江缝合带,也不存在塔里木板块向昆仑山的俯冲。

(4)从测区资料看,高原隆升过程中的主要变形发生于边缘地带,内部变形甚微。

(5)昆仑山、喀喇昆仑山乃至整个青藏高原隆升过程中的运动方向向北,说明高原隆升的主要构造动力来自于南部冈瓦纳大陆裂解及碎裂板(地)块向欧亚大陆的俯冲碰合。

不过,从以上各节的论述可以看出,整个青藏高原可以分北部特提斯和南部特提斯两大部分,二者以南羌塘地块为界,空间上相毗邻,时间上相衔接,但却是性质完全不同的两个体系。虽然三叠纪以后南部特提斯对北部特提斯发生了巨大的影响,但二者的地质演化并非是一个有机联系的整体,不可能用一种模式解决所有问题。

当从南部冈瓦纳大陆裂离的向北运动的板(地)块向北作用于北部特提斯时,北部特提斯不是一个完整的刚性的大陆板块,也不是一个已拼合但尚未焊接冷却的造山带,而是一个仍然残留有大量洋盆的"死洋",洋盆虽主要被陆源碎屑物质充填,但由于洋壳自身性质决定,它不可能大量地、长期地被大陆地壳所容纳,在南部的挤压力作用下,必然发生拆沉及"板内"的被动再俯冲。残留洋壳的俯冲、拆沉的作用有以下几个方面：

一是使大陆地壳缩短、增厚，从而重力均衡作用使其隆升。

二是造成大规模的幔源岩浆喷发。在北部特提斯范围内的新生代火山岩主要成带分布于巴颜喀拉山岩群的两侧，具南老北新的演化趋势，说明残留洋壳先向南，然后向北俯冲。由于当时大陆地壳已非常之厚，岩浆上升过程混染、携带了大量地壳成分，而使其更具板内火山岩特点，中酸性火山岩应为地幔热能加入、下地壳熔融的产物。

三是造成先右旋而后左旋走滑运动。由于残留洋壳主要分布于扬子板块以西、柴达木地块以南、羌塘地块以北的三角形区域，残留洋壳最大俯冲消减量也在这一地区。如将巴颜喀拉山岩群恢复原貌，其范围必将非常之大完全可以理解，中生代南部特提斯对北部特提斯的作用面为北西向，向北的挤压产生的水平分量致使二者之间发生右旋转动。进入新生代，特别是印度板块碰撞以后，向北的挤压力增强，残留洋壳的俯冲消减加剧，造成整个高原地壳物质总体向该地区运移，发生左旋走滑运动，最主要的产品则是沿北部特提斯北界发生的著名的阿尔金左行走滑断层。

第七章　矿产及其他国有资源概况

第一节　矿产资源概况

于田县幅已发现的矿产有铁、铜、铜锌、含铜黄铁矿、黄铁矿、砂金、玉石、煤、水泥灰岩、砖瓦粘土等 10 个矿种和 15 处矿产地。其中有矿点 13 个，小型矿床 2 个。这些矿产地除普鲁煤矿进行了普查评价外，其他矿产地的工作程度都很低。玉石是区内的特色矿种，资源丰富，经济价值较高。自克里雅河西岸起，经阿拉玛斯至皮什盖河一带约 50km 长的玉石成矿带上，有 10 余处民采玉石矿点，其中最为著名的阿拉玛斯玉石矿点采玉历史悠久，至今大部分高档玉石仍然产出于该矿。铜矿以块状硫化物型富矿石为特点，矿体具有构造和地层双重控制的特征，既显示阿羌海相火山岩地层成矿的专属性，又表现出块状硫化物矿床的形成是经历多次成矿作用形成的特点。以铜为主的多金属成矿带处于交通便利的浅山地带，有利于矿产的进一步开发利用，潜在的经济价值较大。

各矿点（床）特征见表 7－1。

一、块状硫化物型铜锌矿成矿条件分析及成矿预测

（一）块状硫化物型铜锌矿成矿条件分析

区内，以塔木其铜锌矿点为代表的与海相火山热液有关的块状硫化物型铜锌矿体形成于晚古生代塔里木板块边缘的火山裂谷内。在成矿时间和空间上与二叠纪海相火山活动有关。块状硫化物型铜锌矿体一般就位于海相火山岩的构造裂隙中，受火山岩岩性及构造裂隙的双重控制。构造及火山岩岩性也是形成块状硫化物型铜锌矿床的基本条件。

1. 地层及岩性条件

控矿地层为二叠纪阿羌火山岩，岩性以强蚀变玄武岩、安山岩为主夹粗玄岩、英安岩及英安斑岩，局部夹有灰岩块体。阿羌火山岩属于钙碱质海相火山岩系列，岩石以富钠为特征，显示了富钠的海相火山岩与块状硫化物型铜锌矿床密切的成矿专属性。据统计（表 7－2），阿强蚀变安山岩、玄武岩 Cu、Zn 元素含量最高，其中 Cu 元素含量是其他岩石的 4～10 倍。塔木其—阿羌一带大面积分布的强蚀变火山岩地层为区内铜锌成矿提供了丰富的物质基础。

表 7-1　矿点(床)综合特征一览表

矿种	编号	产地	地理坐标	地质概况	矿(化)体特征	规模	成因	工作程度	评价	备注
磁铁矿	13	策勒县牙门	东经:81°04′15″ 北纬:36°01′52″	出露地层为蓟县系眼球状混合岩、石英岩、石英绿泥片岩、碳质千枚岩、变砂岩。铁矿层呈透镜状产于碳质千枚岩层中下部。矿点北侧有其曼于特蛇绿岩带通过	有两个铁矿体:东矿体沿走向呈东西向延伸276m,最大厚度6.8m;西矿体呈两个透镜体出现,总长度超过35.8m,最大厚度6.3m。主要矿石矿物为钢灰色致密块状磁铁矿,矿石品位TFe 42.31%~56.19%	矿点估计地质储量10×10^4t	沉积-变质型	踏勘检查	工作程度低,交通条件相对便利,为矿点的开发利用提供了可能	新疆第一区调队1993年
磁铁矿	14	于田县库拉甫河	东经:81°28′00″ 北纬:36°03′00″	出露地层为寒武系—奥陶系库拉甫河岩群石英岩、玄武岩、变砂岩及绿片岩。磁铁矿体呈透镜状产于玄武岩中,含矿地层厚842.93m	磁铁矿体长度大于30m,呈透镜体顺层产出。主要矿石矿物成分为磁铁矿,少量黄铁矿及铜蓝,矿石较富,目估品位TFe 50%左右	矿点已采出矿石千余吨	海相火山-沉积型	踏勘检查	含矿层厚度大,区域上较稳定,进一步找矿潜力较大	曾经民采
铜锌	4	于田县塔木其	东经:82°09′38″ 北纬:36°28′13″	出露二叠纪阿羌火山岩,岩性以玄武岩、安山岩为主夹英安岩,局部夹灰岩滑块,偶夹凝灰岩。断裂构造主要为一组规模较小的呈东西向雁列式展布的张性断层,是控矿构造。围岩蚀变以青盘岩化为主沿断裂带及矿体附近有辉绿岩脉侵入	有3个铜锌矿体和4个铜矿化体,1号矿体长17m,厚1m,产状151°∠52°;2号矿体长30m,厚8m,产状140°∠55°;3号矿体长17m,厚5m,产状170°∠48°。矿石矿物成分黄铁矿90%,黄铜矿3%~5%,脉石矿物成分为石英、绿泥石等。品位:1、2号矿体Cu 0.98%、Zn 1.78%、34.87%、Ag 8.27×10^{-9};3号矿体Cu 1.72%、Zn 0.21%、S 21.1%、Ag 8.23×10^{-9}	矿点,估算地质储量Cu 172t,Zn 256t	海相火山-沉积改造型	检查评价	成矿地质背景好,围岩蚀变强烈,控矿的断裂构造发育,进一步找矿潜力仍然较大	新疆和田地质十队1999年6月
铜	6	于田县同尤阿甫阿格孜	东经:81°46′ 北纬:36°14′	出露地层为奥陶系皮什盖萨依组板岩、粉砂岩夹白云岩、灰岩。侵入岩石为早古生代黑云母花岗闪长岩。铜矿化体产于花岗闪长岩体外接触带蛇纹石化白云石大理岩蚀变带上	铜矿化体断续长约100m,宽9m。主要矿石矿物成分为黄铜矿、黄铁矿,次为孔雀石;脉石矿物为白云石。目估品位Cu 0.5%左右	矿点	中低温热液型	踏勘检查	铜矿化分散,规模也较小,经现场快速分析证明不含金,找矿远景有限	于田县矿管局
含铜黄铁矿	5	于田县皮什盖河	东经:82°09′30″ 北纬:36°21′22″	含铜黄铁矿体产出于其曼于特蛇绿混杂岩带上,矿体的围岩为绿泥石英片岩	黄铁矿体呈透镜状平行片理产出,长约50m,厚1.7m。主要矿石矿物为黄铁矿,次为褐铁矿,少量孔雀石。矿石为致密块状黄铁矿矿石	矿点	中低温热液型	踏勘	矿点的交通及地形条件恶劣,工作程度低,找矿前景不明	新疆和田地质大队
黄铁矿	9	于田县乌宗浩特	东经:81°32′30″ 北纬:36°08′12″	出露地层为震旦系—寒武系阿拉叫依岩群下岩组,含矿围岩为斜长角闪岩石	黄铁矿体长50m,厚1m。矿石矿物成分为黄铁矿品位:S 15.31%	矿点	低温热液型	踏勘	矿体规模较小,但交通便利,便于地方工业利用	同上
含铜黄铁矿	10	于田县阿拉叫依东南	东经:81°30′00″ 北纬:36°07′15″	出露地层同上。矿化体产于云母石英片岩和石英斜黝阳起片岩中,矿体产状与地层产状一致	含铜黄铁矿体厚2m,长度不详。主要矿石矿物成分为黄铁矿,次为黄铜矿。S 1.38%~49.68%、Cu 1.10%	矿点	中低温热液型	踏勘	矿点与9号矿点成矿地质背景类似,可进一步工作	新疆第十地质大队

续表 7-1

矿种	编号	产地	地理坐标	地质概况	矿(化)体特征	规模	成因	工作程度	评价	备注
煤	7	于田县普鲁	东经：81°27′30″ 北纬：36°11′16″	含煤地层为侏罗系叶尔羌群砂砾岩、粉砂岩夹碳质页岩、煤层。有两个含煤组：下组为砂砾岩、砂岩夹碳质泥岩及3层可采煤，厚56.77m；上组以碎屑岩为主夹碳质泥岩及2层可采煤，厚度81.89～100.13m	有5层可采煤，共厚19.45m。最薄者为1.45m(A1层)，最厚者为6.8m(B2层)。煤层向深部变薄或分叉，属不稳定煤层。煤岩特征为亮煤型，工业牌号为瘦煤2号。探明C级储量129 790t、D级储量236 262t、表外3 571t，总储量369 623t	小型矿床	沉积	普查评价	该煤矿是区内唯一上钻工作的矿产，工作程度相对较高，因含煤盆地甚小，找矿前景有限	新疆地质第二大队1975年
煤	12	策勒县牙门	东经：81°04′51″ 北纬：36°03′12″	含煤地层为侏罗系叶尔羌群粉砂岩夹泥岩及不稳定煤层。含煤地层出露面积甚小	地表可见两层煤，分别厚1.5m和2.5m。煤在地表上呈现为粉末状，沿走向上变薄至煤线或消失，亦属不稳定煤层	矿点	沉积	踏勘	含煤盆地规模甚小，找矿前景有限	尚未利用
玉石	11	于田县阿拉玛斯	东经：81°54′59″ 北纬：36°03′12″	出露地层为蓟县系阿拉玛斯岩群白云石大理岩、变粒岩、片麻岩。侵入岩为早古生代细粒石英闪长岩，岩体呈岩脉或岩株状产出。玉石矿体赋存在石英闪长岩与白云石大理岩的外接触蚀变带上。矿体一般产出于距接触界面1～50m范围内，矿体受岩石的节理交叉部位或裂隙控制	矿体多呈脉状产出，长度一般为10～50m，宽度0.2～1.0m，个别达2.5m。矿石品质佳，以青白玉为主，次为青玉及白玉；岩石蚀变类型有透闪石化、透辉石化、蛇纹石化及滑石化	小型矿床	接触变质	检查	该矿床开采历史悠久，经地质填图追溯，在其以东的赛拉古拉姆一带，玉石矿脉厚度大，质量佳	地方开采
砂金	15	于田县库拉甫河中上游	东经：81°29′25″ 北纬：36°00′19″	含矿层为第四系库拉甫河残留的二级阶地，岩性为成分复杂的砾石层、砂砾石层。阶地高约10m，距现代河床40m左右。附近出露的岩石为早古生代中粒闪长岩	砂金分布在二级阶地含砂土较多的砂砾石层中，富集部位在其基岩面附近。古采硐主要分布在库存拉甫河东岸，长约5km。砂金以巨粒块状金为主，形态为豆状，片状	矿点	阶地型	踏勘	矿点上目前仍有当地村民采金，经追溯砂金来源于柳什塔格山脊附近	民采
水泥灰岩	3	于田县阿羌南	东经：81°56′30″ 北纬：36°24′40″	含矿地层为二叠纪阿羌火山岩组中的灰岩滑块。矿性为中厚层灰岩、生物碎屑灰岩	矿体厚约100m，沿走向向两侧快速尖灭。目前用于烧石灰，民采经取样分析：CaO 50.5%、MgO 1.22%、Fe_2O_3 0.9%	矿点	沉积型	踏勘	矿点的交通便利，宜民采	民采
水泥灰岩	8	于田县普鲁北	东经：81°29′30″ 北纬：36°12′30″	含矿地层为青白口系丝路岩组，其主要岩性为结晶灰岩、白云石大理岩	灰岩矿层一般厚100m，长度不详。经样品分析：CaO 52.7%～54.3%、MgO 0.36%～0.47%、SiO_2 2.78%～4.73%	矿点	沉积	踏勘	矿点的交通条件较好，可供地方利用	未利用
砖瓦粘土	1	于田县先拜巴扎镇	东经：8°34′00″ 北纬：36°51′40″	出露第四系泥沼沉积亚粘土，亚砂质粘土	亚粘土及粉砂质粘土层厚度大于3m。适宜地方开采	矿点	沉积	踏勘	属暂时性泥沼沉积	地方砖厂开采
砖瓦粘土	2	于田县奥依托格拉克北	东经：81°55′30″ 北纬：36°51′45″	同上	亚粘土层，亚砂质粘土层厚约1～2m，呈透镜状，似层状产出	矿点	沉积	踏勘	粘土层厚度变化较大，仅供地方开采	同上

表 7-2　阿羌火山岩主要成矿元素统计表

岩石名称	元素含量(10^{-6})											样品数
	Cu	Pb	Zn	Ag	Au	Ni	Co	Sb	Bi	As	Hg	
强蚀变玄武岩	43.49	112.86	91.13	0.046	0.000 6	75.12	32.70	1.94	0.48	0.87	0.000 3	18
强蚀变粗玄岩	33.80	14.70	95.40	0.051	0.000 3	54.20	33.20	2.65	0.71	1.36	0.000 1	4
蚀变英安岩	26.40	10.00	80.00	0.029	0.000 3	31.10	23.50	1.21	0.25	0.92	0.000 3	12
强蚀变安山岩	42.39	24.85	113.37	0.272	0.000 1	54.32	24.69	9.19	0.83	2.05	0.000 5	7
片理化凝灰岩	9.10	18.67	89.68	0.080	0.000 1	168.60	36.26	10.08	1.35	1.67	0.000 1	1
石英钠长片岩	11.55	26.13	64.04	0.032	0.000 1	48.20	24.46	2.32	0.73	1.97	0.000 3	2
千枚岩	10.06	27.85	54.18	0.029	0.000 1	28.85	15.20	1.96	0.63	1.98	0.000 1	2
粉晶灰岩	4.86	6.66	12.20	0.008	0.000 1	5.74	2.63	3.28	0.21	0.18	0.000 2	1
泰勒(1964)	55.00	125.00	70.00	7.000	4.000 0	75.00	25.00	20.00	17.00	180.00	0.008 0	

2. 构造条件

铜锌矿化与断裂构造的关系较为密切，区域性大断裂是含矿热液运移的通道，旁侧的次级断裂是矿体就位的有利空间。在塔木其铜锌矿点上(图 7-1)，区域性断裂构造控制着区内蚀变带的分布，旁侧呈现雁列式排列的一组次级断裂控制着已知的 3 个铜锌矿体的分布。1、2 号铜锌矿体上(图 7-2)，黄铜矿化辉绿岩脉也沿断裂带侵入产出，在辉绿岩脉附近的强蚀变安山岩中形成了块状硫化物型铜锌富矿体，远离辉绿岩脉的强蚀变安山岩中仅仅在断层面附近，沿构造裂隙形成细脉浸染状贫矿体。矿床的特征表明，铜锌矿体的形成是在富含 Cu、Zn 元素火山岩的基础上，经过多次成矿作用富集形成的，次级断裂构造为含矿热液的沉淀及铜锌矿体的最终就位提供了有利空间。

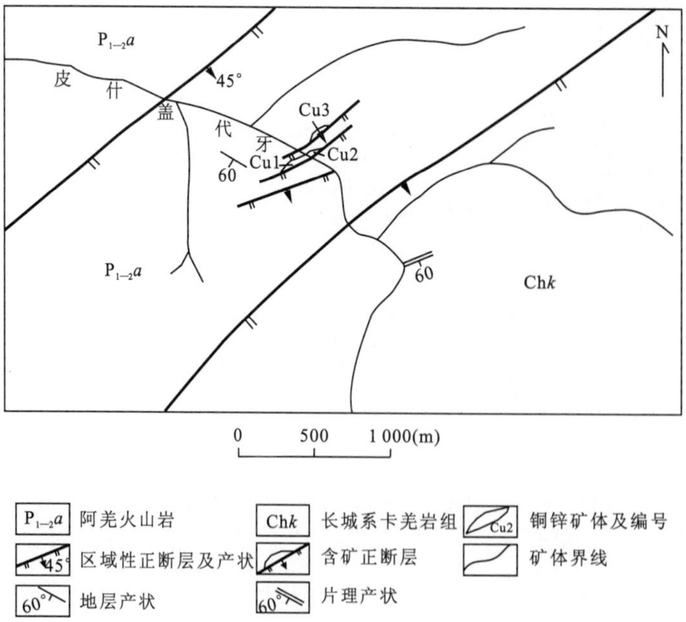

图 7-1　塔木其铜锌矿点外围地质图

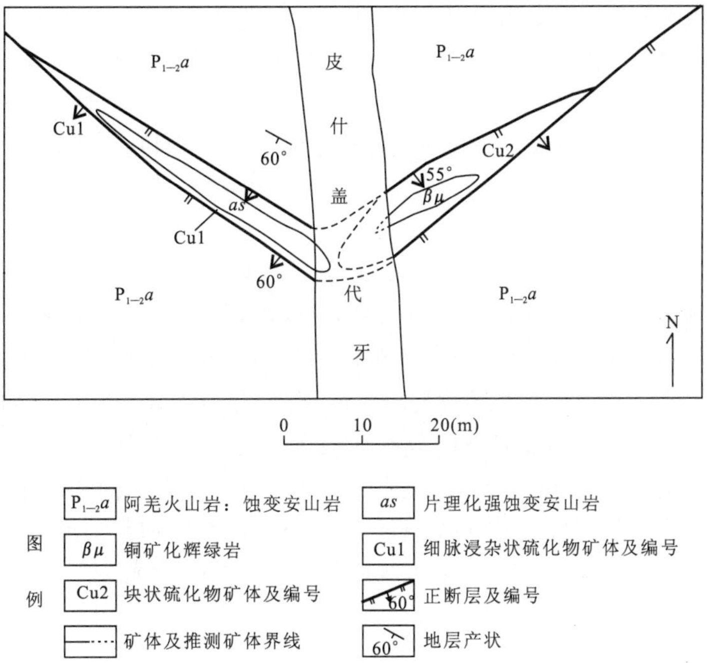

图 7-2　塔木其铜锌矿点 1、2 号矿体地质略图

3. 围岩蚀变条件

围岩蚀变以青盘岩化为特征，在矿体或矿化体附近表现尤为强烈。主要蚀变矿物组合为绿帘石、绿泥石、石英、黄铁矿。绿帘石、石英多呈网脉状产出，岩石在风化以后，黄铁矿大都被氧化成褐铁矿形成铁帽。所以，除青盘岩化外，褐红色铁帽或铁染的褐红色氧化带也是找矿的直接标志。

（二）成矿预测

铜矿成矿的有利地区位于于田县阿羌南部阿布勒克—克拉布拉克一带，处于塔里木板块南缘早古生代裂谷型火山活动带上，是区内阿羌火山岩集中分布的地区。成矿区内，断裂构造及青盘岩化围岩蚀变十分强烈，成矿的地质条件非常有利。该区除已知的塔木其铜矿点外，还有较多的铜、含铜黄铁矿化体存在。在阿布勒克北侧——塔木其、克拉布拉克一带，有规模较大的黄（褐）铁矿化蚀变带分布，并在塔木其及克拉布拉克一带有增强变宽的趋势。所以，该找矿远景区应具备有形成中型以上铜锌矿床的地质背景。

二、玉石矿成矿条件分析及成矿预测

（一）成矿条件分析

玉石矿体受蓟县系阿拉玛斯岩群白云石大理岩与早古生代细粒石英闪长岩体的外接触带控制。矿体主要产于白云石大理岩中的片理化强蚀变带、节理交叉部位及小断层带附近的构造裂隙中，主要矿体一般产于岩体外接触带 1～50m 范围内。白云石大理岩、中酸性侵入岩接触带及构造裂隙是玉石成矿的 3 个基本条件。在区内，白云石大理岩的岩性稳定，地层厚度大，分布面积广，岩石杂质少，为玉石成矿提供了物质条件。石英闪长岩体呈岩株状、岩脉状产出，当岩浆在侵入围岩时，残余的中酸性岩浆变质热液沿接触带及岩石裂隙与白云石大理岩发生交代作用形成了玉石矿床。

玉石的主要矿物成分为透闪石，其次为少量阳起石及绿泥石。透闪石矿物在玉石中的含量是决定玉石品质的重要因素之一。于田县阿拉玛斯玉石矿的含矿围岩为成分单一的白云石大理岩，当富含 SiO_2 的中酸性岩浆热液在与白云石大理岩发生交代作用时，就形成了以透闪石为主要成分的白玉及青白玉矿床。其化学反应式为：

$$5CaMg[CO_3]+8SiO_2+H_2O \rightarrow Ca_2Mg_5[Si_4O_{11}]_2(OH)_2+7CO_2+3CaCO_3$$

（二）成矿预测

于田县阿拉玛斯—赛拉古拉姆一带是玉石的重要成矿远景区。该远景区位于喀什塔什山北坡，呈 NE60°方向展布，东西长约 50km，宽 3～5km。区内，蓟县系阿拉玛斯岩群的白云石大理岩分布广泛，尤其在阿拉玛斯—赛拉古拉姆一带分布最为集中。早古生代中酸性侵入岩呈岩脉或岩株状产出，在阿拉玛斯一带，白云石大理岩就是岩体的围岩，是玉石矿成矿的最佳部位。

根据区调填图资料（图 7-3）和玉石的成矿地质条件分析认为：阿拉玛斯玉石矿虽然采玉的历史悠久，地表矿采掘殆尽。但是在其东部的赛拉古拉姆一带，有着相同或优于阿拉玛斯玉石矿的成矿地质条件，应该有类似或者更好的玉石矿体产出。经区调填图初步追溯，在赛拉古拉姆南部的山坡上，大块的青白玉石分布广泛，玉石矿体的厚度一般在 40cm 左右，是又一处非常有远景的玉石矿产地。

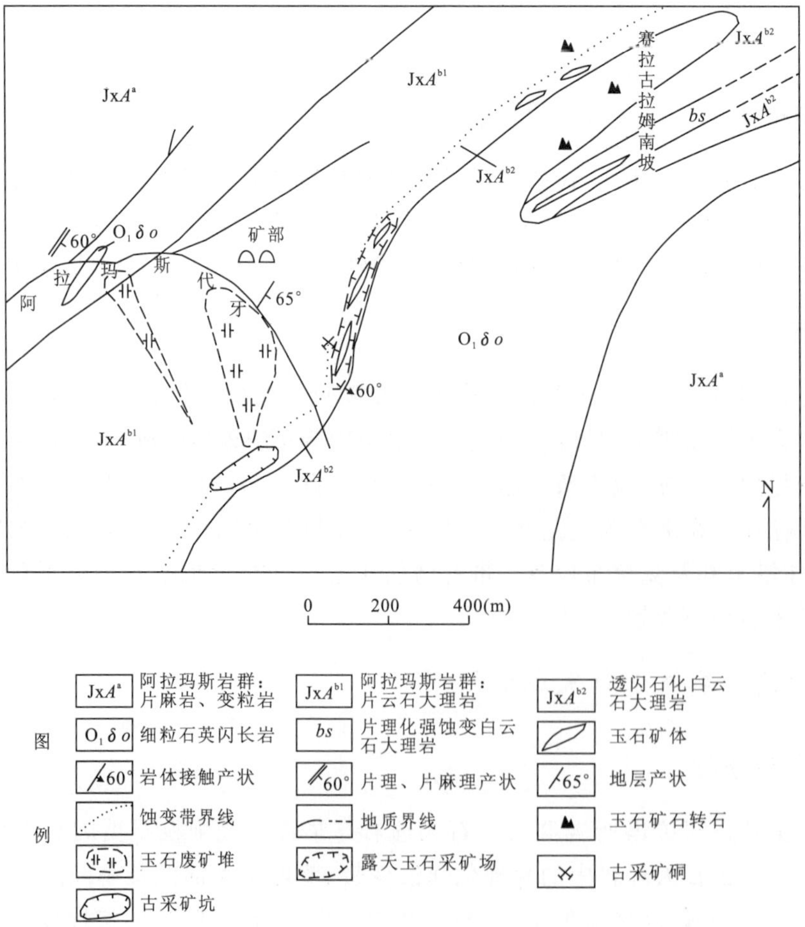

图 7-3 阿拉玛斯玉石矿点地质图

第二节 其他国土资源概况

一、土地资源

土地是人类赖以生存和生活的物质基础，属于人类进行物质生产不可缺少的生产资料和自然资源。区内的土地主要分布在于田县山前一带的冲积平原上，按其分布位置可以划分为南、北两个带。北带主要分布在于田县以西—奥依托格拉克一带，沿山前冲洪积扇群的端部分布，即于 f_1 断裂以北。这里为大量的暂时性泥沼沉积，土层较厚，土质肥沃，是可耕地的主要分布区。南带沿于田山前一带的河流出口处呈西宽东窄的三角形分布，处于冲积扇群的扇根部位。这一带的山体呈弧形分布，从现代环流分析，地面为东北气流与西南气流辐合区，易于截留大气降尘，有利于这一带的黄土形成和发育。在该处形成了厚度较大的风成砂质黄土，是区内重要的牧业用地分布区。

区内土地面积约占平原面积的15%（1 500km^2），沙漠面积占55%，砂石质戈壁面积约占30%。土地按地貌特征可分为平原地、丘陵地和川道地三大类。

1. 平原地

平原地约占总土地面积的45%，主要分布在冲积扇端部及塔克拉玛干沙漠的边缘地带，包括于田县以西的大片绿洲和奥依托格拉克及也斯尤勒滚等绿洲。地势平坦，海拔1 400m左右，是区内可耕地的主要分布区，土地的土层一般较厚，土质较细，土地肥沃，宜农、宜林、宜牧，是区内主要的农业产区，主产小麦、玉米、棉花及葡萄等。该类土地虽然分布面积较大，可能由于供水量的减少，土地的沙漠化和与之相对应的沼泽化都比较严重。在于田县及其以西绿洲内，沙漠化及沼泽化土地约占总土地面积的50%；在奥依托格拉克和也斯尤勒滚一带土地的沙漠化危害严重，亦占其土地面积的50%左右。

2. 丘陵地

分布在山前的丘陵及残塬地带，占总土地面积的50%。东自于田县的吐木亚，西达策勒县的努尔一带，呈东窄西宽的三角形展布。海拔2 300～2 700m，土质粗糙、疏松，土层较厚，是区内重要的牧业用地。

3. 川道地

川道地的面积较小，主要分布在克里雅河、皮什盖河、吐木亚等河流的一、二级河流阶地上。土地肥沃，容易引灌，在通常情况下，旱涝保收，是当地重要的粮、菜生产基地，在于田县城附近的克里雅河边上，也是区内唯一的水稻产地。

二、水资源

区内水资源由大气降水、冰雪融水、地表径流及地下水4部分构成。于田县南部的昆仑山中、高山区为主要水源供给区，地表水总体由南向北汇聚。

（一）大气降水

区内属于温带大陆性干旱气候，大气降水偏少。大气降水自北部的沙漠边缘向南部的昆仑山区，随着海拔的升高呈现明显的递增趋势，显示垂直分带的特点。海拔在1 400m的于田县城年降雨量为44.1～48mm；山前丘陵地带年平均降水量在70～110mm；昆仑山区年平均降水量一般大于300mm。

（二）冰雪融水

柳什塔格及喀什塔什山的主脊是区内冰川的分布地区。区内共有冰川约百余条，其中吐木亚河、皮什盖河及阿羌河等河流域内有冰川66条，克里雅河流域的柳什塔格附近有冰川30余条。冰川总面积约107km^2，冰川储量5.96km^3。冰川类型以规模较小的悬冰川、冰斗冰川为主，部分属于山谷型冰川，平均面积仅1.17km^2。冰川的最高海拔为皮什盖河源的柳什塔格主脊6 697m，雪线平均海拔为5 500m，冰川最低海拔为4 700m（阿羌河源冰川）。冰川资源是巨大的淡水资源和天然固体水库，也是滋润绿洲的生命之源。冰川每年以大量的冰川融水补给河流，一般占河流总流量的47%～70%。

（三）地表径流

区内水系发源于昆仑山区，自昆仑山区由南向北汇聚，最终消失于塔里木盆地内的塔克拉玛干沙漠，属于内流水系。河水流量受冰川融水补给量的影响，其流量季节性、时节性变化明显。发源于现代冰川的水系，河水流量一般较大，水量变化小，水质稳定，可供开发利用，是下游绿洲赖以生存的水资源。

克里雅河是区内最大的水系，汇水面积达7 358km^2，发源于昆仑主脊的克里雅冰原附近。克里雅河平均流量为55.7m^3/s，河川径流量为7.04亿m^3。其中冰川融水径流量约3.3亿m^3，占总流量的47.44%。

地表水的质量取决于水质类型及含沙量，一般的变化规律是在水的源头地附近，水的pH值及矿化度较低，水质优良；随着河流的延伸，河水蒸发浓缩和沿途矿物质的混入，水质变差，矿化度增高。于田山前克里雅河的水化学类型为HCO_3-SO_4-Na型水，矿化度0.45g/L。

（四）地下水

区内地下水资源较为丰富，潜水面埋深一般仅为3～10m，局部1～3m。山区为基岩裂隙水，倾斜平原以砂砾石层孔隙水为主，细土平原以砂层孔隙水为主夹承压水。在平原区，一般有两层承压水，含水层厚150～200m。倾斜平原的含水层为砂砾石层；细土平原的含水层为细砂、粉砂及粘土互层。

区内的水资源较为丰富，但是水资源综合利用程度较低，地下水、冰川水尚未开发利用。所以，区内水资源的综合开发利用的前景还较为广阔，尤其是水力资源的开发具有一定的潜力。

三、旅游资源

区内旅游资源较为充足，重要的旅游景点资源主要分布在于田县城附近的绿洲周围和南部的昆仑山区。其中，于田绿洲附近的景点资源大部分可归属为人文景观资源类型，昆仑山区的旅游景点则以自然景观资源类型为主。

（一）人文景观旅游资源

在国内知名度较高的旅游景点资源有古拘弥国古城遗址；于田县翻身农民库尔班吐鲁木要骑毛驴上北京晋见毛主席的大型塑像群。具有地方特色的旅游景点还有于田县西南一带沙漠边缘的人工湖，昆仑艾根人工渠旁边的葡萄园长廊、杏园，以及具有民族风格的清真寺、民宅和具有浓郁民族风情的于田古乐、巴扎、驴拉平板车等。旅游产品系列有葡萄干、杏干、杏仁、无花果等，此外，还有做工精美的于田小花帽和享誉海内外并象征着丝绸之路的旅游产品——和田玉雕等。形成规模或经常有游客观光游览的景区为于田县西南的人工湖、水库旅游风景区。

人工湖旅游风景区位于于田县西南部的策勒、于田交界处的上头沟、达木沟及于田县苏克一带。景区内海拔为1 410～1 435m，湖面宽阔，有公路相通，交通便利。人工湖景区环境幽雅、水美鱼肥。达木沟、上头沟水库环抱于胡杨林间或隐藏于芦苇丛深处，显得幽静神秘；而苏克湖则裸露于沙漠边缘，形成了沙漠与湖泊共存的奇异景色。景区附近还有葡萄园长廊、杏林、古城遗址等景点资源，是集休闲度假、钓鱼避暑于一体较理想的旅游胜地。

（二）自然景观旅游资源

自然景观的旅游景点主要有普鲁第四纪火山熔岩流地质剖面、阿拉玛斯玉石矿古采矿场和库拉甫河大峡谷等。

普鲁火山岩剖面：位于于田县普鲁村国有羊场附近的公路旁，交通便利。在公路旁，第四纪中更新世喷发的黑灰色巨厚层状火山熔岩层夹于黄褐色砾石层、砂砾石层中，在路边形成色调分明的悬崖地貌景观。该景点奇特的地质现象不但是科学工作者研究地球难得的素材，也能增加游人的科学知识和领略地球科学的奥秘。

库拉甫河大峡谷：位于于田县普鲁南的库拉甫河。峡谷北起沟口的阿拉叫依，南到于田县苏巴什，全长约20km，最低处海拔仅2 800m，最高处达6 000m，相对高差3 200m。库拉甫河大峡谷两岸如削，水流湍急，以险峻、粗犷、神奇为特点，早年曾使装备精良的外国旅游探险者屡次无功而返。1951年新藏老公路自于田县经库拉甫河修至阿什库勒盆地以南，为游人游览欣赏昆仑山大自然美景创造了条件。近年来，经常有科学工作者或外国游客沿库拉甫河峡谷进入青藏高原考察、游览。

（三）旅游资源评价

从各旅游景区的地理环境、交通位置以及开发后可能带来的社会效益和经济效益衡量，于田县绿洲附近的人工湖、水库风景区具有明显的开发优势。该景区具有度假休养、避暑观光、体育锻炼等旅游功能，但是作为景观资源的观赏功能还显得不足。所以在景区开发规划中除加强基本的旅游设施、交通及旅游服务三大要素建设外，还应适当增添一些必要的人工景点，使其更加具有观赏性和艺术性。

考古旅游方面，拘弥古城遗址是一个有潜力的旅游资源。在丝绸之路古道上的楼兰、尼雅及古精绝国等遗址，历史上曾屡次遭受到列强的浩劫而面目全非，唯有拘弥古城遗址至今仍是一块处女地。近年来，在于田西部的央塔克喀希一带发现了大面积规模宏大的古城遗址，拘弥古城已渐露端倪。今后，随着考古工作的深入必将给当地旅游业带来新的生机。

第三节　环境概况

一、地势及地貌概况

测区地处昆仑山北坡，地势上呈现南部高、北部低的特点。南部是基岩山区，柳什塔格山是区内的最高点，主要山峰的海拔一般在6 000m以上，最高海拔为6 697m（马山）。北部位于塔里木盆地的南缘，地貌上是南高北低的倾斜平原，海拔一般在1 400～2 500m之间，最低处在于田县北部的克里雅河床，海拔为1 318m。图区内最大相对高差为5 379m。

南部昆仑山区的典型地貌类型有冰川地貌（冰刃、鳍脊、角峰）、冻土地貌（石河、石海、石冰川）、河流地貌(河床、河流阶地、河漫滩)、断层构造地貌(断层谷、断层三角面)等,在图幅东南角的黄羊滩一带还有高寒荒漠地貌(砾质及砂砾质戈壁)。图区北部的塔里木盆地南缘,是倾斜平原及荒漠的分布区。比较典型的地貌类型有荒漠(沙漠、砾漠)、河流地貌(河流阶地、河床、冲洪积扇、洪积扇群)。在昆仑山前的博斯坦至阿羌一带,还有风积作用形成的黄土墚、黄土残原等地貌类型。

二、河流概况

区内的河流发源于昆仑山深处,自南往北汇聚,最终消失于塔克拉玛干沙漠。主要的河流有克里雅河、吐木亚河、皮什盖河、阿羌河、沙依瓦克代牙、阿克赛音代牙等。克里雅河是区内最大的河流,发源于克里雅山口附近,全长约500km,汇水面积为7 358km^2。该河自黄羊滩西部进入图区,至于田县城北部的英巴格一带流出图幅。区内流长150km,其中昆仑山区流长50km、倾斜平厂区流长100km。其他水系的汇水面积多在1 000km^{2}以下,长度一般小于100km。水系形态以稠密的树枝状为主,在山前的断裂构造发育处还常见有角状水系,在柳什塔格山主脊附近还出现倒钩状水系和古河道遗迹(克里雅河主道),形成典型的河流袭夺点。河谷形态以"V"形谷为主,在山前冲洪积扇的扇根部位还可以看到两岸深切近百米的"U"形河谷,表明目前的河流仍以快速下切为特征。水系形态的这些基本特征也为研究昆仑山环境演化提供了一些重要的依据。

三、主要环境地质问题及防治措施

区内较为突出的环境地质问题有昆仑山冰川面积缩小、部分河流干涸以及土地的荒漠化和与之相对应的土地沼泽化。由于该地区经济较为落后,工业欠发达和当地政府生态环境保护意识较强,人类活动引起的环境问题相对较少,所存在的环境问题大都属于自然环境水文或环境工程地质方面的问题。影响环境变化的主要地质因素有新构造运动与隐伏断裂、河流的袭夺以及天然固沙屏障的破坏等。

(一)影响环境变化的主要地质因素

1. 隐伏断裂

区内新构造活动强烈,隐伏断裂构造发育。在昆仑山前的于田倾斜平原上存在有数条大尺度隐伏断裂构造,其中对环境造成较大影响的隐伏断裂构造为后头沟-奥依托格拉克断裂。该断裂西自策勒县后头沟南侧,向东经于田县城的阿拉碌、奥依托格拉克及也尤斯勒滚,全长约135km。该断裂在于田县以东对土地的荒漠化影响较大,在于田县以西则是造成土地沼泽化的根源。在奥依托格拉克和也尤斯勒滚,隐伏断裂带从绿洲北侧通过。由于吐木亚、皮什盖及阿羌代牙等一系列河流及人工引水渠在流经断裂带时渗入地下,造成断层以北地区因缺水而引起植被退化和土地的荒漠化;在于田县城以西,该断层从绿洲南侧通过。绿洲的地势略低,地质背景又是大面积湖沼沉积的粘土和亚粘土层,起到了明显的隔水层作用,造成沿断裂带一线形成一系列上升泉水群。泉水流入绿洲低凹处又不容易渗透,所以就形成了大面积的芦苇沼泽。

2. 河流袭夺

克里雅河是区内最大的河流,属内流水系。根据遥感TM图像解译资料显示,克里雅河在柳什塔格附近呈现明显的倒钩状,且残存有部分古河道遗迹,具有典型的河流袭夺特点。克里雅河的袭夺,造成了柳什塔格主脊以南的干湖滩一带大量高原湖泊和高原内流水系消失。尤其是高原湖泊的消失,造成了生态环境和局部大气环流的改变,最终导致柳什塔格一带的山谷型冰川退缩成现在的冰斗冰川和悬冰川为主的小型冰川。由于河流的袭夺,原来沉积于高原湖泊内大量的粘土及亚粘土层被再搬运到于田县以西的巨型冲积扇的端部沉积下来。该地区大面积分布的湖沼型粘土层及亚粘土层就是克里雅河袭夺的高原湖泊后倾泻的产物。

其次，在昆仑山前的大型冲积扇区，克里雅河本身就是一条摆幅很大的游移性河流。昆仑山脉在普鲁以东地区明显向北偏转，克里雅河主河道应与吐木亚河、皮什盖河及阿羌河等水系一样向北西方向汇聚。现在位于央塔克喀希一带大面积古城遗址应是古克里雅河左岸一座昔日繁荣的文明古城。以后随着地质环境的变化和克里雅河的改道，古城市因为水源短缺而被逐渐废弃。

（二）治理措施

区内在于田县以东地区应以治理和预防土地沙漠化为主要内容，治理土地沙漠化常用的有效方法为生物固沙技术。于田县至奥依托格拉克一线是治理土地沙漠化的关键部位，该部位由于地表水在断层带上的渗漏和植被的退化或消失，形成了一个流沙入侵的风口。地质调查及遥感解译资料显示，于田县南部一带大面积沙漠主要是由该处入侵的风沙所形成。于田县东部一带沙漠化治理必须首先堵塞住流沙入侵的风口，即沿于田县英格巴—奥依托格拉克一线地下水丰富的古河道，建立以胡杨林为主的防护林带。同时，还应对经过断层的渠道采取一些防渗漏技术，将吐木亚、皮什盖等河流的水引渡到断裂带以北，为防护林带及植被提供可靠的水源保障。在于田县以西的绿洲上应以治理土地沼泽化为重点。要合理调配利用水资源，防止过量灌溉和雨季洪水的无序排放。其次还可以采取挖地沟排水、源头截流的方法对土地沼泽化进行综合治理。

昆仑山冰川退缩和于田倾斜平原区土地的沙漠化、沼泽化是区内存在的主要环境地质问题，它们也是地质历史长期演化的结果，其综合治理或恢复的难度也就相应较大。从环境保护的角度出发，应更加珍惜和爱护日益减少的淡水资源，尽量减少环境污染，在地质条件较好的地段修筑水库，为提高和改善人民生活与经济的可持续发展创造良好的环境条件。

第八章 结 语

于田县幅和伯力克幅 1∶25 万区调联测项目组组建于 1999 年底至 2000 年初，同时开始着手收集工作区及相关地区的地质、矿产、地理、环境、人文等前人成果和资料。2000 年 4 月底赴野外开始实地调查工作，同年，除图区东南部马山以南地区外，基本完成了于田县幅绝大部分区域的踏勘、填图和实测剖面工作。2001 年完成了剩余部分的工作，2002 年进行了少量野外补充、检查工作后，全面转入资料综合整理和报告编写。和同期开展的其他项目一起于 2000 年 11 月在成都牧马山庄通过项目总体设计评审，被评为优良(89.7 分)。2001 年 7—8 月，中国地质调查局西安地质调查中心项目管理办公室(简称:西北项目办)组织专家对各项目进行了野外资料检查，本图幅获优秀(93 分)。2002 年 4 月，中国地质调查委托西北项目办对项目进行了野外资料验收，本图幅获优秀(93 分)。

第一节 取得的重大成果、认识及意义

于田县幅前人工作程度很低，经过项目全体人员艰辛的努力，取得了一大批成果，并因图区所处极重要的构造位置，以下 6 个方面的成果对进一步研究中央造山带、特提斯地质构造演化和青藏高原隆升具有重大意义。

(一)在图区靠近山前的位置发现了震旦纪—寒武纪其曼于特蛇绿岩带

其曼于特蛇绿岩带的特征、构造位置、时代等向西与新藏公路所见的库地蛇绿岩相当，可以对比连接，向东则与东昆仑北带祁漫塔格蛇绿岩、经阿尔金构造带中早古生代蛇绿岩与柴北缘及祁连山诸早古生代蛇绿岩，进一步向东与北秦岭蛇绿岩发生时空联系。该蛇绿岩带的发现将西昆仑、东昆仑、阿尔金、祁连山乃至北秦岭有机地连成一个整体。与早古生代其他蛇绿岩相似，其曼于特蛇绿岩具 E-MORB 至 T-MORB 特征(与富集地幔有关)，而两侧的地块基底特征又极相似，说明存在一个巨大的震旦纪开始扩张，寒武纪已完全成型的原特提斯洋，它的形成源于 Rodinia 超大陆的裂解，时代上与泛非事件相当。大范围的富集地幔则说明超大陆裂解的根本性动力在于巨型地幔柱。

(二)对苏巴什蛇绿混杂岩带的组成、时代及演化进行了深入的解剖研究

苏巴什蛇绿混杂岩带主要分布在南侧的伯力克幅，宽达 20～40km，但其主体是陆壳性质的破碎块体(由深变质基底和盖层两部分组成)，这些块体被蛇绿岩带所镶嵌、环绕，蛇绿岩带又可分出蛇绿岩、与蛇绿岩共生相关的远洋沉积岩、弧前复理石增生楔体和小型的陆壳块体。该蛇绿混杂岩带向东可与康西瓦构造带相连，向西与木孜塔格北蛇绿岩相连。

与蛇绿岩共生的有沉积岩中放射虫，时代为早、中二叠世，陆壳上沉积盖层的大化石时代为石炭纪—早、中二叠世，说明苏巴什蛇绿岩所代表的洋盆历史结束于中二叠世。但是，蛇绿混杂岩带

中陆壳性块体上有志留纪俯冲型石英闪长岩、英云闪长岩。晚古生代蛇绿混杂岩带之北有一规模巨大的震旦纪玄武岩(柳什塔格玄武岩,主体在本图幅),具洋岛及大洋玄武岩台地性质,说明苏巴什洋盆的历史可以上溯到震旦纪,与其曼于特洋盆同时形成。

苏巴什蛇绿岩的岩石化学和地球化学特征与早古生代其曼于特蛇绿岩相似,为 E-MORB 型,但大离子亲石元素和轻稀土元素较其曼于特蛇绿岩低,说明古特提斯洋是原特提斯洋的继承和发展。

(三)首次在图区山前一带发现了晚古生代裂谷型普鲁-阿羌火山岩带

这套火山岩(阿羌火山岩)建造发育于早古生代其曼于特蛇绿岩带以北的昆北地块上,东部完全切割、破坏了其曼于特蛇绿岩,以玄武岩为主,下部具双峰式特点,上部含安山岩,夹较多陆源碎屑岩(浊积岩)和深水沉积灰岩、硅质岩,也夹较多滑塌块体。它的发现说明前人在测区以西发现有晚古生代“优地槽”向东延至测区。放射虫化石说明火山岩时代为早、中二叠世,而滑塌灰岩块体的时代为石炭纪。

与同时代的苏巴什蛇绿岩相比,它更接近于 N-MORB 的特点,说明它源于亏损地幔。

(四)建立了测区岩石地层系统

由于于田县幅昆仑山区变质变形强烈,前人工作程度底,可进行区域性对比,并保留原定义的地层单位有上泥盆统奇自拉夫组、侏罗系叶尔羌群、白垩系克孜勒苏群、新近系阿图什组、除西域组外的第四系其他地层。本次在详细地质调查工作的基础上,新建或经区域地层对比重新厘定定义的地层单位有如下几种。

1. 其曼于特蛇绿混杂岩带以北(昆北地块上)的地层

(1)首次发现并对比建立了古元古代米兰岩群,为高角闪岩相变质的沉积岩和火山岩,含同深变质的基性和酸性深成岩体,分两个岩组。

(2)将前人所划长城系的主体仍划归长城系,建卡羌岩组,为一套低角闪岩相变质地层,有孔兹岩系的特点。

(3)将流水村北前人采获叠层石的低绿片岩相黑云母级副变质地层建流水岩组,时代划归青白口纪。

(4)以构造块体夹于晚古生代火山岩系中的低绿片岩相千枚岩级以紫红色藻纹层状灰岩、大理岩为主的地层与区域上丝路群相似,但因其出露极少且很不完整,故降级对比建丝路岩组。

(5)前人将出露于普鲁以南的一套低绿片岩相板岩级到片岩级变质陆源碎屑复理石地层划为震旦系—寒武系,本次首次发现其夹冰碛砾(坠积)岩,并被奥陶纪花岗岩侵入,仍划归震旦系—寒武系,建阿拉叫依岩群,分两个岩组。

(6)在山前一带晚古生代裂谷火山岩系中有大量深变质岩系的大型块体(变质核杂岩,见后),之上首次发现了一套以台地相灰岩为主的沉积岩系,板岩-千枚岩级变质或未变质,变形亦弱,被二叠纪岩体侵入,特征与滑入阿羌火山岩中含石炭纪化石的灰岩块体相似,划归石炭纪,建皮什盖萨依组。

(7)首次发现并建立了具裂谷弧后盆地建造性质的早、中二叠世阿羌火山岩。

(8)在阿羌火山岩之上角度不整合覆盖了从砾岩、砂岩到灰岩的一套基本未变质地层,出露很少,但意义重大,时代划归晚二叠世,建苏克塔亚克组。

(9)将与高原隆升相关的西域组的时代划归上新世至早更新世早期。

2. 其曼于特蛇绿混杂岩带以南(昆南地块上)的地层

(1)重新使用并厘定了阿拉玛斯岩群,高绿片岩相至低角闪岩相变质,以副变质为主,划分 3 个岩组,为和田玉的母岩,前人曾采获叠层石,并划归蓟县系。另外,首次发现了一套基性变质岩系,获 Sm－Na 年龄值为 1 012Ma,因其出露小,也划归阿拉玛斯岩群,建另一岩组。

(2)首次在测区发现了低绿片岩相变质、强变形的一套建造性质很杂的地层,有变质陆源碎屑岩、灰岩、含铁矿的基性火山岩、硅质岩(已成粒度很细的石英岩)夹基性火山岩,与阿拉玛斯岩群间多为断层接触,但局部可见底砾岩,被奥陶纪花岗岩侵入,建库拉甫河岩群,分 4 个岩组,时代划归寒武纪—奥陶纪。

(3)在东段首次发现了一套含碳片岩、灰岩,并含大量英安岩、安山岩及其凝灰岩和沉凝灰岩,变质变形均弱于库拉甫河岩群,东邻图区在灰岩中前人曾采获石炭纪—二叠纪大化石,与东昆仑大量出露的托库孜达坂群可以对比,故建托库孜达坂岩组,时代划归石炭纪—二叠纪。

3. 建立了柳什塔格玄武岩

位于昆南地块和苏巴什晚古生代蛇绿混杂岩带之间,宽达 40km,以各种低绿片岩相变质的玄武岩为主,夹少量安山岩和粗安岩,上部为厚度不大的变硅质岩、薄层灰岩、砂岩等。地层组成结构和岩石化学、地球化学特征反映其具大洋玄武岩台地及洋岛玄武岩性质。前人将其划归震旦纪—寒武纪,本次区调获 Rb－Sr 年龄值为 563Ma,被奥陶纪和石炭纪花岗岩类侵入,故将其划归震旦纪。

4. 苏巴什蛇绿混杂带中的地层

由于蛇绿岩不同岩性单元在成因上的一致性,本次区调对蛇绿岩按岩性填图,没有对其进行侵入岩和地层划分。但苏巴什蛇绿混杂岩带巨大,内部极复杂,除蛇绿岩外的其他部分可分以下几个岩石地层单位。

(1)双雁山片岩:前人将这一带出露的陆块基底划归前震旦系,为一套角闪岩相副变质岩系,其中大理岩中夹变质沉积型铁矿,又有同变质的花岗岩。昆南地块上未见可对比的地层,而其沉积盖层与甜水海微陆块极相似,可能为甜水海地块上的碎块,但甜水海陆块上的长城系甜水海群为一套成熟度较高的浅变质碎屑岩,故将其时代划归古元古代,建非正式构造岩石地层单位——双雁山片岩。

(2)塔斯坎萨依组:为陆块基底最底部地层,浅变质砂岩夹少量灰岩,灰岩中含早石炭世珊瑚,时代划归早石炭世。

(3)龙门沟组:为一套灰岩、生物灰岩、礁灰岩,含大量晚石炭世—早二叠世化石,时代划归晚石炭世一早二叠世。

(4)再依勒克组:岩性为灰岩、生物灰岩、礁灰岩,有些地方夹大量河流相砾岩、砂岩,砾石为灰岩。生物化石极丰富,剖面控制均为中二叠世栖霞期—茅口期,可能是因断层破坏出露不全,将其时代延至早二叠世。

陆块上的沉积盖层时代为石炭纪—中二叠世,建 4 个地层单位,图区出露以上 3 个。

(5)硫磺达坂砂岩:为一套含少量砾岩的陆源碎屑复理石沉积岩,变质极浅,以构造块体夹于蛇绿岩带之中,经常与蛇绿岩强烈混杂难以区分,出露面积较大处单独划出,其性质应为弧前复理石增生楔,共生蛇绿岩时代为早中二叠世,结合地质背景,将其时代划归早中二叠世。

(6)阿塔木帕下组:角度不整合于苏巴什蛇绿混杂带及相关的边缘地体之上,为河湖相紫红色砾岩、砂砾岩、砂岩、粉砂岩,砾石成分反映其来源于附近,为晚古生代造山后的山间盆地沉积。伯力克幅可见它被侏罗纪花岗岩侵入,时代划归三叠纪。

侏罗纪以后地层对比沿用前人定义。

(五)建立了构造-岩浆岩带,进一步划分了不同成因类型的岩石组合

1. 古元古代变质深成岩

见于米兰岩群和双雁山片中。

2. 早古生代构造岩浆岩带

与其曼于特蛇绿混杂岩带相关,由南向北可分为3个亚带。

(1)南亚带:位于其曼于特蛇绿混杂岩带以南的昆南地块上,为闪长岩、石英闪长岩、英云闪长岩、石英二长岩组合,主体为石英闪长岩和石英二长岩,俯冲型,时代为早中奥陶世。

(2)中亚带:空间分布与其曼于特蛇绿混杂岩带基本一致,侵吞蛇绿混杂岩带产出。岩性组合为花岗闪长岩、二长花岗岩,碰撞型,时代为晚奥陶世。

(3)北亚带:分布于昆北地块上,有两种组合,时代为早志留世:①二长花岗岩、钾长花岗岩组合,为壳源重熔型,属碰撞期后花岗岩;②石英闪长岩、英云闪长岩组合,有幔源特点,说明碰撞期后的坍塌有地幔因素。

3. 晚古生代构造岩浆岩

可分为两个岩浆岩带。

(1)普鲁-阿羌构造岩浆岩带:空间分布与普鲁-阿羌裂谷弧后盆地完全吻合,岩体规模小,岩性组合复杂,有辉长岩、辉长(辉绿)岩、石英辉长岩、闪长岩、石英闪长岩、二长花岗岩、花岗岩,时代为石炭纪—中二叠世。基性岩石为幔源,中酸性、酸性岩石与米兰岩群地球化学特征相似,为壳源。

(2)苏巴什北构造岩浆岩带:侵入于柳什塔格玄武岩偏南部,呈狭窄的带状。岩石为二长花岗岩,含大量浆混作用产生的暗色包体,地球化学特征也反映其有幔源因素,时代为早石炭世。

(六)查明了昆仑造山带的组成、结构,建立了构造格架

图区以博斯坦-山节断裂为界,分两个一级构造单元,以北为塔里木板块,以南为昆仑造山带。

昆仑造山带在横向上主要以两个蛇绿混杂岩带为界划分地块,由北向南依次为昆北地块、昆南地块、柳什塔格地块(因其成因上的特殊性和巨大的规模将其单独划出),反映由北向南的方向性演化。北部是以其曼于特蛇绿混杂岩带为代表的早古生代碰撞造山带,南部是以苏巴什蛇绿混杂岩带为代表的晚古生代碰撞造山带。早古生代造山带的组成除蛇绿岩外,昆北地块上的阿拉叫依岩群为原特提斯洋扩张阶段的被动边缘建造。南地块上的库拉甫河岩群为洋壳向南消减过程的岛弧建造。俯冲、碰撞和碰撞期后产生由南向北迁移的3个构造-岩浆岩亚带。作为造山作用结束的代表性产物是晚泥盆世奇自拉夫组磨拉石建造。此外,形成于苏巴什洋中的柳什塔格洋岛玄武岩也因俯冲、消减而拼接于昆南地块,晚古生代时它已是昆南地块的一部分。晚古生代造山带除蛇绿岩外的组成在本图区有:昆北地块上普鲁-阿羌裂谷系-弧后盆地的地层及侵入岩建造;昆南地块上火山弧性质的托库孜达坂组;苏巴什北花岗岩带;苏巴什蛇绿混杂岩带中陆块上的石炭纪—中二叠世的盖层沉积;夹于蛇绿岩带中的硫磺达坂弧前增生楔。作为造山作用结束的标志性产物是三叠系阿塔木帕下组磨拉石建造。

昆仑造山带在纵向上可分为4个构造层,由下向上依次如下。

(1)下元古界结晶基底:深变质,含同变质的深成岩体。米兰岩群属昆北地块,双雁山片应属甜

水海地块，二者相似，与塔里木板块也可对比。昆南地块上缺失。

(2)长城系—青白口系过渡基底：昆北地块上长城系以其深变质、强变形显示了较大的活动性，以后活动性减弱，至青白口系已与塔里木板块极为接近。区域上甜水海地块与塔里木板块非常相似，为浅变质稳定性沉积，也含华南型叠层石，但本图区未出露。比较特殊的是昆南地块，仅见深变质的蓟县系，其中新发现的角闪质岩石具蛇绿岩性质，结合区域上前震旦纪花岗岩主要分布于昆南地块上的现象分析，它应是青白口纪板块聚合，形成 Rodinia 超大陆的一个缝合带位置。

(3)震旦系—古生界板块边缘构造层：中-低绿片岩相变质、强变形的蛇绿岩，板块边缘沉积及火山岩，大范围带状产出的花岗岩类侵入岩，体现于上述的横向结构。为两次开合过程，开形成原特提斯洋和从原特提斯洋继承而来的古特提斯洋，合形成向南迁移的早古生代和晚古生代两个碰撞造山带。

(4)中—新生界板内构造层：区域上板块的完全聚合完成于三叠纪，但本图区靠北，中生代以后已进入板内构造。陆相，未变质，变形甚微。中生界出露极少，新生界与高原隆升相关，产生大量山前及山间盆地磨拉石、火山岩及第四系冰碛、风积。

(七)深入研究了地质构造演化及大陆动力学过程，提出了全新的昆仑造山带演化模式

以本项目所取得的大量实际资料为主要依据，吸收相关地区的工作成果和前人观点的精华，我们提出了源于巨型地幔柱的“多机制、多阶段、多岛洋”的观点。

多机制：认为本区所处的特提斯洋的发生、发展、演化乃至消亡，受大型地幔柱上涌、软流圈对流，全球其他板块运动等多种机制影响，而起根本作用的是大型地幔柱上涌。地幔柱上涌启动了软流圈的对流，致使大陆裂解，产生大洋；地幔柱的规模变小、能量衰减，软流圈的对流代之对岩石圈运动起主导作用；地幔柱消失以后，软流圈对流也就失去了能源，也便逐步衰竭、消失，周围其他板块运动的影响便对这一地区的地壳运动起主导作用。

多阶段：受板块运动的动力机制所决定，震旦纪到早古生代为第一阶段，起主要作用的是地幔柱。地幔柱及在中地幔处(670km)分化成多个小型的幔枝，在软流圈产生多个对流系统，产生原特提斯多岛洋。随地幔柱衰减，外围的小幔枝及所控制的软流圈对流也随之消失，微陆块与外围板块及微陆块之间发生碰撞造山；晚古生代为第二阶段，起主要作用的是软流圈对流。地幔柱消减到分化的小地幔柱消失，其能量全部集中于中部，只产生一个较大规模的软流圈对流，使残留的洋盆再次发生扩张，随之发生俯冲、消减。三叠纪以来为第三阶段，起主导作用的是周围板块运动。三叠纪软流圈对流完全消失，残留的洋盆不再扩张增生，在周围板块挤压背景下，它一方面发生被动的俯冲，另一方面被陆缘碎屑充填。在周围板块的强烈挤压下，新生代以来发生了剧烈的快速隆升。

多岛洋：多岛洋产生的动力基础是地幔柱在 670km 结构面发生分解，产生影响范围广阔的小幔枝，每个小幔枝又诱发一个小的软流圈对流，以至将原大陆板块裂解成众多的微陆块、微地块，以及直接因幔枝产生的大洋玄武岩台地、洋岛。由于这些陆块的存在，整个大洋实际上不可能是一个完整的整体，被分化成众多的小洋盆，在服从整个大洋演化的前提下，每个小洋盆应有其自身的独立性。

(八)对青藏高原隆升进行了较系统、深入的研究

1. 昆仑山开始隆升时代：白垩纪

2. 昆仑山隆升过程

(1)第一阶段(K—E)：昆仑山隆起。

(2)第二阶段(N_1):喀喇昆仑山隆起。

(3)第三阶段(N_2—Q):整体快速降升,昆仑山向北推进。

3. 昆仑山的隆升速率

(1)白垩纪:不很清楚,山体高度可能不大于500m,隆升速率极小。

(2)古近纪—中新世末:昆仑山的高度已足以形成亚洲季风性气候,产生塔克拉玛干沙漠。一般认为产生亚洲季风的山脉高度不小于4 000m,时差为49.3Ma,隆升速度为0.008cm/a。

(3)上新世—早更新世末:约4.52Ma,昆仑山升高约1 500m,隆升速度为0.033cm/a。

(4)晚更新世:约63ka,山区腹地下切量为1 000m,隆升速率为1.587cm/a 。山前一带距今500ka至晚更新世末的490ka,侵蚀高差为800m,隆升速率仅为0.163cm/a。

(5)全新世:10 000a,昆仑山北脊一带的最大下切量约为300m,隆升速率为3cm/a。

山前一带下切量约为80m,隆升速率为0.8cm/a。很明显,到现在,昆仑山的隆升一直在加速。另一方面可见昆仑山核部隆升速率远大于山前地带。

4. 昆仑山的隆升机制

(1)不存在塔里木板块大规模向昆仑山的俯冲。

(2)昆仑山、喀喇昆仑山发生隆升并形成青藏高原北部高地的动力是冈瓦纳诸碎裂板(地)块向欧亚大陆的逐次碰合及远程效应,前提是源于原特提斯洋体系演化的不彻底性和大面积三叠纪残留洋壳的存在。

(九)对矿产和其他国土资源进行了全面的调查

区调过程对矿产和其他国土资源进行了全面的调查,确定了本区的优势矿种为铜、玉石、砂金,研究了成矿条件。

第二节 存在的主要问题及下一步工作建议

1. 受地形条件限制,对昆南地块的调查程度偏低

存在的主要问题有以下4个方面:

(1)区域上在昆南地块上发育较多前震旦纪花岗岩,本次工作中没有发现。

(2)将新发现的有蛇绿岩性质的角闪质岩石划归以副变质为特征的阿拉玛斯岩群很不合适,其地质构造意义重大,应进一步开展深入的地球化学研究工作,将其解体出来。

(3)库拉甫河岩群显然是一个包含了不同构造环境产物的“大口袋”,时代依据也不直接,是否有震旦系、青白口系等值得怀凝。

(4)对比建立的托库孜达坂组在本区含太多的安山质、英安质火山岩,与原定义有所出入,另外它是一套深水沉积,主体地层与区外含浅水相化石的灰岩关系有待进一步调查。

2. 新发现建立的皮什盖萨组的时代缺乏直接的化石依据

该组为本次工作新发现并厘定的岩石地层单位,其时代确定是依据地层特征及其与周围地质体关系综合考虑所定,缺乏直接化石依据。

3. 山前普鲁一带新划的白垩系

前人原划三叠系，本次根据区域地层的分布规律和与有化石的侏罗系的关系分析建立，没有直接的时代依据，也未“泡”出微体化石。该套红色砾岩地质意义重大，应进一步研究其时代。

4. 普鲁-阿羌岩浆岩带的同位素

涉及本区分划普鲁-阿羌岩浆岩带的同位素年龄样品尚无分析结果，影响了研究的深入。

一个较长的时期内，在本图区再次开展面积性基础地质工作的可能性不大，而其构造位置极为重要，建议在区调成果的基础上，应对存在的问题及时设立科研项目，加强深化研究。

主要参考文献

陈哲夫.新疆开合构造与成矿[M].乌鲁木齐:新疆科技卫生出版社,1997
成都矿产地质研究所.1∶150万青藏高原及邻区地质图[M].北京:地质出版社,1997
程裕淇.中国区域地质概论[M].北京:地质出版社,1994
崔军文.阿尔金断裂系[M].北京:地质出版社,1999
邓万明.喀喇昆仑山-西昆仑地区基性—超基性岩初步考察[J].自然资源学院,1989,5(3):1～11
邓万明.西昆仑蛇绿岩研究的新进展,中国西部特提斯构造演化及成矿作用[M].北京:电子科技出版社,1991
丁道桂.西昆仑造山带与盆地[M].北京:地质出版社,1996
董光荣.塔克拉玛干南缘新生代古风成砂,中国西部第四纪冰川与环境[M].北京:科学出版社,1991
方爱民.西昆仑库地西北依萨克群首次发现放射虫化石[J].地质科学,1998,33(3):384
方锡廉,汪玉珍.西昆仑山加里东期花岗岩类浅识[J].新疆地质,1990,8(2):153～158
高锐,肖序常,高弘,等.西昆仑-塔里木-天山岩石圈深地震控测综述[J].地质通报,2002,21(1):11～18
何国琦.中国新疆古生代地壳演化及成矿[M].乌鲁木齐市:新疆人民出版社,1994
贾群子.西昆仑块状硫化物矿床成矿条件和成矿预测[M].北京:地质出版社,1999
姜春发.昆仑开合构造[M].北京:地质出版社,1992
姜春发.中央造山带开合构造[M].北京:地质出版社,2000
姜耀辉,芮行健,贺菊瑞,等.西昆仑山加里东期花岗岩的类型及其大地构造意义[J].岩石学报,1999,15(1):105～115
刘训.塔里木板块周缘的沉积-构造环境[M].乌鲁木齐:新疆科技卫生出版社,1997
缪长泉.新疆昆仑山和阿尔金山前寒武系及叠层石[M].乌鲁木齐:新疆科技卫生出版社,1993
潘桂棠.东特提斯组成与地质演化[M].北京:地质出版社,2000
潘裕生.昆仑山区构造区划初探[J].自然资源学报,1989,4(3):196～203
潘裕生.西昆仑山构造特征与演化[J].地质科学,1990(3):224～232
潘裕生.喀喇昆仑山-昆仑山地区地质演化[M].北京:科学出版社,2000
任纪舜.中国及邻区大地构造图及说明书[M].北京:地质出版社,1997
苏珍.喀喇昆仑山-昆仑山地区冰川与环境[M].北京:科学出版社,1998
滕志宏.塔里木盆地及周缘地区上第三系—第四系地层及晚新生代构造期次划分[M].西安:西北大学出版社,1994
汪玉珍,方锡廉.西昆仑山、喀喇昆仑山花岗岩类时空分布规律初步探讨[J].新疆地质,1987,5(1):15～25
汪玉珍.西昆仑依萨克群的时代及其构造意义[J].新疆地质,1983,1(1):1～8
王登红.地幔柱及其成矿作用[M].北京:地震出版社,1998
王元龙.西昆仑库地蛇绿岩的地质特征及其形成环境[J].长春地质学院学报,1997,27(3):304～309
王志洪.西昆仑库地蛇绿岩地质、地球化学及其成因研究[J].地质科学,2000,35(2):151～160
文世宣.喀喇昆仑山-昆仑山地区古生物[M].北京:科学出版社,1998
文世宣.喀喇昆仑山-昆仑山地区古生物[M].北京:科学出版社,1993
西藏地质矿产局.西藏自治区区域地质志[M].北京:地质出版社,1993
西藏地质矿产局.西藏自治区岩石地层[M].武汉:中国地质大学出版社,1997
肖庆辉.花岗岩研究思维与方法[M].北京:地质出版社,2002
肖文交,侯泉林,李继亮,等.西昆仑大地构造相解剖及其多岛增生过程,中国科学(D辑)[J].地球科学,2000,30(增刊):22～28
肖序常,李廷栋.青藏高原的构造演化与隆升机制[M].广州:广东科技出版社,2000

新疆地质矿产局. 新疆维吾尔自治区岩石地层[M]. 武汉：中国地质大学出版社，1999

新疆地质矿产局. 新疆维吾尔自治区区域地质志[M]北京：地质出版社，1993

新疆矿产地质研究所、新疆第一区调大队. 新疆古生界(上、下册)[M]. 乌鲁木齐：新疆人民出版社，1990

许靖华. 大地构造与沉积作用[M]. 北京：地质出版社，1985

许荣华. 西昆仑北部早古生代构造岩浆岩带的发现[J]. 地质科学，1994，29(4)：313～328

Sengor A M. 板块构造与造山运动——特提斯例析[M]. 丁晓等译. 上海：复旦大学出版社，1992

杨树锋. 西昆仑山库地蛇绿岩的特征及其构造意义[J]. 地质科学，1999，34(3)：281～288

姚檀栋，杨梅学，康兴成. 从古里雅冰芯与祁连山树轮记录看过去 2000 年气候变化[J]. 第四纪研究，2001，21(6)：514～519

尹集祥. 青藏高原及邻区冈瓦纳相地层地质学[M]. 北京：地质出版社，1997

张国伟. 秦岭造山带与大陆动力学[M]. 北京：科学出版社，2001

张旗. 蛇绿岩研究中的几个问题[J]. 岩石学报，1995，11(增刊)：228～240

张旗. 蛇绿岩与地球动力学研究[M]. 北京：地质出版社，1996

郑本兴，焦克勤，李世杰，等. 西昆仑山第四纪冰川与环境变迁，中国西部第四纪冰川与环境[M]. 北京：科学出版社，1991

周辉，李继亮. 西昆仑山库地蛇绿混杂岩带中早古生代放射虫的发现及其构造意义[J]. 科学通报，1998，43(22)：2 448～2 451

周志毅. 塔里木盆地各纪地层[M]. 北京：科学出版社，2001

Arculus R J, Powll R. Source component mixing in the region of arc magna generaion[J]. J. Geophys. Res. ,1986(91)：5 931～5 926

Bhatia M R. Rare earth element geochemistry of Australian Palaeozoic graywackes and provenance and tectonics[J]. Sedimentary Geology,1985(45)：97～113

Cater N L, Uyeda S. Collision tectonics：deformation of continental litho sphere[J]. Tectonophysics,1985：199

Coleman R G. Oman ophiolite[J]. J. Geophys. Res. ,1986,(B4)：1981：1～2 782

Coleman R G. Ophiolite - ancient oceanic lthosphere[M]. Berline：Springer - Verlag. ,1977

Coward M P, Rise A C. Collision tectonics[M]. London：Geol. Soc. Pub. ,1986

Dewey J F, Burke K C A. Tibetan Variwan and basement reactivation Products of continental collision[J]. Jounal of Geology,1973(81)：673～682

Dewey J F,Pitma W C,Ryan W B F,et al. Plate tectonic and the evolution of the alpine system[J]. Geol. Sec. Am. Bull. ,1973(3)：137～3 180

Hsu K J. The concept of tectonic facies[J]. Bull. Tech. Univ. Istanbul,1991(44)：25～42

Pearce J A. The role at active continental margin[J]. In：continentanl basalts and mantal Xendiths(ed. by Hawkesworth C J and Norry M J),1984

Pearce J A. Trace elements characterics of Lavas from destrctive plate bundaries[J]. In：Thorpe R S(ed.),Andesites Wiley,chichester,1982,525～548

Phinny A,et al. Continental dynamics：a national research project of USA[R]. 1989

Sengor A M C. Plate tectonics and research after 25 year：A tethyan perspective[J]. Earth - science Reviews,1990(27)：1～201

Sengor A M C. The tethyside orogenic system：An introduction. In：Sengor A M C(ed),Tectonic evlotion of the tethyan Region[M]. Istanbul University Faculty of Mines,1989

Sengor A M C. The palaeothethys suture a line of demarcation between two fundamentally different architectural stytle in the structure of Asia[J]. The Island Arc. ,1992(1)：78～91

Steinmann G. Die ophiolithichen zonen in dem mediterrance kettengebirge, 14th Inter [J]. Geol. Cong. Madirid Cong. Madirid,1927(2)：667～683

Steinmann G. Geologische beobachtungen in den Alpen(Ⅱ). Die schardtsche berfaltungstheorie und die geologische Bedeutung der Tiefseeabsatz und der Ophiolithischen Massengesteine[J]. Ber. Nartf. Ges. Freibergi. ,1906,B. 16：1～49

图版说明及图版

图版Ⅰ

1.普鲁北克里雅代牙深切河谷
2.普鲁北第四纪火山岩宏观剖面
3.奇自拉夫组(D_3q)沉积韵律——基本层序
4.康苏拉克组(Qp^1k)与阿羌火山岩组($P_{1-2}a$)不整合关系
5.策勒县努尔乡北晚更新世冰碛砾岩(Qp^{3gl}),其中可见巨大的漂石
6.阿拉玛斯岩群(JxA)中的叠层石

图版Ⅱ

1.其曼于特蛇绿岩套中的枕状玄武岩
2.其曼于特蛇绿岩套中的辉绿岩墙群
3.其曼于特蛇绿岩套中层状玄武岩中夹薄层(已透镜化)紫红色或灰色硅质岩
4.其曼于特蛇绿岩套中斜长花岗岩超动侵入于辉绿岩墙中
5.阿克塞因岩体中残留原岩条带构造
6.流水岩体中清楚的脉动侵入关系

图版Ⅲ

1.阿拉叫依岩群(Z—∈)A 中韵律构造
2.阿拉叫依岩群(Z—∈)A 中砾石剪切变形特征
3.卡羌岩组(Chk)中脉体与基体过渡关系
4.米兰岩群(Pt_1M)中发育复杂的小褶皱
5.流水岩组(Jxl)中灰色大理岩褶皱形态
6.米兰岩群(Pt_1M)中条带状混合岩宏观特征

图版Ⅳ(显微照片)

1.铁克萨依代牙阿拉玛斯岩群(JxA)中碎裂岩化角闪岩(×40),正交偏光,角闪石折断弯曲构造
2.铁克萨依代牙阿拉玛斯岩群(JxA)中角闪长英质糜棱岩(×40),正交偏光,眼球状构造
3.铁克萨依代牙阿拉玛斯岩群(JxA)中石英二长质初糜棱岩(×40),正交偏光,石英条带状构造
4.铁克萨依代牙其曼于特蛇绿混杂岩带中长英质糜棱岩(×40),正交偏光,矿物的平行定向构造
5.铁克萨依代牙其曼于特蛇绿混杂岩带中长英质糜棱岩(×40),正交偏光,钾长石的剥皮构造
6.铁克萨依代牙其曼于特蛇绿混杂岩带中长英质糜棱岩(×40),正交偏光,钾长石的曲颈构造

图版Ⅴ(显微照片)

1. 阿美代牙其曼于特蛇绿混杂岩带中强蚀变单辉岩(×40),正交偏光,三期蚀变特征(单斜辉石的透闪石化—黝帘石化—硅化)

2. 铁克萨依代牙米兰岩群(Pt_1M)中长英质斜长眼球状混合岩(×40),正交偏光,钾长石斑晶

3. 铁克萨依代牙米兰岩群(Pt_1M)中长英质斜长眼球状混合岩(×40),正交偏光,钾长石交代残蚀

4. 铁克萨依代牙卡羌岩组(Chk)中角闪黑云石英片岩(×40),正交偏光,显微褶皱构造

5. 流水代牙卡羌岩组(Chk)中绿泥石化斜长黑云石英片岩(×40),正交偏光,残缕结构

6. 流水代牙卡羌岩组(Chk)中绿泥石化斜长黑云石英片岩(×40),正交偏光,片状构造

图版Ⅰ

1

2

3

4

5

6

图版Ⅱ

图版Ⅲ

图版Ⅳ

图版Ⅴ